1+X职业技能等级证书（建筑工程施工工艺实施与管理）配套教材

建筑工程施工工艺实施与管理导论

主　编　任少强　张　迪　张　巍
副主编　谢江胜　张永鸿　王　琦
　　　　申永康　杨小春　张　倪
参　编　李小军　任双宏　令　剑　杨　益　苟胜荣
　　　　徐志彪　罗献燕　吴丽琴　裴寒蕊　方丽莉
　　　　王　娜　迟朝娜　陈映海　孙　鸽

机械工业出版社

本书是1+X职业技能等级证书（建筑工程施工工艺实施与管理）配套教材。本书内容立足于土建类学生和行业人员实际需求，以培养"创新型、复合型、综合型"人才需求为导向，以"立足实用，突出特色"为宗旨编写，职业定位匹配建设生产、施工技术、监理、建设管理等岗位。

本书共设计9个学习情境、30个工作任务，每一个工作任务均充分提炼行业职业能力点，学习内容和企业生产实践紧密结合，主要针对建筑工程施工工艺实施与管理职业技能等级证书考取学生及相关行业人员培训所需，工作任务力求达到以点盖面，内容力求通俗易懂、深入浅出、操作性强。

为便于学习，与本书配套使用的图纸、文本等资源，可扫描右侧二维码下载。

图书在版编目（CIP）数据

建筑工程施工工艺实施与管理导论/任少强，张迪，张巍主编. —北京：机械工业出版社，2022.6
　1+X职业技能等级证书（建筑工程施工工艺实施与管理）配套教材
　ISBN 978-7-111-70969-5

Ⅰ.①建… Ⅱ.①任…②张…③张… Ⅲ.①建筑工程－工程施工－职业技能－鉴定－教材 Ⅳ.①TU74

中国版本图书馆CIP数据核字（2022）第099119号

机械工业出版社（北京市百万庄大街22号　邮政编码100037）
策划编辑：常金锋　　　　责任编辑：常金锋　沈百琦　王靖辉
责任校对：张晓蓉　王明欣　责任印制：刘　媛
涿州市般润文化传播有限公司印刷
2022年8月第1版第1次印刷
184mm×260mm・18.75印张・465千字
标准书号：ISBN 978-7-111-70969-5
定价：68.00元

电话服务　　　　　　　　网络服务
客服电话：010-88361066　机 工 官 网：www.cmpbook.com
　　　　　010-88379833　机 工 官 博：weibo.com/cmp1952
　　　　　010-68326294　金　书　网：www.golden-book.com
封底无防伪标均为盗版　　机工教育服务网：www.cmpedu.com

1+X职业技能等级证书
（建筑工程施工工艺实施与管理）配套教材
编审委员会

主任委员： 任少强
副主任委员： 谢江胜　张永鸿　胡兴福　张　迪
委　　员：（排名不分先后）
　　　　　　李小军　任双宏　令　剑　张　巍　张礼奎　张小林
　　　　　　张广峻　徐锡权　朱勇年　王成平　杨小春　姚　琦
　　　　　　蔡　跃　张　军　王连威　高云河　肖万娟　杨　平
　　　　　　王　铁　满广生　徐运明　朱永祥　齐红军　卓维松
　　　　　　刘亚龙　袁　媛　邓　林　方桐清　赵　冬　边凌涛
　　　　　　祝骏钦　杨　谦　余　波　弓中伟　裴利剑　雷　华
　　　　　　刘　强　陈宜华　张　超　吴　添　王梅节　曾　浩
　　　　　　王天成　张　皓　邹德玉　底利娟　武文斐　孟　琴
　　　　　　覃密道
秘　书　处： 郝笑阳　张　倪　常金锋

1+X 职业技能等级证书
（建筑工程施工工艺实施与管理）配套教材
联合建设单位（排名不分先后）

中铁二十局集团有限公司	中铁建安工程设计院有限公司
中铁二十局集团第六工程有限公司	中铁一局集团有限公司
中铁四局集团第四工程有限公司	中铁十七局集团有限公司
中铁隧道局集团有限公司	中铁二十一局集团有限公司
陕西土木建筑学会	西安三好软件技术股份有限公司
西安建筑科技大学	长安大学
中天西北建设投资集团有限公司	杨凌职业技术学院
陕西煤业化工建设（集团）有限公司	广西建设职业技术学院
四川建筑职业技术学院	日照职业技术学院
陕西建工集团有限公司	陕西铁路工程职业技术学院
河北工程大学	河北科技工程职业技术大学
西南林业大学	沈阳建筑大学
大连民族大学	中原工学院
安阳师范学院	宁夏大学
西北农林科技大学	西安职业技术学院
贵州建设职业技术学院	浙江建设职业技术学院
江苏建筑职业技术学院	宜宾职业技术学院
湖北城市建设职业技术学院	成都市建筑职业中专校
吉林省城市建设学校	玉林市第一职业中等专业学校
山西徐特立高级职业中学	广州市城市建设职业学校
绍兴市中等专业学校	石家庄城市建设学校

中铁二十局集团有限公司 1+X 项目办公室
2022 年 6 月

序

2019年2月，国务院印发《国家职业教育改革实施方案》（以下简称《方案》）。这是对2018年全国教育大会精神的落实性文件，也是新时代职业教育深化改革和创新的集结令，具有重要的里程碑意义。依据方案，2019年4月，教育部、国家发展改革委、财政部、市场监管总局联合印发了《关于在院校实施"学历证书+若干职业技能等级证书"制度试点方案》，部署启动"学历证书+若干职业技能等级证书"（简称1+X证书）制度试点工作。1+X证书制度是国家职业教育制度设计的重大创新，是我国职业教育面向新时代、实现创新发展的重要举措，也是推动人才培养模式改革的重要制度设计。

2022年4月20日通过修订的《中华人民共和国职业教育法》，2022年5月1日起施行。新修订的职业教育法以习近平新时代中国特色社会主义思想为指导，贯彻落实党的十九大精神，积极进行制度创新，紧紧围绕职业教育是类型教育的定位，统筹设计法律制度体系；紧紧围绕职业教育领域热点难点问题，增强制度针对性；紧紧围绕职业教育改革发展实践，及时将实践成果转化为法律规范。

中铁二十局集团有限公司作为教育部第四批职业教育培训评价组织之一，以大型央企责任使命担当，履行社会责任义务，积极适应职业教育迅速发展的需要，服务建筑业发展，以1+X建筑工程施工工艺实施与管理职业技能等级证书专业内涵为依据，通过机械工业出版社高标准、严要求出版1+X建筑工程施工工艺实施与管理职业技能等级证书配套系列新型活页式教材，形成4+N体系、专业覆盖广、多层次齐全、教学实训配套资源丰富的教材产品体系，服务于广大职业院校师生，为建设行业高素质人才培养做出贡献。

为进一步推动全国建设类院校信息化教学实践的发展，大力推进1+X证书制度的实施，特别成立了由全国多所土建类重点院校组成的教材编委会，选聘了一批长期从事职业教育的"双师型"优秀教师，同时以中铁二十局集团土建施工专家为基础，并邀请来自全国多家大型施工企业实践经验丰富的专家、高校教学专家及教育科技企业专家，启动了建筑工程施工工艺实施与管理系列教材的编写工作。本系列教材把理论教学和实践教学两个体系相互结合，是专业建设成果的总结和升华，在内容和形式上均体现了示范性、创新性和适用性；同时配套了丰富的教学实训资源，采用中铁二十局集团实际项目案例，可以为教学及实训提供全面的服务。

此系列教材的出版是为促进我国职业教育内涵建设，进一步提升人才培养质量，促进土建类专业发展和课程建设所做的一次开拓性尝试。相信本系列教材将为职业教育土建类专业建设和课程教学的改革发展起到积极的推动作用。

编审委员会
2022年6月

导 言

本套丛书为1+X职业技能等级证书（建筑工程施工工艺实施与管理）的配套教材，包括导论和实践的初级、中级、高级，适用院校及专业如下：

◆ 中等职业学校：建筑工程施工、建筑装饰技术、装配式建筑施工、古建筑修缮、城镇建设、建筑工程造价、市政工程施工、道路与桥梁工程施工、工程测量技术、建筑工程检测、建设项目材料管理、铁道桥梁隧道施工与维护等专业。

◆ 高等职业学校：建筑工程技术、建筑钢结构工程技术、建筑设备工程技术、建筑智能化工程技术、装配式建筑构件智能制造技术、装配式建筑工程技术、建设工程管理、工程造价、建筑经济信息化管理、建设工程监理、建筑材料工程技术、建筑材料检测技术、建筑装饰材料技术、新型建筑材料技术、建筑设计、建筑装饰工程技术、古建筑工程技术、建筑动画技术、地下与隧道工程技术、土木工程检测技术、市政工程技术、水利工程、水利水电工程技术、水利水电工程智能管理、水利水电建筑工程、铁道桥梁隧道工程技术、铁道工程技术、道路与桥梁工程技术等专业。

◆ 高等职业本科专业：建筑工程、智能建造工程、城市地下工程、建筑智能检测与修复、工程造价、建设工程管理、水利水电工程、农业水利工程、高速铁路工程、道路与桥梁工程等专业。

◆ 应用型本科学校：土木工程、工程管理、工程造价、建筑学、智慧建筑与建造、城市地下空间工程、道路桥梁与渡河工程、铁道工程、智能建造、测绘工程、历史建筑保护工程、房地产开发与管理、水利水电工程、港口航道与海岸工程、土木水利与海洋工程、土木水利与交通工程等专业。

一、关于对应课程的说明

1. 课程性质描述

与1+X职业技能等级证书（建筑工程施工工艺实施与管理）相对应的课程是一门综合性较强的专业学习领域课程，其主要介绍职业岗位培训、鉴定、考试的核心内容，课程立足于土建类学生和行业人员的实际需求，以培养"创新型、复合型、综合型"人才需求为导向，以"立足实用、突出特色"为宗旨。其职业定位匹配建设生产、施工技术、监理、建设管理等岗位，是基于工作过程开发的理论学习领域课程。

2. 课程学习目标

（1）能力目标

1）能够正确识读建筑施工图、结构施工图。

2）能够进行施工图绘制与模型创建，具备施工图审核及优化设计能力。

3）能够依据设计图纸，根据给定的施工任务进行施工前条件准备，做好施工现场的平面管理。

4）能够根据指定的施工方案组织施工过程，具备建筑工程施工管理能力。

5）能够根据给定的施工图进行建筑主要分部分项工程的定位放样测量，并监督施工工艺流程符合工艺标准。

6）能按照指定的施工任务编制建筑主要分部分项工程的施工技术交底，控制工程施工进度计划并进行质量检查，达到质量验收规范要求。

7）能根据给定的施工任务对建筑主要分部分项工程进行质量创优施工指导，编制工程施工方案，组织相关责任单位进行工程项目验收工作并对施工组织方案进行审核评定。

（2）知识目标

1）熟悉建筑构造原理，掌握专业基础识图、BIM课程知识，学会图纸识读，并能结合专业拓展知识应用工程图集、平法图集识读图纸。

2）掌握专业基础识图课程知识，学会CAD制图技能，可进行创优、协同、设计工作。

3）熟悉建筑工程施工组织过程，了解BIM信息化管理，掌握建筑工程施工信息资料管理方法，可对项目建设中的成本、进度、质量、安全、环境等项目进行综合组织、管理、应用。

4）熟悉《建筑施工手册》，掌握建筑主要分部分项工程的工艺流程并在项目实施中应用、指导和监督。

5）掌握建筑主要分部分项工程有关施工技术交底、施工进度、施工方案的编制方法。

6）熟悉建筑主要分部分项工程施工方案的审核评定标准，掌握施工验收程序，可对项目建设中的施工工艺进行综合管理、技术创新、质量验收、评审评价等。

（3）素质目标

1）培养较好的职业道德、社会公德。

2）培养现代的文化模式——主体意识、超越意识、契约意识。

3）培养较强的学习能力、动手能力、合作能力、创业能力。

4）养成科学的工作模式，工作有思想性、建设性、整体性。

二、关于本套丛书的内容设置

1. 典型工作任务描述

每一个工作任务均充分提炼了行业职业能力点，课程学习内容和企业生产实践紧密结合，主要针对建筑工程施工工艺实施与管理职业技能等级证书考试人员及相关行业人员，工作任务力求达到以点盖面，人才培养针对性强，内容力求通俗易懂、深入浅出、操作性强。本书在培养专业能力的同时，还注重培养方法能力、社会能力、创新能力、职业精神和职业素养，特别是培养行业人员自主分析问题、解决问题的能力以及团队协作的能力，不断提升行业人员的职业素养和综合就业能力。

2. 学习情境设计

序号	学习任务	载体	学习任务简介
1	施工图识读与制图	某建筑工程施工图	依据施工图及工程资料，对建筑施工图、结构施工图进行识读绘制；进行施工图绘制与模型创建；进行施工图审核及优化设计
2	工程施工组织与管理	某工程施工组织与管理	依据建筑工程施工组织过程，利用BIM信息化管理，进行项目建设中成本、进度、质量、安全、环境的综合组织、管理、应用

（续）

序号	学习任务	载体	学习任务简介
3	地基与基础施工	某地基与基础工程	利用地基与基础工程项目进行定位放样测量，做好施工机械、人力的准备；进行施工技术交底，编制施工进度计划，进行质量检查；进行地基与基础工程质量验收、质量评审
4	砌体工程施工	某砌体工程	利用砌体工程项目进行放样测量，做好施工机械、人力的准备；进行施工技术交底，编制施工进度计划，进行质量检查；进行砌体工程质量验收、质量评审
5	钢筋混凝土工程施工	某钢筋混凝土工程	利用钢筋混凝土工程项目进行放样测量，做好施工机械、人力的准备；进行施工技术交底，编制施工进度计划，进行质量检查；进行钢筋混凝土工程质量验收、质量评审
6	装配式混凝土结构工程施工	某装配式混凝土结构工程	利用装配式建筑工程项目进行放样测量，做好施工机械、人力的准备；进行施工技术交底，编制施工进度计划，进行质量检查；进行装配式混凝土结构工程质量验收、质量评审
7	钢结构工程施工	某钢结构工程	利用钢结构工程项目进行放样测量，做好施工机械、人力的准备；进行施工技术交底，编制施工进度计划，进行质量检查；进行钢结构工程质量验收、质量评审
8	屋面及防水工程施工	某屋面及防水工程	利用屋面及防水工程项目进行放样测量，做好施工机械、人力的准备；进行施工技术交底，编制施工进度计划，进行质量检查；进行屋面及防水工程质量验收、质量评审
9	装饰装修工程施工	某装饰装修工程	利用装饰装修工程项目进行放样测量，做好施工机械、人力的准备；进行施工技术交底，编制施工进度计划，进行质量检查；进行装饰装修工程质量验收、质量评审

3. 学习组织形式与方法

序号	学习任务	教学组织形式	教学学时	教学方法
1	施工图识读与制图	小组教学、机房教学	6课时	信息化教学法、讨论法、启发引导法、总结归纳法
2	工程施工组织与管理	小组教学、现场教学、线上教学	6课时	项目教学法、案例教学法、启发引导法、信息化教学法
3	地基与基础施工	小组教学、现场教学、线上教学	6课时	项目教学法、案例教学法、信息化教学法
4	砌体工程施工	小组教学、现场教学、线上教学	8课时	项目教学法、案例教学法、信息化教学法
5	钢筋混凝土工程施工	小组教学、现场教学、线上教学	6课时	项目教学法、案例教学法、信息化教学法
6	装配式混凝土结构工程施工	小组教学、现场教学、线上教学	6课时	项目教学法、案例教学法、信息化教学法
7	钢结构工程施工	小组教学、现场教学、线上教学	6课时	项目教学法、案例教学法、信息化教学法
8	屋面及防水工程施工	小组教学、现场教学、线上教学	6课时	项目教学法、案例教学法、信息化教学法
9	装饰装修工程施工	小组教学、现场教学、线上教学	6课时	项目教学法、案例教学法、信息化教学法

三、考核说明

本课程知识结合各个项目对应的现行规范标准,能力与技能标准满足"1+X"证书上岗要求,考核方式注重学生职业能力考核,分初级、中级、高级三个级别进行线上平台测试。

1. 初级考核内容

(1) 初级专业技能理论考核

序号	考核模块	考核内容	分值分配	考核方式
1	施工图识读与制图	建筑物主要构造、建筑施工图专业知识内容、结构施工图专业知识内容	10	机考
2	工程施工组织与管理	考核建筑施工人工、机械、材料、工艺方法等专业基础知识	20	
3	建筑工程施工工艺	地基与基础、砌体工程、钢筋混凝土工程、装配式混凝土结构工程、钢结构工程、屋面及防水工程、装饰装修工程等的施工工艺流程、机械、材料专业知识	70	

(2) 初级技能操作能力考核

序号	考核模块	考核内容	分值分配	考核方式
1	地基与基础施工	根据给定施工工程项目,完成该项目的人材机选择,按照标准工艺流程进行技能模拟操作考核	15	机考
2	砌体工程施工	根据给定砌体工程施工项目,完成该项目的人材机选择,按照标准工艺流程进行技能模拟操作考核	10	
3	钢筋混凝土工程施工	根据给定钢筋混凝土工程施工项目,完成该项目的人材机选择,按照标准工艺流程进行技能模拟操作考核	20	
4	装配式混凝土结构工程施工	根据给定装配式混凝土结构工程施工项目,完成该项目的人材机选择,按照标准工艺流程进行技能模拟操作考核	20	
5	钢结构工程施工	根据给定钢结构工程施工项目,完成该项目的人材机选择,按照标准工艺流程进行技能模拟操作考核	10	
6	屋面及防水工程施工	根据给定屋面及防水工程施工项目,完成该项目的人材机选择,按照标准工艺流程进行技能模拟操作考核	10	
7	装饰装修工程施工	根据给定装饰装修工程施工项目,完成该项目的人材机选择,按照标准工艺流程进行技能模拟操作考核	15	

2. 中级考核内容

(1) 中级专业技能理论考核

序号	考核模块	考核内容	分值分配	考核方式
1	施工图识读与制图	建筑物主要构造、建筑施工图制图专业知识内容、结构施工图制图专业知识内容,以及图集应用	10	机考
2	工程施工组织与管理	考核建筑施工人工、机械、材料、工艺方法等专业知识	20	
3	建筑工程施工工艺	地基与基础、砌体工程、钢筋混凝土工程、装配式混凝土结构工程、钢结构工程、屋面及防水工程、装饰装修工程等分项工程施工中有关测量、工艺、流程、质量要求、施工要点等知识	70	

（2）中级技能操作能力考核

序号	考核模块	考核项目	考核内容	分值分配	考核方式
1	建筑工程施工工艺实施	地基与基础工程、砌体工程、钢筋混凝土工程、装配式混凝土结构工程、钢结构工程、屋面及防水工程、装饰装修工程工艺实施技能操作考核	根据给定施工工艺项目，完成该项目的人材机选择，按照标准工艺流程进行技能模拟操作考核	40	机考
2	建筑工程施工工艺组织管理	地基与基础工程、砌体工程、钢筋混凝土工程、装配式混凝土结构工程、钢结构工程、屋面及防水工程、装饰装修工程施工组织管理技能操作考核	根据给定施工工艺案例项目信息，完成该项目的工艺交底、施工方案、质量验收内容填写等施工组织管理技能应用案例考核	60	

3. 高级考核内容

（1）高级专业技能理论考核

序号	考核模块	考核内容	分值分配	考核方式
1	施工图识读与制图	建筑物主要构造、建筑设计图、结构设计图等设计、优化设计、施工图审查、BIM技术应用等专业基础知识及应用	10	机考
2	工程施工组织与管理	项目管理、法律法规、施工组织设计、工艺创新等专业知识及应用	20	
3	建筑工程施工工艺	建筑工程规范标准、项目创优、项目竣工、项目评估、工艺工法创新、项目策划、采购、生产与施工管理等专业知识应用	70	

（2）高级技能操作能力考核

序号	考核模块	考核项目	考核内容	分值分配	考核方式
1	建筑工程施工工艺实施	地基与基础工程、砌体工程、钢筋混凝土工程、装配式混凝土结构工程、钢结构工程、屋面及防水工程、装饰装修工程工艺实施技能操作考核	根据给定施工工艺项目，完成该项目的人材机选择，按照标准工艺流程进行技能模拟操作考核	30	机考
2	建筑工程施工工艺组织管理	地基与基础工程、砌体工程、钢筋混凝土工程、装配式混凝土结构工程、钢结构工程、屋面及防水工程、装饰装修工程施工组织管理技能操作考核	根据给定项目信息，完成该项目的施工组织设计、工程质量竣工验收报告、工艺工法创优方案、施工组织管理等应用案例考核	70	

本套丛书包括建筑工程施工工艺实施与管理导论和建筑工程施工工艺实施与管理实践（初级、中级、高级），导论和实践（初级、中级、高级）配套使用。

建筑工程施工工艺实施与管理实践（初级、中级、高级）分别对应建筑工程施工工艺实施与管理职业技能等级的初级、中级、高级。

目 录

序
导言

学习情境一 施工图识读与制图 ·· 1
　工作任务 1　建筑构造识读 ··· 1
　工作任务 2　建筑工程施工图识读 ······································· 8
　工作任务 3　施工图绘图 ·· 16
　工作任务 4　施工构件建模 ·· 30
　工作任务 5　施工图审核及检查 ·· 34
　工作任务 6　施工图优化设计 ·· 40

学习情境二 工程施工组织与管理 ·· 43
　工作任务 1　施工前条件准备 ·· 43
　工作任务 2　施工过程组织 ·· 58
　工作任务 3　工程施工管理 ·· 70

学习情境三 地基与基础施工 ·· 91
　工作任务 1　地基与基础施工工艺实施与监督 ···························· 91
　工作任务 2　地基与基础施工技术交底、计划与检查 ····················· 100
　工作任务 3　地基与基础工程质量验收与评审 ··························· 115

学习情境四 砌体工程施工 ··· 124
　工作任务 1　砌体工程施工工艺实施与监督 ····························· 124
　工作任务 2　砌体工程施工技术交底、计划与检查 ······················· 136
　工作任务 3　砌体工程质量验收与评审 ································· 145

学习情境五 钢筋混凝土工程施工 ······································· 152
　工作任务 1　钢筋混凝土工程施工工艺实施与监督 ······················· 152
　工作任务 2　钢筋混凝土工程施工技术交底、计划与检查 ················· 170
　工作任务 3　钢筋混凝土工程质量验收与评审 ··························· 179

学习情境六 装配式混凝土结构工程施工 ································· 188
　工作任务 1　装配式混凝土结构工程实施与监督 ························· 188
　工作任务 2　装配式混凝土结构工程交底、计划与检查 ··················· 195
　工作任务 3　装配式混凝土结构工程质量验收与评审 ····················· 203

学习情境七 钢结构工程施工 ··· 210
　工作任务 1　钢结构工程施工工艺实施与监督 ··························· 210
　工作任务 2　钢结构工程交底、计划与检查 ····························· 219
　工作任务 3　钢结构工程质量验收与评审 ······························· 226

学习情境八 屋面及防水工程施工 ······································· 237

工作任务 1　屋面及防水工程实施与监督 ·· 237
工作任务 2　屋面及防水工程施工技术交底、计划与检查 ····································· 247
工作任务 3　屋面及防水工程质量验收与评审 ··· 256

学习情境九　装饰装修工程施工 ··· 262
工作任务 1　装饰装修工程实施与监督 ·· 262
工作任务 2　装饰装修工程施工技术交底、计划与检查 ·· 276
工作任务 3　装饰装修工程质量验收与评审 ··· 283

学习情境一　施工图识读与制图

建筑物为我们的生活和工作提供场所，不同建筑物的布局、功能和规模也各不相同，但其组成通常可分为基础、墙或柱、楼地层、楼梯、屋顶和门窗六大部分，它们各自所处部位不同，发挥的作用也不相同。建筑的形式多样、构造复杂，很难用一般语言文字进行描述，只有用图示的方法才能形象、具体、简洁并完整地表达建筑物的空间、形式、特征、构造等，工程人员通过工程图样（即工程图纸）来交流技术思想、组织生产施工，因此工程图纸也被称为工程的语言。工程图纸中有图样、尺寸标注、文字说明等各种信息，如何快速、准确地识读施工图相关信息，逐步形成良好的读图习惯，对今后提升工作效率有着至关重要的影响。在工程实践中，我们不仅要能熟练识图，充分理解设计意图，有时也需要用 Auto CAD 软件对某些图纸进行修改或抄绘。在熟悉 Auto CAD 基本命令的基础上，按照一定的绘图顺序，通过反复不断地练习，提升绘图速度，并保证图纸的规范性和准确性。随着 BIM 技术在设计、施工、运维、造价等方面的推广应用，其可视化、模拟性、协同性、优化性、可出图性等优势越来越被认可，同时为装配式建筑和智能建造的发展提供了基本的技术保障。但无论 BIM 技术应用如何发展，其前提是建造模型的构建，这就离不开施工图设计。施工图设计一般分专业由不同的队伍完成，各专业之间需要协同统一，同一专业一般也由多人协作共同完成，而且在施工图设计过程中，往往需要修改图中相关信息，所以施工图难免会出现各种前后矛盾、信息不明晰甚至错误的地方。在读图时要注意前后对比、不同专业之间的比对、平立剖之间的比对，及时发现问题并做好记录。为了减少施工图中的错误，降低工程成本，提高可操作性，确保顺利施工，在开工前由建设单位组织各参与方召开图纸会审会议，汇总图纸中存在的问题及好的建议，形成图纸会审纪要，作为优化施工图的重要依据。

工作任务 1　建筑构造识读

知识点：
1. 民用建筑分类及等级划分。
2. 民用建筑构造组成及影响构造的因素。
3. 建筑构件一般构造组成。

能力（技能）点：
1. 能根据给定的建筑物构件二维图，指出建筑物构造名称。
2. 能根据给定的建筑物三维模型，指出建筑物构造名称。
3. 能根据给定的建筑物构件，准确指出建筑构造组成名称。
4. 能通过给定的参数化剖面模型，准确描述出各层构造名称。

任务实施

一、建筑的分类及等级划分

1. 建筑的分类

（1）按建筑使用功能分类

1）工业建筑：指为人们提供从事各种工业生产的建筑，如生产车间、辅助车间、动力用房、仓库等建筑。

① 单层工业厂房：主要用于重工业类的生产，如铸造、锻压、装配、机修等的建筑。

② 多层工业厂房：主要用于轻工业类的生产，如纺织、仪表、电子、食品等的建筑。

③ 混合层次的工业厂房：这类厂房主要用于化学工业类的生产。

2）民用建筑：指供人们生活起居、行政办公、医疗、科研、文化、娱乐及商业、服务等各种活动的建筑，有居住建筑和公共建筑之分。

① 居住建筑：指供人们生活起居用的建筑，如住宅、集体宿舍、公寓等。

② 公共建筑：指进行各种社会活动的建筑，如行政办公、文教、医疗、商业、影剧院、展览、交通、通信、园林等建筑。

3）农业建筑：指供农、牧业生产和加工用的建筑，如畜禽饲养场、水产品养殖场、农畜产品加工厂、农产品仓库以及农业机械用房等建筑。

（2）按建筑规模和数量分类

1）大量性建筑：指建筑规模不大，但建造量多、涉及面广的建筑，如住宅、学校、医院、商店、中小型影剧院、中小型工厂等。

2）大型性建筑：指规模宏大、功能复杂、耗资多、建筑艺术要求较高的建筑，如大型体育馆、航空港、火车站以及大型工厂等。

（3）按建筑层数与高度分类

1）居住建筑按层数分类：1~3层为低层；4~6层为多层；7~9层为中高层；10层及其以上为高层建筑。

2）公共建筑按高度分类：公共建筑及综合性建筑总高度超过24m时为高层（不包括高度超过24m的单层主体建筑）。建筑高度为建筑物从室外地面至女儿墙顶部或檐口的高度。

3）工业建筑按层数和高度分类：只有一层的为单层；两层以上高度不超过24m时为多层；当层数较多且高度超过24m时为高层。

4）高层建筑分类：联合国经济事务所根据全球高层建筑的发展趋势，把高层建筑划分为四种类型：

① 低高层建筑：建筑层数为9~16层，建筑高度在50m以下。

② 中高层建筑：建筑层数为17~25层，建筑高度为50~75m。

③ 高高层建筑：建筑层数为26~40层，建筑高度为75~100m。

④ 超高层建筑：建筑层数为40层以上，建筑总高度在100m以上，不论居住建筑或公共建筑均为超高层建筑。

（4）按建筑物主要承重结构所用材料分类

1）砖木结构：指以砖墙、木构件作为房屋主要承重骨架的建筑。这种结构具有自重小、抗震性能好、构造简单、施工方便等优点，是我国古代建筑的主要结构类型。

2）砖混结构：指主要承重结构由砖墙、砖柱等竖向承重构件和钢筋混凝土梁、板等水平承重构件组成的混合结构。这是当前建造数量最大、采用最为普遍的结构类型。

3）钢筋混凝土结构：指主要承重构件全部采用钢筋混凝土的建筑。这种结构具有坚固耐久、防火、可塑性强等优点，在当今建筑领域中应用很广泛，且发展前景最好。

4）钢结构：指主要承重构件全部采用钢材制作的建筑。这种结构具有力学性能好、制作安装方便、自重小等优点。目前，钢结构主要应用于大型公共建筑、高层建筑和工业建筑中。随着建筑业和国民经济的发展，钢结构的应用将会更加广泛。

（5）按建筑结构的承重方式分类

1）墙承重式：指承重方式是以墙体承受楼板及屋顶传来的全部荷载的建筑。砖木结构和砖混结构都属于这一类，常用于6层或6层以下的大量性民用建筑，如住宅、办公楼、教学楼、医院等建筑。

2）框架承重式：指承重方式是以柱、梁、板组成的骨架承受全部荷载的建筑。常用于荷载及跨度较大的建筑和高层建筑。这类建筑中，墙体不起承重作用。

3）局部框架承重式。

① 内框架承重式：指承重方式是外部采用砖墙承重，内部用柱、梁、板承重的建筑。这种类型的结构常用于内部需要大空间的建筑。

② 底部框架承重式：指房屋下部为框架结构承重、上部为墙承重结构的建筑。这种类型的结构常用于底层需要大空间而上部为小空间的建筑，如食堂、商店、车库等综合类型的建筑。

4）空间结构：指承重方式是用空间构架，如网架、悬索和薄壳结构来承受全部荷载的建筑。适用于跨度较大的公共建筑，如体育馆、展览馆、火车站、机场等建筑。

（6）按施工方法分类

1）全现浇（现砌）式：房屋的主要承重构件均在现场浇筑（砌筑）而成。

2）部分现浇（现砌）、部分装配式：房屋的部分构件采用现场浇筑（砌筑），部分构件采用预制厂预制。

3）装配式：房屋的主要承重构件均采用预制厂预制，然后在施工现场进行组装。

2. 民用建筑的等级划分

（1）按抗震设防类别划分

1）特殊设防类：指使用上有特殊设施，涉及国家公共安全的重大建筑工程和地震时可能发生严重次生灾害等特别重大灾害后果，需要进行特殊设防的建筑。简称甲类建筑。

2）重点设防类：指地震时使用功能不能中断或需尽快恢复的生命线相关建筑，以及地震时可能导致大量人员伤亡等重大灾害后果，需要提高设防标准的建筑。简称乙类建筑。

3）标准设防类：指大量的除1）、2）、4）款以外按标准要求进行设防的建筑。简称丙类建筑。

4）适度设防类：指使用上人员稀少且震损不致产生次生灾害，允许在一定条件下适度降低要求的建筑。简称丁类建筑。

（2）按结构安全等级划分　建筑结构设计时，应根据结构破坏可能产生的后果，即危及人的生命、造成经济损失、对社会或环境产生影响等的严重性，采用不同的安全等级。建筑结构安全等级的划分应符合表1-1的规定。

表1-1　建筑结构的安全等级

安全等级	破坏后果	示例
一级	很严重：对人的生命、经济、社会或环境影响很大	大型的公共建筑等重要结构
二级	严重：对人的生命、经济、社会或环境影响较大	普通的住宅和办公楼等一般结构
三级	不严重：对人的生命、经济、社会或环境影响较小	小型或临时性储存建筑等次要结构

（3）按设计使用年限划分　建筑物的设计使用年限主要根据建筑物的重要性和规模大小来划分，它将作为基建投资、建筑设计和材料选用的重要依据。建筑等级按建筑设计使用年限分为四类，见表1-2。

表1-2　民用建筑按设计使用年限分类

类别	设计使用年限/年	示例
1	5	临时性建筑
2	25	易于替换结构构件的建筑
3	50	普通建筑和构筑物
4	100	纪念性建筑和特别重要的建筑

（4）按耐火等级划分　建筑物的耐火等级主要根据组成建筑构件的燃烧性能和耐火极限两个因素来确定。构件的燃烧性能分为非燃烧体、难燃烧体和燃烧体三种。

1）非燃烧体：指用非燃烧材料制成的构件，其在空气中受到火烧或一般高温作用时不起火、不燃烧、不炭化，如金属材料、钢筋混凝土、混凝土、天然石材、人工石材。

2）难燃烧体：指用难燃烧材料制成的构件或用燃烧材料制成而用非燃烧材料做保护层的构件，其在空气中受到火烧或一般高温作用时难起火、难燃烧、难炭化，如沥青混凝土等。

3）燃烧体：指用燃烧材料制成的构件，其在空气中受到火烧或高温作用时立即起火或燃烧，如木材等。

耐火极限是指任一建筑构件按时间与温度标准进行耐火试验，从受到火的作用时起到失去支持能力、或完整性被破坏、或失去隔火能力时为止的这段时间。其单位是"小时"，用"h"表示。

二、民用建筑构造组成及影响构造的因素

1. 民用建筑构造组成

尽管民用建筑的使用功能不同、结构形式不同，在所用材料和做法上也各有差别，但通常都是由基础、墙或柱、楼地层、楼梯、屋顶和门窗六大部分组成。它们各自所处部位不同，发挥的作用也不相同。

（1）基础　基础是位于建筑最下部的承重构件。其作用是承受建筑物的全部荷载，并

连同自身荷载一起传递给地基，因此基础必须具有足够的强度和稳定性；同时，由于基础埋于地下，需要具备抵御地下水、冰冻等因素侵蚀的能力，还应具有一定的耐久性，不能早于上部建筑发生破坏。

（2）墙或柱　墙是建筑物的竖向承重构件和围护构件。当墙作为竖向承重构件时，具有承重、围护和水平分隔的作用。它承受由屋顶及各楼层传来的荷载，并将这些荷载传给基础。外墙用以抵御自然界各种因素对室内的侵袭，内墙用作房间的分隔、隔声。因此，墙体应具有足够的强度、稳定性，并具有保温、隔热、隔声、防火、防水等能力。柱是房屋空间的竖向承重构件，并将承担的荷载传给基础。

（3）楼地层　楼地层指楼层和地坪层，是水平承重、分隔构件。楼层将房屋从高度方向分隔成若干层，承受着家具、设备、人体荷载及自重，并将这些荷载传给墙或柱。同时楼板对墙体有水平支撑的作用，从而增强了建筑物的刚度和稳定性。楼板除应具有足够的强度和刚度外，还应具有隔声、防潮、防水等性能。

地坪层是房屋底层的承重分隔层，将底层的全部荷载传给地基土层。因此，地坪层要求具有耐磨、防潮、防水、保温等性能。

（4）楼梯　楼梯是多层房屋上下层之间的垂直交通联系设施。其主要作用是供人们上下楼层和紧急疏散之用。楼梯应有足够的通行能力和足够的承载能力，并且应满足坚固、防火、耐磨、防滑等要求。

（5）屋顶　屋顶是房屋顶部的承重和围护构件。其主要作用是承重、保温、隔热和防水。屋顶承受着房屋顶部的全部荷载，并将这些荷载传递给墙或柱；同时抵御自然界的风、雨、雪等对顶层房间的侵袭。屋顶必须具有足够的强度、刚度，还要满足保温、隔热、防水等构造要求。

（6）门窗　门和窗均属于非承重的建筑配件。门的主要作用是水平交通、分隔房间，有时还可采光和通风。窗的主要作用是采光和通风，同时还具有分隔和围护的作用。门窗应具有开关灵活、密封性好、坚固耐久、防火、防水等性能。

一般房屋建筑除上述主要组成部分以外，还有一些附属的组成部分，这些附属部分是房屋本身所必需的构配件，为人们使用房屋创造有利条件，如阳台、垃圾道、散水、明沟、台阶、雨篷等，如图1-1、图1-2所示。

2. 房屋构造的影响因素

影响房屋构造的因素很多，大致可分为以下几个方面。

（1）外界环境的影响　外界环境的影响主要有以下三个方面：

1）外力的影响：外力包括人、家具和设备的重量，结构自重，风力、地震力及雪重等，这些统称为荷载。作用在建筑物上的荷载分为恒荷载、活荷载和偶然荷载，如结构自重、永久设备的重量等属于恒荷载；人体的重量、风力、雪重等属于活荷载；地震力、爆炸力等属于偶然荷载。这些荷载的大小和性质是建筑物结构选型、材料使用以及构造设计的重要依据。

2）自然条件的影响：自然条件包括风吹、日晒、雨淋、积雪、冰冻、地下水等因素，这些因素将给建筑物带来很大的影响。为防止自然条件对建筑物带来破坏，并且能够保证其正常使用，要求在进行房屋构造设计时，尽量采取相应的构造措施加以解决，如通过采取防潮、防水、隔热、保温、防蒸汽、防冻胀变形等构造措施来消除或减弱自然条件的影响。

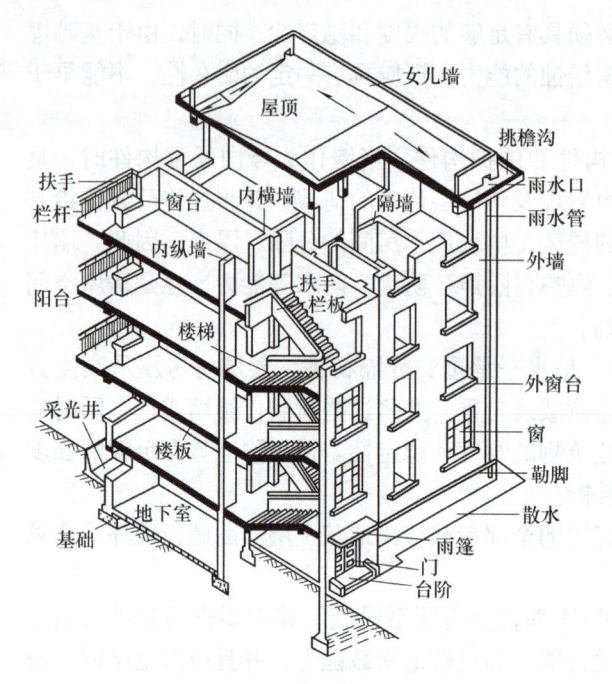

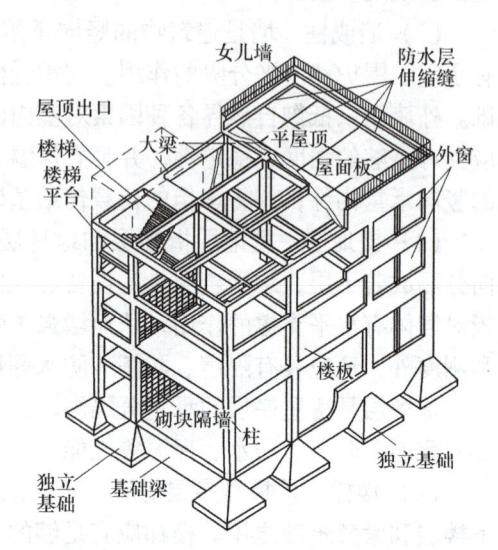

图 1-1 民用建筑的组成——砖混结构　　　　图 1-2 民用建筑的组成——钢筋混凝土结构

3）人为因素的影响：人为因素包括火灾、机械振动、噪声等，在构造处理上需要采取防火、防振动和隔声等相应的措施。

（2）技术条件的影响　建筑技术条件是指建筑材料、结构、施工和设备等物质技术。随着建筑事业的发展，新材料、新结构、新的施工方法以及新型设备的不断出现，房屋构造将受这些因素的影响和制约，设计中应有与之相适应的构造措施。

（3）经济条件的影响　建筑构造设计必须考虑经济效益。在确保工程质量的前提下，既要减少建造过程中的材料、能源和劳动力消耗，以降低造价，又要有利于降低使用过程中的维护和管理费用。同时，在设计过程中要根据建筑物的不同等级和质量标准，在材料选择和构造方式等方面予以区别对待。

3. 建筑构造设计的原则

建筑构造设计是建筑设计不可分割的一部分。在建筑构造设计中，应根据建筑的类型特点及使用功能的要求和影响建筑构造的因素，分清主次和轻重，权衡利弊关系，以求得到妥善的处理。建筑构造设计应遵循以下原则。

（1）坚固实用　在进行主要承重结构设计的同时，应对相应的建筑构配件、各种装修等在构造上采取相应的措施，以确保使用的安全，并根据建筑物所处环境和使用性质的不同综合解决好建筑物的采光、通风、保温、隔热、隔音及防火等方面的问题，以满足建筑使用功能的要求。

（2）技术先进　建筑构造设计中，在应用改进的建筑方法的同时，应大力开发对新材料、新技术、新结构的应用，采用标准的构配件设计，因地制宜地发展适用的工业化建筑体系，以适应智能建造与建筑工业化协同发展的需要。

（3）经济合理　设计中应严格掌握建筑物的质量标准，尽量节约资金，对于大量性建筑和大型性建筑，应根据它们的规模、重要程度和地域特点等分别在建筑用料、结构选型、内外装修等方面加以区别对待，在保证工程质量的前提下降低建筑造价。

（4）美观大方　建筑的美观主要是通过其内部空间及外部造型的艺术处理来体现，但它的细部构造处理对建筑整体美观有很大的影响。如内外饰面所用的材料、装饰部件、构造式样等的处理都应与整体协调统一，以求得到完美的形象。

任务拓展

1. 课外阅读《民用建筑设计统一标准》（GB 50352—2019）。
2. 课外阅读《建筑设计防火规范》（2018 年版）（GB 50016—2014）。

任务训练

1. 下列属于民用建筑的是（　　）。
A. 集体宿舍　　　　B. 纺织厂　　　　C. 影剧院　　　　D. 食品加工厂
E. 行政办公楼
2. 对基础描述正确的是（　　）。
A. 是竖向承重构件和围护构件　　　　B. 是位于建筑最下部的承重构件
C. 是水平承重、分隔构件　　　　　　D. 是上下层之间的垂直交通联系

任务小结

1. 建筑一般按使用功能、规模和数量、层数与高度、结构承重方式等进行分类；按抗震设防类别、结构安全、设计使用年限、耐火等级进行等级划分。
2. 建筑通常由基础、墙或柱、楼地层、楼梯、屋顶和门窗六大部分组成。各部分所处部位不同，发挥的作用也不相同。

工作任务2　建筑工程施工图识读

知识点：
1. 建筑施工图识读。
2. 结构施工图识读。
3. 建筑工程施工图实例。

能力（技能）点：
1. 能根据给定的建筑施工图、结构施工图，准确查阅建筑设计总说明。
2. 能根据给定的建筑施工图、结构施工图，准确识读门窗统计表、工程做法表，准确查阅对应图集。
3. 能根据给定的建筑施工图、结构施工图，准确查阅总平面图、标准平面图、立面图，查阅基础结构平面布置图、梁板结构平面布置图、柱墙结构平面布置图、节点图、楼梯详图等图纸。
4. 能根据给定的建筑施工图、结构施工图，对标准平面图、剖面图、外墙详图、楼梯详图、门窗详图等图纸的标高、轴线、位置、尺寸等参数进行复核。
5. 能应用G101平法系列图集规则，对结构基础、柱、墙、梁、板、楼梯等构件图纸进行识读。

任务实施

建筑工程施工图是指利用正投影的方法把所设计房屋的大小、外部形状、内部布置和室内装修，以及各部分结构、构造、设备等的做法，按照建筑制图国家标准规定绘制的工程图样。它是工程设计阶段的最终成果，同时又是工程施工、监理、计算工程造价的主要依据。

一、建筑工程施工图的组成

一套建筑工程施工图一般按专业分为建筑施工图（简称建施）、结构施工图（简称结施）和设备施工图（简称设施）。

1. 建筑施工图

其主要反映建筑物的规划位置、外形和大小、内外装修、内部布置、细部构造做法及施工要求等。建筑施工图主要包括：总封面、图纸目录、施工图设计说明、总平面定位图、建筑平面图、立面图、剖面图、放大平面图、各种建筑详图等（一般包括墙身节点、坡道、楼梯间、卫生间、设备间、门窗立面等）。

2. 结构施工图

其主要表达各种承重构件的平面布置，构件的类型、大小、构造的做法以及其他专业对结构设计的要求等。基本图纸包括：结构说明书、基础图、结构平面图和构件详图。结构施工图是房屋施工时开挖地基，制作构件，绑扎钢筋，设置预埋件，安装梁、板、柱等构件的主要依据，也是编制工程预算和施工组织计划等的主要依据。

3. 设备施工图

它包括建筑给水排水施工图（简称水施）、采暖通风施工图（简称暖施）、电气照明施工图（简称电施）。

建筑给水排水施工图：主要表达给水、排水管道的布置和设备的安装。

建筑采暖通风施工图：主要表达供暖、通风管道的布置和设备的安装。

建筑电气照明施工图：主要表达电气线路布置和接线原理图。

设备施工图是室内布置管道或线路，安装各种设备、配件或器具的主要依据，也是编制工程预算的主要依据。

一套建筑工程施工图按图纸目录、设计说明、总平面、建筑、结构、水、暖、电等施工图顺序编排，一般全局性图纸在前，局部图纸在后；先施工的在前，后施工的在后；重要的图纸在前，次要的在后。

为了便于查阅图纸，必须对每张图纸进行编号。如建筑施工图中"建施01""建施02"等。

二、建筑工程施工图的识读

1. 施工图的识读方法

（1）总揽全局　识读施工图前，先阅读建筑施工图，建立起建筑物的轮廓概念，了解和明确建筑施工图平面、立面、剖面的情况。在此基础上，阅读结构施工图目录，对图样数量和类型做到心中有数。阅读结构设计说明，了解工程概况及所采用的标准图等。粗读结构平面图，了解构件类型、数量和位置。

（2）循序渐进　根据投影关系、构造特点和图纸顺序，从前往后、从上往下、从左往右、由外向内、由大到小、由粗到细反复阅读。

（3）相互对照　识读施工图时，应当图样与说明对照看，建施图、结施图、设施图对照看，基本图与详图对照看。

（4）重点细读　以不同工种身份，有重点地细读施工图，掌握施工必需的重要信息。

2. 施工图的识读步骤

（1）阅读图纸目录　对照目录检查全套图纸是否齐全，标准图是否配齐，图纸有无缺损。

（2）阅读设计总说明　了解工程的名称、建筑规模、工程性质以及采用的材料和特殊要求等，对工程有完整的了解。

（3）通读图纸　按建施图、结施图、设施图的顺序对图纸进行初步阅读，也可根据技术分工的不同进行分读。读图时，按照先整体后局部、先文字说明后图样、先图形后尺寸的顺序进行。

（4）精读图纸　在对图纸分类的基础上，对图纸及该图的剖面图、详图进行对照，精细阅读，对图样上的每个线面、每个尺寸都务必认清看懂，并掌握它与其他图的关系。

三、建筑施工图识读实例

本部分内容以××职业技术学院 111 号学子楼建筑施工图为例,请扫右侧二维码获取图纸。

1. 目录

图纸目录一般注有专业类别、图纸张数、图名、图纸编号和图纸规格等信息。

通过本工程建筑施工图目录可知,本工程建筑施工图共 21 页,包括建筑设计总说明、工程做法表、门窗表、留洞明细表、总平面定位图,各类平面图、立面图、剖面图、断面图、大样图等;工程结构形式为框架结构;图纸规格有 A2、A2 + 1/4、A2 + 1/2、A2 + 3/4 等。

2. 设计说明

设计说明是对图样中无法表达清楚的内容用文字加以详细说明,其主要内容有:建设工程概况,建筑设计依据,所选用的标准图集的代号,建筑装修、构造的要求。

通过识读本工程设计说明(建施01、建施02)可知,本工程为××职业技术学院新建地上多层公共建筑,主要功能为宿舍,工程设计等级为二级,设计使用年限 50 年,地上建筑耐火等级为二级,总建筑面积 $8602.44m^2$,地上 6 层,建筑高度 22.800m,建筑抗震设防烈度 8 级,结构类型为框架结构。

除此之外,还对设计依据、标注说明、建筑防火、建筑防水、建筑节能、无障碍设计、安全防范设计、环保设计、墙、门窗、油漆、室外工程、室内装修和其他 14 个方面进行了整体说明。

3. 工程做法表、门窗表、墙身留洞表

工程做法表是以表格的形式,说明不同部位的构造做法,需注明标准图集的代号、页次、做法编号、适用范围等。

门窗表是以表格形式表达本工程所用到的门窗信息,一般包括门窗类型、编号、门窗洞口尺寸,门窗构造图集索引信息,各种门窗的数量及在各楼层的分布情况。

墙身留洞表是以表格的形式说明水、电、暖管线需要穿墙或嵌入墙体的位置和尺寸。

识读工程做法表、门窗表、墙身留洞表(建施03),通过工程做法表,可知本工程其楼地面、内外墙面、屋面等部位的工程做法,如本工程的散水为种植散水,散水宽度为 1500mm,做法应符合"陕09J01 图集室外 - 8 的散 6"的相关要求。

通过门窗表可知本工程共用到 7 种门、5 种窗,其区别主要在于用途、材质、尺寸不同。同一编号门窗格局、功能布局、在各楼层的数量也不相同,如 MM2 为无障碍卫生间用门,考虑到残疾人且行动不便但占比很少,该建筑只考虑了一间带有无障碍卫生间的宿舍,因此 MM2 只用到 1 个,布设在一楼,具体位置见一层平面图(建施06)。

通过墙身留洞表可知本工程墙体需要考虑电气留洞和暖通留洞,如 DD1 为电气留洞,其尺寸为 280mm×280mm×150mm(宽×高×深),底边距地 1.8m,嵌入墙内暗装。

4. 总平面图

在识读总平面图时需要了解以下内容。

1)了解新建建筑物的定位。

资源下载

2）了解建筑物的总体布局：根据规划红线了解拨地范围，各建筑物及构筑物的位置、道路、管网的布置等。

3）了解建筑物首层地面绝对标高、室外地坪标高、道路绝对标高，了解土方填挖情况及地面位置。

4）了解地形地貌，如坡、坎、坑；了解地物，如树木、电线杆、井、坟等。

5）了解建筑朝向、出入口位置和风向情况。

从本工程总平面图（建施04）可以看出，比例1∶1000，111号学子楼位于××职业技术学院校园内，东西两侧分别为107号、109号学子楼，南北两侧分别为活动房和淮雨楼，东北角定位坐标为 $X=3793334.911$，$Y=36506920.001$，其他三个角部定位坐标也均已在图中相应位置标明，东西长68.6m，南北宽21m；首层地面绝对标高456.950m，建筑高度 $H=22.80m$；东西南北各有一个出入口，主出入口设置在南侧；该地区以西风为主。

5. 建筑平面图

用假想的水平剖切平面沿着房屋各层略高于窗台位置将房屋切开，移去剖切面以上部分，向下所作的水平剖视图，成为建筑平面图，简称平面图。在识读平面图时，应重点了解以下内容。

1）图名和绘图比例。
2）房间的开间、进深尺寸及标高。
3）门窗洞口位置，门窗的型号、布置方式、种类和数量。
4）房间的细部构造和设备。
5）详图索引符号。
6）建筑物的平面形状，房间的位置、形状、大小、用途及相互关系。
7）纵横定位轴线及编号。

以该工程建施8为例，该图图名为"三层平面图"，比例为1∶100，标高为7.000；该建筑平面形状为矩形，总长68.60m，总宽20.90m，有6道横轴、20道纵轴；本层设东西走向楼道1个，位于ⓒ~ⓓ轴线间；楼梯间2个，分别位于⑤~⑥、⑭~⑮轴线间北侧；盥洗室1个，位于⑥~⑦轴线间北侧；盥洗室和卫生间标高降低20mm（其中卫生间标高降低值见设计说明）；其余均为带有卫生间的宿舍，共计35个；尺寸标注由内到外有3道，分别为细部尺寸、轴线间距（开间和进深）、外部轮廓尺寸（总长和总宽）；平面图中门窗信息应和门窗表相结合。

6. 建筑立面图

在立面平行的铅垂投影面上所作的正投影图称为建筑立面图，简称立面图。在识读立面图时，应重点了解以下内容。

1）从正立面图上了解该建筑的外貌形状，并与平面图对照深入了解屋面、门窗、雨篷、台阶等细部形状及位置。
2）从立面图上了解建筑的高度。
3）了解建筑物的装修方法。
4）了解立面图上索引符号的意义。
5）建立建筑物的整体形状。

以该工程建施14为例，该图图名为"①~⑳轴立面图"，比例为1∶100；共六层，墙面采用米黄色外墙涂料，层间设有米白色外墙涂料分隔带；屋面为红机瓦坡屋面；出入口位于一层中间位置，设有无障碍通道，雨篷标高 3.750m；相邻宿舍窗户下方楼板高度处设有室外空调机搁板；层高 3500mm，总高度 $H=(22.200+0.60)\mathrm{m}=22.800\mathrm{m}$；各层标高及门窗均已在图纸中标出。

7. 建筑剖面图

假想用一个或一个以上的铅垂面剖切建筑物，得到的剖面图称为建筑剖面图，简称剖面图。在识读剖面图时，应重点了解以下内容。

1）图名和比例尺以及底层平面图上的剖切符号，明确剖面图的剖切位置和投影方向。

2）建筑物内部的空间组合与布局，以及建筑物的分层情况。

3）建筑物的结构与构造形式，墙、柱等构件之间的相互关系，以及建筑材料及做法。

4）标高和尺寸，特别要注意了解建筑物的层高和楼地面的标高，及其他部位的标高和有关尺寸。

5）屋面的排水方式。

6）索引详图所在位置及编号。

以该工程建施 17 为例，该图图名为"1-1 剖面图"，比例为 1:100；在看本图信息之前，需要先在一层平面图（建施 06）中找出 1-1 剖面的位置及投影方向，从建施 06 中可以看出，1-1 剖面位于⑥~⑦轴线之间，自东向西投影。

从 1-1 剖面图可以看出该建筑总共 6 层，外加闷顶层，闷顶层设有风机房；与闷顶层平面图（建施 12）、屋顶层平面图（建施 13）相结合，可以看出坡屋面设有上人口和排风口各 2 个。楼道宽 2700mm，宿舍进深 6900mm，阳台进深 2100mm，室外空调机搁板伸出墙面 700mm，挑檐沟宽 600mm；层高 3500mm，门高 2100mm；Ⓕ轴墙身做法见建施 18（此处标注错误，实为建施 21）中④号墙身大样图。

8. 建筑大样图及节点详图

大样图是将某一构件单独绘制，标注详细尺寸、工程做法及材料使用情况。但个别复杂部位在大样图中仍无法准确表达具体做法，此时需要用节点详图对该复杂部位进行更详细的说明，节点详图是建筑细部的施工图，是对建筑平面、立面、剖面图等基本图样的深化和补充。建筑施工图通常需要绘制外墙身详图、楼梯详图、门窗详图等。

以建施 21 中④号墙身大样图为例，该图绘制了Ⓕ轴墙身具体情况，墙厚 200mm，门高 2100mm，窗高 1300mm；屋面檐沟构造层次及滴水做法、雨篷防水层收头及泛水做法在本图中无法完全展示，需要用详图进行说明，本图中均采用标准图集做法，故无需单独绘制，用索引符号注明即可。在本图中滴水处索引符号的意思为参照"陕 09J02 第 9 页 A 详图"做法。查阅该图集，具体做法如图 1-3 所示。

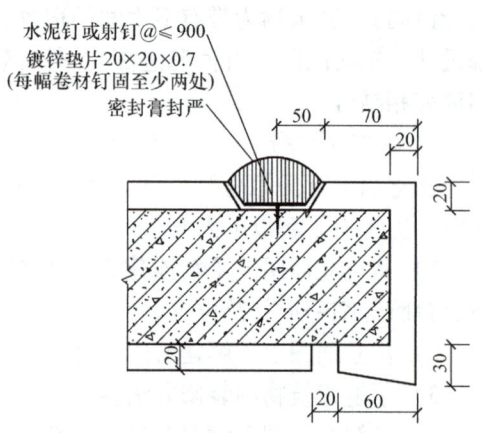

图 1-3 滴水做法

四、结构施工图识读实例

本部分内容以××职业技术学院 111 号学子楼结构施工图为例,请扫描下侧二维码获取图纸。

1. 目录

目录表达的信息同建筑施工图。

通过本工程结构施工图目录可知,本工程结构施工图共 22 页,包括结构设计总说明,基坑开挖图,基础平面布置图,基础、梁、板、柱平法施工图及楼梯详图等;工程结构形式为框架结构;图纸规格有 A1+1/4、A2+3/4 等。

2. 结构设计总说明

结构设计总说明主要交代设计依据、抗震等级、人防等级、地基情况及承载力,防潮抗渗做法,活荷载值,材料等级,施工注意事项,选用详图,通用详图或节点,施工质量要求,以及在施工图中未画出而需要通过文字说明来表达的信息。

如通过本工程结构设计总说明(结施 01、结施 02、结施 03),可知本工程为框架结构,结构安全等级为二级,合理使用年限 50 年,场地类别二类,抗震等级二级,抗震设防烈度 8 度,砌体结构的施工质量控制等级为 B 级。工程采用的混凝土有 C15、C30、C35、C40,填充墙使用的块材有烧结实心砖、承重多孔砖和加气混凝土砌块,砂浆有混合砂浆、水泥砂浆。另外还交代了基坑开挖、回填,填充墙构造柱、拉结筋的设置,钢筋连接、锚固、箍筋加密、板分布筋设置、保护层厚度等要求。

3. 基坑开挖图

识读基坑开挖图(结施 04)。本工程基坑采用放坡开挖,基坑底部标高为 -5.100m,基坑底外放尺寸自基础边缘外放 1.500m。为保证基坑底部土层不受扰动,开挖时应保留底部 300mm 厚的土层暂不挖去,待铺填垫层前再人工挖至设计标高。基底垫层厚 2.500m,其中下部为 1.500m 厚素土垫层,上部为 1.000m 厚 2∶8 灰土垫层。垫层施工方法、分层铺填厚度、每层压实遍数宜通过现场试验确定,垫层分层铺填厚度宜为 200~300mm,要求回填土压实系数大于 0.97,复合地基承载力特征值不小于 220kPa。

4. 基础施工图

基础平法施工图相关制图规则和构造要求,请查阅标准图集《混凝土结构施工图平面整体表示方法制图规则和构造详图》(16G101-3)。

本工程关于基础结构的施工图有 2 张,分别是基础平面布置图(结施 05)和基础梁平法施工图(结施 06),读图时应两者相结合。本工程采用的基础为梁板式条形基础,另外在Ⓐ轴线门厅处有 2 个独立基础;混凝土垫层和基础的混凝土强度分别为 C15 和 C35(见结构设计说明);在⑪~⑫轴线间设有 800mm 宽后浇带。

梁板式条形基础底部标高 -2.500m,宽度有 2400mm、2600mm 和 1800mm 三种,底板底部横向受力钢筋为⊈12@130,纵向分布筋为⊈8@200;基础梁有 7 种,以基础梁平法施工图(结施 06)中Ⓐ轴线基础梁 JL5(3)为例,该基础梁截面宽×高尺寸为 750mm×1200mm,箍筋为⊈12@200,四肢箍,基础梁底部配有 4⊈25 通长筋,Ⓑ~Ⓒ跨该基础梁上部纵筋为 13⊈25,分两排布设,第一排 11 根,第二排 2 根,Ⓑ轴线支座处该基础梁下部纵筋为 7⊈25，其中有 4 根为通长筋，另外 3 根在净跨 1/3 处断开。

独立基础底部标高为 -1.000m，平面尺寸均为 1000mm×1000mm，底板底部配有⊈12@180 双向钢筋。

5. 柱平法施工图

梁、板、柱、剪力墙平法施工图相关制图规则和构造要求，请查阅标准图集《混凝土结构施工图平面整体表示方法制图规则和构造详图》（16G101-1）。

柱平法主要反映柱子与定位轴线之间的位置关系，以及柱子的截面尺寸和配筋情况。本工程柱平法施工图按起始标高划分共有 5 张，看图时应关注层高表，注意楼层与标高的对应关系，避免看错图纸。

以基础顶~3.450 柱平法施工图（结施07）为例。该图为一层柱，柱子受力较大，往往截面或配筋较上层柱大。本图中有框架柱 13 种，共计 50 根。

以 KZ7 为例，本图共有 2 个 KZ7，分别位于⑳轴线和ⓒ、ⓓ相交处，柱子截面 $b×h$ = 600mm×700mm，纵向受力筋共 26 根，其中柱四角纵向受力筋为 4⊈32，b 边中部纵向受力筋为 1⊈32+4⊈28，h 边中部纵向受力筋为 6⊈28，箍筋⊈10@100/200，6×6 复合箍筋，柱节点核心区箍筋为⊈12@100。

6. 梁平法施工图

梁平法主要反映梁与定位轴线之间的位置关系，以及梁的截面尺寸和配筋情况。本工程梁平法施工图共有 7 张，看图时应关注层高表，注意楼层与标高的对应关系，避免看错图纸。

以二层梁平法施工图（结施12）为例。该层梁顶标高 3.345m，与建筑标高比低了 50mm（装饰层厚度）。该层有框架梁 13 种，共 17 根；非框架梁 4 种，共 11 根。

以 KL11 为例。该梁为楼层框架梁，共 10 跨，两端无悬挑，截面尺寸 $b×h$ = 350mm×700mm；箍筋为⊈8@100/200（4）（主次梁交接附加箍筋应符合 16G101-1 第 88 页规定）；上部纵筋为 2⊈25+2⊈12，其中 2⊈25 为上部通长筋，位于角部，2⊈12 为架立筋。①~③跨该梁上部支座处纵筋为 8⊈25，分两排布设，第一排 5 根，除 2 根通长筋外，其余 3 根在净跨 1/3 处断开，其中 2 根变为 2⊈12 架立筋；第二排 3 根，在净跨 1/4 处断开。梁下部纵筋为 6⊈22，单排布设。

7. 板平法施工图

本工程板配筋图有 3 张，以二~六层结构平面布置图及板配筋图（结施19）为例。各楼层标高按层高表取值，阳台、盥洗室标高比楼层标高低 80mm，雨篷、空调搁板同楼层标高，板厚 100mm（雨篷板厚 120mm）。以①~③、Ⓑ~ⓒ间板为例，板配筋情况应结合图中附注和结构设计说明来看，板底钢筋为⊈8@200，双向布设；板面钢筋主要有两种，分别为板支座负筋和分布筋，支座负筋为⊈8@200，从支座处伸出 900mm，分布筋为Φ6@180。

8. 楼梯详图

楼梯平法施工图相关制图规则和构造要求，请查阅标准图集《混凝土结构施工图平面整体表示方法制图规则和构造详图》（16G101-2）。

本工程楼梯详图见结施22。该建筑有 2 个板式楼梯，均从一楼通往六楼，楼梯开间 3600mm，进深 6900mm。楼梯的各组成部分是：梯板（ATa1、ATa2、ATb1、CTb1）、梯梁（TL1~TL5、XL1）、平台板（PTB1、PTB2）、梯柱（TZ1、TZ2）。

梯板以 ATa1 为例，梯板厚 150mm，上部、下部纵筋均为$\underline{\Phi}10@110$，分布筋为$\underline{\Phi}8@200$。

梯梁以 TL1 为例，截面尺寸 $b \times h = 200mm \times 350mm$，上部纵筋为 $2\underline{\Phi}16$，下部纵筋为 $3\underline{\Phi}18$，箍筋为$\underline{\Phi}8@100$，梁腰设受扭钢筋 $N2\underline{\Phi}16$。

平台板以 PTB1 为例，平台板厚 100mm，板底、板面均双向布设$\underline{\Phi}8@200$。

梯柱以 TZ1 为例，起止标高为基础顶~0.050m，截面尺寸 $b \times h = 300mm \times 200mm$，纵筋为 $6\underline{\Phi}16$，箍筋为$\underline{\Phi}8@100$（矩形复合箍筋，形式为 3×2）。

任务拓展

1. 课外阅读《混凝土结构施工图平面整体表示方法制图规则和构造详图》（16G101）。
2. 课外阅读《混凝土结构施工钢筋排布规则与构造详图》（18G901）。

任务训练

1. 施工图包括（　　）。
   A. 建筑施工图　　　　B. 结构施工图　　　　C. 给水排水施工图
   D. 采暖通风施工图　　E. 电气照明施工图
2. 某楼层框架梁序号为 5，7 跨，一端有悬挑，则该梁编号为（　　）。
   A. WKL7（5A）　　B. KL7（5B）　　C. KL5（7A）　　D. L5（7B）

任务小结

1. 施工图的识读应遵循：总揽全局→循序渐进→相互对照→重点细读的方法。
2. 识读步骤为：阅读图纸目录→阅读设计总说明→通读图纸→精读图纸。

工作任务 3　施工图绘图

知识点：
1. 建筑施工图制图。
2. 结构施工图制图。
3. 建筑竣工图制图。
4. 结构竣工图制图。

能力（技能）点：
1. 能依据制图标准，根据任务要求，运用 CAD 绘图软件抄绘建筑平面图、立面图、剖面图、详图。
2. 能依据制图标准，根据任务要求，运用 CAD 绘图软件抄绘结构平面图、立面图、剖面图、详图。
3. 能依据建筑竣工图绘制标准，根据施工设计变更及施工记录，运用 CAD 绘图软件绘制建筑竣工图。
4. 能依据结构竣工图绘制标准，根据施工设计变更及施工记录，运用 CAD 绘图软件绘制结构竣工图。

任务实施

一、建筑施工图制图

1. 绘制建筑施工图的步骤

（1）确定绘制图样的数量　图样的数量是由房屋的外形、层数、平面布置、标准化程度、构造内容、复杂性以及施工的具体要求来确定的，图样的数量以少为好，但不能有遗漏，否则无法施工。

（2）选择适当的比例　可参见《建筑制图标准》（GB/T 50104—2010）中建筑专业制图的常用比例。

（3）确定图幅　首先要根据图样的尺寸、复杂程度、进行尺寸标注所占用的位置和必要的文字说明的位置，确定图纸的幅面。一个工程设计中，每个专业所使用的图纸，一般不宜多于两种幅面。

（4）进行合理的图面布置　图面布置包括图样、图名、尺寸、文字说明及表格等，要主次分明，排列均匀紧凑，表达清楚，同类型的、内容关系密切的图样，集中在一张或图号连续的几张图纸上，以便对照查阅。

（5）施工图的绘制顺序　一般是按平面图、立面图、剖面图、详图顺序来进行。

2. 建筑施工图绘制的线型要求

（1）在平面图中的线型要求　平面图中的线型要求粗细分明，具体要求如下：

1）粗实线——凡是被剖切到的墙、柱的断面轮廓。

2）中实线——被剖切到的次要部分的轮廓线和可见的构配件轮廓线，如墙身、窗台等。

3）中虚线——被剖切到的高窗、墙洞等。

4）细实线——尺寸标注线、引出线等。

5）细点画线——定位轴线和中心线。

需要注意的是，平面图实际上是水平剖面图，要画剖切到的部位（粗实线），也要画投影到的构造（中实线或细实线）。

（2）在立面图中的线型要求

1）用粗实线表示立面图的最外轮廓线。

2）凸出墙面的雨篷、阳台、柱子、窗台、窗楣、台阶、花池等投影线用中粗线画出。

3）地坪线用加粗线（粗于标准粗度的1.4倍）画出。

4）其余如门、窗及墙面分格线、雨水管以及材料符号引出线、说明引出线等用细实线画出。

（3）建筑剖面图中的线型要求

1）凡是被剖切到的墙身、屋面板、楼板、楼梯、楼梯间的休息平台、阳台、雨篷及门、窗、过梁等用两条粗实线表示，其中，钢筋混凝土构件较窄的断面可涂黑表示。

2）其他没被剖切到的可见轮廓线，如门窗洞口、楼梯、女儿墙、内外墙的表面均用中实线表示。

3）图中的分隔线、引出线、尺寸界线、尺寸线、材料图例等用细实线表示。

4）室内外地面线用加粗实线表示。

3. 建筑平面图的绘制

因本工程平面尺寸较大，仅以首层平面图（部分）为例。

1）确定平面图的比例和图幅。选择适当的比例，通常采用1∶100、1∶50、1∶200。根据建筑物的长度、宽度和复杂程度以及尺寸标注所占的位置和必要的文字说明的位置确定图纸的幅面。

2）画图框线和标题栏。

3）布置图面，画所有定位轴线，墙、柱的轮廓，如图1-4a所示。

4）定门、窗洞的位置，画细部如楼梯、卫生间等，如图1-4b所示。

5）仔细检查底图无误后，按规定线型加深。

6）标注轴线编号、标高尺寸、内外部尺寸、门窗编号、索引符号、剖切符号以及其他文字说明。

7）写图名、比例，如图1-4c所示。

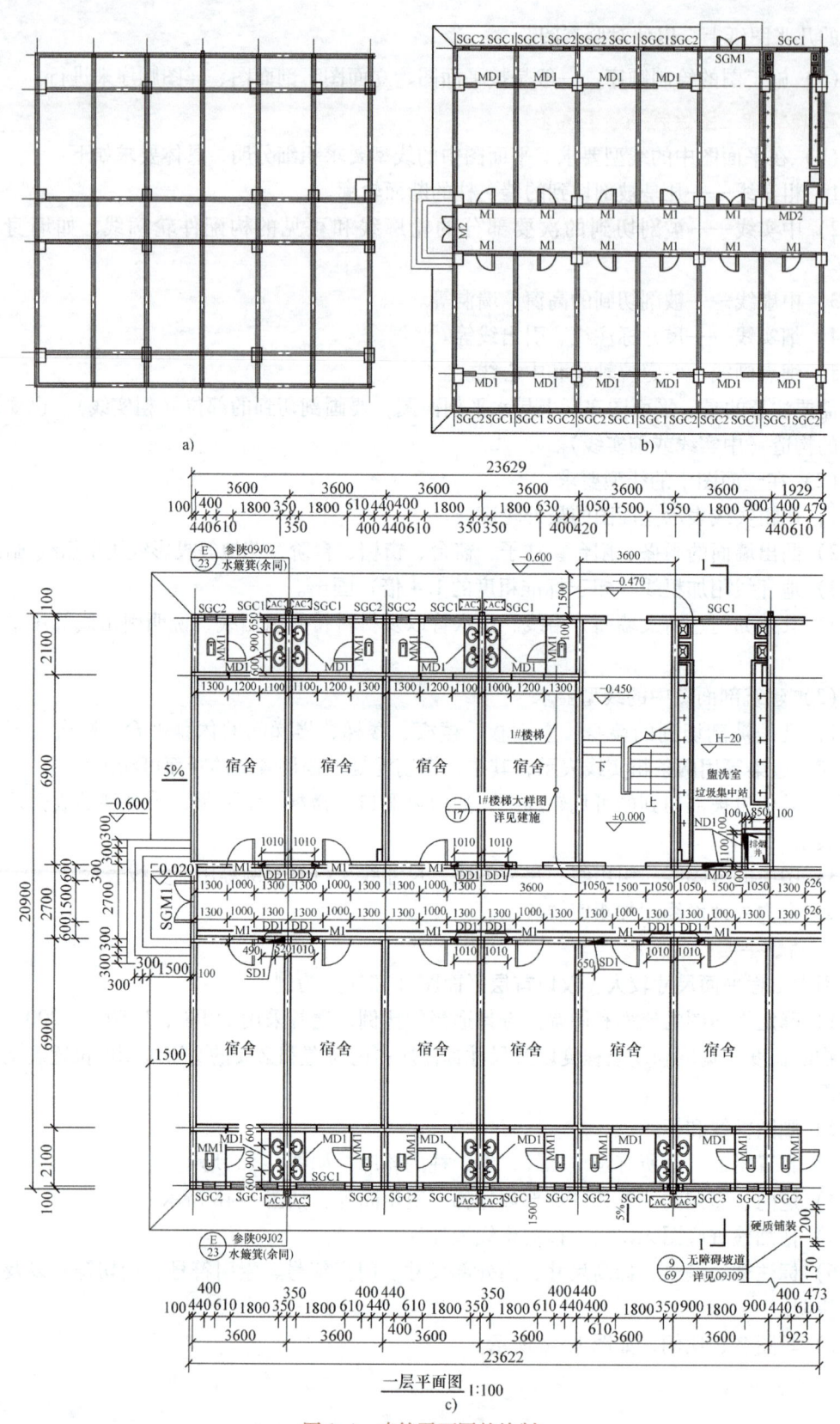

图 1-4 建筑平面图的绘制

4. 建筑立面图的绘制

1）确定立面图的比例和图幅，一般与平面图相同，以便对照看图。

2）画室外地坪，两端的定位轴线、外墙轮廓线、内部主要轮廓线及屋顶线等，如图 1-5a 所示。

3）根据层高、各部分标高和平面图门窗洞口尺寸，画出立面图中门窗洞口、檐口、雨篷、雨水管等细部的外形轮廓，如图 1-5b 所示。

4）检查无误后，按立面图的线型要求进行图线加深。

5）标注标高，书写墙面装修文字、图名、比例、文字说明等，如图 1-5c 所示。

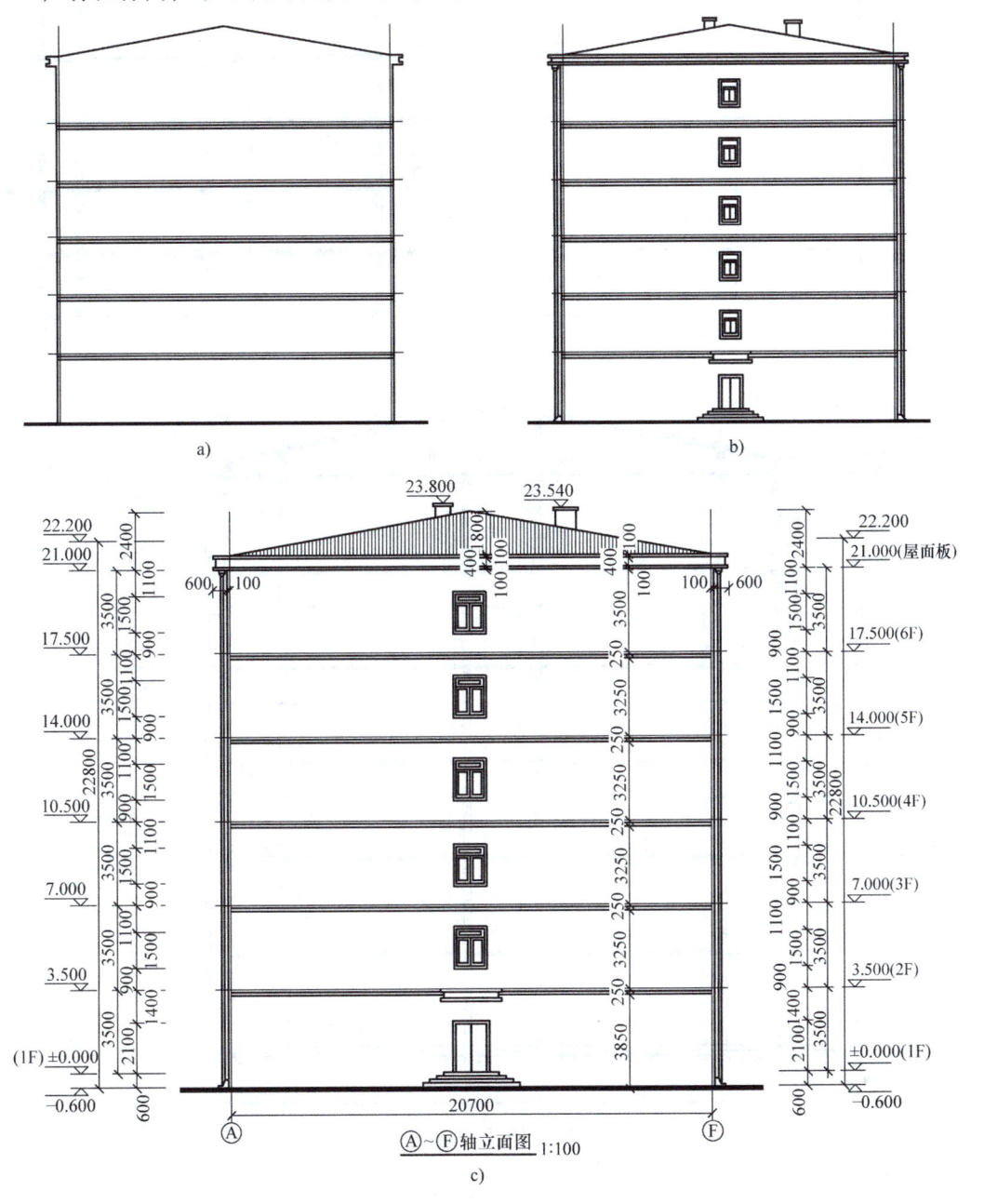

图 1-5 建筑立面图的绘制

5. 建筑剖面图的绘制

1) 确定剖面图的比例和图幅，一般与平面图、立面图相同。

2) 画出定位轴线、室内外地坪线、楼面线、墙身轮廓线、柱轮廓线等，如图 1-6a 所示。

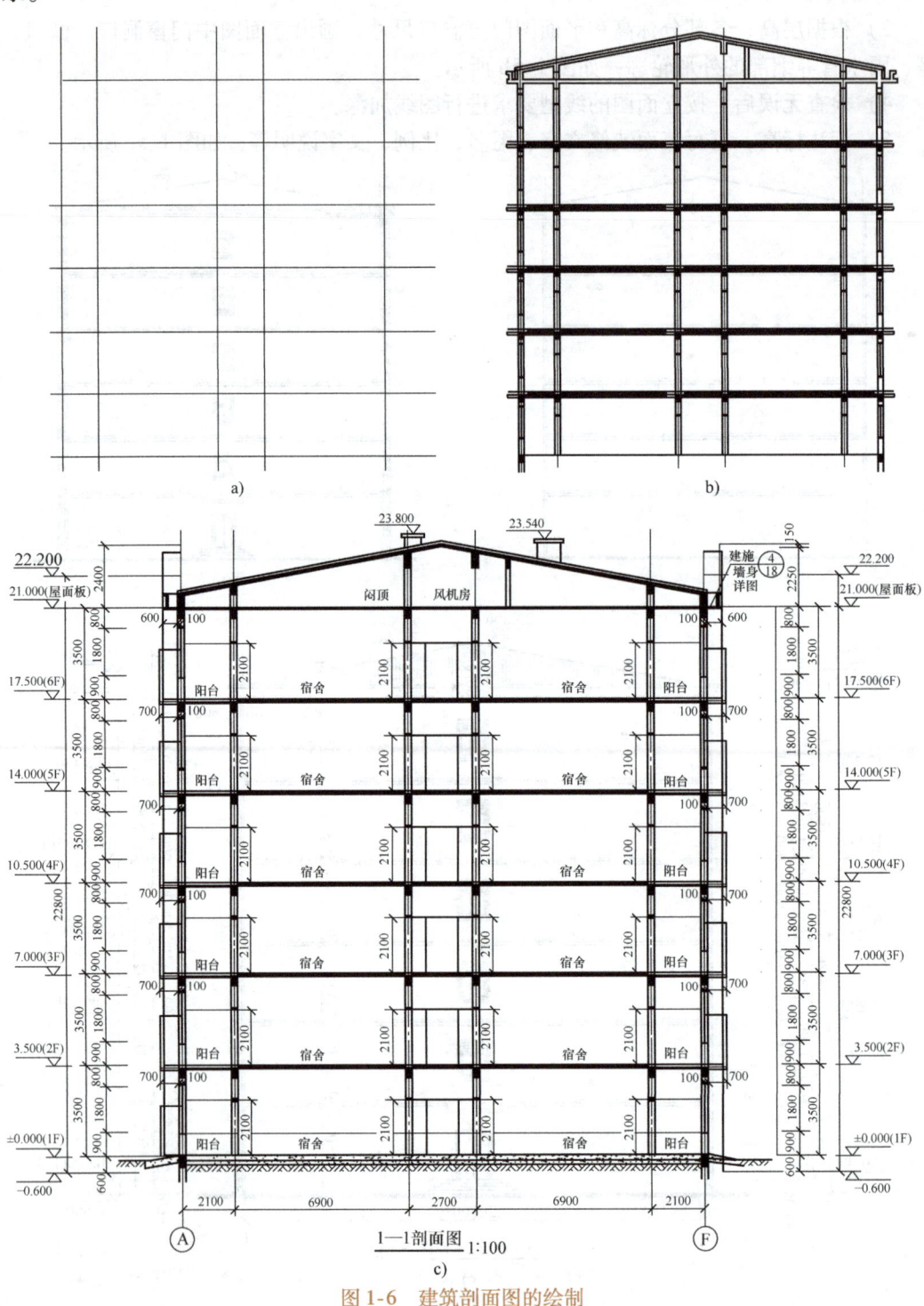

图 1-6 建筑剖面图的绘制

3）画出楼板、屋顶的构造厚度，再画出门窗洞高度、过梁、圈梁、防潮层、檐口宽度等，如图 1-6b 所示。

4）检查无误后，按剖面图的线型要求加深图线，画材料图例。

5）注写标高、尺寸、图名、比例及有关文字说明，如图 1-6c 所示。

6. 楼梯详图的绘制

（1）楼梯平面图的绘例

1）确定楼梯详图的比例和图幅，为能较好地反映楼梯的全貌，楼梯详图的比例通常为 1∶50，图幅同其他图纸。

2）面出楼梯间的定位轴线、楼梯间的墙身，确定楼梯段的长度、宽度及其起止线、平台的宽度，如图 1-7a 所示。

3）在梯段起止线内等分梯段，画出踏步，如图 1-7b 所示。

4）画出细部图例、尺寸、轴线编号等。

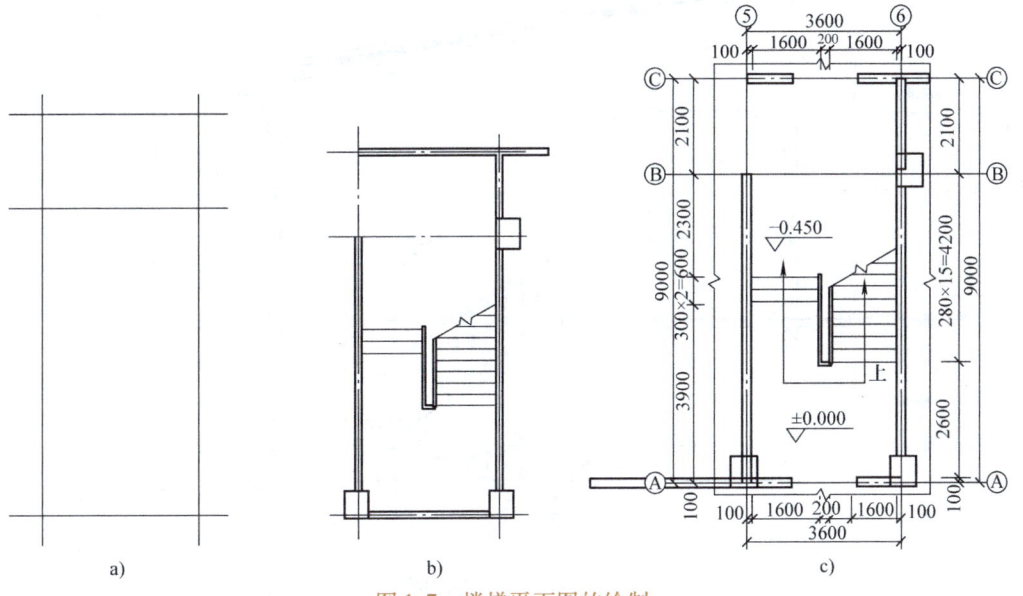

图 1-7 楼梯平面图的绘制

5）检查无误后，按要求加深图线。

6）标注图名、比例及文字说明等，如图 1-7c 所示。

（2）楼梯剖面图的画法

1）确定比例和图幅，比例与楼梯平面图相同，并与楼梯平面图画在同一张图纸上。

2）画轴线，定室内外地面与楼面线、平台位置及墙身，量取楼梯段的水平长度、竖直高度及起步点的位置，如图 1-8a 所示。

3）用等分两平行线间距离的方法划分踏步的宽度，确定步数和高度、级数。

4）画出楼板和平台板厚，画楼梯段、门窗平台梁、栏杆及扶手等细部，在剖切到的轮廓范围内画上材料图例，如图 1-8b 所示。

5）检查无误后，按要求加深图线。

6）注写标高尺寸、图名、比例、文字说明，如图 1-8c 所示。

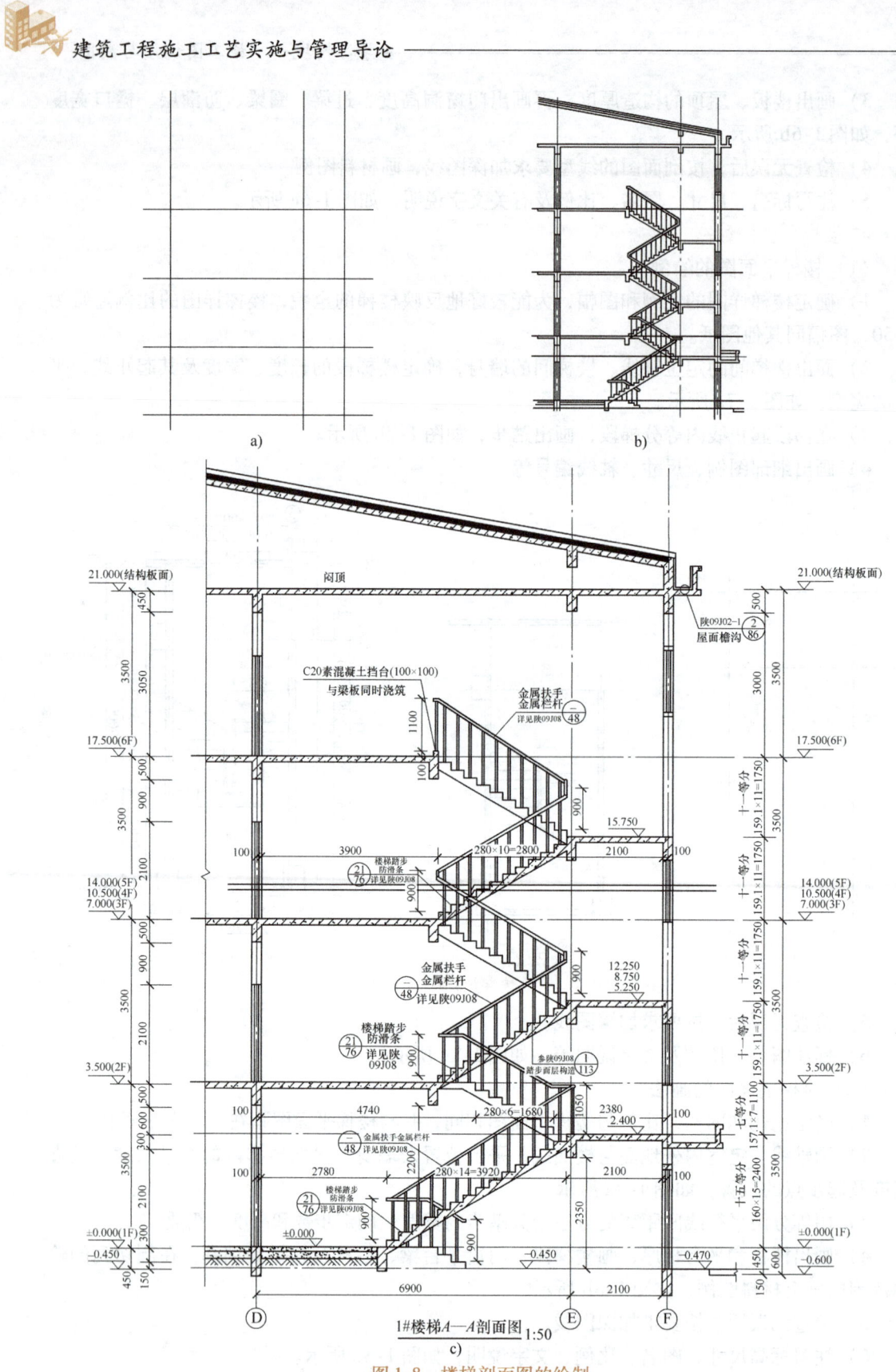

图 1-8 楼梯剖面图的绘制

二、结构施工图绘制

1. 结构施工图的三种表示方法

（1）详图法　通过平、立、剖面图将各构件（梁、柱、墙等）的结构尺寸、配筋规格等表示出来。

（2）梁柱表法　采用表格填写的方法将结构构件的结构尺寸和配筋规格用数字符号表达。此法比"详图法"简单方便。不足之处是：同类构件的许多数据需多次填写，容易出现错漏，图纸数量多。

（3）结构施工图平面整体表示方法　简称"平法"。它把结构构件的截面型式、尺寸及所配钢筋规格在构件的平面位置用数字和符号直接表示，再与相应的"结构设计总说明"和梁、柱、墙等构件的"构造通用图及说明"配合使用。平法的优点是图面简洁、清楚、直观性强，图纸数量少。

结构平面图的绘制方法参照建筑平面图的绘制。此处只对各类构件的截面图绘制进行简要讲解。

2. 梁结构施工图的绘制

1）确定施工图的比例和图幅，选择适当的比例（1∶40、1∶20），画出梁截面轮廓，如图1-9a所示。

2）画梁配筋，如图1-9b所示。

3）注写钢筋信息、尺寸及有关文字说明，如图1-9c所示。

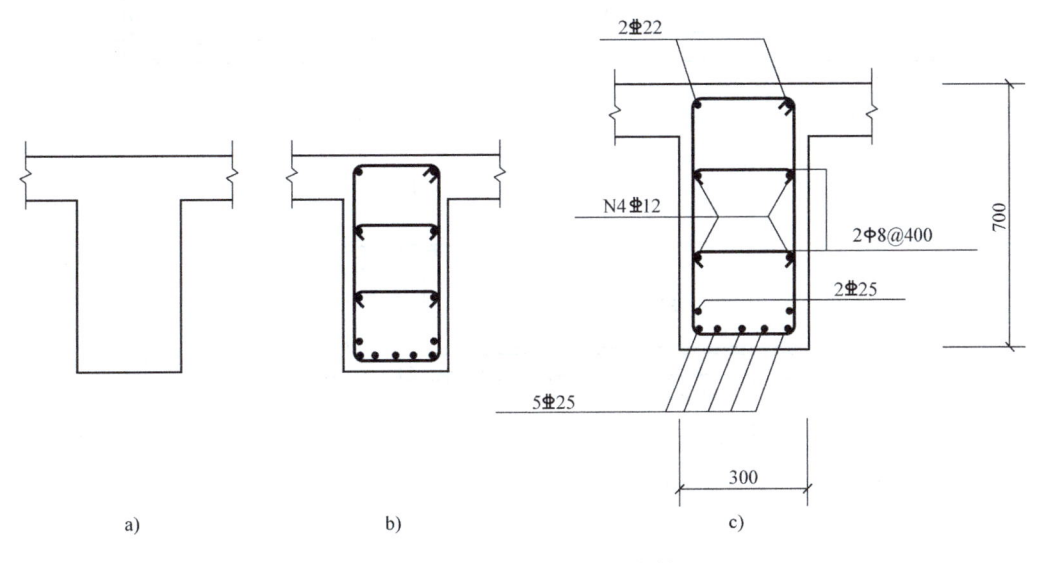

图1-9　梁结构施工图的绘制

3. 柱截面图的绘制

1）确定施工图的比例和图幅，画出梁截面轮廓及箍筋，如图1-10a所示。

2）画柱截面配筋，包括箍筋和纵向钢筋，如图1-10b所示。

3）注写柱截面钢筋信息、尺寸及有关文字说明，如图1-10c所示。

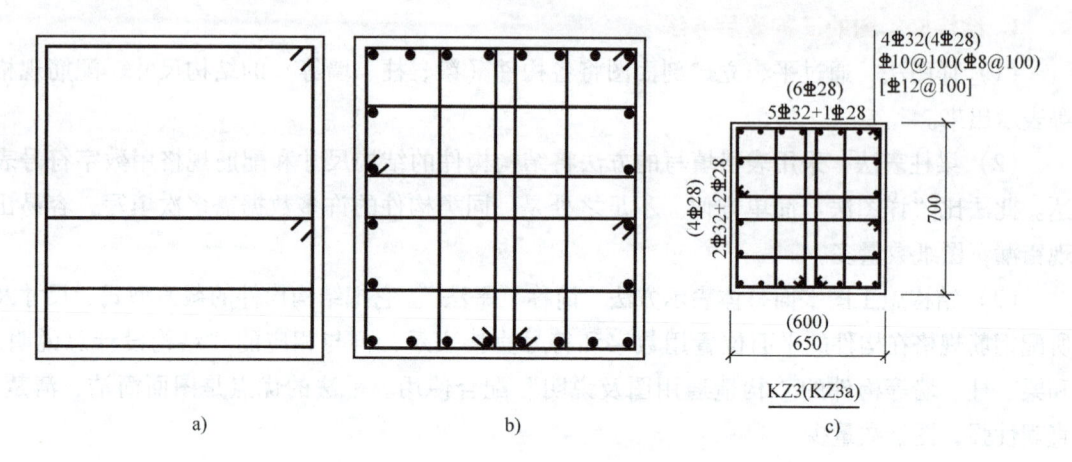

图 1-10　柱截面图的绘制

4. 雨篷配筋图的绘制

1）确定施工图的比例和图幅，画出雨篷截面轮廓，如图1-11a所示。

2）画雨篷截面配筋，如图1-11b所示。

3）注写雨篷截面钢筋信息、尺寸及有关文字说明，如图1-11c所示。

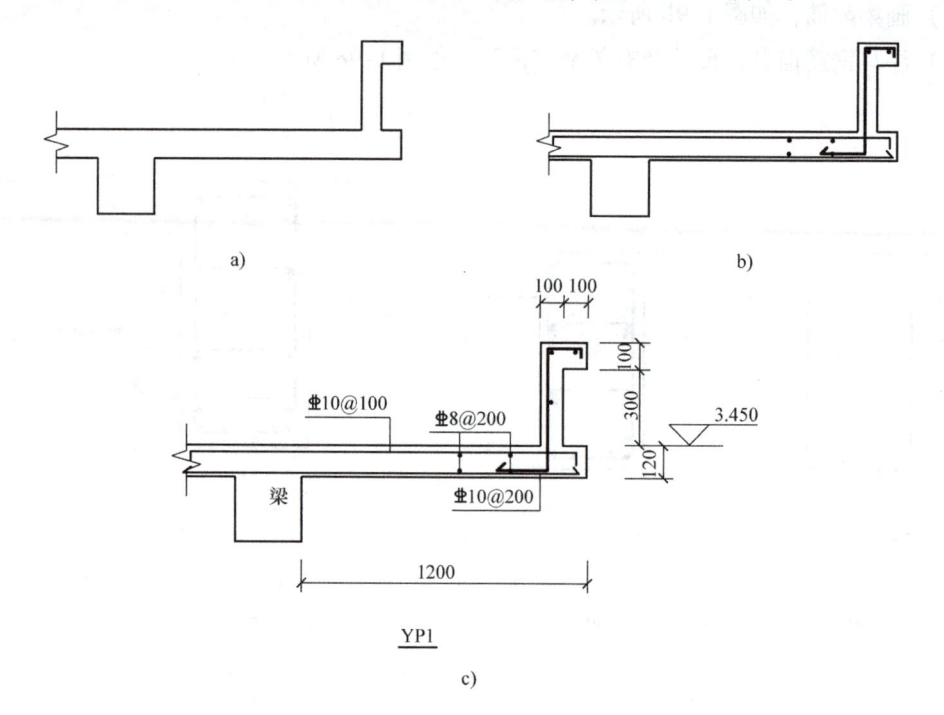

图 1-11　雨篷配筋图的绘制

三、竣工图绘制

1. 竣工图绘制的基本规定

竣工图是真实地记录各种地上地下建筑物、构筑物等情况的技术文件，是对工程进行交工验收、维护、改建、扩建的依据，是国家的重要技术档案。全国各建设、设计、施工单位和各主管部门，都应重视竣工图的编制工作，认真贯彻执行竣工图相关规定。编制竣工图时，必须编制各专业竣工图的图纸目录，绘制的竣工图必须准确、清楚、完整、规范，能真实反映工程竣工后的实际情况。

新建、扩建、改建的基本建设工程，特别是基础、地下建筑、管线、结构、井巷、峒室、桥梁、隧道、港口、水坝以及设备安装等隐蔽部位，都要编制竣工图，编制各种竣工图必须在施工过程中（不能在竣工后），及时做好隐蔽工程检验记录，整理好设计变更文件，确保竣工图质量。

（1）编制竣工图的形式和深度应根据不同情况区别对待

1）凡按图施工没有变动的，则由施工单位（包括总包和分包施工单位，下同）在原施工图上加盖"竣工图"标志并签字后，即作为竣工图。

2）凡在施工中，虽有一般性设计变更，但能将原施工图加以修改补充作为竣工图的，可不重新绘制，由施工单位负责在原施工图（必须是新蓝图或绘图仪绘制的白图）上注明修改的部分，并附以设计变更通知单和施工说明，加盖"竣工图"标志并签字后，即作为竣工图。

3）凡结构形式改变、工艺改变、平面布置改变、项目改变以及有其他重大改变或变更部分超过图面1/3的，不宜再在原施工图上修改、补充者，应重新绘制改变后的竣工图。由于设计原因造成的，由设计单位负责重新绘图；由于施工原因造成的，由施工单位负责重新绘制；由于其他原因造成的，由建设单位自行绘图或委托设计单位绘图。施工单位负责在新图上加盖"竣工图"标志并附以有关记录和说明，作为竣工图。

重大的改建、扩建工程涉及原有的工程项目变更时，应将相关项目的竣工图资料统一整理归档，并在原图案卷内增补必要的说明。

4）竣工图一定要与实际情况相符，要保证图纸质量，做到规格统一，图面整洁，字迹清楚。不得用圆珠笔或其他易褪色的墨水绘制。竣工图要经承担施工的技术负责人审核签认。

（2）竣工图的汇总整理工作按下列情况区别对待

1）建设项目实行总包制的各分包单位应负责编制分包范围内的竣工图，总包单位除应编自行施工的竣工图外，还应负责汇总整理各分包单位编的竣工图。总包单位在交工时应向建设单位提交总包范围的各项完整、准确的竣工图。

2）建设项目由建设单位或工程指挥部分包几个施工单位承担的，各施工单位应负责编制所承包工程的竣工图，建设单位或工程指挥部负责汇总整理。

3）建设项目在签订承发包合同时，应明确规定竣工图的编制、检验和交接等问题。

工程竣工验收前，建设单位应组织、督促和协助各设计、施工单位检验各自负责的竣工图编制工作，发现有不准确或不完整时，要及时采取措施修改和补齐。竣工图要作为工程交工验收的条件之一。竣工图不准确、不完整、不符合归档要求的，不能交工验收。在特殊情况下，也可按交工验收时双方议定的限期补交竣工图。

大中型建设项目和城市住宅小区建设的竣工图，不得少于两套，一套移交生产使用单位保管，一套交有关主管部门或技术档案部门长期保存；关系到全国性特别重要的建设项目，应增交一套给国家档案馆保存。小型建设项目的竣工图不得少于一套，移交生产使用单位保管。因编制竣工图需增加的施工图，由建设单位负责及时提供给施工单位，并在签订合同时，明确需要增加的份数。

大型工程竣工后，凡上述竣工图仍不能满足需要时，可重新绘制竣工图，由建设单位负责组织力量绘制，设计、施工单位负责提供工程变更资料。

编制整理竣工图所需的费用，凡属设计原因造成的，由设计单位解决；施工单位负责编制所需的费用，由施工单位在建筑安装工程造价中解决；建设单位负责编制和需复制的费用，由建设单位在基建投资中解决；建成使用以后需要复制、补制的费用，由使用单位负责解决。

2. 竣工图包含的内容

1）综合竣工图。
2）建筑竣工图。
3）结构竣工图。
4）装饰装修工程竣工图。
5）建筑给水、排水与采暖竣工图。
6）燃气竣工图。
7）建筑电气竣工图。
8）智能建筑工程竣工图。
9）通风空调竣工图。
10）地上部分的道路、绿化、庭院照明、喷泉等竣工图。
11）地下部分的各种市政、电力、电信管线等竣工图。

3. 竣工图的绘制示例

（1）利用施工蓝图改绘竣工图　在施工蓝图上改绘竣工图一般采用杠（划）改法、叉改法。局部修改可以圈出更改部位，在原图空白处绘出更改内容。所有变更处都必须引索引线并注明更改依据。

在施工图上改绘，不得使用涂改液涂抹、刀刮、补贴等方法修改图纸。具体的改绘方法可视图面、改动范围和位置、繁简程度等实际情况而定。

1）取消内容的修改

①尺寸、门窗型号、设备型号、灯具型号、钢筋型号和数量、注解说明等数字、文字、符号的取消，可采用杠改法（图1-12）。

②隔墙、门窗、钢筋、灯具、设备等取消，可用叉改法。

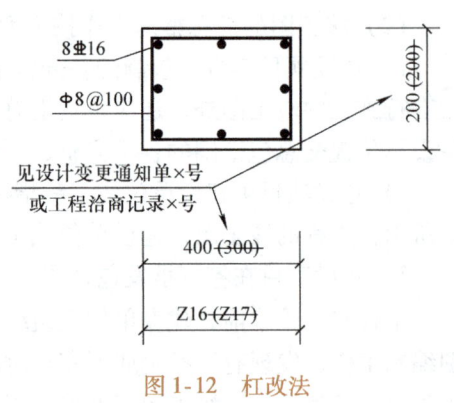

图1-12　杠改法

2）增加内容的修改

① 在建筑物某一部位增加隔墙、门窗、灯具、设备、钢筋等，均应在图上的实际位置用规范制图方法绘出，并注明修改依据。

② 如增加的内容在原位置绘不清楚时，应在本图适当位置（空白处）按需要补绘大样图（详图）；如本图上无可绘位置时，应另用硫酸纸绘补图，并晒成蓝图或用绘图仪绘制白图后附在本专业图纸之后，如图1-13所示。

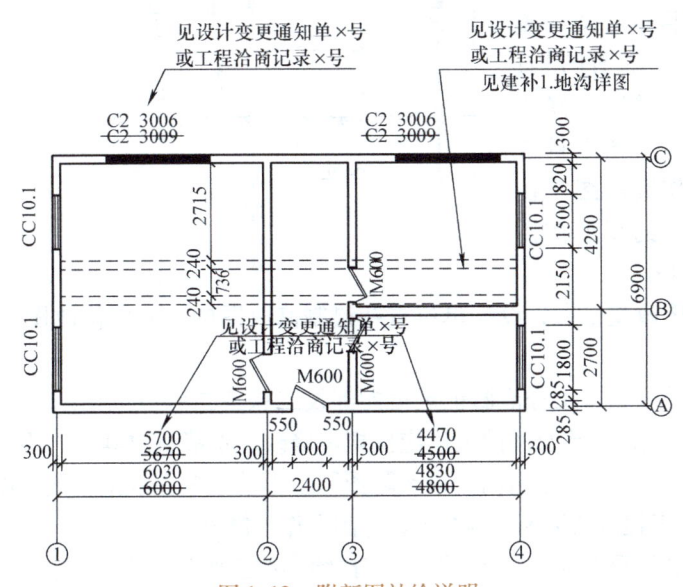

图1-13 附新图补绘说明

3）内容变更

① 数字、符号、文字的变更，可在图上用杠改法将取消的内容杠去，在其附近空白处增加更正后的内容，并注明修改依据（图1-14）。

② 设备配置位置、灯具、开关型号等变更引起的改变；墙、板、内外装修等变化均应在原图上改绘。

③ 图纸某部位变化较大或在原位置上改绘有困难，或改绘后杂乱无章，可以在空白处补绘（图1-15）。

4）加写说明

① 图上某一种设备、门窗等型号的改变，涉及多处修改时，要对所有涉及的地方全部加以改绘，其修改依据可标注在一个修改处，但必须在此处做简单说明。

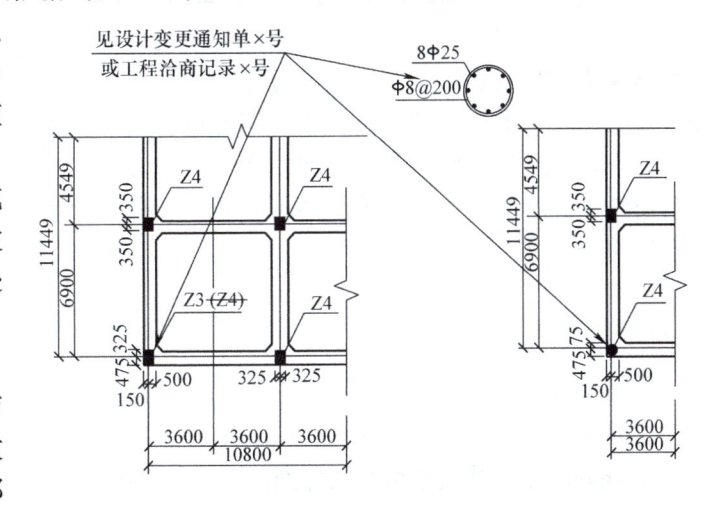

图1-14 内容变更

② 钢筋的代换，混凝土强度等级改变，墙、板、内外装修材料的变化等变更难以用图

示方法表达清楚时，可加注或用索引的形式加以说明。

③ 涉及说明类型的洽商记录，应在相应的图纸上使用设计规范用语反映洽商内容。

5) 注意事项

① 施工图纸目录必须加盖竣工图章，作为竣工图归档；凡有作废、补充、增加和修改的图纸，均应在施工图纸目录上标注清楚，即作废的图纸在目录上扛掉，补充的图纸在目录上列出图名、图号。

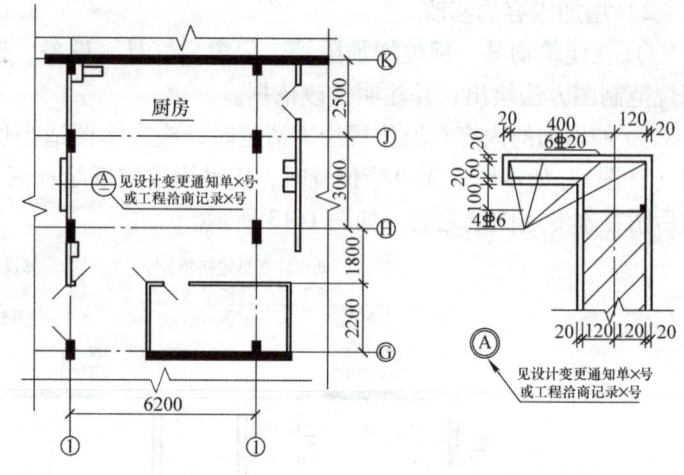

图 1-15 空白处补绘

② 如某施工图改变量大，设计单位重新绘制修改图的，应以修改图代替原图，原图不再归档。

③ 某一项设计变更或工程洽商记录可能涉及二张或二张以上图纸，某一局部变更可能引起系统变化等情况，凡涉及的图纸均应按规定修改，不能只改其一、不改其二。

④ 不得将设计变更或工程洽商记录及附图原封不动地贴在或附在竣工图上作为修改，也不得将设计变更或工程洽商记录的内容抄在蓝图上作为修改。

⑤ 根据规定必须重新绘制竣工图时，应按绘制竣工图的要求制图。

(2) 用 CAD 绘制竣工图 在电子版施工图上依据设计变更、工程洽商记录进行修改时，修改后用云图圈出修改部位，并在图中空白处做修改备考表，原设计人员必须在图签上签字。

(3) 竣工图章 编制单位、编制人、审核人、技术负责人要对竣工图负责。所有的竣工图均应由编制单位逐张加盖竣工图章，并签字。由设计单位编制的竣工图，其设计图签中应明确竣工阶段，并应签名齐全。竣工图章应加盖在图签附近的空白处，并应使用不易褪色的印泥。竣工图章样式如图 1-16 所示。

竣工图			
施工单位			
编制人		审核人	
技术负责人		编制日期	
总监理单位			
总监		现场监理	

图 1-16 竣工图章样式

任务拓展

1. 课外阅读《房屋建筑制图统一标准》(GB/T 50001—2017)。
2. 课外阅读《建筑制图标准》(GB/T 50104—2010)。
3. 课外阅读《建筑结构制图标准》(GB/T 50105—2010)。

任务训练

1. 使用 AutoCAD 软件抄绘××职业技术学院 111 号学子楼建施 16、结施 07。

2. 竣工图和施工图有何不同？

任务小结

1. 绘制建筑施工图的一般顺序为：确定比例和图幅→绘制轴线（地坪线、楼面线）→构件轮廓线→门窗洞口等→细部→调整线型→各类标注等。

2. 竣工图要完全反映工程的最终施工结果，在施工图上修改时应简洁明了，要能看清修改前后的信息，并注明修改依据。竣工图须逐张加盖竣工图印章并签字。

建筑工程施工工艺实施与管理导论

工作任务 4　施工构件建模

知识点：
1. 建筑构件模型创建。
2. 建筑结构构件模型创建。

能力（技能）点：
1. 能依据给定的二维建筑部品图，创建建筑模型。
2. 能依据给定的二维结构构件，创建结构构件模型。
3. 能依据给定的二维建筑施工图，创建建筑物模型场景。
4. 能依据给定的二维结构施工图，创建结构模型场景。
5. 施工场地布置图绘制。

任务实施

　　BIM（Building Information Modeling）——建筑信息模型，是以建筑工程项目的各项相关信息数据作为基础，通过三维模型将建设单位、设计单位、施工单位、监理单位等项目参与方协同在同一平台上，确保建筑在全生命周期中能够按时、保质、安全、高效地完成，并具备责任可追溯性。

　　目前，BIM 建模软件有很多，包括 Revit、Bentley、CATIA 等，应用最多的 BIM 建模软件是 Autodesk 公司研发的 Revit 软件（图 1-17），Revit 软件能够在同一平台上完成建筑、结构、给水排水、暖通、电气专业的建模与施工图设计。本部分内容以三层小别墅工程为例，用 Revit 软件说明创建建筑构件模型、结构构件模型以及施工场景布置的一般步骤。

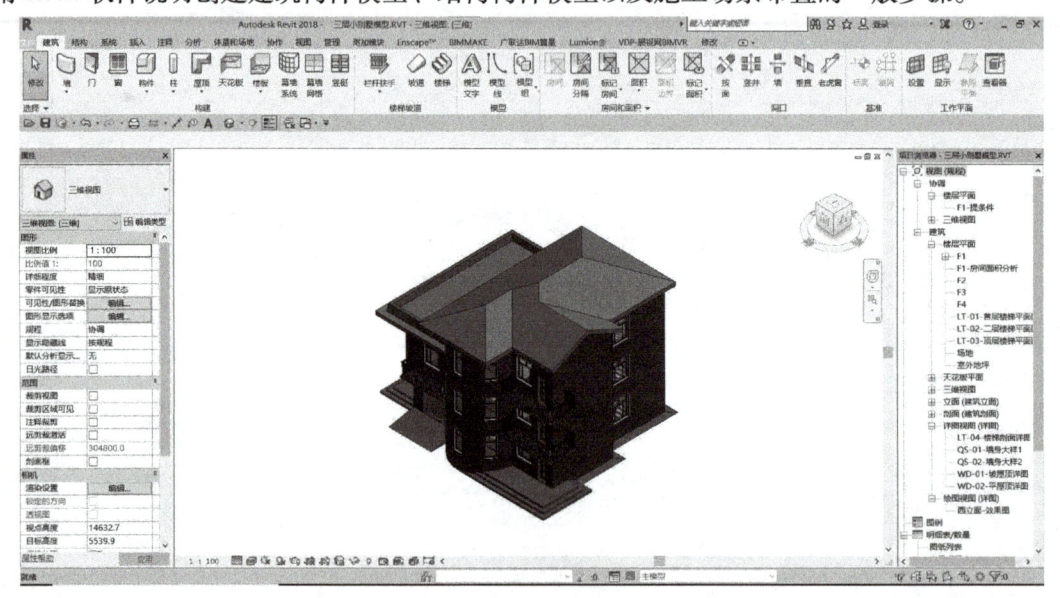

图 1-17　Revit 软件界面

一、建筑模型创建

首先，打开 Revit 软件，新建项目，并且进行项目设置，输入项目信息并保存。

1. 创建标高和轴网

标高用来定义楼层层高及生成平面视图；轴网用于为构件定位，在 Revit 中轴网确定了一个不可见的工作平面。轴网编号以及标高符号样式均可定制修改。

在 Revit Architecture 中，"标高"命令必须在立面和剖面视图中才能使用，因此在正式开始项目设计前，必须事先打开一个立面视图。

在 Revit 中轴网只需要在任意一个平面视图中绘制一次，其他平面和立面、剖面视图中都将自动显示。

绘制完轴网后，需要在平面图和立面视图中手动调整轴线标头位置。

使用编辑标高和轴网方法，调整标头位置、添加弯头，确认标高和轴网相交。

2. 绘制和编辑墙体

绘制墙体可通过设置墙高度、定位线、偏移量、半径、墙链、选择直线、矩形、多边形、弧形墙体等方法进行绘制。

在对墙体进行编辑时，需要完成墙体图元属性的修改，再修改墙体的实例参数，可以设置墙体的定位线、高度、基面和顶面的位置及偏移、结构用途等特性。

通过墙体的类型参数可以设置不同类型墙的粗略比例、填充样式、墙的结构、材质等。

3. 门窗和楼板绘制

在三维模型中，门窗的模型与它们的平面表达并不是对应的剖切关系，这说明门窗模型与平立面表达可以相对独立。此外门窗在项目中可以通过修改类型参数如门窗的宽和高以及材质等，形成新的门窗类型。门窗主体为墙体，它们对墙具有依附关系，删除墙体，门窗也随之被删除。

门窗插入时，只需在大致位置插入，通过修改临时尺寸标注或尺寸标注来精确定位，因为在 Revit 中具有尺寸和队形相关联的特点。

门窗编辑时，选择门窗，自动激活"修改门/窗"选项卡，单击"图元"面板中的"图元属性"按钮，弹出"图元属性"对话框，可以修改所选择门窗的标高、底高度等参数。

4. 楼板的绘制

楼板的创建可以通过在体量设计中，设置楼层面生成面楼板来完成；也可以直接绘制完成。在 Revit 中，楼板可以设置构造层。默认的楼层标高为楼板的面层标高，即建筑标高。在楼板编辑中，不仅可以编辑楼板的平面形状、开洞口和楼板坡度等，还可以通过修改"子图元"命令修改楼板的空间形状，设置楼板的构造层找坡，实现楼板的内排水和有组织排水的分水线建模绘制。此外，对于类似自动扶梯、电梯基坑、排水沟等与楼板相关的构件建模与绘图，软件还提供了"楼板的公制常规模型"的族样板，方便用户自行定制。

创建楼板，可以通过拾取墙和绘制生成楼板。斜楼板的绘制可以通过坡度箭头命令实现。

楼板绘制好后，可以对楼板进行编辑，这其中包括楼板图元属性的修改、楼板洞口编辑、处理剖面图楼板与墙的关系等。

5. 屋顶的绘制

屋顶是建筑的重要组成部分。在 Revit 中提供了多种建模工具，如迹线屋顶、拉伸屋顶、面屋顶、玻璃斜窗等创建屋顶的常规工具。此外，对于一些特殊造型的屋顶，还可以通过内建模型的工具来创建。

6. 玻璃幕墙

幕墙是现代建筑设计中被广泛应用的一种建筑构件，由幕墙网格、竖梃和幕墙嵌板组成。在 Revit 中，根据幕墙的复杂程度分常规幕墙、规则幕墙系统和面幕墙系统三种创建幕墙的方法。常规幕墙是墙体的一种特殊类型，其绘制方法和常规墙体相同，并具有常规墙体的各种属性，可以像编辑常规墙体一样用"附着""编辑立面轮廓"等命令编辑常规幕墙。

7. 楼梯、扶手、洞口、坡道

（1）创建室外楼梯　通过"建筑"选项卡下"楼梯坡道"面板"楼梯"命令创建。

（2）编辑踢面和边界线　通过"边界"按钮，分别绘制楼梯踏步和休息平台。

（3）多层楼梯　通过对已创建的楼梯设置属性参数的方式，自动创建其余楼层楼梯和扶手。

（4）洞口　在楼梯处开竖井洞口。

（5）坡道　通过"建筑"选项卡下"楼梯坡道"面板"坡道"命令创建。

（6）主入口台阶　Revit 中没有专用的"台阶"命令，可以采用创建在位族、外部构件族、楼板边缘甚至楼梯等方式创建各种台阶模型。

二、结构模型创建

本部分主要讲述如何创建和编辑建筑柱、结构柱，以及梁、梁系统、结构支架等。使我们了解建筑柱和结构柱的应用方法和区别。根据项目需要，某些时候我们需要创建结构梁系统和结构支架，比如对楼层净高产生影响的大梁等。大多数时候我们可以在剖面上通过二维填充命令来绘制梁剖面。

1. 结构柱

（1）添加结构柱　选择"结构柱"，在类型编辑器中选择合适的尺寸，如没有则可进行属性编辑。

（2）编辑结构柱　通过柱的属性可以调整柱子基准、顶部标高、底部标高、顶部偏移、底部偏移，柱顶（底）是否随轴网移动，此柱是否设置为房间边界及柱子的材质。

2. 结构梁

在梁结构模型信息创建时，除了考虑梁的截面大小、长度、空间定位信息、配筋外，还需设置梁的材质、类型等信息，以便能在建筑信息模型中分类统计、计算。

三、建筑场景和施工场地布置

1. 地形表面

地形表面是建筑场地地形或地块地形的图形表示。默认情况下，楼层平面视图不显示地形表面，可以在三维视图或在专用的"场地"视图中创建。

2. 建筑地坪

"建筑地坪"工具适用于快速创建水平地面、停车场、水平道路等。建筑地坪可以在"场地"平面中绘制，为了参照地下一层外墙，也可以在 -1F 平面绘制。

3. 地形子面域（道路）

绘制了建筑地坪，使用"子面域"工具在地形表面上绘制道路。

"子面域"工具是在现有地形表面中绘制的区域。例如，可以使用子面域在地形表面绘制道路或绘制停车场区域。

子面域工具和建筑地坪不同，建筑地坪工具会创建出单独的水平表面，并剪切地形，而创建子面域不会生成单独的地平面，而是在地形表面上圈定了某块可以定义不同属性集（例如材质）的表面区域。

4. 场地构件

有了地形表面和道路，再配上生动的花草、树木、车等场地构件，可以使整个场景更加丰富。场地构件的绘制同样在默认的"场地"视图中完成。

任务拓展

1. 房间的制定：通过房间和面积面板，对房间面积进行标记。
2. 房间颜色方案：通过房间和面积面板中的颜色方案选项，对房间颜色进行布置。

任务训练

1. 在本案例基础上创建房间明细表。
2. 创建门窗大样。
3. 创建详图索引。
4. 创建图纸。

任务小结

本任务通过一个小别墅设计案例，展示了建筑模型创建和结构模型创建，以及施工场地布置。

工作任务 5　施工图审核及检查

知识点：
1. 建筑施工图审核及检查。
2. 结构施工图审核及检查。
3. BIM 模型综合碰撞检查。

能力（技能）点：
1. 根据给定的建筑图纸进行审核、核对，检查出图纸问题。
2. 根据给定的结构图纸进行审核、核对，检查出图纸问题。
3. 根据给定的建筑、结构图纸进行对照核对，检查出建筑和结构的冲突问题。
4. 能根据给定的 BIM 模型，对建筑物进行碰撞检查。

任务实施

一、施工图审核

施工图是施工企业进行施工活动的主要依据，审核图纸是技术管理的一个重要方面，掌握图纸内容，明确工程特点和各项技术要求，理解设计意图，是确保工程质量和工程顺利进行的重要前提。从事施工的人员都应重视图纸审核，认真掌握图纸以便能正确、有效地指导施工，否则势必会影响工程质量，造成经济损失。

1. 准备工作

首先要了解工程的使用功能，其次记住关键数据（如轴线间距、层高等），这样可大幅提高读图效率。可以设计自用的审图笔记，发现问题用铅笔在原图位置标识并在笔记本上做好记录，必要时可进行编号，便于汇总和查找。

2. 读图次序

读图次序一般为先粗后精、先大后细、先建筑后结构、先主体后装修、先一般后特殊。

（1）先粗后精

1）粗看的要求：就是先看平面、立面、剖面，将整个工程的设计图纸粗略地看一遍，对整个工程的规模、特点、结构情况、使用材料要求等有一个大致的了解，检查图纸是否齐全、清楚，内容有无漏项。关键数据背记下来，以便细看图纸时随时参考，不用再反复翻图。

2）细看的要求：粗看后再逐张细看，核对图纸中总尺寸和分尺寸，坐标、轴线、位置、标高、平立面等是否一致，标注是否齐全，有无遗漏、错误之处，各处交叉连接是否相符，门窗型号的位置、尺寸和数量表与平面是否一致等。

检查平面图第一道尺寸相加之和是否等于第二道尺寸、第二道尺寸相加之和是否等于第三道尺寸，并留意外墙与轴线的位置关系。识读工程平面图尺寸，先识读建施平面图，再识读本层结施平面图，最后识读水电空调安装、设备工艺、二装施工图，检查它们是否一致。熟悉各层平面尺寸后，还要审查是否满足使用要求，例如检查房间平面布置是否方便使用、采光通风是否良好等，并留意下一层平面图尺寸与上一层有无不一致的地方。

检查立面图。建筑工程建施图一般有正立面图、剖立面图、楼梯剖面图，这些图有工程立面尺寸信息；建施平面图、结施平面图上，一般也标有本层标高；梁表中，一般有梁表面标高；基础大样图、其它细部大样图，一般也有标高注明。通过这些施工图，可掌握工程的立面尺寸。正立面图一般有三道尺寸，第一道是窗台、门窗的高度等细部尺寸，第二道是层高尺寸，并标注有标高，第三道是总高度。

（2）先大后细

1）搞清细部构造要求和做法，以及节点构造的连接处理是否清楚、合理。
2）核对平面图中标注的大样与大样图的编号、尺寸、形式、做法是否一致。
3）所采用的标准图集编号、类别、型号与图纸是否矛盾。
4）大样图是否齐全，有无遗漏。

（3）先建筑后结构

1）看建施图时注意检查以下几个方面。

① 核对建施图和结施图的轴线位置、尺寸是否一致，前后有无矛盾。

② 检查立面图各楼层的标高是否与平面图相同，再检查建施图的标高是否与结施图标高相符。建施图各楼层标高与结施图相应楼层的标高应不完全相同，因建施图的楼地面标高是建筑完成面标高，而结施图中楼地面标高是结构顶面标高，不包括装修面层的厚度，同一楼层建施图的标高应比结施图的标高高出 20～50mm。这一点需特别注意，因为有些施工图把建施图标高标在了相应的结施图上，如果不留意，施工时难免会出错。

③ 检查立面图门窗顶部标高是否与所在层的梁底标高相一致（或即使两者标高一致，但两者不在同一竖向平面内，此时应向设计索要梁下挑耳节点构造或是否按加设过梁做法）。

④ 检查楼梯踏步的水平尺寸和标高是否有误，检查梯梁下竖向净空尺寸（净高）是否大于 2.2m，是否存在碰头现象。

⑤ 当中间层出现露台时，检查露台标高是否比室内低；检查厕所、浴室楼地面是否有高差，若不是，检查有无防溢水措施。

⑥ 最后与水电空调安装、设备工艺、第二次装修施工图相结合，检查建筑高度是否满足功能需要。

⑦ 检查女儿墙混凝土压顶的坡向是否朝内。

⑧ 检查砖墙下是否有梁。

⑨ 检查室内出露台的门上是否设计有雨篷，检查结构平面上雨篷中心是否与建施图上门的中心线重合。

2）看结施图时注意检查以下几个方面。

① 结构图部件等大样图及其编号，是否与结构布置图相符。

② 钢筋配置是否齐全合适，钢筋尺寸、数量、形状与配筋有无遗漏和差错，与板厚是否冲突，是否存在可能的安装问题。

③ 检查砖墙下是否有梁。

④ 结构平面中的梁，在梁表中是否全标出了配筋情况。

⑤ 检查主梁的高度有无低于次梁高度的情况。

⑥ 梁、板、柱在跨度相同、相近时，有无配筋相差较大的地方，若有则需验算。

⑦ 当梁与剪力墙同一直线布置时，检查有无梁的宽度超过墙的厚度。

⑧ 当梁分别支承在剪力墙和柱边时，检查梁中心线是否与轴线平行或重合，检查梁宽有无突出墙或柱外，若有应提交设计处理。

⑨ 检查梁的受力钢筋最小间距是否满足施工验收规范要求，当钢筋过密且采用带纵肋的热轧带肋钢筋时，甚至需要考虑两侧纵肋高度带来的影响。

（4）先主体后装修　就是先看主体结构部分，后看装修部分（包括装饰、防火、保温、隔热、隔音等）以及其他特殊装修部位构造和材质要求。

（5）先一般后特殊　就是先看一般建筑结构部位，熟悉基本尺寸、标高、部位、构造和要求后，再看特殊部位和要求（如地基处理、变形缝的设置、防火处理、抗震构造等），搞清构造和处理方法，有无使用特殊材料，其品种、规格、数量能否满足需要等。

3. 审阅图纸注意事项

（1）图样与说明结合看　要仔细看设计总说明和每张图纸中的细部说明，注意说明与图面是否一致，说明问题是否清楚、明确，说明中的要求是否切实可行。

（2）土建与安装结合看　土建专业也要经常翻阅安装各专业的图纸，特别是综合工长和掌握全面的技术负责人，要对照土建和机、电、管等图纸，核对土建安装之间有无矛盾；预埋铁件、预留孔洞位置、尺寸和标高是否相符。

（3）图纸与变更相结合　设计中有许多变更通知单、图纸修改说明，要结合起来看，最好把变更说明部分注到图纸上去，以防止施工中遗漏。

4. 改进性审核措施

主要从有利于该工程的便于施工、保证质量、提升美感、降低造价等几个方面对原施工图提出改进意见。

（1）从便于施工的角度提出改进施工图建议

1）结构平面上会出现连续框架梁相邻跨度较大的情况，当中间支座负弯矩筋分开锚固时，会造成梁柱接头处钢筋太密，振捣混凝土困难，可向设计人员建议：负筋能连通的尽量连通。

2）当支座负筋为通长时，就造成了跨度小、梁宽较小的梁面钢筋太密，无法振捣混凝土，可建议在保证梁负筋的前提下，尽量保持各跨梁宽一致，只对梁高进行调整，以便于面筋连通和浇捣混凝土。

3）当结构造型复杂，某一部位结构施工难以一次完成时，可向设计提出：混凝土施工缝如何留置。

4）露台面标高降低后，若露台中间有梁，且此梁与室内相通时，梁受力筋在降低处是弯折还是分开锚固，请设计明确。

（2）从有利于建筑工程质量方面提出修改施工图建议　当施工图上对电梯井坑、卫生间沉池、消防水池未注明防水施工要求时，可建议在坑外壁、沉池及水池内壁增加水泥砂浆防水层，以提高防水质量。

（3）从有利于提升建筑美感方面提出改善性建议

1）若出现露台的女儿墙与外窗相接时，检查女儿墙的高度是否高过窗台，若是，则相接处不美观，建议设计修改。

2）检查外墙饰面分色线是否连通，若不连通，建议到阴角处收口；当外墙与内墙无明显分界线时，询问设计，墙装饰延伸到内墙何处收口最为美观。

3）当柱截面尺寸随楼层的升高而逐步减小时，若柱突出外墙成为立面装饰线条时，为使该线条上下宽窄一致，建议对突出部位的柱截面不缩小。

4）当柱布置在建筑平面砖墙的转角位，而砖墙转角小于90°，若结构设计仍采用方形柱，可建议根据建筑平面将方形改为多边形柱，以免柱角突出墙外，影响使用和美观。

5）当电梯大堂（前室）一侧有框架柱突出墙面10～20cm时，检查另一侧柱是否突出相同尺寸，若不是，建议修改成左右对称。

图纸审查是施工技术管理的重要组成部分，把设计图纸变为实际的工程需要做很多实际工作，通过图纸审查，可以使设计问题大部分在施工前得到解决，不过，由于工程错综复杂，随着工程进展，往往还会出现一些新的具体问题，所以需要反复地审查，及时地发现问题、解决问题，避免差错。

5. 图纸审核及检查示例

以××职业技术学院111号学子楼为例。

1）总平面定位图上该建筑北侧中间位置设有1个出入口，但一层平面图上该位置为宿舍，在两个楼梯间各设了一个出入口，相互矛盾。

2）建施03门窗明细表中，M1宽1000mm，而大样图中门宽度为900mm，相互矛盾。

3）在1—1剖面图（建施17）中，Ⓕ轴线屋面檐沟处有一处索引，其表达的意思为墙身详图见建施18中详图④，然而建施18绘制的是楼梯、盥洗室及无障碍宿舍的大样图，并未找到详图④。

4）结施07中Ⓑ、Ⓔ轴线上共标有8个沉降观测点，该位置位于室内，不便于进行沉降观测；另外，附注中标明"沉降观测点做法见总说明"，但在总说明中并未提及此事，因此，需要设计人员明确。

5）结施12、13中KL1和KL10悬挑端上部纵筋为6⌀25，同排布设，而梁宽仅有250mm，纵筋间距太小，不利于混凝土振捣，如何调整需要设计人员明确。

二、BIM模型综合碰撞检查

一栋建筑涉及多个专业，各专业结合在一起时，若考虑不够全面，在实际施工过程中会产生相互碰撞，对施工造成严重影响，返工常有发生，造成资源浪费。为了避免因碰撞导致增加成本，利用BIM技术进行碰撞检查，发现问题并及时优化设计方案，防患于未然，使得模型落地，施工流畅。

1. 运行碰撞检查

目前BIM方面能进行碰撞检查的软件有Revit、Navisworks、BIM5D等，本次以Revit软件为例，说明碰撞检查全操作过程。碰撞检查之前，先将各模块（图1-18）通过Revit链接进行整合合模，整合之后，模型拥有土建、水暖电各个专业系统，如图1-19所示。然后依次点击Revit中的协作→碰撞检查→运行碰撞检查生成碰撞报告，如图1-20、图1-21所示。

2. 筛选冲突位置

找到冲突文件，每一行均有冲突，但是这些冲突并非都符合实际工程，应进行筛选。提出优化方案前，需先找准碰撞位置，先通过碰撞报告的碰撞ID查找锁定碰撞位置。Revit中的操作依次为管理→ID查找→输入碰撞ID，如图1-22所示。输入碰撞点的ID后Revit会在三维模型中精确给出碰撞位置，如图1-23所示。从图中可以看出，绿色的给水管道穿梁而过，且与红色的竖向消防管道碰撞，需对其进行调整，以避免两处碰撞。

风系统　　土建　　电系统

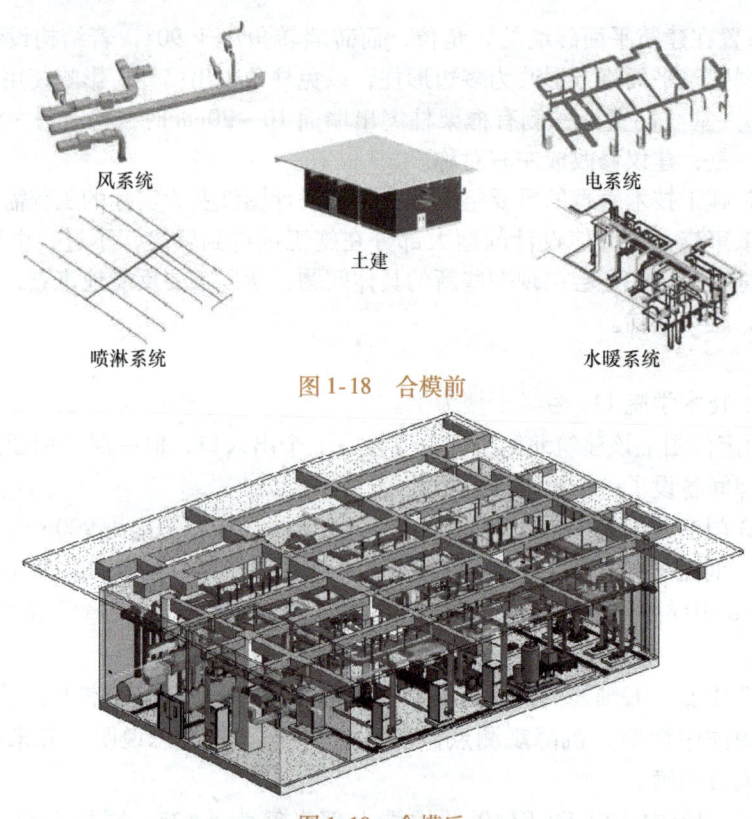

喷淋系统　　　　　水暖系统

图 1-18　合模前

图 1-19　合模后

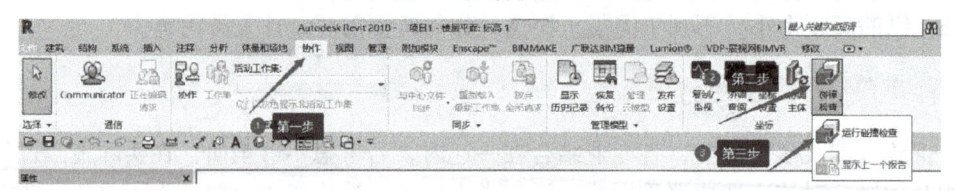

图 1-20　碰撞检查操作步骤

	A	B
1	管道: 管道类型: 镀锌钢塑复合管 : ID 729278	墙 : 基本墙 : 墙 : ID 781907
2	管道: 管道类型: 镀锌钢塑复合管 : ID 729278	结构框架 : 混凝土_矩形_梁: KL2(17) 400X900 400×900 : ID 782220
3	管道: 管道类型: 镀锌钢塑复合管 : ID 729278	结构框架 : 混凝土_矩形_梁: KL2(17) 400X900 600×900 : ID 782223
4	管道: 管道类型: 镀锌钢塑复合管 : ID 729281	墙 : 基本墙 : 墙 : ID 781921
5	管道: 管道类型: 镀锌钢塑复合管 : ID 729281	结构框架 : 混凝土_矩形_梁: KL3 400×900 : ID 782166
6	管道: 管道类型: 镀锌钢塑复合管 : ID 729281	结构框架 : 混凝土_矩形_梁: KL5(15) 400X900 400×900 : ID 782187
7	管道: 管道类型: 镀锌钢塑复合管 : ID 729281	结构框架 : 混凝土_矩形_梁: KL2(17) 400X900 600×900 : ID 782223
8	管道: 管道类型: 镀锌钢塑复合管 : ID 729281	管道 : 管道类型 : 镀锌钢塑复合管 : ID 1025656
9	管道: 管道类型: 镀锌钢塑复合管 : ID 729281	管道 : 管道类型 : 镀锌钢塑复合管 : ID 1037379
10	管件: 弯头-法兰-钢管 : 标准钢 : ID 729286	结构框架 : 混凝土_矩形_梁: KL2(17) 400X900 600×900 : ID 782223
11	喷头 : PM-下喷 : 下喷-DN15 - 标记 10 : ID 741682	机械设备 : 定压机组 : ET-2 - 标记 56 : ID 1051704
12	管道: 管道类型: 热镀锌钢管 : ID 741683	机械设备 : 定压机组 : ET-2 - 标记 56 : ID 1051704
13	管道: 管道类型: 热镀锌钢管 : ID 741687	电缆桥架 : 带配件的电缆桥架 : 强电桥架 : ID 1101662
14	管道: 管道类型: 热镀锌钢管 : ID 741711	电缆桥架配件 : JH-槽式水平三通 : 不锈钢槽式-桥架 : ID 1101586
15	管道: 管道类型: 热镀锌钢管 : ID 741727	电缆桥架 : 带配件的电缆桥架 : 强电桥架 : ID 1101662
16	管道: 管道类型: 热镀锌钢管 : ID 741751	电缆桥架 : 带配件的电缆桥架 : 强电桥架 : ID 1101585
17	管道: 管道类型: 热镀锌钢管 : ID 741767	电缆桥架 : 带配件的电缆桥架 : 强电桥架 : ID 1101602
18	喷头 : PM-下喷 : 下喷-DN15 - 标记 32 : ID 741770	机械设备 : 交换器 - 板式 : 400 Sq.m - 标记 50 : ID 1011563
19	管道: 管道类型: 热镀锌钢管 : ID 741771	机械设备 : 交换器 - 板式 : 400 Sq.m - 标记 50 : ID 1011563
20	管道: 管道类型: 热镀锌钢管 : ID 741775	电缆桥架 : 带配件的电缆桥架 : 强电桥架 : ID 1101662
21	喷头 : PM-下喷 : 下喷-DN15 - 标记 36 : ID 741786	机械设备 : 交换器 - 板式 : 400 Sq.m - 标记 43 : ID 943486
22	管道: 管道类型: 热镀锌钢管 : ID 741787	机械设备 : 交换器 - 板式 : 400 Sq.m - 标记 43 : ID 943486
23	管道: 管道类型: 热镀锌钢管 : ID 741791	电缆桥架 : 带配件的电缆桥架 : 强电桥架 : ID 1101635
24	管道: 管道类型: 热镀锌钢管 : ID 741807	电缆桥架 : 带配件的电缆桥架 : 强电桥架 : ID 1101599
25	管道: 管道类型: 热镀锌钢管 : ID 741815	电缆桥架 : 带配件的电缆桥架 : 强电桥架 : ID 1101662
26	管道: 管道类型: 热镀锌钢管 : ID 741831	电缆桥架配件 : JH-槽式水平弯通 : 不锈钢槽式-桥架 : ID 1101609
27	管道: 管道类型: 热镀锌钢管 : ID 741835	电缆桥架配件 : JH-槽式水平弯通 : 不锈钢槽式-桥架-强电 : ID 1101670
28	管道: 管道类型: 热镀锌钢管 : ID 741846	墙 : 基本墙 : 墙 : ID 781883

图 1-21　碰撞报告

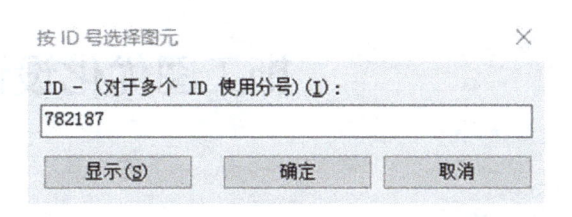

图1-22 ID查找

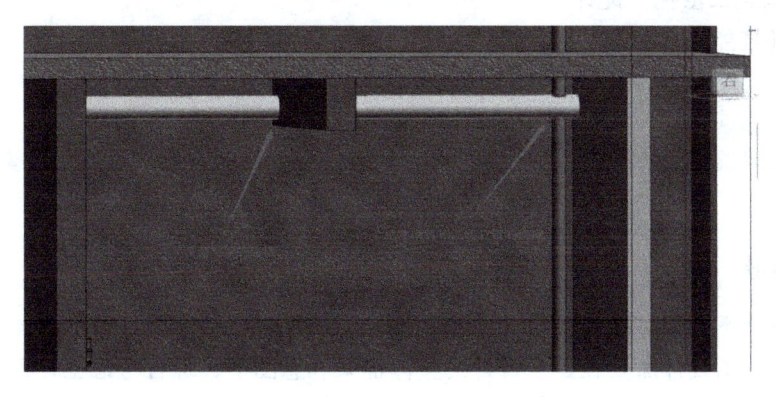

图1-23 ID碰撞位置

任务拓展

1. 学习 BIM 建模线上课程（登录学银在线，搜索"BIM 建模"，学校：杨凌职业技术学院）。

2. 熟悉图纸会审相关内容（扫描文前二维码下载资源）。

任务训练

1. 请判断结施 04 中，Ⓑ～Ⓔ轴线尺寸标注是否正确。

2. 识图××职业技术学院 111 号学子楼建筑施工图和结构施工图，找出图中存在的其他问题。

任务小结

1. 按照先粗后精，先大后细，先建筑后结构，先主体后装修，先一般后特殊的顺序看图，看图过程中注意前后信息的关联与比对，对于发现的问题应及时做好记录。常见问题主要有：前后矛盾、信息不全、施工困难等。

2. BIM 模型综合碰撞检查先进行多专业模型链接合模，运行碰撞检查，生成碰撞检查报告，利用 ID 查找锁定碰撞位置并查看结果。

工作任务 6　施工图优化设计

知识点：
1. 建筑施工图优化设计。
2. 结构施工图优化设计。

能力（技能）点：
1. 根据给定的建筑图纸会审问题进行建筑优化设计，符合设计要求。
2. 根据给定的结构图纸会审问题进行结构优化设计，符合设计要求。
3. 根据给定的BIM模型，对建筑物进行碰撞检查，提出合理的解决方案。

任务实施

施工图设计不同于整体建筑设计，它是按照整体建筑设计意图进行的具体实践。从施工角度来看，施工图设计需要在建筑设计的整体框架和意图下，综合考虑工程各方面实际来进行最优设计，然而，施工图设计的技术性和专业性特点非常强，加之施工图设计多在正式施工前已设计完毕，因此优化施工图设计对技术要求和时效性要求较高。从工程成本造价上来说，工程施工费用占据了整个工程造价的大部分，对施工图进行优化设计，在确保建筑原貌和工程质量的前提下有助于大幅度降低工程造价成本，提高施工效率，缩短工期。

一、建筑设计方面

1. 电梯井优化设计

目前许多工程建筑尤其是高层建筑，在设计时都会把电梯设计考虑进去，这给电梯井优化设计提供了空间。如在带有地下室的建设项目中，地下室公共部分设计中电梯占有重要位置。通过资料收集，发现目前许多安装电梯的公共部分地面标高与地下室地面标高齐平，在建筑设计标准规范下，这就导致电梯基坑底标高实际比地下室底板面标高低1.8m左右，考虑到电梯基坑已自身具备的承台厚度，实际该公共部分电梯基础位置的土方开挖深度将比地下室大面积开挖深3~4m，这无疑大大增加了工程的开挖量和难度，平添了施工风险，而且最根本的是增加了工程造价。分析来看，鉴于地下室公共部分建筑设计的特点，可以考虑在不影响建筑使用功能和工程验收规范要求的前提下，适当削减公共部分的层高，上提公共部分地面标高，直至电梯基坑地面标高与地下室底板标高齐平，这样既不会影响到地基的稳定，也能降低施工难度，减少地面开挖量，从而节约成本。

2. 屋面变形缝的优化设计

目前，施工图设计中屋面变形缝构造常采用预制混凝土盖板或成品铝材盖板，预制混凝土盖板体量重，而且还容易对下隔离层造成损害，同时由于板与板之间拼缝而不易处理。成品铝材盖板虽轻质，但单薄易变形，且不耐用。两种盖板均不利于节点的防水。在工程实践中，发现采用现浇混凝土悬挑构件，有助于增加封盖的密实性，而且通过现浇工艺可减缓对下隔离层的一次冲击。这种做法有效解决了传统工艺带来的渗水顽疾，保留了混凝土盖板的坚韧特点，经久耐用。

二、结构设计方面

1. 梁编号的简化

在科技和审美水平的推动下,建筑物的布局越来越复杂,体量也随之膨大,导致建筑物的构件数量也随之陡增,现在一般的高层建筑平均楼层的梁数已多达几十甚至上百种。由于梁的数量和种类不断增多,传统的从 1 到 100 的编号方式越来越不适宜追求效率和简化工序的施工要求,因为在如此多的梁中要快速寻找到特定编号的梁将是一件极为费劲的工作,既浪费时间,又不利于各单位之间及时有效沟通。那么,倘若在构件编号上作针对性简化,简洁明确,则可在繁忙的施工环境中省去不少的麻烦。在工程实践中有人提出了一种独特的构件编号方法,实践证明这种方法是有效的、可行的。具体做法是:与轴网重叠的梁可直接以轴号命名,如第一个轴的梁可为 KL1,与之相连的支梁可命名为 KL1-1、KL1-2 等,以此类推。这样的编号简化能够给施工以及后期的预决算带来不小的方便。

2. 钢筋锚固长度整数设计

在建筑施工和预结算过程中,受拉钢筋的最小锚固长度和纵向受拉钢筋抗震锚固长度是最常用的参考数据之一。项目统计人员必须烂熟于心以熟练运用。然而,随着建筑技术的不断改进,国家规范以及图集的编制走向精细,而曾经的最小锚固长度和抗震锚固长度计算习惯被打乱,没有了规律可循,给相关人员计算和施工带来了诸多不便。建议在符合国家规范和图集要求的前提下,在设计中对以上两个参考值进行优化,如将两个数值的钢筋直径倍数化为整五整十,以提高计算效率,降低误差。

3. 柱主筋的优化调整

结构设计中,柱构件配筋常常随着部位的不同及抗震设计的要求的不同而发生变化,受钢筋质量和楼层承重等因素影响,有时甚至出现上下层上筋变化差达两级以上,这在高层建筑中表现尤为明显。根据纵向钢筋连接构造标准,若上下层柱筋级差达到或超过两级,将无法进行焊接或机械连接,此时往往要采取绑扎搭接做法,但这存在以下问题:一是施工不便,钢筋变化大时,采用楼面绑扎搭接做法,采用绑扎法,柱筋整体刚度较差,为避免混凝土振捣过程中柱筋因松动而下滑,应采取电焊等固定措施,这样不仅施工繁琐,且影响到柱筋之间的净间距;二是造成钢筋浪费,在建筑行业普遍认为绑扎搭接容易造成材料的大量浪费,同时由于绑扎搭接中单根钢筋的下料长度不是标准的 9m 或 12m 模数,这又会存在裁剪等问题,从而造成间接浪费。因此,在设计中应考虑在结构竖向钢筋变化时设置过渡筋,确保变化逐级行进,以节约建材,避免重复施工,提高施工效率。

4. 外凸柱变截面优化

在设计初期,建筑师常常会将外墙柱外偏,形成外凸柱,这样有助于改善室内空间的使用功能。然而,结构设计时,柱截面会随高度的变化而变化,若遇外凸柱变截面,立面上将变形成阶梯状柱。于是,为保证外立面观感,装修时需要将柱变截面部位补平,这往往会造成施工困难,而且滋生安全隐患。为了保证建筑物外墙的立面效果和建筑节点的稳定性,减少构造缺陷,建议外凸柱上下通长不变截面,可采取降低配筋率的方式来降低成本。

5. 梁配筋的优化

梁配筋是配筋设计中最为复杂的一项,构件数量多,钢筋用量大,对建筑整体配筋率的影响也大。因此在设计中应作整体考虑,合理进行钢筋长度计算,以提高钢筋使用率,节约建材。另外,柱头节点的锚固端要控制,以保证柱头混凝土的施工效果。

三、施工图优化示例

针对工作任务 5 中提到的几个问题，可进行以下优化。

1）通过多张图纸比对，发现两个楼梯间北侧各设一个出入口是设计者想表达的真实意图，而且此做法也确实符合实际需求，因此需要对总平面图中北侧出入口进行修改。

2）建施 03 门窗明细表中，M1 的宽度需要设计单位明确后修改。

3）可能是由于在设计后期，设计人员对图纸幅面及图样进行调整，将详图 4 移到了建施 21 中，但在索引处未作修改。此处错误只需在该索引处将 18 改为 21 即可。

4）《建筑变形测量规范》（JGJ 8—2016）要求框架结构的沉降观测点应布置在每个或部分柱基上，因此⑦、⑬轴线上的 4 个观测点只能设在此处，但考虑方便施工、方便观测等因素，可将①、⑳轴线上的 4 个观测点调整至建筑的外侧。另外，沉降观测点做法应由设计人员明确。

5）结施 12、13 中 KL1 和 KL10 悬挑端上部纵筋为 6$\underline{\Phi}$，单排布设，梁宽仅有 250mm，纵筋净间距不满足 ≥max（30mm，1.5d）的要求，可改为 3/3 排布。

6）对于图 1-23 中出现的问题，根据规范及避让原则可知给水排水管道距梁底不应小于 150mm 敷设，管道之间应遵循小管让大管，支管让主干管，非重力流管让重力流管，可弯曲管让不可弯曲管的原则。根据原则我们仅需通过将上方给水管位置调整来优化解决碰撞，给水排水管道向下移动 510mm，这样管道外皮距离梁底 150mm 满足要求，为了避让消防立管，再将与立管中心间距增加 725mm 从而满足规范要求，这样则解决了碰撞问题。优化前后对比如图 1-24 所示。

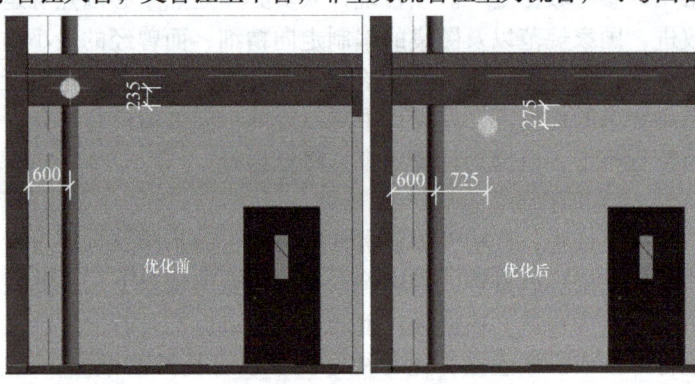

图 1-24 优化前后对照图

友情提示：不论因何种原因需要对施工图纸进行修改，都必须按流程走完相关审批程序，签章齐全，并将相关资料妥善保管（如图纸会审纪要、变更通知单等），并以此作为施工、结算、绘制竣工图的重要依据。

任务拓展

课外阅读《混凝土结构设计规范（2015 年版）》（GB 50010—2010）。

任务训练

1. 请判断结施 04 中，Ⓑ~Ⓔ轴线准确尺寸应该是多少？
2. 识图××职业技术学院 111 号学子楼建筑施工图和结构施工图，找出图中存在的其他问题，并提出优化建议。

任务小结

施工图优化可减少图中错误及漏洞，降低施工难度，避免返工，从而降低成本，缩短工期。所有优化结果需以书面形式呈现并签章，作为施工、结算的依据。

学习情境二　工程施工组织与管理

案例引入

锦苑住宅小区位于西安市新城区，总建筑面积约 30 万 m^2，规划居住户数 2500 户，居住人数约 8000 人。该小区主要建设内容包括住宅、小区学校、小区幼儿园、配变电所、文化娱乐设施及物业管理、绿地及道路等。锦苑小区 3#楼地基与基础工程施工应进行地基与基础工程放样测量，进行施工准备，核对施工尺寸，实施与监督地基与基础结构工程施工。为了保证工程的顺利开工和施工活动的正常进行，必须事先做好各项准备工作。施工准备是生产经营管理的重要组成部分，是施工程序中重要的一个环节，是全面完成施工任务的必要条件，是降低成本、提高效益的有力保证，是降低风险的有力保障。工程施工管理是对施工全过程进行计划、组织、指挥、协调和控制，动态组织各项技术工作，优化技术方案，推进技术进步，使施工生产始终在技术标准的控制下按设计文件和图纸规定的技术要求进行，使技术规范与施工进度、质量、成本达到统一，从而保证安全、优质、低耗、高效地按期完成施工任务。

工作任务 1　施工前条件准备

知识点：
1. 施工前技术准备。
2. 施工材料识别。
3. 施工机具选配。

能力（技能）点：
1. 能根据给定的施工任务进行施工材料、机械准备。
2. 能对常用建筑材料进行识别。
3. 能够根据工程具体情况，选配施工机具。

任务实施

一、施工准备工作内容

施工准备包括技术准备，机具准备，材料准备，试验、检验工作准备，班组作业工作准备，施工现场准备等内容。

1. 技术准备

1）图纸的熟悉及审图工作，图集、规范、规程等收集及学习。

2）现场条件的熟悉及了解。

3）施工方案编制的前期准备工作，如搜集资料及类似工程方案、工程量的计算、召开编制会议等。

4）四新技术、工法等方面的学习及准备。

5）样板部位确定。

2. 机具准备

包括中小型施工机械、工程测量仪器、工程试验仪器等，用列表说明所需机具的名称、型号、数量、规格、主要性能、用途和进出场时间等。

3. 材料准备

1）包括工程用主材（包含预制件、构件）、工程用辅材、周转材料、成品保护及文明施工材料。

2）工程用主材需确定订货厂家或买家、运输及加工的规格、尺寸，同时用表格明确名称、型号、数量、规格、进出场时间等。

3）工程用辅材、周转材料、成品保护及文明施工等材料，应用表格注明名称、规格、型号、数量、进出场时间等内容。

4. 试验、检验工作准备

列表说明试验、检验工作的部位、方法、数量、见证部位及数量。

5. 班组作业工作准备

1）进行计划和技术交底，下达工程任务书。

2）施工机具进行保养并就位。

3）将施工所需的材料、构配件，经质量检查合格后，供应到施工地点。

4）具体布置操作场地，创造操作环境。

5）检查前一工序的质量，做好标高与轴线的控制。

6. 施工现场准备

施工现场的准备（又称为室外准备），它主要为工程施工创造有利的施工条件，施工现场的准备按施工组织设计的要求和安排进行，其主要内容为"三通一平"、测量放线、临时设施的搭设等。

二、建筑材料的识别

建筑材料主要包括：三材（钢材、木材、水泥），地方材料（砖、瓦、石灰、砂、石等），装饰材料（面砖、地砖等），特殊材料（防腐、防射线、防爆材料等）等。

1. 水泥

根据《水泥的命名原则和术语》（GB/T 4131—2014）规定，水泥按其用途及性能可分为通用水泥和特种水泥两类。

（1）常用水泥的包装及标志　水泥可以散装或袋装，袋装水泥每袋净含量为50kg，且应不少于标志质量的99%；随机抽取20袋总质量（含包装袋）应不少于1000kg。水泥包装袋上应清楚标明：执行标准、水泥品种、代号、强度等级、生产者名称、生产许可证标志（QS）及编号、出厂编号、包装日期、净含量。包装袋两侧应根据水泥的品种采用不同的颜色印刷水泥名称和强度等级，硅酸盐水泥和普通硅酸盐水泥采用红色，矿渣硅酸盐水泥采用绿色；火山灰质硅酸盐水泥、粉煤灰硅酸盐水泥和复合硅酸盐水泥采用黑色或蓝色。散装发运时应提交与袋装标志相同内容的卡片。

（2）常用水泥的主要特性（表2-1）

表2-1 常用水泥的主要特性

品种	硅酸盐水泥	普通硅酸盐水泥	矿渣硅酸盐水泥	火山灰质硅酸盐水泥	粉煤灰硅酸盐水泥	复合硅酸盐水泥
主要特征	①凝结硬化快、早期强度高 ②水化热大 ③抗冻性好 ④耐热性差 ⑤耐蚀性差 ⑥干缩性较小	①凝结硬化较快、早期强度较高 ②水化热较大 ③抗冻性较好 ④耐热性较差 ⑤耐蚀性较差 ⑥干缩性较小	①凝结硬化慢、早期强度低、后期强度增长较快 ②水化热较小 ③抗冻性差 ④耐热性好 ⑤耐蚀性较好 ⑥干缩性较大 ⑦泌水性大、抗渗性差	①凝结硬化慢、早期强度低、后期强度增长较快 ②水化热较小 ③抗冻性差 ④耐热性较差 ⑤耐蚀性较好 ⑥干缩性较大 ⑦抗渗性较好	①凝结硬化慢、早期强度低、后期强度增长较快 ②水化热较小 ③抗冻性差 ④耐热性较差 ⑤耐蚀性较好 ⑥干缩性较小 ⑦抗裂性较高	①凝结硬化慢、早期强度低、后期强度增长较快 ②水化热较小 ③抗冻性差 ④耐蚀性较好 ⑤其他性能与所掺入的两种或两种以上混合材料的种类、掺量有关

品种	强度等级	抗压强度/MPa		抗折强度/MPa	
		3d	28d	3d	28d
硅酸盐水泥	42.5	≥17.0	≥42.5	≥3.5	≥6.5
	42.5R	≥22.0		≥4.0	
	52.5	≥23.0	≥52.5	≥4.0	≥7.0
	52.5R	≥27.0		≥5.0	
	62.5	≥28.0	≥62.5	≥5.0	≥8.0
	62.5R	≥32.0		≥5.5	
普通硅酸盐水泥	42.5	≥17.0	≥42.5	≥3.5	≥6.5
	42.5R	≥22.0		≥4.0	
	52.5	≥23.0	≥52.5	≥4.0	≥7.0
	52.5R	≥27.0		≥5.0	
矿渣硅酸盐水泥 火山灰质硅酸盐水泥 粉煤灰硅酸盐水泥 复合硅酸盐水泥	32.5	≥10.0	≥32.5	≥2.5	≥5.5
	32.5R	≥15.0		≥3.5	
	42.5	≥15.0	≥42.5	≥3.5	≥6.5
	42.5R	≥19.0		≥4.0	
	52.5	≥21.0	≥52.5	≥4.0	≥7.0
	52.5R	≥23.0		≥4.5	

（3）水泥选用 在混凝土工程中，根据使用场合、条件的不同，可选择不同种类的水泥，具体可参考表2-2。

表2-2 常用水泥的选用

混凝土工程特点或所处环境条件			优先选用	可以使用	不宜使用
普通混凝土	1	在普通气候环境中的混凝土	普通硅酸盐水泥	矿渣硅酸盐水泥、火山灰质硅酸盐水泥、粉煤灰硅酸盐水泥、复合硅酸盐水泥	
	2	在干燥环境中的混凝土	普通硅酸盐水泥	矿渣硅酸盐水泥	火山灰质硅酸盐水泥 粉煤灰硅酸盐水泥
	3	在高湿度环境中或长期处于水中的混凝土	矿渣硅酸盐水泥、火山灰质硅酸盐水泥、粉煤灰硅酸盐水泥、复合硅酸盐水泥	普通硅酸盐水泥	
	4	厚大体积的混凝土	矿渣硅酸盐水泥、火山灰质硅酸盐水泥、粉煤灰硅酸盐水泥、复合硅酸盐水泥		硅酸盐水泥
有特殊要求的混凝土	1	要求快硬早强的混凝土	硅酸盐水泥	普通硅酸盐水泥	矿渣硅酸盐水泥 火山灰质硅酸盐水泥 粉煤灰硅酸盐水泥 复合硅酸盐水泥
	2	高强（大于C50级）的混凝土	硅酸盐水泥	普通硅酸盐水泥 矿渣硅酸盐水泥	火山灰质硅酸盐水泥 粉煤灰硅酸盐水泥
	3	严寒地区的露天混凝土，寒冷地区处在水位升降范围内的混凝土	普通硅酸盐水泥	矿渣硅酸盐水泥	火山灰质硅酸盐水泥 粉煤灰硅酸盐水泥
	4	严寒地区处在水位升降范围内的混凝土	普通硅酸盐水泥（≥42.5级）		矿渣硅酸盐水泥 火山灰质硅酸盐水泥 粉煤灰硅酸盐水泥 复合硅酸盐水泥
	5	有抗渗要求的混凝土	普通硅酸盐水泥 火山灰质硅酸盐水泥		矿渣硅酸盐水泥
	6	有耐磨性要求的混凝土	硅酸盐水泥 普通硅酸盐水泥	矿渣硅酸盐水泥	火山灰质硅酸盐水泥 粉煤灰硅酸盐水泥
	7	受侵蚀介质作用的混凝土	矿渣硅酸盐水泥 火山灰质硅酸盐水泥 粉煤灰硅酸盐水泥 复合硅酸盐水泥		硅酸盐水泥

2. 建筑钢材

（1）钢种认知　钢材是以铁为主要元素，碳含量为0.02%~2.06%，并含有其他元素的合金材料。钢材按化学成分分为碳素钢和合金钢两大类。碳素钢根据碳含量又可分为低碳钢（碳含量小于0.25%）、中碳钢（碳含量0.25%~0.6%）和高碳钢（碳含量大于0.6%）。合金钢是在炼钢过程中加入一种或多种合金元素，如硅（Si）、锰（Mn）、钛

(Ti)、钒（V）等而得的钢种。按合金元素的总含量合金钢又可分为低合金钢（总含量小于5%）、中合金钢（总含量 5%~10%）和高合金钢（总含量大于10%）。建筑钢材的主要钢种有碳素结构钢、优质碳素结构钢和低合金高强度结构钢。

《碳素结构钢》（GB/T 700—2006）规定，碳素结构钢的牌号由代表屈服强度的字母Q、屈服强度数值、质量等级符号、脱氧方法符号4个部分按顺序组成。其中，质量等级以磷、硫杂质含量由多到少，分别用A、B、C、D表示，D级钢质量最好，为优质钢。脱氧方法符号的含义为：F—沸腾钢，Z—镇静钢，TZ—特殊镇静钢，牌号中符号Z和TZ可以省略。例如，Q235-AF表示屈服强度为235MPa的A级沸腾钢。除常用的Q235外，碳素结构钢的牌号还有Q195、Q215和Q275。碳素结构钢为一般结构和工程用钢，适于生产各种型钢、钢板、钢筋、钢丝等。

优质碳素结构钢钢材按冶金质量等级分为优质钢、高级优质钢（牌号后加"A"）和特级优质钢（牌号后加"E"）。优质碳素结构钢一般用于生产预应力混凝土用钢丝、钢绞线、锚具，以及高强度螺栓、重要结构的钢铸件等。

低合金高强度结构钢的牌号与碳素结构钢类似，其质量等级分为A、B、C、D、E五级，牌号有Q355、Q390、Q420、Q460几种。主要用于轧制各种型钢、钢板、钢管及钢筋，广泛用于钢结构和钢筋混凝土结构中，特别适用于各种重型结构、高层结构、大跨度结构及桥梁工程等。

（2）建筑钢材

1）钢结构常用的热轧型钢有：工字钢、H型钢、T型钢、槽钢、等边角钢、不等边角钢等。型钢是钢结构中采用的主要钢材。

钢板材包括钢板、花纹钢板、建筑用压型钢板和彩色涂层钢板等。钢板规格表示方法为宽度×厚度×长度（单位为mm）。钢板分厚板（厚度>4mm）和薄板（厚度≤4mm）两种。厚板主要用于结构，薄板主要用于屋面板、楼板和墙板等。

2）钢管混凝土结构用钢管可采用直缝焊接管、螺旋形缝焊接管和无缝钢管。钢管焊接必须采用对接焊缝，并达到与母材等强的要求。焊缝质量应满足《钢结构工程施工质量验收标准》（GB 50205—2020）二级焊缝质量标准的要求。

3）钢筋混凝土结构用钢。钢筋混凝土结构用钢主要品种有热轧钢筋、预应力混凝土用热处理钢筋、预应力混凝土用钢丝和钢绞线等。目前我国常用的热轧钢筋品种及强度标准值见表2-3。

表2-3 常用热轧钢筋的品种及强度标准值

表面形状	牌 号	屈服强度 R_{eL}/MPa	抗拉强度 R_m/MPa
		不小于	不小于
光圆	HPB235	235	370
	HPB300	300	420
带肋	HRB335、HRBF335	335	455
	HRB400、HRBF400	400	540
	HRB500、HRBF500	500	630

注：热轧带肋钢筋牌号中，HRB属于普通热轧钢筋，HRBF属于细晶粒热轧钢筋。

热轧光圆钢筋强度较低，与混凝土的黏结强度也较低，主要用作板的受力钢筋、箍筋以及构造钢筋。热轧带肋钢筋与混凝土之间的握裹力大，共同工作性能较好，其中HRB335和

HRB400级钢筋是钢筋混凝土用的主要受力钢筋。HRB400又常称新Ⅲ级钢，是我国规范提倡使用的钢筋品种。

热轧带肋钢筋应在其表面轧上牌号标志，还可依次轧上经注册的厂名（或商标）和公称直径毫米数字。钢筋牌号以阿拉伯数字或阿拉伯数字加英文字母表示，HRB335、HRB400、HRB500分别以3、4、5表示，HRBF335、HRBF400、HRBF500分别以C3、C4、C5表示。厂名以汉语拼音字头表示。公称直径毫米数以阿拉伯数字表示。对公称直径不大于10mm的钢筋，可不轧制标志，可采用挂标牌方法。

4）建筑装饰用钢材制品。现代建筑装饰工程中，常用的主要有不锈钢钢板和钢管、彩色不锈钢板、彩色涂层钢板和彩色涂层压型钢板，以及镀锌钢卷帘门板及轻钢龙骨等。

① 不锈钢及其制品。不锈钢是指含铬量在12%以上的铁基合金钢。铬的含量越高，钢的耐蚀性越好。用于建筑装饰的不锈钢材主要有薄板（厚度小于2mm）和用薄板加工制成的管材、型材等。

② 轻钢龙骨。轻钢龙骨是以镀锌钢带或薄钢板由特制轧机经多道工艺轧制而成，断面有U形、C形、T形和L形。主要用于装配各种类型的石膏板、钙塑板、吸声板等，用作室内隔墙和吊顶的龙骨支架。轻钢龙骨主要分为吊顶龙骨（代号D）和墙体龙骨（代号Q）两大类。吊顶龙骨又分为主龙骨（承载龙骨）、次龙骨（覆面龙骨）。墙体龙骨分为竖龙骨、横龙骨和通贯龙骨等。

3. 石灰、石膏

（1）石灰的技术性质

1）保水性好。在水泥砂浆中掺入石灰膏，配成混合砂浆，可显著提高砂浆的和易性。

2）硬化较慢、强度低。1:3的石灰砂浆28d抗压强度通常只有0.2~0.5MPa。

3）耐水性差。石灰不宜在潮湿的环境中使用，也不宜单独用于建筑物基础。

4）硬化时体积收缩大。除调成石灰乳作粉刷外，不宜单独使用，工程上通常要掺入砂、纸筋、麻刀等材料以减小收缩量，并节约石灰。

5）生石灰吸湿性强。储存生石灰不仅要防止受潮，而且也不宜储存过久。

（2）建筑石膏　根据《建筑石膏》（GB/T 9776—2008）规定，建筑石膏按原材料种类分为三类：天然建筑石膏（代号N）、脱硫建筑石膏（代号S）和磷建筑石膏（代号P）；按2h抗折强度分为3.0、2.0、1.6三个等级。建筑石膏按产品名称、代号、等级及标准编号的顺序标记，例如等级为2.0的天然建筑石膏标记为：建筑石膏N2.0 GB/T 9776—2008。

建筑石膏的应用很广，除加水、砂及缓凝剂拌合成石膏砂浆用于室内抹面粉刷外，更主要的用途是制成各种石膏制品，如石膏板、石膏砌块及装饰件等。

建筑石膏在运输及储存时应注意防潮，一般储存3个月后，强度将降低30%左右。储存期超过3个月或受潮的石膏，需经检验后才能使用。

4. 建筑装饰装修材料

（1）天然花岗石板材　根据《天然花岗石建筑板材》（GB/T 18601—2009），天然花岗石板材按形状可分为毛光板（MG）、普型板（PX）、圆弧板（HM）和异型板（YX）四类。按其表面加工程度可分为细面板（YG）、镜面板（JM）、粗面板（CM）三类。

毛光板按厚度偏差、平面度公差、外观质量等，普型板按规格尺寸偏差、平面度公差、角度公差及外观质量等，圆弧板按规格尺寸偏差、直线度公差、线轮廓度公差及外观质量等，分为优等品（A）、一等品（B）、合格品（C）三个等级。

花岗石板材主要应用于大型公共建筑或装饰等级要求较高的室内外装饰工程。粗面和细面板材常用于室外地面、墙面、柱面、勒脚、基座、台阶；镜面板材主要用于室内外地面、墙面、柱面、台面、台阶等，特别适宜做大型公共建筑大厅的地面。

（2）天然大理石　根据《天然大理石建筑板材》（GB/T 19766—2016），天然大理石板材按板材的规格尺寸偏差、平面度公差、角度公差及外观质量分为优等品（A）、一等品（B）、合格品（C）三个等级。

天然大理石板材按形状分为普型板（PX）、圆弧板（HM）。国际和国内板材的通用厚度为20mm，也称为厚板。随着石材加工工艺的不断改进，厚度较小的板材也开始应用于装饰工程，常见的有10mm、8mm、7mm、5mm等，也称为薄板。

天然大理石板材是装饰工程的常用饰面材料。一般用于宾馆、展览馆、剧院、商场、图书馆、机场、车站、办公楼、住宅等工程的室内墙面、柱面、服务台、栏板、电梯间门口等部位。由于其耐磨性相对较差，不宜用于人流较多场所的地面。大理石由于耐酸腐蚀能力较差，除个别品种外，一般只适用于室内。

（3）人造饰面石材　按照所用材料和制造工艺的不同，可把人造饰面石材分为水泥型人造石材、聚酯型人造石材、复合型人造石材、烧结型人造石材和微晶玻璃型人造石材几类。其中聚酯型人造石材和微晶玻璃型人造石材是目前应用较多的品种。

聚酯型人造石材可用于室内外墙面、柱面、楼梯面板、服务台面等部位的装饰装修，等级可分为优等品（A）、合格品（B）。

（4）建筑陶瓷　根据《陶瓷砖》（GB/T 4100—2015），陶瓷砖按材质分为瓷质砖（吸水率≤0.5%）、炻瓷砖（0.5%＜吸水率≤3%）、细炻砖（3%＜吸水率≤6%）、炻质砖（6%＜吸水率≤10%）、陶质砖（吸水率＞10%）。

按应用特性分类：釉面内墙砖、陶瓷墙地砖、陶瓷锦砖。

釉面内墙砖：强度高、表面光亮、防潮、易清洗、耐腐蚀、变形小、抗急冷急热。釉面内墙砖主要用于民用住宅、宾馆、医院、学校、实验室等要求耐污、耐腐蚀、耐清洗的场所或部位，如浴室、厕所、盥洗室等。用于厨房的墙面装饰，不但清洗方便，还可兼有防火功能。

陶瓷墙地砖：具有强度高、致密坚实、耐磨、吸水率小（＜10%）、抗冻、耐污染、易清洗、耐腐蚀、耐急冷急热、经久耐用等特点。广泛应用于各类建筑物的外墙和柱的饰面和地面装饰。

陶瓷锦砖：陶瓷锦砖色泽多样，质地坚实，经久耐用，能耐酸、耐碱、耐火、耐磨，抗压力强，吸水率小，不渗水，易清洗，可用于工业与民用建筑的洁净车间、门厅、走廊、餐厅、厕所、浴室、工作间、化验室等处的地面和内墙面，并可作高级建筑物的外墙饰面材料。

5. 木材和木制品

（1）实木地板　根据《实木地板 第1部分：技术要求》（GB/T 15036.1—2018），实木地板是用实木直接加工而成的地板，其包括气干密度不低于$0.32g/cm^3$的针叶树木材和气干密度不低于$0.50g/cm^3$的阔叶树木材制成的地板。

分类：按形状情况，可分为榫接实木地板、平接实木地板和仿古实木地板。

特性：实木地板具有质感强、弹性好、脚感舒适、美观大方等特点。

应用：实木地板适用于体育馆、练功房、舞台、住宅等地面装饰。

（2）人造木地板

1）实木复合地板。由三层实木交错层压形成，表层为优质硬木规格板条镶拼成，常用树种为水曲柳、桦木、山毛榉、柞木、枫木、樱桃木等。中间为软木板条，底层为旋切单板，排列呈纵横交错状。按质量等级分为优等品、一等品、合格品。

应用：适用于家庭居室、客厅、办公室、宾馆等中高档地面铺设。

2）浸渍纸层压木质地板。以一层或多层专用纸浸渍热固性氨基树脂，铺装在刨花板、中密度纤维板、高密度纤维板等人造板表面，背面加平衡层，正面加耐磨层，经热压而成的地板，也称强化木地板。

特性：规格尺寸大、花色品种较多、铺设整体效果好、色泽均匀、视觉效果好；表面耐磨性高，有较高的阻燃性能，耐污染腐蚀能力强，抗压、抗冲击性能好；便于清洁、护理，尺寸稳定性好、不易起拱；铺设方便，可直接铺装在防潮衬垫上；价格较便宜，但密度较大、脚感较生硬、可修复性差。

应用：适用于办公室、写字楼、商场、健身房、车间等地面的铺设。

3）软木地板。第一类以软木颗粒热压切割的软木层表面涂以清漆或光敏清漆耐磨层而制成的地板。第二类是以PVC贴面的软木地板。第三类是天然薄木片和软木复合的软木地板。

特性：绝热、隔振、防滑、防潮、阻燃、耐水、不霉变、不易翘曲和开裂、脚感舒适有弹性。原料为栓树皮，可再生，属于绿色建材。

应用：第一类软木地板适用于家庭居室，第二、三类软木地板适用于商店、走廊、图书馆等人流大的地面铺设。

（3）人造木板

1）胶合板。胶合板也称层压板。由蒸煮软化的原木，旋切成大张薄片，然后将各张木纤维方向相互垂直放置，用耐水性好的合成树脂胶黏结，再经加压、干燥、锯边、表面修整而成的板材。其层数成奇数，一般为3~13层，分别称为三合板、五合板等。用来制作胶合板的树种有椴木、桦木、水曲柳、榉木、色木、柳桉木等。胶合板分为普通胶合板和饰面胶合板。普通胶合板，按成品板上可见的材质缺陷和加工缺陷的数量和范围，分为优等品、一等品、合格品胶合板。按使用环境条件，分为Ⅰ、Ⅱ、Ⅲ类胶合板，Ⅰ类胶合板即耐气候胶合板，供室外条件下使用，能通过煮沸试验；Ⅱ类胶合板即耐水胶合板，供潮湿条件下使用，能通过（63±3）℃热水浸渍试验；Ⅲ类胶合板即不耐潮胶合板，供干燥条件下使用，能通过干燥试验。

特性：生产胶合板是合理利用、充分节约木材的有效方法。胶合板变形小，收缩率小，没有木疖、裂纹等缺陷，而且表面平整，有美丽花纹，极富装饰性。

应用：胶合板常用作隔墙、顶棚、门面板、墙裙等。

2）纤维板。纤维板是将树皮、刨花、树枝等废料经破碎、浸泡、研磨成木浆，再经加压成形、干燥处理而制成的板材。因成形时温度和压力不同，可分为硬质、中密度、软质三种。纤维板构造均匀，完全克服了木材的各种缺陷，不易变形、翘曲和开裂，各向同性。硬质纤维板可代替木材用于室内墙面、顶棚等。软质纤维板可用作保温、吸声材料。

3）刨花板。刨花板是利用施加或未施加胶料的木刨花或木质纤维料压制的板材。刨花板密度小，材质均匀，但易吸湿，强度不高，可用于保温、吸声或室内装饰等。

4）细木工板。细木工板是利用木材加工过程中产生的边角废料，经整形、刨光施胶、拼接、贴面而制成的一种人造板材。板芯一般采用充分干燥的短小木条，板面采用单层薄木或胶合板。细木工板不仅是一种综合利用木材的有效措施，而且这样制得的板材构造均匀、尺寸稳定、幅面较大、厚度较大。除可用作表面装饰外，也可直接兼作构造材料。按面板的材质及加工工艺质量不同，分为优等品、一等品与合格品三个等级。

细木工板按照板芯结构分为实心细木工板与空心细木工板。实心细木工板用于面积大、承载力相对较大的装饰装修，空心细木工板用于面积大而承载力小的装饰装修；按胶黏剂的性能分为室外用细木工板与室内用细木工板。

6. 建筑玻璃

（1）平板玻璃　根据《平板玻璃》（GB 11614—2009）的规定，平板玻璃按其公称厚度可分为 2mm、3mm、4mm、5mm、6mm、8mm、10mm、12mm、15mm、19mm、22mm、25mm 十二种规格。根据其外观质量分为优等品、一等品和合格品三个等级。

特性：良好的透视、透光性能；隔声、有一定的保温性能。抗拉强度远小于抗压强度，是典型的脆性材料；有较高的化学稳定性；热稳定性较差，急冷急热易发生炸裂。

应用：3～5mm 的平板玻璃一般直接用于有框门窗的采光，8～12mm 的平板玻璃可用于隔断、橱窗、无框门。平板玻璃的另外一个重要用途是作为钢化、夹层、镀膜、中空等深加工玻璃的原片。

（2）釉面玻璃　釉面玻璃是指在按一定尺寸切裁好的玻璃表面上涂敷一层彩色的易熔釉料，经烧结、退火或钢化等处理工艺，使釉层与玻璃牢固结合，制成的具有美丽色彩或图案的玻璃。

釉面玻璃的特点是：图案精美，不褪色，不掉色，易于清洗，可按用户的要求或艺术设计图案制作。

釉面玻璃具有良好的化学稳定性和装饰性，广泛用于室内饰面层、一般建筑物门厅和楼梯间的饰面层及建筑物外饰面层。

（3）安全玻璃

1）防火玻璃。防火玻璃是经特殊工艺加工和处理、在规定的耐火试验中能保持其完整性和隔热性的特种玻璃。防火玻璃按结构可分为：复合防火玻璃（以 FFB 表示）、单片防火玻璃（以 DFB 表示）。按耐火性能可分为：隔热型防火玻璃（A 类）、非隔热型防火玻璃（C 类）。按耐火极限可分为五个等级：0.50h、1.00h、1.50h、2.00h、3.00h。

应用：防火玻璃主要用于有防火隔热要求的建筑幕墙、隔断等构造和部位。

2）钢化玻璃。钢化玻璃是用物理的或化学的方法，在玻璃的表面上形成一个压应力层，而内部处于较大的拉应力状态，内外拉压应力处于平衡状态。

特性：机械强度高；弹性好；热稳定性好；碎后不易伤人；可发生自爆。

应用：常用作建筑物的门窗、隔墙、幕墙及橱窗、家具等。但钢化玻璃使用时不能切割、磨削，边角也不能碰击挤压，需按现成的尺寸规格选用或提出具体设计图纸进行加工制作。

3）夹丝玻璃。夹丝玻璃也称防碎玻璃或钢丝玻璃。它是由压延法生产的，即在玻璃熔融状态时将经预热处理的钢丝或钢丝网压入玻璃中间，经退火、切割而成。

特性：安全性，夹丝玻璃由于钢丝网的骨架作用，不仅提高了玻璃的强度，而且遭受到冲击或温度骤变而破坏时，碎片也不会飞散，避免了碎片对人的伤害作用；防火性，当遭遇火灾时，夹丝玻璃受热炸裂，但由于金属丝网的作用，玻璃仍能保持固定，可防止火焰蔓延；防盗抢性，当遇到盗抢等意外情况时，夹丝玻璃虽玻璃破碎但金属丝仍可保持一定的阻挡性，起到防盗、防抢的安全作用。

应用：夹丝玻璃应用于建筑的天窗、采光屋顶、阳台及须有防盗、防抢功能要求的营业柜台的遮挡部位。

4）夹层玻璃。夹层玻璃是将玻璃与玻璃和（或）塑料等材料，用中间层分隔并通过处理使其黏结为一体的复合材料的统称。

特性：透明度好；抗冲击性能要比一般平板玻璃高好几倍，用多层普通玻璃或钢化玻璃复合起来，可制成抗冲击性极高的安全玻璃；由于黏结用中间层（PVB 胶片等材料）的黏合作用，玻璃即使破碎时，碎片也不会散落伤人；通过采用不同的原片玻璃，夹层玻璃还可具有耐久、耐热、耐湿、耐寒等性能。

应用：用于高层建筑的门窗、天窗、楼梯栏板和有抗冲击作用要求的商店、银行、橱窗、隔断及水下工程等安全性能高的场所或部位等。

5）节能装饰型玻璃。着色玻璃：着色玻璃是一种既能显著地吸收阳光中热作用较强的近红外线，而又保持良好透明度的节能装饰型玻璃。

特性：有效吸收太阳的辐射热，产生"冷室效应"，可达到蔽热节能的效果；吸收较多的可见光，使透过的阳光变得柔和，避免眩光并改善室内色泽；能较强地吸收太阳的紫外线，有效地防止紫外线对室内物品的褪色和变质作用；仍具有一定的透明度，能清晰地观察室外景物；色泽鲜丽，经久不变，能增加建筑物的外形美观。

应用：着色玻璃在建筑装修工程中应用比较广泛。凡既需采光又须隔热之处均可采用。采用不同颜色的着色玻璃能合理利用太阳光，调节室内温度，节省空调费用，而且对建筑物的外形有很好的装饰效果。一般多用作建筑物的门窗或玻璃幕墙。

6）镀膜玻璃。镀膜玻璃分为阳光控制镀膜玻璃和低辐射镀膜玻璃，是一种既能保证可见光良好透过又可有效反射热射线的节能装饰型玻璃。镀膜玻璃是由无色透明的平板玻璃镀覆金属膜或金属氧化物而制得。根据外观质量，阳光控制镀膜玻璃和低辐射镀膜玻璃可分为优等品和合格品。阳光控制镀膜玻璃可用作建筑门窗玻璃、幕墙玻璃，还可用于制作高性能中空玻璃。

7）中空玻璃：中空玻璃是由两片或多片玻璃以有效支撑均匀隔开并周边黏接密封，使玻璃层间形成有干燥气体空间，从而达到保温隔热效果的节能玻璃制品。

特性：光学性能良好；保温隔热、降低能耗；防结露；具有良好的隔声性能。

应用：中空玻璃主要用于保温隔热、隔声等功能要求较高的建筑物，如宾馆、住宅、医院、商场、写字楼等，也广泛用于车船等交通工具。

7. 建筑塑料

（1）合成高分子树脂

1）硬聚氯乙烯（PVC–U）管。

特性：通常直径为 40~100mm。内壁光滑阻力小、不结垢、无毒、无污染、耐腐蚀。使用温度不大于 40℃，故为冷水管。抗老化性能好、难燃，可采用橡胶圈柔性接口安装。

应用：用于给水管道（非饮用水）、排水管道、雨水管道。

2）氯化聚氯乙烯（PVC–C）管。

特性：高温机械强度高，适于受压的场合。阻燃、防火、导热性能低，管道热损少。热膨胀系数低，产品尺寸全（可做大口径管材），安装附件少，安装费用低。但要注意使用的胶水有毒性。

应用：冷热水管、消防水管系统、工业管道系统。

3）无规共聚聚丙烯管（PP-R管）。

特性：无毒，无害，不生锈，不腐蚀，有高度的耐酸性和耐氯化物性。耐热性能好，管材内壁光滑，不会结垢，采用热熔连接方式进行连接，牢固不漏，施工便捷，对环境无任何污染，绿色环保，配套齐全，价格适中。缺点是管材规格少（外径20~110mm），抗紫外线能力差，在阳光的长期照射下易老化。

应用：饮用水管，冷、热水管。

4）丁烯管（PB管）。

特性：较高的强度，韧性好，无毒，易燃，热胀系数大，价格高。

应用：饮用水，冷、热水管。特别适用于薄壁小口径压力管道，如地板辐射采暖系统的盘管。

5）交联聚乙烯管（PE-X管）。

特性：无毒，卫生，透明。有折弯记忆性、不可热熔连接、热蠕动性较小、低温抗脆性较差、原料较便宜。使用寿命可达50年。可输送冷热水、饮用水及其他液体。阳光照射下可使PE-X管加速老化，缩短使用寿命。

应用：主要用于地板辐射采暖系统的盘管。

6）铝塑复合管。

铝塑复合管是以焊接铝管或铝箔为中层，内外层均为聚乙烯材料（常温使用），或内外层均为高密度交联聚乙烯材料（冷热水使用），通过专用机械加工方法复合成一体的管材。

特性：长期使用温度（冷热水管）80℃，短时最高温度为95℃。安全无毒，耐腐蚀，不结垢，流量大，阻力小，寿命长，柔性好，弯曲后不反弹，安装简单。

应用：饮用水、冷热水管。

7）塑覆铜管。

塑覆铜管为双层结构，内层为纯铜管，外层覆裹高密度聚乙烯或发泡高密度聚乙烯保温层。

特性：无毒，抗菌卫生，不腐蚀，不结垢，水质好，流量大，强度高，刚性大，耐热，抗冻，耐久，长期使用温度范围宽（-70~100℃），比铜管保温性能好。可刚性连接，也可柔性连接，安全牢固，不漏。初装价格较高，但寿命长，不需维修。

应用：主要用作工业及生活饮用水，冷热水输送管道。

8）钢塑管。

钢塑管有很多种分类，可根据管材的结构分类为：钢带增强钢塑管，无缝钢管增强钢塑管，孔网钢带钢塑管以及钢丝网骨架钢塑管。

特性：管材承压性能非常好，管材口径大，具有阻氧作用，有好的耐蚀性。可直接用于直饮水工程，石油、天然气输送，工矿用管，供水管，排水管等各种领域。

(2) 塑料地板　塑料地板是以高分子合成树脂为主要材料，加入其他辅助材料，经一定的制作工艺制成的预制块状、卷材状或现场铺涂整体状的地面材料。

特性：种类花色繁多；具有良好的装饰性能；性能多变，适应面广；质轻、耐磨、脚感舒适；施工、维修、保养方便。

(3) 塑钢门窗　塑钢门窗是以强化聚氯乙烯（UPVC）树脂为基料，以轻质碳酸钙做填料，掺以少量添加剂，经挤出法制成各种截面的异型材，并采用与其内腔紧密吻合的增强型钢做内衬，再根据门窗品种，选用不同截面的异型形材组装而成。

特性：色泽鲜艳，不需油漆；耐腐蚀、抗老化、保温、防水、隔声；在30～50℃的环境下不变色，不降低原有性能，防虫蛀又不助燃。

应用：适用于工业与民用建筑，是建筑门窗的换代产品，但平开门窗比推拉门窗的气密性、水密性等综合性能要好。

8. 建筑涂料

（1）内墙涂料　乳液型内墙涂料，包括丙烯酸酯乳胶漆、苯－丙乳胶漆、乙烯－醋酸乙烯乳胶漆。水溶性内墙涂料，包括聚乙烯醇水玻璃内墙涂料、聚乙烯醇缩甲醛内墙涂料。

1）丙烯酸酯乳胶漆的特点：涂膜光泽柔和、耐候性好、保光保色性优良、遮盖力强、附着力高、易于清洗、施工方便、价格较高，属于高档建筑装饰内墙涂料。

2）苯－丙乳胶漆的特点：良好的耐候性、耐水性、抗粉化性，色泽鲜艳、质感好，由于聚合物粒度细，可制成有光型乳胶漆，属于中高档建筑内墙涂料。与水泥基层附着力好、耐洗刷性好，可以用于潮气较大的部位。

3）乙烯－醋酸乙烯乳胶漆：在醋酸乙烯共聚物中引入乙烯基团形成的乙烯－醋酸乙烯（VAE）乳液中，加入填料、助剂、水等调配而成。

特点：成膜性好、耐水性较高、耐候性较好。价格较低，属于中低档建筑装饰内墙涂料。

（2）外墙涂料　溶剂型外墙涂料，包括过氯乙烯、苯乙烯焦油、聚乙烯醇缩丁醛、丙烯酸酯、丙烯酸酯复合型、聚氨酯系外墙涂料。乳液型外墙涂料，包括薄质涂料纯丙乳胶漆、苯－丙乳胶漆、乙－丙乳胶漆和厚质涂料乙－丙乳液厚涂料、氯偏共聚乳液厚涂料。水溶性外墙涂料，该类涂料以硅溶胶外墙涂料为代表。其他类型外墙涂料包括复层外墙涂料和砂壁状涂料。

1）过氯乙烯外墙涂料的特点：良好的耐大气稳定性、化学稳定性、耐水性、耐霉性。

2）丙烯酸酯外墙涂料的特点：良好的抗老化性、保光性、保色性、不粉化、附着力强，施工温度范围（0℃以下仍可干燥成膜）广，但该种涂料耐污性较差。

3）氟碳涂料：氟碳涂料是在氟树脂基础上经改性、加工而成的涂料，简称氟涂料，又称氟碳漆，属于新型高档高科技全能涂料。

特点：优异的耐候性、耐污性、自洁性、耐酸碱、耐腐蚀、耐高低温性能，涂层硬度高，与各种材质的基体有良好的黏结性能、色彩丰富有光泽、装饰性好、施工方便、使用寿命长。

应用：广泛用于金属幕墙、柱面、墙面、铝合金门窗框、栏杆、天窗、金属家具、商业指示牌、户外广告着色及各种装饰板的高档饰面。

4）复层涂料：由基层封闭涂料、主层涂料、罩面涂料三部分构成。按主层涂料的黏结料的不同可分为聚合物水泥系（CE）、硅酸盐系（SI）、合成树脂乳液系（E）和反应固化型合成树脂乳液系（RE）复层涂料。

特点：黏结强度高，具有良好的耐褪色性、耐久性、耐污染性、耐高低温性。外观可成凹凸花纹状、环状等立体装饰效果，故也称浮感涂料或凹凸花纹涂料，适用于水泥砂浆、混凝土、水泥石棉板等多种基层的中高档建筑装饰饰面。

应用：用于无机板材、内外墙、顶棚的饰面。

（3）地面涂料（水泥砂浆基层地面涂料）

1）过氯乙烯地面涂料的特点：干燥快、与水泥地面结合好、耐水、耐磨、耐化学药品腐蚀。施工时有大量有机溶剂挥发、易燃，要注意防火、通风。

2）聚氨酯-丙烯酸酯地面涂料的特点：涂膜外观光亮平滑、有瓷质感，具有良好的装饰性、耐磨性、耐水性、耐酸碱、耐化学药品腐蚀。

应用：适用于图书馆、健身房、舞厅、影剧院、办公室、会议室、厂房、车间、机房、地下室、卫生间等水泥地面的装饰。

3）环氧树脂厚质地面涂料：是以黏度较小、可在室温固化的环氧树脂（如E-44、E-42等牌号）为主要成膜物质，加入固化剂、增塑剂、稀释剂、填料、颜料等配制而成的双组分固化型地面涂料。

特点：黏结力强、膜层坚硬耐磨且有一定韧性、耐久、耐酸、耐碱、耐有机溶剂、耐火、防尘，可涂饰各种图案。施工操作比较复杂。

应用：用于机场、车库、实验室、化工车间等室内外水泥基地面的装饰。

三、施工机具准备

施工机具包括施工中所确定选用的各种土方机械、木工机械、钢筋加工机械、混凝土机械、砂浆机械、垂直与水平运输机械、吊装机械等，应根据采用的施工方案和施工进度计划，确定施工机械的数量和进场时间；确定施工机具的供应方法和进场后的存放地点和方式，并提出施工机具需要量计划，以便企业内平衡或企业外签约租借机械。

工程施工机械的种类、型号、规格很多，应根据项目具体施工条件，对施工机械进行合理选择和组合，使其发挥最大效能。

1. 施工项目机械设备选择的依据

（1）工程特点　根据工程的平面分布、占地面积、长度、宽度、高度、结构形式等确定设备选型。

（2）工程量　充分考虑建设工程需要加工运输的工程量大小，决定选用的设备型号。

（3）工期要求　根据工期的要求，计算日加工运输工作量，确定所需设备的技术参数与数量。

（4）施工项目的施工条件　主要是现场的道路条件、周边环境与建筑物条件、现场平面布置条件等。

2. 施工机械选择的原则

（1）适应性　施工机械与建设项目的具体实际相适应，即施工机械要适应建设项目的施工条件和作业内容。施工机械的工作容量、生产率等要与工程进度及工程量相符合，尽量避免因施工机械的作业能力不足而延误工期，或因作业能力过大而使施工机械利用率降低。

（2）高效性　通过对机械功率、技术参数的分析研究，在与项目条件相适应的前提下，尽量选用生产效率高的机械设备。

（3）稳定性　选用性能优越稳定、安全可靠、操作简单方便的机械设备。避免因设备经常不能正常运转影响施工的正常进行。

（4）经济性　在选择工程施工机械时，必须权衡工程量与机械费用的关系。尽可能选用低能耗、易维修保养的机械设备。

（5）安全性　选用的施工机械的各种安全防护装置要齐全，灵敏可靠。此外，在保证施工人员、设备安全的同时，应注意保护自然环境及既有的建筑设施，不致因所采用的施工机械及其作业而受到破坏。

3. 施工机械需用量的计算

施工机械需用量根据工程量、计划期内的台班数量、机械的生产率和利用率计算确定。

计算公式为：

$$N = \frac{P}{W \times Q \times K_1 \times K_2} \tag{2-1}$$

式中　N——需用机械数量；
　　　P——计划期内的工作量；
　　　W——计划期内的台班数；
　　　Q——机械每台班生产率（即单位时间机械完成的工作量）；
　　　K_1——工作条件影响系数（因现场条件限制造成的）；
　　　K_2——机械生产时间利用系数（指考虑了施工组织和生产时间损失等因素对机械生产效率的影响系数）。

4. 施工项目机械设备选择的方法

（1）单位工程量成本比较法　机械设备使用的成本费用分为可变费用和固定费用两大类。可变费用又称操作费，它随着机械的工作时间变化，如操作人员的工资、燃料动力费、小修理费、直接材料费等。固定费用是按一定施工期限分摊的费用，如折旧费、大修理费、机械管理费、投资应付利息、固定资产占用费等，租入机械的固定费用是要按期交纳的租金。在多台机械可供选用时，可优先选择单位工程量成本费用较低的机械。单位工程量成本的计算公式为：

$$C = \frac{R + Px}{Qx} \tag{2-2}$$

式中　C——单位工程量成本；
　　　R——定期间固定费用；
　　　P——单位时间变动费用；
　　　Q——单位作业时间产量；
　　　x——实际作业时间（机械使用时间）。

（2）界限时间比较法　界限时间（x_0）是指两台机械设备的单位工程量成本相同时的时间。由单位工程量成本比较法的计算公式可知，单位工程量成本 C 是机械作业时间 x 的函数，当 A、B 两台机械的单位工程量成本相同，即 $C_a = C_b$ 时，则有关系式：

$$\frac{R_a + P_a x_0}{Q_a x_0} = \frac{R_b + P_b x_0}{Q_b x_0} \tag{2-3}$$

解界限时间 x_0 的计算公式：

$$x_0 = \frac{R_b Q_a - R_a Q_b}{P_a Q_b - P_b Q_a} \tag{2-4}$$

当 A、B 两机械设备单位作业时间产量相同，即 $Q_a = Q_b$ 时，式（2-4）可简化为：

$$x_0 = \frac{R_b - R_a}{P_a - P_b} \tag{2-5}$$

上面公式可用图 2-1 表示。

由图 2-1a 可以看出，当 $Q_a = Q_b$ 时，应按总费用多少选择机械。由于项目已定，两台机械需要的使用时间 x 是相同的，即

$$需要使用时间(x) = \frac{应完成工程量}{单位时间产量} = x_a = x_b \tag{2-6}$$

当 $x < x_0$ 时，选择 B 机械；$x > x_0$ 时，选择 A 机械。

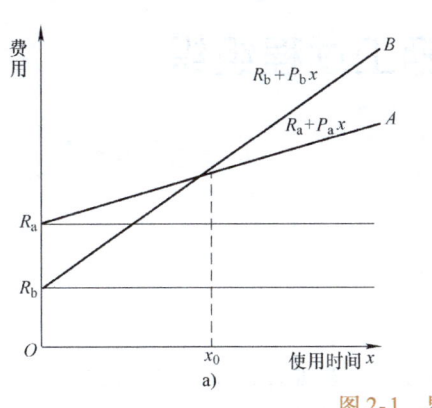

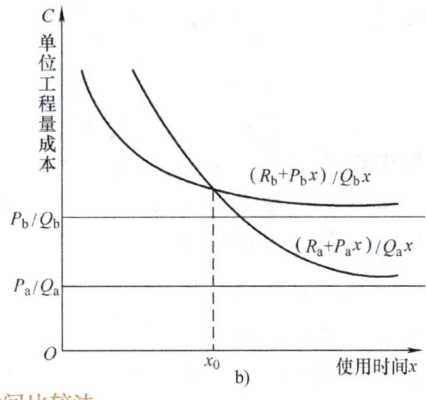

图 2-1 界限时间比较法

a）单位作业时间产量相同时，$Q_a = Q_b$ b）单位作业时间产量不同时，$Q_a \neq Q_b$

由图 2-1b 可以看出，当 $Q_a \neq Q_b$ 时，这时两台机械需要的使用时间不同，$x_a \neq x_b$。在都能满足项目施工进度要求的条件下，需要使用时间 x，应根据单位工程量成本较低者选择机械。项目进度要求确定，当 $x < x_0$ 时选择 B 机械；$x > x_0$ 时选择 A 机械。

（3）折算费用法（等值成本法）　当施工项目的施工期限长，某机械需要长期使用，项目经理部决策购置机械时，可考虑机械的原值、年使用费、残值和复利利息，用折算费用法计算，在预计机械使用的期间，按月或年摊入成本的折算费用，选择较低者购买。计算公式为：

年折算费用 =（原值 – 残值）× 资金回收系数 + 残值 × 利率 + 年度机械使用费　（2-7）

$$资金回收系数 = \frac{i(1+i)^n}{(1+i)^n - 1}$$

式中　i——复利率；
　　　n——计利期。

任务拓展

1. 熟悉施工准备工作及各项资源需要量计划表（扫描文前二维码下载资源）。
2. 熟悉建筑钢材的力学性能（扫描文前二维码下载资源）。

任务训练

1. 施工项目机械设备选择的依据包括（　　）。
A. 工程特点　　　　B. 工程量　　　　C. 工期要求　　　　D. 设备的先进性
E. 施工项目的施工条件
2. 施工机械选择的原则有（　　）。
A. 适应性　　　　B. 高效性　　　　C. 稳定性　　　　D. 经济性
E. 安全性

任务小结

1. 施工准备工作包括技术准备、机具准备、材料准备、试验及检验工作等内容。
2. 建筑材料种类繁多，要熟悉各类材料的特性及适用范围，根据工程特点、建筑风格和施工要求等因素合理选用。

工作任务 2　施工过程组织

> **知识点：**
> 1. 施工方案及交底组织。
> 2. 施工材料进场组织。
> 3. 施工机具组织应用。
>
> **能力（技能）点：**
> 1. 能编制分项施工工艺技术交底文件，对各项工艺进行指导、组织施工。
> 2. 能对常用建筑材料进行进场验收。
> 3. 能核算指定施工工艺计划工期。

工程项目建设工序繁多，工程量大，涉及施工班组也很多，如何有序组织、高效地完成施工任务？在施工现场会用到大量的建筑材料和机械设备，如何有效管理，确保现场够用且把管理成本降至最低？

🏆 任务实施

一、施工方案的编制

1. 编制依据

编制依据是施工方案编制时所依据的条件及准则，为编制施工方案服务，一般包括现场的施工条件、图纸、技术标准、政策文件、施工组织设计等。

2. 工程概况

施工方案的工程概况不是针对整个工程的介绍，而是针对本分部（分项）工程内容进行介绍，不同的分部分项工程所介绍的内容和重点虽然不同，但介绍的原则是相同的，包括：

1）重点描述与施工方法有关的内容和主要参数。
2）分部分项工程施工条件。
3）分部分项工程施工目标。
4）特点及重难点分析。

3. 施工准备

施工准备包括技术准备、机具准备、材料准备、试验及检验工作的内容，见表 2-4。

表 2-4　施工准备工作内容

准备类型	内　容
技术准备	1. 图纸的熟悉及审图工作，图集、规范等收集及学习 2. 现场条件的熟悉了解 3. 施工方案编制的前期准备工作，如搜集资料及类似工程方案、工程量的计算、召开编制会议等 4. 四新技术、工法等方面的学习及准备 5. 样板部位确定 6. 其他与技术准备相关的内容，如相关合同的了解、当地资源、机械性能、市场价格的收集及了解等

(续)

准备类型	内 容
机具准备	包括中小型施工机械、工程测量仪器、工程试验仪器等，用列表说明所需机具的名称、型号、数量、规格、主要性能、用途和进出场时间等
材料准备	1. 包括工程用主材（包括预制件、构件），工程用辅材，周转材料，成品保护及文明施工等材料 2. 工程用主材需确定订货厂或买家、运输及加工的规格、尺寸，同时用表格明确名称、型号、数量、规格、进出场时间等 3. 工程用辅材、周转材料、成品保护及文明施工等材料也应用表格，注明规格、型号、数量、进出场时间等内容
试验及检验工作	列表说明试验、检验工作的部位、方法、数量、见证部位及数量

4. 施工安排

（1）内容　包含组织机构及职责、施工部位、施工流水组织、劳动力组织、现场资源协调、工期要求、安全施工条件等内容。

（2）组织机构及职责　根据施工组织设计所确定的总承包组织机构对该分部分项工程所涉及的机构进行细化，并明确分工及职责、奖惩制度。

组织机构应细化到分包管理层。在总承包层面范围，其组织机构除了反映组织关系，还应在方框图中注明岗位人员的姓名及职称、主要负责区域及分工。

组织机构方框图绘制示例如图2-2所示，注意本例方框图中只说明框图包含哪些内容，具体组织结构关系需根据工程实际及施工单位的管理模式确定。

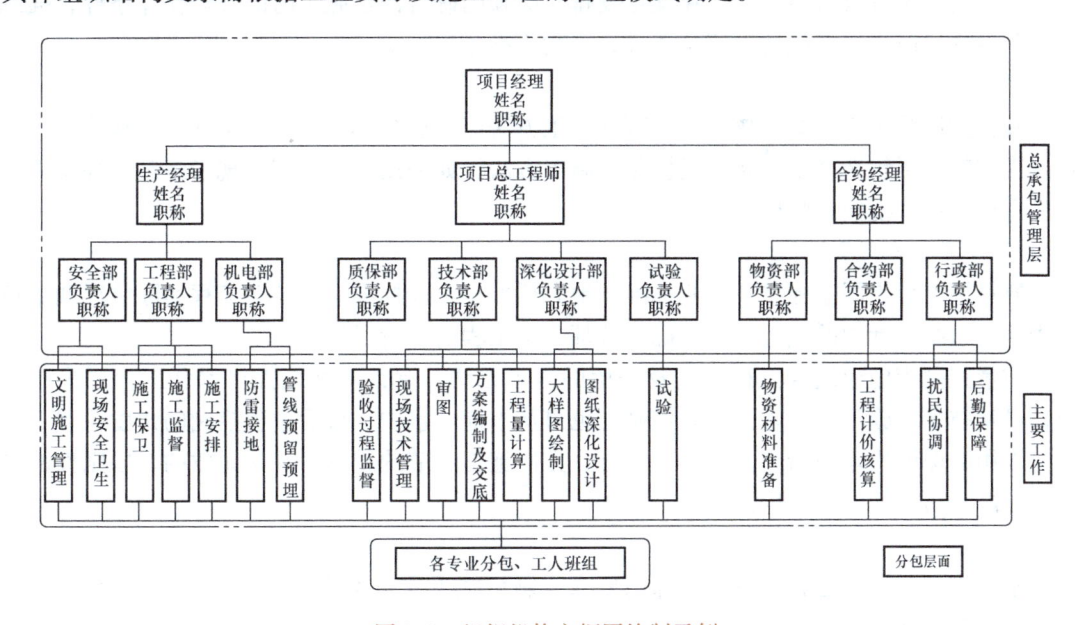

图2-2　组织机构方框图绘制示例

（3）施工部位　施工部位与施工组织及施工方法有着密切的联系，在施工安排中应明确该分部分项工程包含哪些施工部位。

（4）施工流水组织　根据单位工程的施工流水组织对分部分项工程的施工流水组织进

行细化。分部分项工程的施工流水组织包括各分包队伍施工任务划分、施工区域划分、流水段划分及流水顺序。例如模板工程，就应该按水平部位、竖向部位分别划分流水段，根据工期及模板配置数量说明模板如何流水。

（5）劳动力组织　列表说明各时间段（或施工阶段）各工种（包含总分包管理人员、前方技术工、后方技术工、配合的特殊工种等）的劳动力数量。劳动力数量要根据定额、经验数据及工期要求确定。

除用表格说明各时间段的劳动用工外，宜绘制动态管理图直观地显示各时间段劳动力总数及工种构成比例。

明确现场管理人员应根据进度安排提前核实本工种的劳动力数量及比例构成，特别是高峰阶段的劳动力用工，当发现不能满足进度要求时，要督促分包负责人及时调配以满足施工需要。

（6）现场资源协调　现场资源主要指大型运输工具（如塔式起重机、电梯等），现场场地，公用设施（如脚手架、综合加工厂等），周转材料（如模板、架料等）。在方案中应明确总承包方的总协调人，根据主导工程及时调整资源配给，保证关键线路的施工进度不滞后。

（7）工期要求　此处所指工期要求是要将该分部分项工程各施工部位的开始时间及结束时间描述清楚。此处工期根据项目编制的三级进度计划确定，在确定时应根据流水段的划分及资源配置核实三级进度计划的工期安排，不合适的地方及时调整修正。

（8）安全施工条件　安全施工条件对保障施工人员生命及财产安全、减少和防止各种安全事故的发生具有重要意义。在施工安排时必须明确各部位施工时的安全作业条件，强调不具备条件时应采取措施达到安全条件，否则不准施工。

5. 主要施工方法

施工方法是施工方案的核心，合理的施工方法能保证分部分项工程又好又快地施工。应根据工程特点尽量选择工厂化、机械化的施工方法，如采用工厂预制及现场组装，高层建筑模板选用台模、滑模、爬模等。

6. 质量要求

质量标准分为国家标准、行业标准、地方标准、企业标准，应结合工程实际情况和单位工程施工组织设计中的质量目标，确定分部分项工程的质量目标。

质量控制措施应结合工程特点及采用的施工方法，有针对性地提出保证工艺质量的措施，可从技术、施工、管理方面来控制，也可从事前、事中、事后过程控制的角度论述。

采用的保证质量的措施及方法应可行、方便施工、节约成本，凡是无效的、原则性的措施尽可能不写，做到宁缺毋滥。

7. 其他要求

根据施工合同约定和行业主管部门要求，制订施工安全生产、消防、环保、成品保护、绿色施工等措施。

二、技术交底

1. 技术交底分类

（1）施工组织设计交底　重点和大型工程施工组织设计交底，一般是由施工企业的技术负责人（公司总工程师）将主要设计要求、施工措施，以及重要事项对项目主要管理人员进行交底。其他工程施工组织设计交底应由项目总工程师（技术负责人）进行。

施工组织设计交底是使项目主要管理人员对建筑概况、工程重难点、施工目标、施工部署、施工方法与措施等方面有一个全面的了解，以便在施工过程管理及工作安排中做到目标明确、有的放矢。

（2）专项施工方案交底　专项施工方案交底应由项目专业技术负责人负责，根据专项施工方案对专业工程师进行交底。主要向专业工程师交代分部分项工程流水组织、施工顺序、施工方法与措施，是承上启下的一种指导性交底。

（3）"四新"技术交底　"四新"技术交底应由项目技术负责人组织有关专业人员编制并对专业工程师进行交底。

（4）设计变更技术交底　设计变更技术交底应由项目技术部门根据变更要求，并结合具体施工步骤、措施及注意事项等对专业工程师进行交底。

（5）分项工程施工技术交底　分项工程施工技术交底应由专业工程师对专业施工班组（或专业分包）进行交底，是将图纸与方案转变为实物的操作性交底，是上述各项交底的细化。

2. 技术交底的要求

1）必须符合国家法律法规、规范、规程、标准图集、地方政策和法规的要求。

2）必须符合图纸各项设计及技术要求，特别是当设计图纸中的技术要求及标准高于国家及行业规范时，应作更详细的交底和说明。

3）应符合和体现上一级技术交底中的意图和具体要求。

4）应符合实施施工组织设计和施工方案的各项要求，包括组织措施、技术措施、安全措施等。

5）对不同层次的施工人员，其技术交底的深度与详细程度应不同。因人而异也是技术交底针对性的一种体现。

6）技术交底应全面、明确、突出重点，应详细说明操作步骤、控制措施、注意事项等，应步骤化、量化、具体化，切忌含糊其辞。

7）在施工中使用新技术、新材料、新工艺的应详细进行交底，交代应用的部位、应用前的样板施工等具体事宜。

8）所有技术交底必须列入工程技术档案。

技术交底管理流程如图 2-3 所示。

3. 技术交底的内容及重点

（1）施工组织设计交底的内容及重点

1）内容

① 工程概况及施工目标的说明。

② 总体施工部署的意图，施工机械、劳动力、大型材料安排与组织。

③ 主要施工方法，关键性的施工技术及实施中存在的问题。

④ 施工难度大的部位的施工方案及注意事项。

⑤ "四新"技术的技术要求、实施方案、注意事项。

⑥ 进度计划的实施与控制。

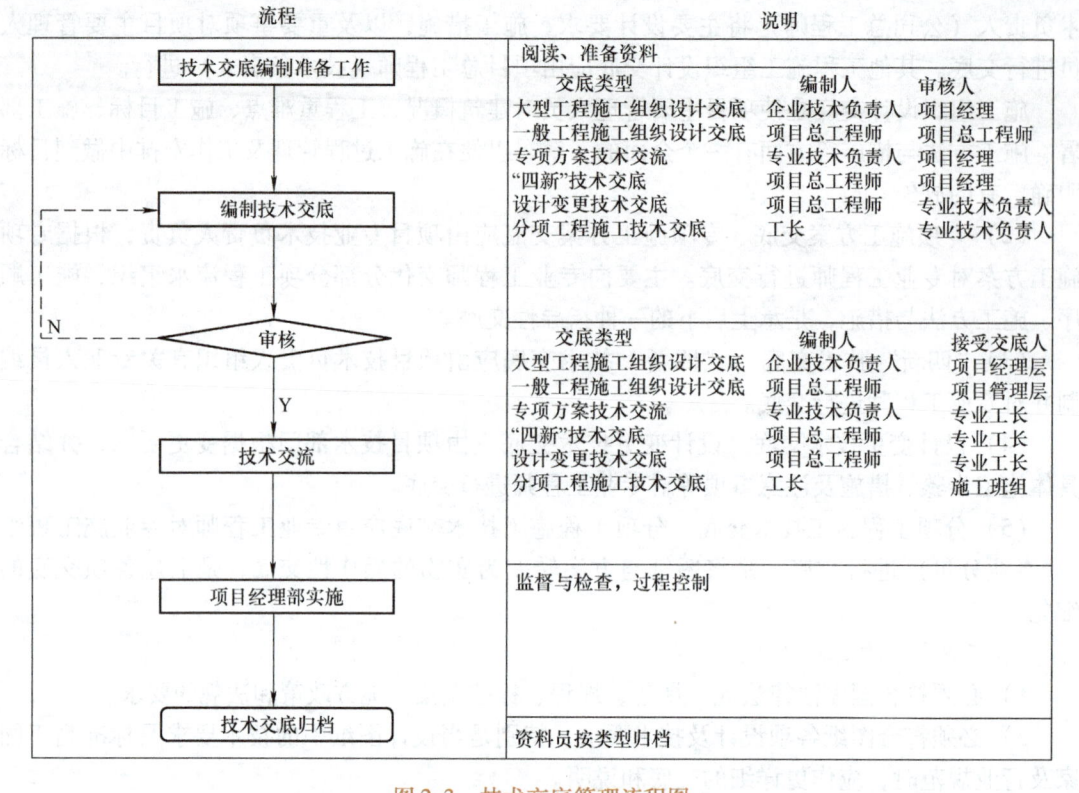

建筑工程施工工艺实施与管理导论

流程	说明		
技术交底编制准备工作	阅读、准备资料		
	交底类型	编制人	审核人
编制技术交底	大型工程施工组织设计交底	企业技术负责人	项目经理
	一般工程施工组织设计交底	项目总工程师	项目总工程师
	专项方案技术交流	专业技术负责人	项目经理
	"四新"技术交底	项目总工程师	项目经理
审核	设计变更技术交底	项目总工程师	专业技术负责人
	分项工程施工技术交底	工长	专业技术负责人
	交底类型	编制人	接受交底人
技术交流	大型工程施工组织设计交底	企业技术负责人	项目经理层
	一般工程施工组织设计交底	项目总工程师	项目管理层
	专项方案技术交流	专业技术负责人	专业工长
	"四新"技术交底	项目总工程师	专业工长
	设计变更技术交底	项目总工程师	专业工长
	分项工程施工技术交底	工长	施工班组
项目经理部实施	监督与检查,过程控制		
技术交底归档	资料员按类型归档		

图 2-3　技术交底管理流程图

⑦ 总承包的组织与管理。

⑧ 质量、安全控制等方面的内容。

2)重点:施工部署、重难点施工方法与措施、进度计划实施及控制、资源组织与安排。

(2)专项施工方案交底的内容及重点

1)内容

① 工程概况。

② 施工安排。

③ 施工方法。

④ 进度、质量、安全控制措施与注意事项。

2)重点:施工安排、施工方法。

(3)分项工程施工技术交底的内容及重点

1)内容

① 施工准备。

② 质量要求及控制措施。

③ 工艺流程。

④ 操作工艺。

⑤ 安全措施及注意事项。

⑥ 其他措施(如成品保护、环保、绿色施工等)及注意事项。

2）重点：操作工艺、质量控制措施、安全措施。
（4）"四新"交底的内容及重点
1）内容
① 使用部位。
② 主要施工方法与措施。
③ 注意事项。
2）重点：主要施工方法与措施。
（5）设计变更交底的内容及重点
1）内容
① 变更的部位。
② 变更的内容。
③ 实施的方案、措施、注意事项。
2）重点：主要实施的方案、措施。

4. 技术交底的管理规定

1）实行三级交底制，即公司向项目交底，项目总工（技术负责人）向项目管理层交底，责任工程师（工长）向操作班组交底。

2）大型工程施工组织设计交底、重大方案或超过一定规模的分部分项工程专项安全方案技术交底，应邀请建设单位、监理单位的负责人及相关人员参加。

3）交底的形式可采用多种方式，宜根据不同的对象采取合适的方式，如书面式、口头式、会议式、示范式、样板式等。

4）项目经理、项目总工（技术负责人）应督促、检查技术交底工作的进行情况。

5）交底应有交底记录，有交底人和接受交底人签字，交底记录原件应交资料员存档。

三、现场材料管理

1. 材料进场验收

（1）材料进场验收的管理流程（图2-4）

（2）材料进场验收

1）材料进场验收准备。

① 验收工具的准备，针对不同材料的计量方法准备所需的计量器具。

② 做好验收资料的准备，包括材料计划、合同、材料的质量标准等。

③ 做好验收场地及保存设施的准备。跟据现场平面布置图，认真做好材料的堆放和临时仓库的搭设，要求做到有利于材料的进出和存放，方便施工、避免和减少场内二次搬运。准备露天存放材料所用的覆盖材料。易燃、易爆、腐蚀性材料，还应准备防护用品用具。

2）核对资料。核对到货合同、发票、发货明细以及材质证明、产品出厂合格证、生产许可证、厂名、品种、出厂日期、出厂编号、试验数据等有关资料，查验资料是否齐全、有效。

3）材料数量检验。材料数量检验应按合同要求、进料计划、送料凭证，采取过磅称重、量尺换算、点包点件等检验方式。核对到货票证标识的数量与实物数量是否相符，并做好记录。

4）材料质量检验。材料质量检验又分为外观质量检验和内在质量检验。外观质量检验是由材料验收员通过眼看、手摸和简单的工具，查看材料的规格、型号、尺寸、颜色、完整程度等。内在质量验收主要是指对材料的化学成分、力学性能、工艺性能、技术参数等的检测，通常是由专业人员负责抽样送检，采用试验仪器和测试设备检测。

要求复检的材料要有取样送检证明报告，新材料未经试验鉴定，不得用于工程中；现场配制的材料应经试配，使用前应经认证。

5）办理入库手续。验收合格的材料，方可办理入库手续。由收料人根据来料凭证和实际数量出具收料单。

6）验收中出现问题的处理。在材料验收中，对不符合计划要求或质量不合格的材料，应更换、退货或让步接收（降级使用），严禁使用不合格的材料。若发现下列情况，应酌情分别处理。

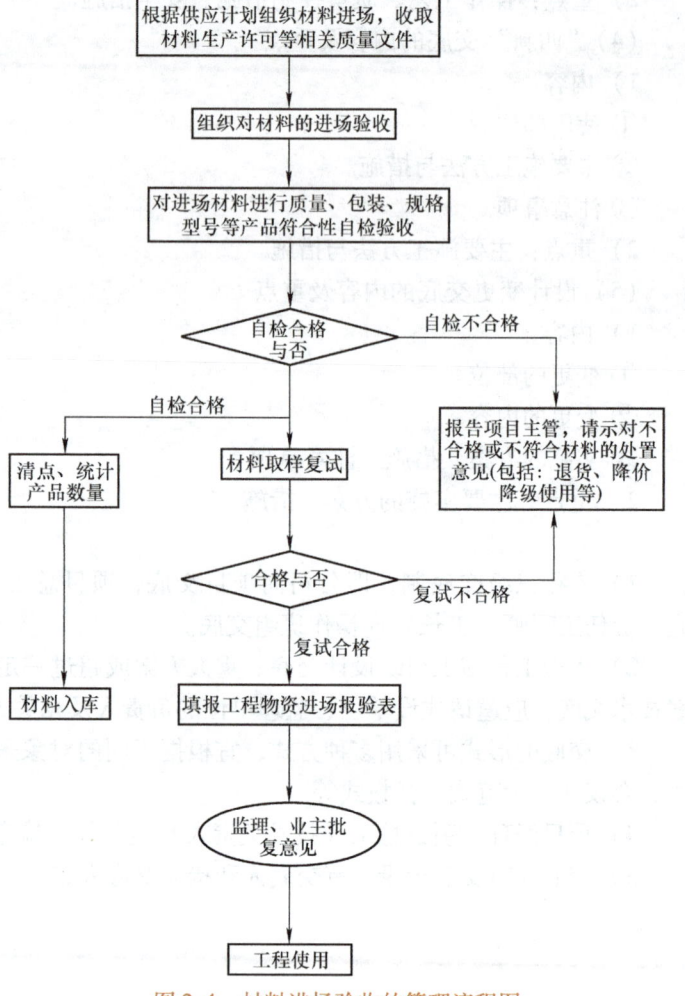

图 2-4　材料进场验收的管理流程图

① 材料实到数量与单据或合同数量不同的，及时通知采购人员或有关主管部门与供货方联系确定，并根据生产需要的缓急情况按照实际数量验收入库，保证施工急需。

② 质量、规格不符的，及时通知采购人员或有关主管部门，不得验收入库。

③ 若出现到货材料证件资料不全和对包装、运输等存在疑义时应作待验处理。待验材料也应妥善保管，在问题没有解决前不得发放和使用。

2. 材料储存保管

（1）材料储存保管的一般要求

1）材料仓库或现场堆放的材料必须有必要的防火、防雨、防潮、防盗、防风、防变质、防损坏等措施。

2）易燃易爆、有毒等危险品材料，应专门存放，专人负责保管，并有严格的安全措施。

3）有保质期的材料应做好标志，定期检查防止过期。

4）现场材料要按平面布置图定位放置，有保管措施，符合堆放保管制度。

5）对材料要做到日清、月结、定期盘点、账物相符。

6）材料保管应特别注意性能互相抵触的材料应严格分开。如酸和碱；橡胶制品和油脂；酸、稀料等液体材料与水泥、电石、滑石粉、工具、配件等怕水、怕潮材料都要严格分开，避免发生相互作用而降低使用性能甚至破坏材料性能的情况。进库的材料须验收后入库，按型号、品种分区堆放，并编号、标志，建立台账。

（2）材料保管场所

1）封闭库房。材料价值高、易被偷盗的小型材料，怕风吹、日晒、雨淋，对温度、湿度及有害气体反应较敏感的材料应存放在封闭库房。如水泥、镀锌板、镀锌管、胶黏剂、溶剂、外加剂、水暖管件、小型机具设备、电线电料、零件配件等均应在封闭库房保管。

2）货棚。不易被偷盗、个体较大，只怕雨淋、日晒，而对温度、湿度要求不高的材料，可以放在货棚内。如陶瓷制品、散热器、石材制品等均可在货棚内存放。

3）料场。存放在料场的材料，是不怕风吹、日晒、雨淋，对温度、湿度及有害气体反应不敏感的材料；或是虽然受到各种自然因素影响，但在使用时可以消除影响的材料，如钢材中的大型型材、钢筋、砂石、砖、砌块、木材等，也可以存放在料场。料场一般要求地势较高，地面穷实或进行适当处理，如做混凝土地面或铺砖。材料堆放位置应垫起，离地面30~50cm，以免地面潮气上返。

4）特殊材料仓库。对保管条件要求较高，如需要保温、低温、冷冻、隔离保管的材料，必须按保管要求，存放在特殊库房内。如汽油、柴油、煤油等燃料必须分别在单独库房保管，氧气、乙炔应专设库房；有毒有害物品必须单独保管。

（3）材料的码放　材料码放形状和数量，必须满足材料性能要求。

1）材料的码放形状，必须根据材料性能、特点、体积大小确定。

2）材料的码放数量，首先要视存放地点的地坪负荷能力而确定，使地面、垛基不下陷，垛位不倒塌，高度不超标为原则；同时还要根据底层材料所能承受的重量，以材料不受压变形、变质为原则。避免因材料码放数量不当造成材料底层受压变形、变质，而影响使用。

（4）按照材料的消防性能分类设库　不同的材料性能决定了其消防方式不同。材料燃烧有的只采用高压水灭火，有的只能使用干粉灭火器或砂子灭火；有的材料在燃烧时伴有有害气体挥发，有的材料存在燃烧爆炸的危险，所以现场材料应按材料的消防性能分类设库。

（5）材料保养　材料在库存阶段还需要进行认真的保养，避免因外界环境的影响造成所保管材料的性能损失。

（6）材料标识

1）材料基本情况标识：入库或进入现场的材料都应挂牌进行标识，注明材料的名称、品种、规格（标号）、产地、进货日期、有效期等。

2）状态标志：仓库及现场设置物资合格区、不合格区、待检区，标志材料的检验状态（合格、不合格、待检、已检待判定）。

3）半成品标志：半成品的标志是通过记号、成品收库单、构件表及布置图等方式来实现的。

4）标牌：标牌规格应视材料种类和标注内容选择适宜大小（一般可用250mm×

150mm、80mm×60mm等）的标志牌来标识。

3. 材料领用

项目经理部对现场物资严格坚持限额领料制度，控制物资使用，定期对物资使用及消耗情况进行统计分析，掌握物资消耗、使用规律。

超限额用料时，须事先办理手续，填限额领料单，注明超耗原因，经批准后方可领发材料。

项目经理部物资管理人员掌握各种物资的保持期限，按"先进先出"原则办理物资发放，不合格物资应登记申报并进行追踪处理。

核对材料出库凭证是发放材料的依据。要认真审核材料发放地点、单位、品种、规格、数量，并核对签发人的签章及单据、有效印章，无误后方可进行发放。

物资出库时，物资保管人员和使用人员共同核对领料单，复核、点交实物，保管员登卡、记账；凡经双方签认的出库物资，由现场使用人员负责运输、保管。

检查发放的材料与出库凭证所列内容是否一致，检查发放后的材料实存数量与账务结存数量是否相符。项目经理部要对物资使用情况定期进行清理分析，随时掌握库存情况，及时办理采购申请，保证材料正常供应。建立领发料台账，记录领发状况和节约、超用状况。

4. 材料盘点

（1）材料盘点的一般要求　项目经理部应定期对物资进行盘点，并对期间的物资管理情况进行总结分析。项目经理部物资盘点工作包括对需用计划、物资台账、物资领用记录、现场材料清理记录等方面进行综合分析，总结计划的合理性、仓库管理的完好性、领用控制的科学性、材料消耗比例是否正常。

项目部对库存物资进行盘点时，应建立盘点计划，明确各盘点人员的职责；盘点期间存货不能流动，或将流入的存货暂时与正在盘点的存货分开，并做盘点记录。通过材料盘点，准确地掌握实际库存材料的数量、质量状况。

（2）材料盘点的内容　通过对仓库材料数量的盘查清点，核对库存材料与账面所记载的数量是否一致。若出现账面数量多于或少于实物数量，则分别记录为盘亏和盘盈。

在清点材料数量的过程中，同时检查材料外观质量是否有变化，是否临近或超过保质期，是否已属于淘汰或限制使用的产品，若有则应作好记录，上报业务主管部门处理。检查安全消防、材料码放、温湿度控制及货架、距离等保管措施是否得当及有效，检查地面、门窗是否出现隐患，检查操作工具是否完好、计量器具是否符合校验标准。

四、现场机械设备管理

1. 施工项目机械设备的进场验收

（1）进入施工现场的机械设备应具有的技术文件检查

1）设备安装、调试、使用、拆除及试验图标程序和详细文字说明书。

2）各种安全保险装置及行程限位器装置调试和使用说明书。

3）维护保养及运输说明书。

4）安全操作规程。

5）产品鉴定证书、合格证书。

6）配件及配套工具目录。

7）其他重要的注意事项等。

（2）施工现场的机械设备验收组织

1）企业的设备验收：企业要建立健全设备购置验收制度，对于企业新购置的设备，尤其是大型施工机械设备和进口的机械设备，相关部门和人员要认真进行检查验收，及时安装、调试、移交使用，以便在索赔期内发现问题，及时办理索赔手续。同时要按照国家档案管理要求，及时建立设备技术档案。

2）工程项目的设备验收：工程项目要严格设备进场验收工作，一般中小型机械设备由施工员（工长）会同专业技术管理人员和使用人员共同验收；大型设备、成套设备需在项目经理部自检自查基础上报请公司有关部门组织技术负责人及有关部门验收；对于重点设备要组织第三方具有认证或相关验收资质的单位进行验收，如塔式起重机、电动吊篮、外用施工电梯、垂直卷扬提升架等。

（3）施工机械进场验收的主要内容

1）安装位置符合施工平面布置图要求。

2）安装地基坚固，机械稳固，工作棚搭设符合要求。

3）传动部分灵活可靠，离合器灵活，制动器可靠，限位保险装置有效，机械的润滑情况良好。

4）电气设备安全可靠，电阻摇测记录应符合要求，漏电保护器灵敏可靠，接地接零保护正确。

5）安全防护装置完好，安全、防火距离符合要求。

6）机械工作机构无损坏，运转正常，紧固件牢固。

7）操作人员必须持证上岗。

2. 施工项目机械设备进场与验收的安全管理

（1）机械进场使用准备阶段的安全管理

1）施工现场所需的机械，由施工负责人根据施工组织设计审定的机械需用计划，与机械经营单位签订租赁合同后按时组织进场。

2）进入施工现场的机械，必须保持技术状况完好，安全装置齐全、灵敏、可靠，机械编号的技术标牌完整、清晰，起重、运输机械应经年审并具有合格证。

3）电力拖动的机械要做到一机、一闸、一箱，漏电保护装置灵敏可靠；电气元件、接地、接零和布线符合规范要求，电缆卷绕装置灵活可靠。

4）需要在现场安装的机械，应根据机械技术文件（随机说明书、安装图纸和技术要求等）的规定进行安装。安装要有专人负责，经调试合格并签署交接记录后，方可生产。

5）现场机械的明显部位或机棚内要悬挂切实可行的简明安全操作规程和岗位责任牌。

6）进入现场的机械，要进行作业前的检查和保养，以确保作业中的安全运行。刚从其他工地转来的机械，可按正常保养级别及项目提前进行；停放已久的机械应进行使用前的保养；以前封存不用的机械应进行启封保养；新机或刚大修出厂的机械，应按规定进行保养。

（2）机械进场使用前验收的安全管理

1）项目经理部应对进入施工现场的机械设备的安全装置和操作人员的资质进行审验，不合格的机械和人员不得进入施工现场。

2）大型机械设备安装前，项目经理部应根据设备租赁方提供的参数进行安装设计架设，经验收合格后的机械设备，可由资质等级合格的设备安装单位组织安装，安装完成后报请主管部门验收，验收合格后方可办理移交手续。

3）对于塔式起重机、施工升降机的安装、拆卸，必须由具有资质证件的专业队承担，要按有针对性的安拆方案进行作业，安装完毕应按规定进行技术试验，验收合格后方可交付使用。

4）中小型机械由分包单位组织安装后，项目部机械管理部门组织验收，验收合格后方可使用。

5）所有机械设备验收资料均由机械管理部门统一保存，并交安全部门一份备案。

3. 施工项目机械设备的使用管理

在工程项目施工过程中，要合理使用机械设备，严格遵守项目的机械设备使用管理规定。

（1）"三定"制度　"三定"制度是指主要机械在使用中实行定人、定机、定岗位责任的制度。

1）每台机械的专门操作人员必须经过培训和考试，获得"操作合格证"之后才能操作相关的设备。

2）单人操作的机械，实行专机专责；多人操作的机械应组成机组，实行机组长领导下的分工负责制。

3）机械操作人员选定后应报项目机械管理部门审核备案并任命，不得轻易更换。

（2）交接班制度　在采用多班制作业、多人操作机械时，要执行交接班制度。

1）交接工作完成情况。

2）交接机械运转情况。

3）交接备用料具、工具和附件。

4）填写本班的机械运行记录。

5）交接应形成交接记录，由交接双方签字确认。

6）项目机械管理部门及时检查交接情况。

（3）安全交底制度　严格实行安全交底制度，使操作人员对施工要求、场地环境、气候等安全生产要素有详细的了解，确保机械使用的安全。各种机械设备使用安全技术交底书应由项目机械管理人员交给机械承租单位现场负责人，再由机械承租单位现场负责人交给机械操作人签字，签字后安全交底记录返给项目机械管理人员一份备案存档管理。

（4）技术培训制度　通过进场培训和定期的过程培训，使操作人员做到"四懂三会"，即懂机械原理、懂机械构造、懂机械性能、懂机械用途，会操作、会维修、会排除故障；使维修人员做到"三懂四会"；即懂技术要求、懂质量标准、懂验收规范，会拆检、会组装、会调试、会鉴定。

（5）检查制度　项目应制定机械使用前和使用过程中的检查制度。检查的内容包括：

1）各项规章制度的贯彻执行情况。

2）机械的正确操作情况。

3）机械设施的完整及受损情况。

4）机械设备的技术与运行状况，维修及保养情况。

5）各种原始记录、报表、培训记录、交底记录、档案等机械管理资料的完整情况。

（6）操作证制度

1）施工机械操作人员必须经过技术考核合格并取得操作证后，方可独立操作该机械。

2）审核操作证每年度的审验情况，避免操作证过期和有不良记录的操作人员上岗。

3）机械操作人员应随身携带操作证备查。

4）严禁无证操作。

（7）培训与教育制度

1）《建筑机械使用安全技术规程》（JGJ 33—2012）对机械的结构和使用特点，以及安全运行的要求和条件都进行了明确的规定。同时也规定了机械使用和操作必须遵守的事项、程序等基本规则。机械操作和管理人员都必须认真执行本规程，按照规程要求对机械进行管理和操作。

2）做好机械安全教育工作。各种机械操作人员除进行必需的专业技术培训、取得操作证以后方能上岗操作以外，机械管理人员还应按照项目安全管理规定对机械使用人员进行安全教育，加强对机械使用安全技术规程的学习和强化。

任务拓展

1. 熟悉施工项目机械设备的保养相关内容（扫描文前二维码下载资源）。
2. 熟悉施工项目材料需用计划的编制相关内容（扫描文前二维码下载资源）。

任务训练

1. 技术交底分类包括（　　）。
   A. 施工组织设计交底　　B. 专项施工方案交底　　C."四新"技术交底
   D. 设计变更技术交底　　E. 分项工程施工技术交底
2. 施工方案编制依据包括（　　）。
   A. 现场的施工条件　　B. 图纸　　C. 技术标准
   D. 政策文件　　E. 施工组织设计

任务小结

1. 施工方案包括：编制依据、工程概况、施工准备、施工安排、主要施工方法、质量要求、其他要求等。

2. 技术交底分类包括：施工组织设计交底、专项施工方案交底、"四新"技术交底、设计变更技术交底、分项工程施工技术交底等。

3. 材料进场验收要认真核对相关资料，查验质量证明材料，对材料外观质量进行检查并清点数量，要求复检的材料要有取样送检证明报告。验收合格的材料办理入库手续后备用。

工作任务 3　工程施工管理

知识点：
1. 施工信息资料管理。
2. 施工组织设计与进度管理。
3. BIM 信息化管理。

能力（技能）点：
1. 能根据建筑工程竣工验收资料标准对施工文件资料档案进行管理、核查、审查。
2. 能根据项目特点、造价、工期、成本等，运用横道进度计划和网络进度计划方法，编制项目施工进度计划。
3. 能基于工程信息数据，进行工程建设、工程计划、进度、现场监控、工程档案和运维的综合管理。

任务实施

一、建设工程项目信息管理

1. 工程资料分类

工程资料按照其特性和形成、收集、整理的单位不同分为：工程准备阶段文件、监理资料、施工资料、竣工图和工程竣工文件五类，具体详细划分如图 2-5 所示。

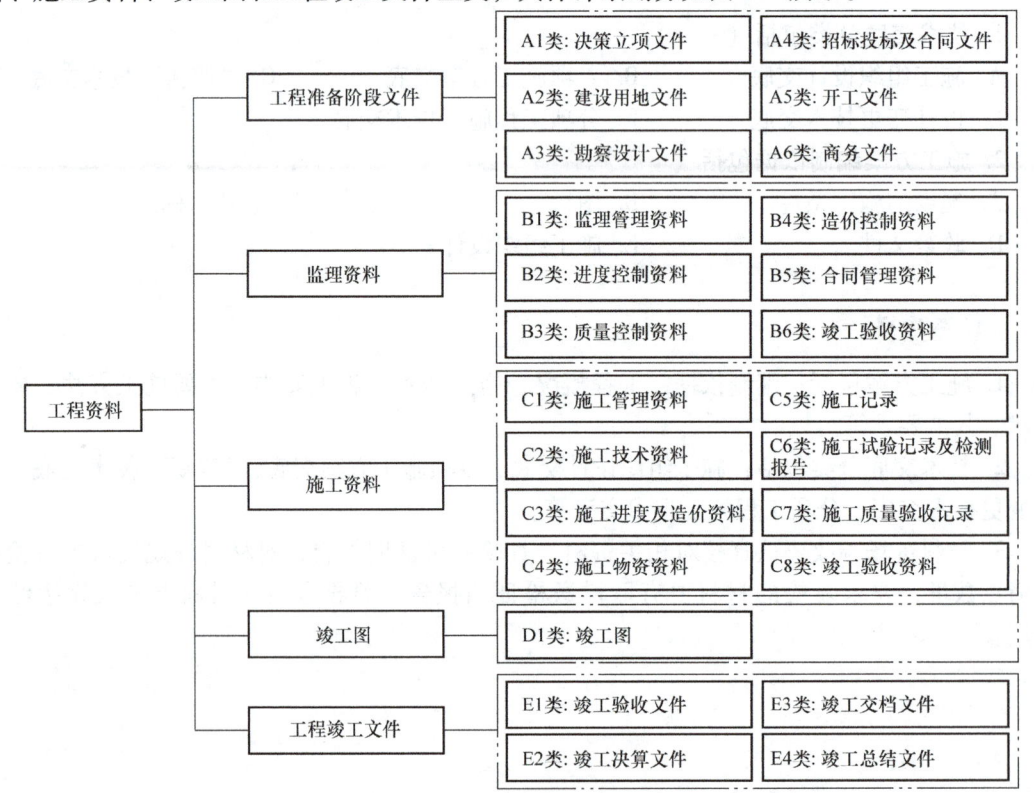

工程资料	分类	子类	子类
工程资料	工程准备阶段文件	A1类：决策立项文件	A4类：招标投标及合同文件
		A2类：建设用地文件	A5类：开工文件
		A3类：勘察设计文件	A6类：商务文件
	监理资料	B1类：监理管理资料	B4类：造价控制资料
		B2类：进度控制资料	B5类：合同管理资料
		B3类：质量控制资料	B6类：竣工验收资料
	施工资料	C1类：施工管理资料	C5类：施工记录
		C2类：施工技术资料	C6类：施工试验记录及检测报告
		C3类：施工进度及造价资料	C7类：施工质量验收记录
		C4类：施工物资资料	C8类：竣工验收资料
	竣工图	D1类：竣工图	
	工程竣工文件	E1类：竣工验收文件	E3类：竣工交档文件
		E2类：竣工决算文件	E4类：竣工总结文件

图 2-5　工程资料分类

2. 工程资料编号

工程准备阶段文件、工程竣工文件可按形成时间的先后顺序和类别，由建设单位确定编号原则。监理资料可按资料的类别及形成时间顺序编号。

施工资料的编号宜符合下列规定：施工资料编号可由分部、子分部、分类、顺序号4组代号组成，组与组之间应用横线隔开，如图2-6所示。

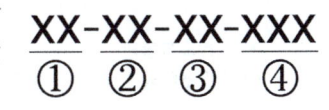

$$XX-XX-XX-XXX$$
$$①\quad②\quad③\quad④$$

图2-6 施工资料编号

① 为分部工程代号，可按《建筑工程资料管理规程》（JGJ/T 185—2009）附录A.3.1的规定执行。

② 为子分部工程代号，可按《建筑工程资料管理规程》（JGJ/T 185—2009）附录A.3.1的规定执行。

③ 为资料的类别编号，可按《建筑工程资料管理规程》（JGJ/T 185—2009）附录A.2.1的规定执行。

④ 为顺序号，可根据相同表格、相同检查项目，按形成时间顺序填写。

属于单位工程整体管理内容的资料，编号中的分部、子分部工程代号可用"00"代替。

同一厂家、同一品种、同一批次的施工物资用在两个分部、子分部工程中时，资料编号中的分部、子分部工程代号可按主要使用部位填写。

工程资料的编号应及时填写，专用表格的编号应填写在表格右上角的编号栏中，非专用表格应在资料右上角的适当位置注明资料编号。

3. 工程资料形成步骤

（1）工程资料的形成步骤（图2-7）

（2）工程资料填写、编制、审核及审批要求

1）工程准备阶段文件和工程竣工文件的填写、编制、审核及审批应符合现行有关国家标准的规定。

2）监理资料的填写、编制、审核及审批应符合《建设工程监理规范》（GB/T 50319—2013）的有关规定；监理资料用表宜符合《建筑工程资料管理规程》（JGJ/T 185—2009）的规定。

3）施工资料的填写、编制、审核及审批应符合现行有关国家标准的规定；施工资料用表宜符合《建筑工程资料管理规程》（JGJ/T 185—2009）的规定。

4）竣工图的编制及审核。

4. 工程资料收集、整理与组卷

1）工程准备阶段文件和工程竣工文件应由建设单位负责收集、整理与组卷。

2）监理资料应由监理单位负责收集、整理与组卷。

3）施工资料应由施工单位负责收集、整理与组卷。

4）竣工图应由建设单位负责组织，也可委托其他单位。

5）工程资料组卷应遵循自然形成规律，保持卷内文件、资料的内在联系。工程资料可根据数量多少组成卷或多卷。

6）工程准备阶段文件和工程竣工文件可按建设项目或单位工程进行组卷。

7）监理资料应按单位工程进行组卷。

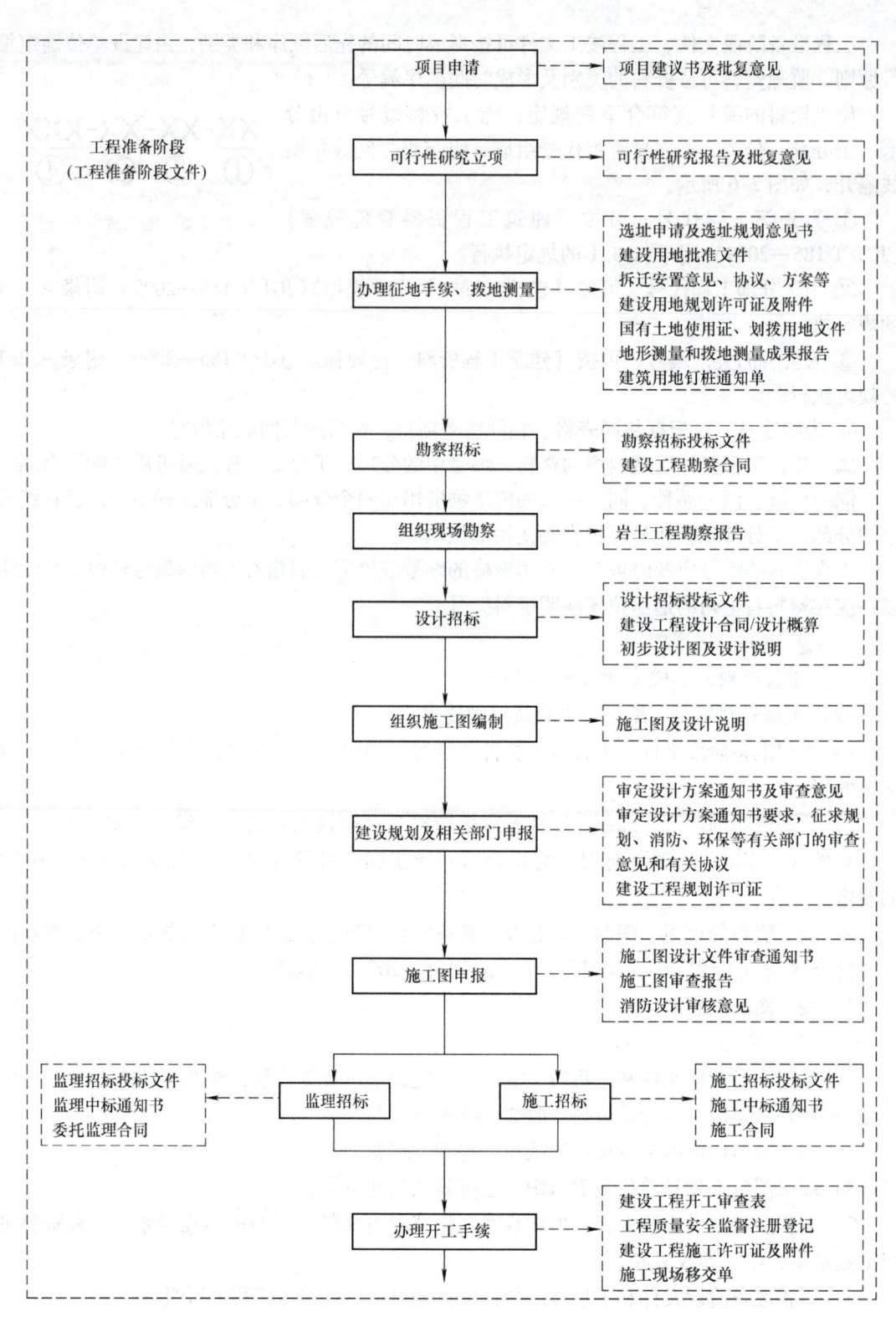

```
┌─────────────────────────────────────────────────────────────────────┐
│                          ┌──────────┐      ┌────────────────────┐  │
│                          │ 项目申请 │ ---- │ 项目建议书及批复意见 │  │
│                          └────┬─────┘      └────────────────────┘  │
│                               ↓                                     │
│    工程准备阶段           ┌──────────────┐    ┌──────────────────┐ │
│  (工程准备阶段文件)       │可行性研究立项│----│可行性研究报告及批复意见│
│                          └──────┬───────┘    └──────────────────┘ │
│                                 ↓                                   │
│                                              选址申请及选址规划意见书│
│                                              建设用地批准文件        │
│                       ┌──────────────────┐  拆迁安置意见、协议、方案等│
│                       │办理征地手续、拨地测量│--建设用地规划许可证及附件│
│                       └────────┬─────────┘  国有土地使用证、划拨用地文件│
│                                ↓             地形测量和拨地测量成果报告│
│                                              建筑用地钉桩通知单      │
│                          ┌──────────┐      ┌──────────────────┐   │
│                          │ 勘察招标 │ ---- │勘察招标投标文件    │   │
│                          └────┬─────┘      │建设工程勘察合同    │   │
│                               ↓            └──────────────────┘   │
│                          ┌──────────┐      ┌──────────────────┐   │
│                          │组织现场勘察│----│岩土工程勘察报告    │   │
│                          └────┬─────┘      └──────────────────┘   │
│                               ↓                                     │
│                          ┌──────────┐      ┌──────────────────┐   │
│                          │ 设计招标 │ ---- │设计招标投标文件    │   │
│                          └────┬─────┘      │建设工程设计合同/设计概算│
│                               ↓            │初步设计图及设计说明 │   │
│                          ┌────────────┐    └──────────────────┘   │
│                          │组织施工图编制│--│施工图及设计说明      │   │
│                          └─────┬──────┘    └──────────────────┘   │
│                                ↓                                    │
│                                              审定设计方案通知书及审查意见│
│                       ┌──────────────────┐  审定设计方案通知书要求，征求规│
│                       │建设规划及相关部门申报│--划、消防、环保等有关部门的审查│
│                       └────────┬─────────┘  意见和有关协议          │
│                                ↓             建设工程规划许可证     │
│                          ┌──────────┐      ┌──────────────────┐   │
│                          │施工图申报│ ---- │施工图设计文件审查通知书│
│                          └────┬─────┘      │施工图审查报告        │
│                               ↓            │消防设计审核意见      │
│  ┌────────────┐                             └──────────────────┘   │
│  │监理招标投标文件│  ┌──────────┐  ┌──────────┐  ┌──────────────┐ │
│  │监理中标通知书  │←─│ 监理招标 │  │ 施工招标 │→│施工招标投标文件│ │
│  │委托监理合同   │  └──────────┘  └──────────┘  │施工中标通知书  │ │
│  └────────────┘                                │施工合同        │ │
│                                                 └──────────────┘ │
│                                ↓                                    │
│                                              建设工程开工审查表     │
│                          ┌────────────┐    工程质量安全监督注册登记│
│                          │办理开工手续│----建设工程施工许可证及附件│
│                          └────────────┘    施工现场移交单          │
└─────────────────────────────────────────────────────────────────────┘
```

图 2-7　工程资料形成步骤

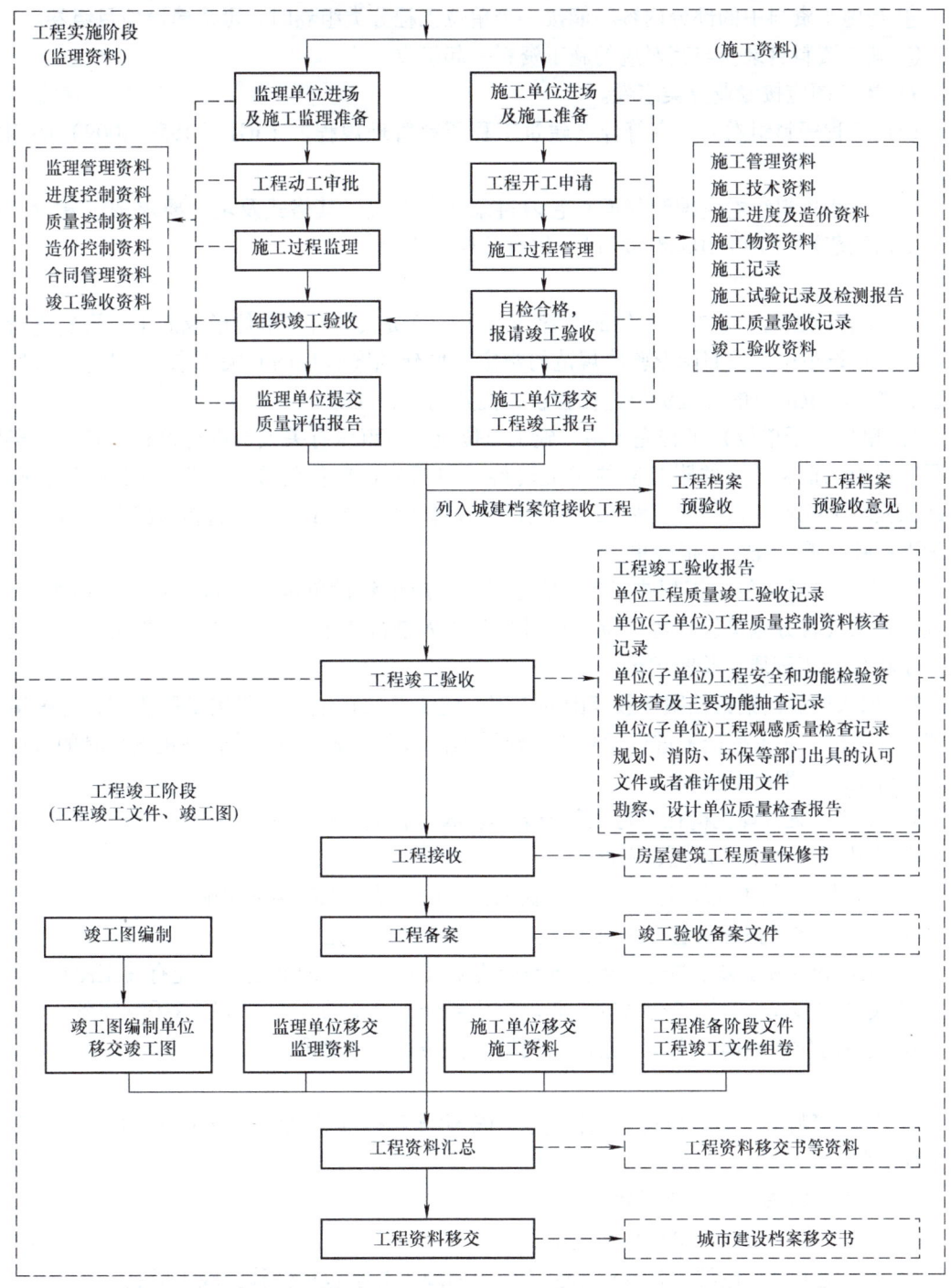

图 2-7　工程资料形成步骤（续）

8）施工资料应按单位工程组卷，并应符合下列规定：
① 专业承包工程形成的施工资料应由专业承包单位负责，并应单独组卷。
② 电梯应按不同型号每台电梯单独组卷。

③ 室外工程应按室外建筑环境、室外安装工程单独组卷。

④ 当施工资料中的部分内容不能按一个单位工程分类组卷时，可按建设项目组卷。

⑤ 施工资料目录应与其对应的施工资料一起组卷。

9）竣工图应按专业分类组卷。

10）工程资料组卷内容宜符合《建筑工程资料管理规程》（JGJ/T 185—2009）的相关规定。

11）工程资料组卷应编制封面、卷内目录及备考表，其格式及填写要求按《建设工程文件归档规范》（GB/T 50328—2014）的有关规定执行。

5. 工程资料的验收

1）工程竣工前，各参建单位的主管（技术）负责人应对本单位形成的工程资料进行竣工审查；建设单位应按照国家验收规范的规定和城建档案管理的有关要求，对勘察、设计、监理、施工单位汇总的工程资料进行验收，使其完整、准确。

2）单位（子单位）工程完工后，施工单位应自行组织有关人员进行检查评定，合格后填写工程竣工报验单，并附相应的竣工资料（包括分包单位的竣工资料）报项目监理部，申请工程竣工验收。总监理工程师组织项目监理部人员与施工单位进行检查验收，合格后总监理工程师签署工程竣工报验单。

3）单位（子单位）工程竣工预验收通过后，应由建设单位（项目）负责人组织设计、监理、施工（含分包单位）等单位（项目）负责人进行单位（子单位）工程验收，形成单位（子单位）工程质量验收记录。

4）列入城建档案馆档案接收范围的工程，建设单位在组织工程竣工验收前，应提请城建档案管理机构对工程档案进行预验收。建设单位未取得城建档案馆管理机构出具的认可文件，不得组织工程竣工验收。

5）城建档案管理机构在进行工程档案预验收时，应重点验收以下内容：

① 工程档案齐全、系统、完整。

② 工程档案的内容真实，准确地反映工程建设活动和工程实际状况。

③ 工程档案已整理组卷，组卷符合国家验收规范的规定。

④ 竣工图绘制方法、图式及规格等符合专业技术要求，图面整洁，盖有竣工图章。

⑤ 文件的形成、来源符合实际，要求单位或个人签章的文件，其签章手续完备。

⑥ 文件材质、幅面、书写、绘图、用墨、托裱等符合要求。

6. 工程资料移交与归档

1）工程资料移交归档应符合现行有关国家法规和标准的规定；当无规定时，应按合同约定移交归档。

2）工程资料移交应符合下列规定：

① 施工单位应向建设单位移交施工资料。

② 实行施工总承包的，各专业承包单位应向施工总承包单位移交施工资料。

③ 监理单位应向建设单位移交监理资料。

④ 工程资料移交时应及时办理相关移交手续，填写工程资料移交书、移交目录。

⑤ 建设单位应按有关国家法规和标准的规定向城建档案管理部门移交工程档案，并办理相关手续。

3）工程资料归档应符合下列规定：

① 工程参建各方宜依据《建设工程文件归档规范》（GB/T 50328—2014）中的有关要求将工程资料归档保存。

② 归档保存的工程资料，其保存期限应符合下列规定：工程资料归档保存期限应符合现行国家有关标准的规定；当无规定时，不宜少于5年。建设单位工程资料归档保存期限应满足工程维护、修缮、改造、加固的需要。施工单位工程资料归档保存期限应满足工程质量保修及质量追溯的需要。

二、BIM 技术在工程项目中的应用

BIM 技术创建的三维模型不仅是对模型进行一个外观的描述，而是项目所有信息的一个数字化载体，它的运用贯穿了项目的全生命周期。

1. BIM 技术在规划阶段的应用

在以往的规划中，业主需要从多个角度去分析建设方案的技术可行性和经济可行性，同时，还要规划建设工程的功能、质量等要求。整个过程信息量大、工作繁琐，需要消耗大量的时间、精力和物力。但是，BIM 技术能够为业主提供一个概要模型，在确保建设工程项目可靠性和可行性的基础上优化整个施工，达到降低成本、保证施工质量的目的。

2. BIM 技术在设计阶段的应用

相对于停留在二维层面的建筑设计，BIM 技术实现的建筑工程三维设计，对于建筑工程设计而言是一个彻底的变革。利用 BIM 技术呈现出可视化效果，建筑设计师就能够对自己的设计有一个全面、清晰、直观的认识，从而可解决许多实际问题。运用 BIM 技术创建的 3D 模型为设计提供了一种直观形象的虚拟环境和信息载体，许多设计和施工中可能出现的问题都可以在这个虚拟环境里进行推演；基于这个模型，内外环境分析、环评、功能分析、色彩材料对比等工作都可以在设计阶段完成。而这个过程在传统的设计阶段中是没有的，设计阶段工作量的增加、功能的增加，也可以说 BIM 技术在设计阶段的应用是做加法的过程，具体应用体现在以下几个方面。

1）方案设计：使用 BIM 技术不仅能够进行造型、体量和空间分析，还可以同时进行能耗分析和建造成本分析等，使得初期方案决策更具科学性。

2）初步设计：建筑、结构、机电等各专业利用 BIM 模型，可以进行能耗、结构、声学、热工、日照等分析，可以进行各种干涉检查和规范检查以及工程量统计。

3）施工图设计：通过 BIM 模型可以直接导出各种平面、立面、剖面图纸和统计报表，极大节省了时间和人工成本。

4）协同设计：建立统一的设计标准，包括图层、颜色、线型、打印样式等，减少现行各专业之间由于沟通不畅或沟通不及时导致的错、漏、碰、缺，真正实现所有图纸信息源的单一性，实现一处修改其他自动修改，提升设计效率和设计质量。

3. BIM 技术在施工阶段的应用

BIM 技术在设计阶段是做加法的过程，而在施工阶段的应用是做减法的过程。之所以说是做减法，是因为如果施工单位能够深入理解设计单位所提供的较高质量的 BIM 模型，并在此基础上进行施工组织设计，且贯彻执行从虚拟施工中推演得出的解决方案，将会有效地降低成本，缩短工期，减少质量安全事故和材料浪费，降低能耗，为施工项目带来可观的经

济实效。

  BIM 技术在施工阶段的主要应用集中体现在三个方面。第一，在施工准备阶段，运用 BIM 技术进行图纸审核和深化设计以及技术交底；第二，在项目实施过程中，运用 BIM 技术进行进度、成本、质量、安全和施工过程管理；第三，在竣工验收阶段的"数字楼宇"交付；当然还包括基于 BIM 平台的项目各参与方的沟通协调。其应用详情如下：

  1）施工图 BIM 模型建立及图纸审核。基于设计单位所提交的施工图纸，构建建筑、结构、机电专业的施工图 BIM 模型。建模过程中同时对施工图纸进行审核，利用 BIM 的可视化优势，发现图纸中的问题。

  2）深化设计及模型综合协调。在施工图 BIM 模型的基础上，组织各专业及分包使用 BIM 技术进行深化设计工作。同时整合各专业深化设计 BIM 成果进行综合协调碰撞调整。达到模型零碰撞，形成施工模型及深化设计综合图纸，指导现场施工。

  3）施工方案辅助及工艺模拟。利用 BIM 辅助施工方案的编制，建立施工方案模型，并用 BIM 施工方案模拟来展示在重要施工区或部位施工方案的合理性，检查方案的不足。协助施工人员充分理解和执行方案。

  4）辅助进度管理。依托 BIM 进度管理技术，对重要节点及工序穿插配合复杂的节点进行复核及验证。在施工过程中，实时跟踪生产工效及工程进度，对项目进行动态管控，预测进度走势，同时分析进度差异原因，协助控制现场进度。

  5）辅助成本管理。利用 BIM 模型提取构件工程量，减少人工算量；BIM 模型中关联了与施工成本有关的清单和定额资源，可以准确快速地制订材料需求计划，做到对资源的精细化管理；能实时记录工程进展情况，合理安排资源计划；BIM 技术能在事中进行施工模拟，采用挣得值法对进度和成本进行动态控制，事后进行成本盈亏分析，分析产生的原因，制订改进措施。

  6）辅助质量管理。BIM 模型存储了大量的建筑构件、设备信息，通过软件平台，可快速查找所需的材料及构配件信息，如规格、材质、尺寸要求等，并可根据 BIM 设计模型，对现场施工作业产品进行追踪、记录、分析，掌握现场施工的不确定因素，避免不良后果的出现，监控产品质量。通过动态模拟施工技术流程，再由施工人员按照仿真施工流程施工，确保施工技术信息的传递不会出现偏差，监控施工质量。

  7）辅助安全管理及绿色文明施工。项目部综合各专业的模型成果，建立漫游模拟功能，查找施工现场可能存在的安全隐患，做出安全防护部署，并建立防护体系；建立 BIM 标准化安全防护及绿色文明施工模型，做到现场安全防护搭设井然有序。建立现场 VR 安全体验馆。

  8）施工过程管理。在施工过程中，利用 BIM 数字加工及 RFID 技术，BIM 深化设计模型进行分段分节、预制加工，对构件的下料、运输、安装进行全过程追踪管理；利用三维激光扫描辅助实测实量及深化设计管理应用，调整深化设计模型或整改施工现场；利用 BIM 放样机器人辅助现场测量工作，提高测量效率和精准度。

  9）数字楼宇交付。及时更新施工 BIM 模型，将相关建造信息录入 BIM 模型中，在工程竣工阶段，向业主交付集成建设全过程相关建筑信息的"数字楼宇"及相关成果。

  10）协同平台管理。协同平台用于 BIM 实施过程中的各参与方协作过程。所有 BIM 成果及项目信息通过平台进行传输与共享，确保项目信息安全、及时、有效传递。

4. BIM 技术在运维阶段的应用

项目竣工验收合格后,会形成最终的 BIM 竣工模型,该模型包含了竣工验收合格之前的建设项目所有信息。BIM 竣工模型需向业主完成移交,且可作为后续运维阶段管理的依据。在运维阶段,有关建筑的空间、设备资产、管线等相关信息同样也会进入 BIM 模型中。运维阶段运用 BIM 技术,可以实现建筑物的可视化,所有数据和信息可以从模型中获取和调用;可以直接获得隐蔽管线相对位置关系;还可以通过远程控制,充分了解设备的运行状况。

三、建筑工程进度计划

1. 流水施工进度计划的横道图

横道图是一种最简单、运用最广泛的传统的进度计划方法,尽管有许多新的计划技术,横道图在建设领域中的应用仍非常普遍。

流水施工的横道图表达形式如图 2-8 所示,其左边列出各施工过程(或施工段)名称,右边用水平线段在时间坐标下画出施工进度,水平线段的长度表示某施工过程在某施工段上的作业时间,水平线的位置表示某施工过程在某施工段上作业的开始到结束时间。

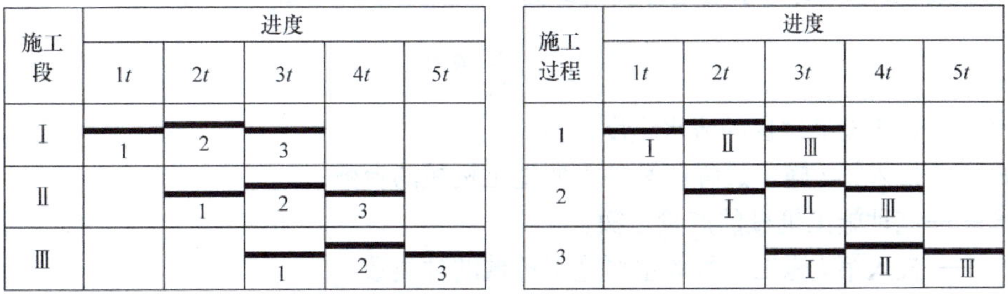

施工段	进度				
	1t	2t	3t	4t	5t
Ⅰ	1	2	3		
Ⅱ		1	2	3	
Ⅲ			1	2	3

施工过程	进度				
	1t	2t	3t	4t	5t
1	Ⅰ	Ⅱ	Ⅲ		
2		Ⅰ	Ⅱ	Ⅲ	
3			Ⅰ	Ⅱ	Ⅲ

图 2-8　流水施工横道图

图 2-8 中,1、2、3 表示施工过程,Ⅰ、Ⅱ、Ⅲ表示施工段,t 是一个时间单位。

通常横道图的表头为工作及其简要说明,项目进展表示在时间表格上,时间单位可以为小时、天、周、月等。这些时间单位经常用日历表示,此时可表示非工作时间,如:停工时间、公众假日、假期等。根据此横道图使用者的要求,工作可按照时间先后、责任、项目对象、同类资源等进行排序。

横道图也可将工作简要说明直接放在横道上。横道图可将最重要的逻辑关系标注在内,但是,如果将所有逻辑关系均标注在图上,则横道图简洁性的最大优点将丧失。

横道图用于小型项目或大型项目的子项目上,或用于计算资源需要量和概要预示进度,也可用于其他计划技术的表示结果。

横道图计划表中的进度线(横道)与时间坐标相对应,这种表达方式较直观,易看懂计划编制的意图。但是,横道图进度计划法也存在一些问题,如:

1)工序(工作)之间的逻辑关系可以设法表达,但不易表达清楚。
2)适用于手工编制计划。
3)没有通过严谨的进度计划时间参数计算,不能确定计划的关键工作、关键路线与时差。
4)计划调整只能用手工方式进行,其工作量较大。
5)难以适应大的进度计划系统。

2. 流水施工的参数计算

流水施工参数,按其性质的不同一般可分为工艺参数、空间参数和时间参数三种。

(1) 工艺参数

1）施工过程数 n。施工过程数是指一组流水的施工过程数目，以符号"n"表示。施工过程可以是分项工程、分部工程、单位工程或单项工程的施工过程，施工过程划分的数目多少、粗细程度与下列因素有关：

① 与施工进度计划的对象范围和作用有关，编制控制性流水施工的进度计划时，划分的施工过程较粗，数目要少；编制实施性进度计划时，划分的施工过程较细，数目要多。

② 与工程建筑和结构的复杂程度有关，工程的建筑和结构越复杂，施工过程数目越多。

③ 与工程施工方案有关。不同的施工方案，其施工顺序和施工方法也不相同，施工过程数也不同。

④ 与劳动组织及劳动量大小有关。应使各个施工过程的劳动量大致相等。

在划分施工过程数目时要适量，分得过多、过细，会使施工队组多、进度计划很繁琐，指导施工时，抓不住重点；分得过少、过粗，与实际施工时相差过大，不利于指导施工。

2）流水强度。流水强度是每一施工过程在单位时间内所完成的工作量。

① 机械施工过程的流水强度计算公式为：

$$V_i = \sum_{i=1}^{x} R_i S_i \tag{2-8}$$

式中　V_i——第 i 施工过程的流水强度；

　　　R_i——投入第 i 施工过程的某种主要施工机械的台数；

　　　S_i——该种施工机械的产量定额；

　　　x——投入第 i 施工过程的主要施工机械的种类数。

② 手工操作过程的流水强度计算公式为：

$$V_i = R_i S_i \tag{2-9}$$

式中　V_i——第 i 施工过程的手工操作流水强度；

　　　R_i——投入第 i 施工过程的工人数；

　　　S_i——第 i 施工过程的产量定额。

(2) 空间参数　空间参数是用来表达流水施工在空间布置上所处状态的参数，包括工作面、施工段和施工层。

1）工作面 a。工作面是指供工人进行操作或施工机械进行作业的活动空间，工作面大小以最大限度地提高工人工作效率为前提。

2）施工段数 m。施工段是组织流水施工时将工程在平面上划分为若干个独立施工的区段，其数量称为施工段数，用 m 表示。每个施工段在某个时段里只供一个施工班组施工，完成一个施工过程。

施工段划分，应符合以下几方面要求：

① 施工段划分应和工程对象的平面及结构布置相协调，施工段的分界可利用结构原有的伸缩缝、沉降缝、单元分界处做为界线。

② 施工段的划分应满足主导工程的施工过程组织流水施工的要求。

③ 施工段划分应考虑工作面要求，施工段过多、工作面过小，工作面不能充分利用；施工段过少、工作面过大，会引起资源过分集中，导致断流。

④ 各施工段的劳动量应大致相符或成整数倍，以便组织流水施工。

⑤ 各个施工过程所对应的施工段应尽量一致。

⑥ 若工程对象需划分施工层时,施工段数的划分应保证使各个专业班组连续施工。每层最少施工段数目 m 和施工过程数 n 的关系有三种情况。$m = n$,工作队连续施工,施工段上始终有施工班组,工作面能充分利用,比较理想;$m < n$,施工班组不能连续施工而窝工;$m > n$,施工班组连续,工作面有停歇,但有时这是必要的,如利用间歇时间做养护、备料等。因此每一层最少施工段数 m 应满足:$m \geq n$。

3) 施工层数。施工层数是指在施工对象的竖向上划分的操作层数。其目的是满足操作高度和施工工艺的要求。如装修工程可以一个楼层为一个施工层,砌筑工程可按一步架高为一个施工层。

(3) 时间参数 时间参数是指用以表达流水施工在时间上开展状态的参数。时间参数主要有:流水节拍、流水步距、间歇时间、平行搭接时间、施工过程流水持续时间及流水施工工期。

1) 流水节拍(t)。流水节拍指的是从事某一施工过程的专业班组在某一施工段上工作的持续时间,通常用 t_i 表示。

用定额计算法确定流水节拍,计算公式为:

$$t_i = \frac{Q_i}{S_i R_i N_i} = \frac{P_i}{R_i N_i} = \frac{Q_i H_i}{R_i N_i} \tag{2-10}$$

式中 t_i——某施工过程的流水节拍;

Q_i——某施工过程在某施工段上的工作量;

S_i——某施工过程的产量定额;

R_i——某专业班组人数或机械台数;

N_i——某专业班组或机械的工作班次;

P_i——某施工过程在某施工段上的劳动量;

H_i——某施工过程的时间定额。

用工期计算法确定流水节拍。对于有工期要求的工程,为了满足工期要求,可用工期计算法,即根据对施工任务规定的完成日期,采用倒排进度法。

2) 流水步距(K)。流水步距是指相邻两个专业工作队(组)相继投入同一施工段开始工作的时间间隔。用 $K_{i,i+1}$ 来表示,在施工段不变的情况下,K 越大工期越长,K 越小工期越短。

流水步距的数目等于($n-1$)个参加流水施工的施工过程数,确定流水步距要考虑以下几个因素:

① 尽量保证各主要专业队(组)连续施工。

② 保持相邻两个施工过程的先后顺序。

③ 使相邻两专业队(组)在时间上最大限度、合理地搭接。

④ K 取半天的整数倍。

⑤ 保持施工过程之间足够的技术间歇和组织间歇。

3) 间歇时间(t_j)

① 技术间歇时间。由于施工工艺或质量保证的要求,在相邻两个施工过程之间必须留有的时间间隔称为技术间歇时间。例如,钢筋混凝土的养护、屋面找平层干燥等。

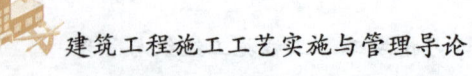

② 组织间歇时间。由于组织技术原因，在相邻两个施工过程之间留有的时间间隔。主要是前道工序的检查验收，对下道工序的准备而考虑的。例如，基础工程的验收、浇混凝土之前检查钢筋和预埋件并作记录、转层准备等。

4）平行搭接时间（t_d）。平行搭接时间是指在同一施工段上，不等前一施工过程进行完，后一施工过程提前投入施工，相邻两施工过程同时在同一施工段上的工作时间。平行搭接可使工期缩短，要多合理采用。但应用条件是一个流水工作面上能同时容纳两个施工过程一起施工。

5）施工过程流水持续时间（T_i）。某施工过程的流水持续时间是指该施工过程在工程对象的各施工段上作业时间的总和，计算公式为：

$$T_i = \sum_{i=1}^{m} t_i \tag{2-11}$$

式中　t_i——某施工过程在某施工段的流水节拍；

　　　m——施工段数；

　　　T_i——某施工过程的流水持续时间。

6）流水施工工期（T）。流水施工工期是指从第一个施工过程进入施工到最后一个施工过程退出施工所经过的总时间，用 T 来表示，计算公式为：

$$T = \sum_{1}^{n-1} K_{i,i+1} + T_n \tag{2-12}$$

式中　T——流水施工工期；

　　　T_n——最后一个施工过程的流水持续时间；

$\sum_{1}^{n-1} K_{i,i+1}$——流水步距之和。

3. 网络计划

横道图作为一种计划管理工具，最大的缺点就是不能明确地表明各项工作之间的相互依存与相互作用的关系，某一工序进度的后延对后续工序以及整个工期的影响无法迅速判断，同样也无法确定哪些工序在整个项目中是重要的，其工作时间将会对整个工程总工期起到关键性的作用。为了适应复杂系统工程进度计划管理的需要，于是产生了网络计划技术。

国际上，工程网络计划有许多种，但在我国，《工程网络计划技术规程》（JGJ/T 121—2015）推荐的常用的工程网络计划类型有：双代号网络计划；双代号时标网络计划；单代号网络计划；单代号搭接网络计划。

（1）双代号网络计划　双代号网络图是以两个带有编号的圆圈和一个箭线表示一项工作的网络图，如图2-9所示。

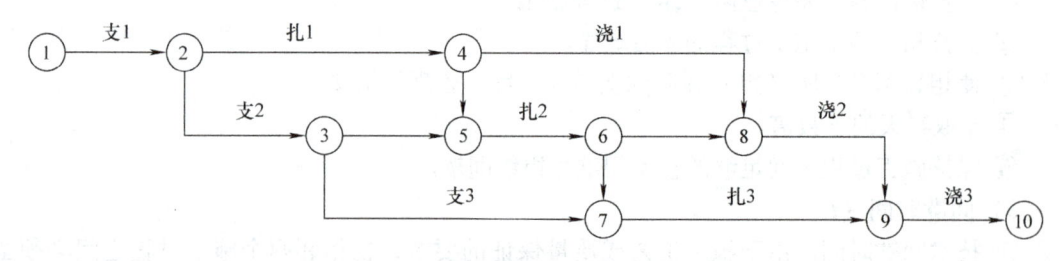

图2-9　双代号网络图

其中，箭线表示工作，工作的表示方法如图 2-10 所示。

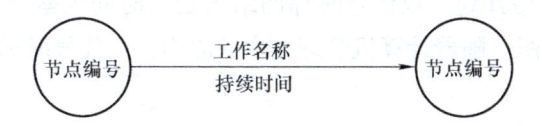

图 2-10　双代号网络图工作的表示方法

1）箭线（或工作）。工作指一项需要消耗人力、物力和时间的具体施工过程，也称工序、作业。双代号网络图中，每一条箭线表示一个施工过程。在建设工程中，视进度计划编制的精度要求，一个施工过程可以是一道工序、一个分项工程、一个分部工程或单位工程。

在双代号网络图中，根据工作是否需要消耗时间，可分为两种：消耗时间的为实工作（网络图中一般以实箭线表示），不消耗时间的为虚工作（网络图中一般以虚箭线表示）。网络图中虚工作的目的是正确表达前后相邻施工过程间的逻辑关系，它既不占用时间，也不消耗资源。

2）节点（或事件）。双代号网络图中箭线两端带有编号的圆圈即为节点，它是前后两个施工过程间的交接时间点，一般表示一项工作的开始（或结束）。

每一个网络图都有且只有一个起始节点和一个终止节点，其他节点均为中间节点。

网络图中每一个节点均需编号，按工作的逻辑流向编号逐渐变大，节点的编号确保箭尾编号小于箭头编号，任意节点编号均不得重复。

3）线路。从起始节点开始，沿一系列连续的施工过程箭线方向，最后到达终止节点的路径称为线路。在同一个网络图中，有很多条线路。每条线路中各项工作的持续时间之和就是该线路的需用时间，也称线路时间。其中，总有一条线路（也可能同时几条线路）的线路时间最长，其他线路的线路时间均小于该线路时间，则该线路（或这几条线路）为关键线路，其他则为非关键线路。

关键线路上的工作全是关键工作，非关键线路上的工作除与关键线路交叉的关键工作外，其他均为非关键工作，非关键工作均有总时差。

关键工作与非关键工作、关键线路与非关键线路只是一个相对的概念，如各工作时间参数发生变化、工作间关系发生变化时，双方之间都可能相互转化。

4）工作关系。工作关系即网络图中各工作之间的先后顺序关系。相邻工作之间工作关系的确定需要理清相邻工作之间的相互依赖与相互制约关系，它包括工艺关系和组织关系两类。

① 工艺关系。建设工程施工过程中，某些工作之间的先后顺序受施工技术、工艺流程、国家及地方相关法律法规的约束，必须按一定的程序进行，这些固有的先后关系，统称为工艺关系。

② 组织关系。在进度计划安排时，为了减少施工现场的交叉作业或均衡各种资源的投入，而将某些没有工艺关系制约的工作进行适当的先后安排，这种关系统称为组织关系。

针对特定的工程，工艺关系一般是不能改变的，而组织关系却是根据项目各方面情况的变化可以优化的,所以网络图的重点应在优化工作间的组织关系上。

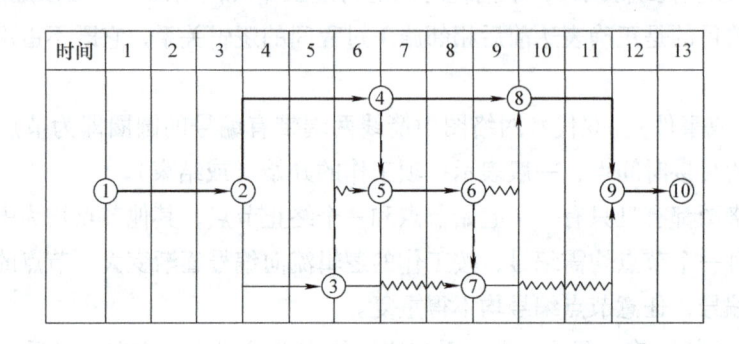

(2) 双代号时标网络计划 双代号时标网络图是以时间为坐标,将各节点按时间标示在相应时间轴上的网络图。随着计算机管理技术的应用,双代号时标网络图在工程领域应用越来越广泛。

① 双代号时标网络图的一般规定:

时标的时间刻度单位规划与横道图类似,一般在时标刻度线的顶部(或底部)标注相应的时间值,必要时可在顶部和底部同时标注。

实工作用实箭线表示,工作如有自由时差,用波形线表示。虚工作必须用垂直方向的虚箭线表示,有自由时差时用波纹线表示。

时标网络计划一般按各个工作的最早开始时间编制,其中没有波形线的路线即为关键线路。双代号时标网络图如图 2-11 所示。

图 2-11 双代号时标网络图

② 双代号时标网络图的特点:

时标网络图兼具网络图和横道图的优点,不仅能够表明各工作的进程,而且可以清楚地看出各工作间的逻辑关系。

从时标网络图上能直接显示关键线路、关键工作、各工作的起止时间和自由时差情况。在时标网络图中,由于箭线受时间坐标的限制,一般不会出现工作关系之间的逻辑错误;但当情况发生变化时,对网络计划的调整也将比较麻烦。

在时标网络计划中,可以很方便地统计每一个单位时间段对资源的需求量,以便进行资源优化与调整。

四、进度计划编制实例

某五层四单元砖混结构(有构造柱)住宅,建筑面积为 4687.6m^2,基础为钢筋混凝土条形基础,主体工程为砖混结构,楼板为现浇钢筋混凝土;装饰工程为铝合金窗、夹板门,外墙为浅色面砖贴面,内墙、顶棚为中级抹灰、外加 106 涂料,地面为普通抹灰;屋面工程为现浇钢筋混凝土屋面板,屋面保温为炉渣混凝土上做三毡四油防水层,铺绿豆砂;设备安装及水、暖、电工程配合土建施工。具体劳动量见表 2-5。

表 2-5 某五层四单元砖混结构房屋劳动量表

序号	分项名称	劳动量/工日
基础工程		
1	基础挖土	384
2	混凝土垫层	161
3	基础绑扎钢筋	152
4	基础混凝土（含墙基）	316
5	回填土	150
主体工程		
6	脚手架	
7	构造柱钢筋	88
8	砌砖墙	1380
9	构造柱模板	98
10	构造柱混凝土	360
11	梁板模板（含梯）	708
12	梁板钢筋（含梯）	450
13	梁板混凝土（含梯）	978
14	拆梁板模板（含梯）	146
屋面工程		
15	屋面板找平层	47
16	屋面隔汽层	23
17	屋面保温层	80
18	屋面找平层	54
19	卷材防水层	68
装修工程		
20	楼地面及楼梯抹灰（含垫层）	392
21	顶棚中级抹灰	466
22	内墙面中级抹灰	1164
23	铝合金窗扇、门	158
24	室内涂料	59
25	油漆	26
26	外墙面砖	657
27	台阶散水	35
28	水电安装及其他	

　　本工程由基础、主体、屋面、装修、水电五个分部工程组成，因其各分部工程劳动量差异较大，应采用分别流水法，先组织各分部工程的流水施工，再考虑各分部工程之间的搭接。

基础工程

　　基础工程包括基础挖土、混凝土垫层、绑扎基础钢筋（含侧模安装）、浇筑基础混凝土、浇筑混凝土基础墙基和回填土6个施工过程。

　　考虑基础混凝土与素混凝土墙基是同一工种，班组施工可合并成一个施工过程。

由于该建筑占地面积 940m² 左右，考虑工作面的因素，将其划分为两个施工段，流水节拍和流水施工工期计算如下。

1）基础挖土劳动量为 384 工日，施工班组人数 20 人，采用二班制，其流水节拍计算如下：

$$t_{挖} = \frac{384}{20 \times 2 \times 2} = 4.8(天)，取 5 天$$

2）混凝土垫层，其劳动量为 161 工日，施工班组人数 20 人，采用一班制，垫层需养护 1 天，其流水节拍计算如下：

$$t_{垫} = \frac{161}{20 \times 2} = 4(天)$$

3）基础绑扎钢筋（含侧模安装），劳动量为 152 工日，采用一班制，施工班组人数 20 人，其流水节拍计算如下：

$$t_{扎} = \frac{152}{20 \times 2} = 3.8(天)，取 4 天$$

4）基础混凝土和素混凝土墙基劳动量为 316 工日，施工班组人数 20 人，采用二班制，其完成后需养护 1 天，其流水节拍计算如下：

$$t_{混} = \frac{316}{20 \times 2 \times 2} = 3.9(天)，取 4 天$$

5）基础回填土劳动量为 150 工日，施工班组人数 20 人，采用一班制，其流水节拍计算如下：

$$t_{回} = \frac{150}{20 \times 2} = 3.8(天)，取 4 天$$

工期计算：

$$T_{基} = K_{挖,垫} + K_{垫,扎} + K_{扎,混} + K_{混,回} + T_{回} = 6+5+4+5+8 = 28(天)$$

主体工程

主体工程包括搭拆脚手架、绑扎构造柱钢筋、砌砖墙、安装构造柱模板、浇构造柱混凝土、安梁板模板、绑扎梁板钢筋、浇梁板混凝土、拆除模板等分项工程。主体工程由于有层间关系，$m=2$，$n=9$，$m<n$ 工作班组会出现窝工现象，由于砌砖墙为主导过程，必须安排砌墙的施工班组连续施工，其余施工过程的施工班组适时安排。所以主体工程，只能组织间断的异节拍流水施工。

6）构造柱钢筋劳动量 88 工日，班组人数 9 人，施工段数 $m=2\times5$，采用一班制，其流水节拍计算如下：

$$t_{构筋} = \frac{88}{9 \times 2 \times 5} = 0.98(天)，取 1 天$$

7）砌砖墙其劳动量 1380 工日，施工班组人数 20 人，施工段数 $m=2\times5$，采用一班制，其流水节拍计算如下：

$$t_{砌} = \frac{1380}{20 \times 2 \times 5} = 6.9(天)，取 7 天$$

8）构造柱模板劳动量 98 工日，施工班组人数 10 人，施工段数 $m=2\times5$，采用一班制，其流水节拍计算如下：

$$t_{构模} = \frac{98}{10 \times 2 \times 5} = 0.98(天),取1天$$

9)构造柱混凝土劳动量360工日,施工班组人数20人,施工段 $m = 2 \times 5$,采用二班制,其流水节拍计算如下:

$$t_{构混} = \frac{360}{20 \times 2 \times 5 \times 2} = 0.9(天),取1天$$

10)梁板模板(含梯)的劳动量708工日,施工班组25人,施工段 $m = 2 \times 5$,采用一班制,其流水节拍计算如下:

$$t_{板模} = \frac{708}{25 \times 2 \times 5} = 2.83(天),取3天$$

11)梁板钢筋(含梯)劳动量450工日,施工班组人数23人,施工段 $m = 2 \times 5$,采用一班制,其流水节拍计算如下:

$$t_{板筋} = \frac{450}{23 \times 2 \times 5} = 1.9(天),取2天$$

12)梁板混凝土(含梯)劳动量978工日,施工班组人数25人,施工段 $m = 2 \times 5$,采用二班制,其流水节拍计算如下:

$$t_{板混} = \frac{978}{25 \times 2 \times 5 \times 2} = 1.96(天),取2天$$

13)拆梁板模板劳动量146工日,施工班组人数15人,施工段数 $m = 2 \times 5$,采用一班制,其流水节拍计算如下:

$$t_{拆} = \frac{146}{15 \times 2 \times 5} = 0.97(天),取1天$$

模板拆除待梁板混凝土浇筑12天后进行,即 $t_{养间} = 12$ 天主体工程流水工期计算:因除砌砖墙为连续施工外,其余过程均为间断式流水施工,故工期计算所采用分析计算如下:

$$T_{主} = t_{构筋} + 10 \times t_{砌} + t_{构模} + t_{构混} + t_{板模} + t_{板筋} + t_{板混} + t_{养间} + t_{拆}$$
$$= 1 + 10 \times 7 + 1 + 1 + 3 + 2 + 2 + 12 + 1$$
$$= 93(天)$$

屋面工程

屋面工程包括屋面板找平层、屋面隔汽层、屋面保温层、屋面找平层、卷材防水层(含保护层)等,考虑防水要求较高,采用不分段施工。

14)屋面板找平层劳动量47工日,施工班组人数8人,采用一班制,其工作延续时间为:

$$t_{找平} = \frac{47}{8} = 5.88(天),取6天$$

15)屋面隔汽层,劳动量为23工日,施工班组人数6人,采用一班制,其工作延续时间为:

$$t_{隔} = \frac{23}{6} = 3.83(天),取4天$$

隔汽层待找平层干燥10天后进行,即 $t_{间1} = 10$ 天。

16)屋面保温层劳动量为80工日,施工班组人数20人,采用一班制,其工作延续时

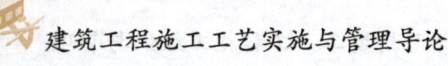

间为：
$$t_{保} = \frac{80}{20} = 4(天)$$

17）屋面保温层找平层劳动量为 54 工日，施工班组人数 12 人，采用一班制，其工作延续时间为：
$$t_{找} = \frac{54}{12} = 4.5(天)，取 5 天$$

18）卷材防水层劳动量为 68 工日，施工班组人数 10 人，采用一班制，其工作延续时间为：
$$t_{防} = \frac{68}{10} = 6.8(天)，取 7 天$$

防水层待找平层干燥 15 天后进行，即 $t_{间2} = 15$ 天。
屋面工程工期计算：
$$T_{屋面} = t_{找平} + t_{间1} + t_{隔} + t_{保} + t_{找} + t_{间2} + t_{防}$$
$$= 6 + 10 + 4 + 4 + 5 + 15 + 7$$
$$= 51(天)$$

装修工程
装修工程分为楼地面、楼梯地面、顶棚、内墙抹灰、铝合金窗、夹板门、室内涂料、油漆、外墙面砖、台阶散水等。
装修阶段施工过程多，劳动量不同，组织固定节拍很困难，故采用连续式异节拍流水施工，每一层划分为一个施工段，共 5 段。

19）楼地面及楼梯抹灰（含垫层）劳动量 392 工日，施工班组人数 20 人，采用一班制，$m = 5$，其流水节拍为：
$$t_{楼地抹} = \frac{392}{20 \times 5} = 3.92(天)，取 4 天$$

20）顶棚中级抹灰劳动量 466 工日，施工班组人数 25 人，采用一班制，$m = 5$，其流水节拍为：
$$t_{棚抹} = \frac{466}{25 \times 5} = 3.73(天)，取 4 天$$

顶棚抹灰待楼地面抹灰完成 8 天后进行。

21）内墙面中级抹灰劳动量为 1164 工日，施工班组人数 30 人，采用一班制，$m = 5$，其流水节拍为：
$$t_{墙抹} = \frac{1164}{30 \times 5} = 7.76(天)，取 8 天$$

22）铝合金窗扇、夹板门劳动量 158 工日，施工班组人数 8 人，采用一班制，$m = 5$，其流水节拍为：
$$t_{窗门} = \frac{158}{8 \times 5} = 3.95(天)，取 4 天$$

23）室内涂料劳动量为 59 工日，施工班组人数 6 人，采用一班制，$m = 5$，流水节拍为：

$$t_{涂} = \frac{59}{6 \times 5} = 1.97(天),取 2 天$$

24) 油漆劳动量 26 工日，施工班组人数 3 人，采用一班制，$m = 5$，其流水节拍为：

$$t_{油} = \frac{26}{3 \times 5} = 1.73(天),取 2 天$$

25) 外墙面砖劳动量 657 工日，施工班组 22 人，采用一班制，$m = 5$，其流水节拍为：

$$t_{外墙} = \frac{657}{22 \times 5} = 5.97(天),取 6 天$$

外墙装修可与室内装饰平行进行，考虑施工人员状况，可在室内地面完成后开始外墙装修。

26) 台阶散水劳动量为 35 工日，施工班组人数 6 人，采用一班制，其工作延续时间为：

$$t_{台} = \frac{35}{6} = 5.83(天),取 6 天$$

其与室内油漆同步进行。

装修工程工期：

$$\begin{aligned} T_{装} &= K_{地,棚} + K_{棚,内墙} + K_{内墙,窗} + K_{窗,涂} + K_{涂,油} + T_{油} \\ &= 8 + 4 + 24 + 12 + 2 + 2 \times 5 \\ &= 60（天） \end{aligned}$$

总工期计算

1) 在基础工程第一段回填土结束后，主体工程构造柱钢筋绑扎即开始，基础工程与主体搭接时间为 4 天。

2) 在主体工程梁板混凝土浇完后，装修工程即开始，主体工程与装修工程搭接时间为 13 天。

3) 装修工程与屋面工程平行施工，屋面工程在主体工程梁板混凝土浇完后，第 8 天开始施工。

该工程总工期：

$$T = T_{基} + T_{主} + T_{装} - t_{基、主} - t_{主、装} = 28 + 93 + 60 - 4 - 13 = 164（天）$$

流水施工进度计划

绘制该五层四单元砖混结构住宅楼流水施工进度（可扫描文前二维码下载资源查看）。

五、单位工程施工组织设计

单位工程施工组织设计是以单位工程为对象编制的，是规划和指导单位工程从施工准备到竣工验收全过程施工活动的技术经济文件，是施工组织总设计的具体化，也是施工单位编制季度、月份施工计划、分部分项工程施工方案及劳动力、材料、机械设备等供应计划的主要依据。

1. 单位工程施工组织设计的编制依据

（1）上级主管单位和建设单位（或监理单位）对本工程的要求　如上级主管单位对本工程的范围和内容的批文及招标投标文件，建设单位（或监理单位）提出的开竣工日期、质量要求、某些特殊施工技术的要求、采用何种先进技术，施工合同中规定的工程造价，工程价款的支付、结算及交工验收办法,材料、设备及技术资料供应计划等。

（2）施工组织总设计　当本单位工程是整个建设项目中的一个项目时,要根据施工组织总设计的既定条件和要求来编制单位工程施工组织设计。

（3）经过会审的施工图　包括单位工程的全部施工图、会审记录及构件、门窗的标准图集等有关技术资料。对于较复杂的工业厂房,还要有设备、电器和管道的图纸。

（4）建设单位对工程施工可能提供的条件　如施工用水、用电的供应量,水压、电压能否满足施工要求,可借用作为临时设施的房屋数量,施工用地等。

（5）本工程的资源供应情况　如施工中所需劳动力、各专业工人数,材料、构件、半成品的来源、运输条件、运距、价格及供应情况,施工机具的配备及生产能力等。

（6）施工现场的勘察资料　如施工现场的地形、地貌,地上与地下障碍物,地形图和测量控制网,工程地质和水文地质,气象资料和交通运输道路等。

（7）工程预算文件及有关定额　应有详细的分部、分项工程量,必要时应有分层分段或分部位的工程量及预算定额和施工定额。

（8）工程施工协作单位的情况　如工程施工协作单位的资质、技术力量、设备安装进场时间等。

（9）有关的国家规定和标准　如施工及验收规范、质量评定标准及安全操作规程等。

（10）其他　例如有关的参考资料及类似工程施工组织设计实例。

2. 单位工程施工组织设计的编制程序

单位工程施工组织设计编制程序如图 2-12 所示。它是指单位工程施工组织设计各个组成部分的先后次序以及相互制约的关系,从中可进一步了解单位工程施工组织设计的内容。

3. 单位工程施工组织设计的内容

单位工程施工组织设计的内容,根据工程的性质、规模、结构特点、技术复杂程度、施工现场的自然条件、工期要求、采用先进技术的程度、施工单位的技术力量及对采用的新技术的熟悉程度来确定。对其内容和深广度要求也不同,不强求一致,应以讲究实效、在实际施工中起指导作用为目的。单位工程施工组织设计的内容一般应包括：

（1）工程概况　这是编制单位工程施工组织设计的依据和基本条件。工程概况可附简图说明,各种工程设计及自然条件的参数（如建筑面积、建筑场地面积、造价、结构型式、层数、地质、水、电等）可列表说明。施工条件着重说明资源供应、运输方案及现场特殊的条件和要求。

（2）施工方案　这是编制单位工程施工组织设计的重点。应着重于各施工方案的技术经济比较,力求采用新技术,选择最优方案。在确定施工方案时,主要包括施工程序、施工流程及施工顺序的确定,主要分部工程施工方法和施工机械的选择、技术组织措施的制订等内容。尤其是对新技术的选择要求更为详细。

（3）施工进度计划　主要包括确定施工项目、划分施工过程、计算工程量、劳动量和机械台班量,确定各施工项目的作业时间、组织各施工项目的搭接关系并绘制进度计划图表等内容。

实践证明,应用流水作业理论和网络计划技术来编制施工进度能获得最优的效果。

（4）施工准备工作和各项资源需要量计划　主要包括施工准备工作的技术准备、现场准备、物资准备及劳动力、材料、构件、半成品、施工机具需要量计划、运输量计划等

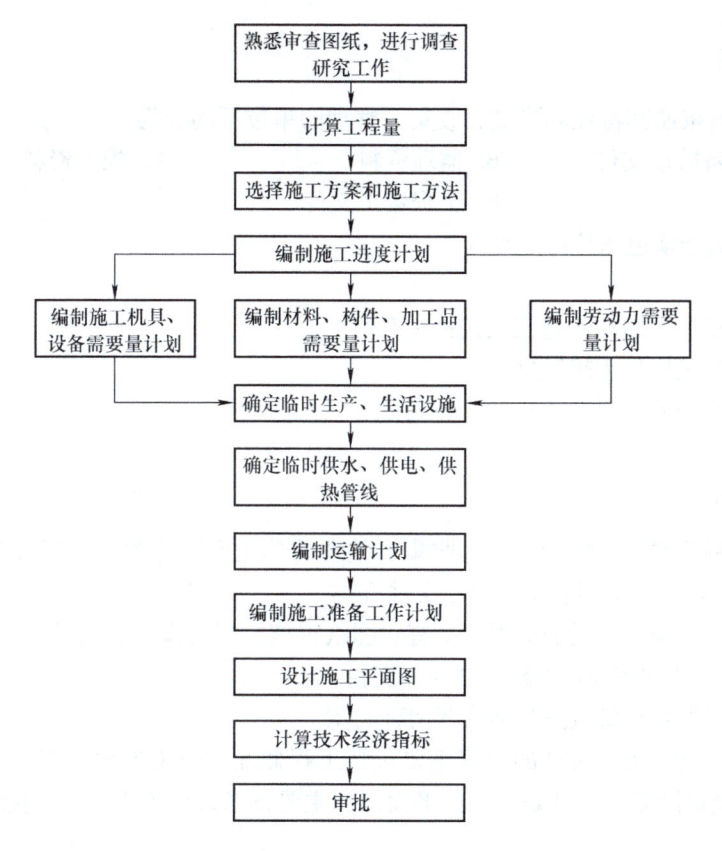

```
┌─────────────────────────┐
│ 熟悉审查图纸,进行调查  │
│      研究工作           │
└───────────┬─────────────┘
            ↓
      ┌──────────┐
      │ 计算工程量 │
      └─────┬────┘
            ↓
   ┌──────────────────┐
   │ 选择施工方案和施工方法 │
   └────────┬─────────┘
            ↓
   ┌──────────────────┐
   │   编制施工进度计划   │
   └────────┬─────────┘
```

图 2-12 单位工程施工组织设计编制程序

内容。

（5）施工平面图　主要包括起重运输机械位置的确定，搅拌站、加工棚、仓库及材料堆放场地的合理布置，运输道路、临时设施及供水、供电管线的布置等内容。

（6）主要技术组织措施　主要包括质量保证措施、施工安全保证措施、文明施工保证措施、施工进度保证措施、冬雨季施工措施、降低成本措施、提高劳动生产率措施等内容。

（7）主要技术经济指标　主要包括工期指标、劳动生产率指标、质量和安全指标、降低成本指标、三大材料节约指标、主要工种工程机械化程度指标等。

对于较简单的建筑结构类型或规模不大的单位工程，其施工组织设计可编制得简单一些，其内容一般以施工方案、施工进度计划、施工平面图为主，辅以简要的文字说明即可。

若施工单位已积累了较多的经验，可以拟订标准、定型的单位工程施工组织设计，根据具体施工条件从中选择相应的标准单位工程施工组织设计，按实际情况加以局部补充和修改后，作为本工程的施工组织设计，以简化编制施工组织设计的程序，并节约时间和管理经费。

任务拓展

1. 熟悉流水施工的基本方式（扫描文前二维码下载资源）。
2. 学习某单位工程施工组织设计（扫描文前二维码下载资源）。

任务训练

1. 工程资料按照其特性和形成、收集、整理的单位不同分为（　　）。
   A. 工程准备阶段文件　　　B. 监理资料　　　　　C. 施工资料
   D. 竣工图　　　　　　　　E. 工程竣工文件
2. 下列不属于横道图特点的是（　　）。
   A. 简洁明了
   B. 能反映每个工序在各施工段的持续时间
   C. 能反映各工序的逻辑顺序
   D. 能反映每个施工段各工序的开始时间

任务小结

1. 工程资料按照其特性和形成、收集、整理的单位不同分为：工程准备阶段文件、监理资料、施工资料、竣工图和工程竣工文件五类。

2. BIM 技术在施工阶段的应用主要有：图纸审核、深化设计、技术交底；进度、成本、质量、安全和施工过程管理；"数字楼宇"交付。

3. 进度计划主要有横道图和网络图两种类型。

4. 单位工程施工组织设计的内容主要包括工程概况、施工方案、施工进度计划、施工准备工作和各项资源需要量计划、施工平面图、主要技术组织措施、主要技术经济指标等。

学习情境三 地基与基础施工

案例引入

锦苑住宅小区位于西安市新城区。总建筑面积约 30 万 m^2，规划居住户数 2500 户，居住人数约 8000 人。该小区主要建设内容包括住宅、小区学校、小区幼儿园、配变电所、文化娱乐设施及物业管理、绿地及道路等。锦苑小区 3#楼工程为高层住宅楼，地上 24 层，地下 1 层。本工程施工场地狭小，施工机械物料布置困难较大。住宅楼南侧独立地下车库同时施工，多工种、多工序频繁交叉作业，同阶段时间内资源投入量大，对承包商的施工组织、协调、管理能力要求较高。周围环境较为复杂，周围为居民区，施工噪声必须严格控制，禁止夜间施工。同时施工工期紧，项目部合理安排施工进度，并严格控制，确保工期目标。本工程根据场地岩土工程勘察报告，地基处理深度范围内的地层自上而下依次为素填土、第四系上更新统风积黄土和残积古土壤。地基处理采用素土 DDC 桩，桩距为 900mm，排距 750mm，有效桩长 20m，成孔直径 400mm，成桩直径不小于 550mm，平均成形直径不小于 570mm，总桩数 3888 根，其中试桩 19 根，桩顶标高为 -5.650m。回填土使用自卸汽车配合人工进行回填，使用蛙式打夯机夯实。本工程设一层地下室，基础采用筏板基础，筏板面标高 -4.3m，地下室防水混凝土应连续浇筑，后浇带一侧的混凝土应一次浇捣完成。

工作任务 1　地基与基础施工工艺实施与监督

知识点：
1. 地基与基础工程定位放样测量。
2. 基础构件部品位置、尺寸等参数核对。
3. 地基与基础工程施工机械、人力、运输的准备。
4. 地基与基础工程工艺标准。

能力（技能）点：
1. 能根据给定的施工图，进行地基与基础构件、部位定位放样测量工作。
2. 能够用图纸、图集对基础构件部品的位置、尺寸等参数进行核对。
3. 能够根据施工交底协调施工机械、人力、运输，进行地基与基础工程施工。
4. 能够按照《建筑施工手册》地基与基础工程施工工艺流程监督施工符合工艺标准。

任务实施

一、放样与检查

1. 放样测量前准备

（1）施工放样技术交底　施工放样技术交底是测量放线前要认真阅读施工图纸，了解设计意图及施工要求；对图纸的设计尺寸及标高，要认真核对；检查总尺寸和分尺寸是否一致，总平面图和大样图尺寸是否一致，不符之处要及时向设计单位提出，进行核对修正。地基与基础工程施工放样技术交底属于专项施工方案交底之一。施工方案可通过召集会议形式或现场授课形式进行技术交底，交底的内容可纳入施工方案中，也可单独形成交底方案。

（2）施工资料的收集分析　建设用地红线点测绘成果资料和测量平面控制点、高程控制点的测绘成果资料，建筑场区平面控制网和高程控制网成果，施工放样测量技术交底；总平面图、建筑施工图、结构施工图、设备施工图等施工设计图纸与有关变更文件；施工组织设计、施工方案及施工放样测量技术方案；工程勘察报告；施工场区地形、地下管线、建（构）筑物等测绘成果。

（3）测绘成果资料和测量控制点的交接与复测　建设用地红线点成果，既是确定建设位置详细的成果资料，同时也是施工测量的重要依据。首先要到现场通过正式交接，实地确认桩点完好情况，交接后要对其进行复测，以检核红线点成果坐标和边角关系。建筑地基、基础、基坑及边坡工程施工的轴线定位点和高程水准基点，经复核后应妥善保护，并定期复测。

测量所依据的平面和高程控制点，是施工测量放样定位的依据，一般平面坐标点不应少于三个、高程控制点不应少于两个。对测量控制点，同样通过正式交接确定桩点和测量控制点的完好性，并对平面控制点间的几何关系进行检测，其中角度限差为±60″，点位限差为±50mm，边长相对误差1/2500。对高程控制点按附合水准路线进行检测，允许闭合差为±10$\sqrt{n}$mm（n为测站数）。

（4）测量仪器与工具准备　目前，在建筑施工放样测量中，常用测量仪器有GPS接收机、经纬仪、全站仪、水准仪、激光垂准仪和激光扫平仪等。施工放样前，依据地基与基础工程施工放样测量方案与施工放样技术交底准备相关测量仪器与相关工具。

2. 施工（放样）测量工艺流程

土方与地基工程施工放样测量工艺流程：

1）首先是确定开挖口线的位置（数据）。开挖口线的位置应在施工放样方案或施工放样技术交底中确定，也可根据土方开发施工方案与设计图纸考虑放坡、支护及操作面等综合计算确定。土方开挖口线位置参数可以直接以基坑平面的角点坐标（大地坐标或施工坐标）或开挖线距定位基线距离表示。

2）其次是开挖线的测设。依据已布设的平面控制网测设轴线控制线，根据土方开挖线与轴线控制线的关系用钢尺与经纬仪等测设土方开挖线。同时，采用全站仪或GPS等测设仪器，可直接依据土方开挖线的桩位坐标进行直接放样。

3）最后是土方开挖线的测量标识。依据开挖线的测设结果，对确定开挖线的点位打小木桩，并根据小木桩用白灰把基坑（槽）外边线交点连在一起。

友情提示：轴线控制线、开挖口线（尤其是内口线）易在土方开挖过程中被挖掉或被破坏，应做好引桩，便于施工开挖过程中进行位置检查。

3. 基础工程施工放样测量

（1）桩基工程施工放样测设工艺流程

1）桩基定位。建筑物桩基定位是根据设计所给定的条件，将其四周外廓主轴线的交点（简称角桩），测设到地面上，作为测设建筑物桩基定位轴线的依据。

根据设计图纸与施工放样技术交底，首先编制桩位测量放线图及说明书；其次依据放线图、控制点或基线，采用直角坐标法、极坐标法、角度或距离交会法等测量方法进行建筑物的定位测量；最后对建筑物定位点埋设测量标志，需埋设直径 8cm、长 35cm 的大木桩，对大型或复杂工程应埋设顶部 10cm×10cm、底部 12cm×12cm、长为 80cm 的水泥桩为长期控制点。

友情提示：①由于在桩基础施工时，所有角桩均因施工而破坏。为了满足桩基础施工期间和竣工后续工序恢复建筑物桩位轴线和投测建筑物轴线的需要，不直接测设角桩，而是距建筑物四周外廓 5~10m，并平行建筑物处，首先测设建筑物定位矩形控制网，测出桩位轴线在此定位矩形控制网上的交点桩，称为轴线控制桩或引桩。②为了确保建筑物的定位精度，对角度的测设均要按经纬仪的正倒镜位置测定，距离丈量必须按精密测量方法进行。

2) 建筑物桩位轴线测设。桩位轴线测设是在建筑物定位完成后，一般使用经纬仪采用内分法进行桩位轴线引桩的测设。对复杂建筑物或曲线的测设一般采用极坐标法测设。在桩位轴线测设完成后，应及时对桩位轴线间长度和桩位轴线的长度进行检测。

3) 建筑物承台桩位测设。建筑物承台桩位测设是以桩位轴线的引桩为基础进行测设。根据设计所给定的承台桩位与轴线的相互关系，选用直角坐标法、交会法、极坐标法等进行测设。对于复杂建筑物承台桩位的测设，往往需要根据设计所提供的数据经过计算后进行测设。

友情提示：桩位测设后，应打入小木桩作为桩位标志，并撒上白灰，便于桩基础施工。

4) 桩基础竣工测量。桩基础竣工测量成果是桩基础竣工验收的重要资料之一。首先应根据桩位轴线的引桩或建筑物定位网格（方格网）恢复桩位轴线，其次采用拉线法或经纬仪法测定桩位偏移量，然后采用普通水准仪测定桩顶标高，最后利用测斜仪或经纬仪对桩身垂直度进行测设。

(2) 基础结构施工放样工艺流程

1) 轴线投测。垫层混凝土浇筑并达到一定强度后，现场测量人员根据基坑边上的轴线控制桩，将经纬仪或全站仪架设在控制桩位上，后视同一方向轴线定位桩或轴线标志，将控制轴线投测到作业面上。对较短的轴线或独立基础轴线投测可采用拉线挂垂球的方法。

2) 细部控制线放线。首先以轴线控制线为依据，依次放出各轴线。要坚持"通尺"原则，即采用距离最远的两条轴线为控制线，对两条控制线间存在误差范围允许的误差，在各轴线的放样中逐步消除，不能累积到一跨中；其次根据就近原则，以各轴线为依据，依次放样出距离其较近的墙体或门窗洞口等控制线和边线。放样完毕，务必再联测到另一控制线以作检核。

友情提示：在厂房施工中，由于吊车梁的施工精度要求较高，应将柱子对应轴线投测到柱身上，再根据抄测的标高控制线找出其标高位置，以此控制预埋件的空间位置；对于电梯井筒（核心筒），结构剪力墙一定要在放线过程中对已浇筑的楼层进行垂直度测量，发现误差偏大时，应及时采取技术措施进行弥补，避免错台等质量问题。

(3) 土方与基础施工高程测量工艺流程

1) 施工高程控制点（网）。利用建筑施工场地的高程控制测量建立高程控制网。但在施工场地上，水准点的密度往往不够，还需加密高程控制点。为了便于施工引测方便，常在建筑物内部或附近测设±0水准点，一般选在稳定的建筑物的墙、柱的侧面，用红油漆绘成顶为水平线的三角形，其顶端表示 ±0 位置。

2）施工标高点测设。首先以现场高程控制点为依据，采用 S3 水准仪以中丝读数法往基坑测设附合水准路线，将高程引测到基坑施工面上。其次以引测到基坑的标高为依据，采用水准仪以中丝读数法进行施工标高点测设。

友情提示：施工标高点可测设在墙、柱外侧立筋上，并用红油漆作好标记，也可测设在基坑边坡上，并打小木桩作好标记。

4. 放样测量技术要求

（1）基础开挖放样测量　条形基础放样开挖线，以轴线控制桩测设基槽边线并撒灰线，两灰线外侧为槽宽，允许误差为 −10~20mm；杯形基础放线，以轴线控制桩测设柱中心桩，再以柱中心桩及其轴线方向定出桩基开挖线，中心桩的允许误差为 ±3mm；整体开挖基础放线，地下连续墙施工时，应以轴线控制桩测设连续墙中线，中线横向允许偏差为 ±10mm；混凝土灌注桩施工时，应以轴线控制桩测设灌注桩中线，中线横向允许误差为 ±20mm；大开挖施工时应根据轴线控制桩分别测设出基槽上、下口径位置桩，并标定开挖边界线，上口桩允许误差为 −20~50mm，下口桩允许误差为 −10~20mm。在条形基础与杯形基础开挖中，应在槽壁上每隔 3m 距离测设距槽底设计标高 500mm 或 1000mm 的水平桩，允许误差为 ±5mm。

（2）基础结构放样测量　桩基定位放样测量允许误差为 ±10mm，并应在桩位外设置定位基准桩。在垫层或地基上进行主轴线投测前，应以建筑物施工平面控制网为基础，对建筑物外廓轴线控制桩进行校测。根据控制轴线定位桩投测建筑物各控制轴线。建筑物各控制轴线在经过闭合检测合格后，方可用墨线弹出建筑物的大角线、细部轴线与施工线。基础外廓轴线或主轴线投测允许偏差见表 3-1。

表 3-1　基础外廓轴线或主轴线投测允许偏差

主轴线间距或轮廓线尺寸	允许偏差/mm	主轴线间距或轮廓线尺寸	允许偏差/mm
$L \leqslant 30m$	±5	$60m < L \leqslant 90m$	±15
$30m < L \leqslant 60m$	±10	$L > 90m$	±20

二、施工准备与施工工艺

1. 地基与基础工程施工准备

（1）施工机械及运输资源　根据施工准备工作计划与施工技术交底，地基与基础施工前需协调相关施工机械按计划时间进入施工现场。主要施工机械包括：土方开挖机械、运土机械或自卸汽车、桩工机械、压实机械等土方工程施工机械，钢筋切断、弯曲及焊接等钢筋加工连接设备，模板加工机械，垂直运输与水平运输机械等。

（2）劳动力及人力资源　地基与基础工程施工需要相应施工机械的操作人员与配合作业人员，同时需要模板、钢筋、混凝土或砌筑等工种技术工人，应根据施工技术交底、施工准备工作计划与施工进度计划合理安排施工现场的劳动力进场。

友情提示：施工作业前准备包括技术准备、施工机械及原材料准备、现场准备、劳动力准备等。技术准备包括施工技术交底、施工计划与施工方案等，现场准备主要是测量放样与现场施工机具准备等，原材料准备除应依据施工准备计划按时进场外，还应进行检查与验收。

2. 地基与基础工程施工工艺流程

（1）土方与地基工程施工　土方与地基工程施工包括施工放样测量、土方开挖、地基回填及其处理等主要施工过程，同时包括土壁放坡、土壁支护、基坑降排水等辅助施工过程。

1）土方开挖。边坡稳定地质条件良好、土质均匀，深度在10m内的基坑开挖可采用放坡的开挖方式，否则需要采用土壁支护的土方开挖方式。土方开挖一般采用机械开挖的方式，采取沿等高线自上而下，分层、分段依次进行。土壁支撑应挖一层支撑好一层，并严密顶紧、支撑牢固，严禁一次将土挖好后再支撑。

2）基坑降排水。基坑开挖与基础施工过程中出现基坑积水应及时采取利用抽水泵等设备进行排水的措施。当基坑深度低于地下水位时，应采取轻型井点降水、集水井降水及管井降水等方式进行基坑降水。基坑降水不应间断，直到基坑回填后方可停止。

3）地基处理。当地基土承载力或稳定性不足时需要进行地基处理。根据地基处理原理不同，地基处理方法可分为换土垫层法、预压（排水固结）处理、夯实（密实）法、深层挤密（密实）处理、化学加固处理、加筋处理、热学处理等。同时，根据施工机具、建筑材料与实施方法不同，每一类地基处理方法中又包括许多种方法。如换土垫层法根据换填的材料不同，包括灰土垫层、砂石垫层、粉煤灰垫层、三合土垫层等。

4）土方回填。回填土料的含水率与有机质含量应符合要求。土方回填可采用人工回填或机械回填的方式，按分层填筑、分层夯实的原则进行。土方回填每层虚铺厚度与回填土料的种类及含水率、压实方式及压实机械等有关。人工回填的虚铺厚度一般不超过25cm，机械回填的虚铺厚度推土机不超过30cm，铲运机或压路机施工时虚铺厚度为30～50cm。除平碾式压路机的压实遍数为3～8遍，其余压实方式的土方回填压实遍数为3～4遍。

（2）基础工程施工工艺流程

1）桩基础工程施工。根据桩基工程施工方式的差异，桩基工程包括非挤土桩、部分挤土桩与挤土桩。

① 非挤土桩包括干作业成孔桩、泥浆护壁成孔桩、套管护壁桩与人工挖孔桩等，一般为钢筋混凝土灌注桩，施工工艺流程主要包括：首先是成孔工艺。根据现场土质条件可选择螺旋钻机干作业成孔与泥浆护壁螺旋钻机成孔。其次是清孔工艺。干作业成孔主要是对孔底虚土的清理，而泥浆护壁成孔需要清理孔底沉渣与泥浆浮渣。然后是放钢筋笼工艺。对泥浆护壁灌注桩，要注意泥浆对钢筋笼的浮力。最后是浇筑混凝土。泥浆护壁灌注桩采用导管法水下浇筑混凝土的方法浇筑。

友情提示： 人工挖孔灌注桩成孔的关键是混凝土护壁。大量人工挖孔桩事故大都是灌注护壁混凝土时发生的。人工挖孔桩混凝土护壁的厚度不应小于100mm，混凝土强度等级不应低于桩身混凝土强度等级，并应振捣密实；护壁应配置直径不小于8mm的构造钢筋，竖向筋应上下搭接或拉结。

② 部分挤土桩主要是沉管灌注桩，一般采用锤击法或振动法将沉管打入土中，然后放钢筋笼，最后一边浇筑混凝土，一边提升沉管，直至沉管拔出、混凝土浇筑完毕。

③ 挤土桩主要是预制混凝土桩、型钢桩等，一般打入、振动沉桩或静力压桩。沉桩过程要注意桩身垂直度，以桩尖标高或最后贯入度控制沉桩深度。静力压桩过程中要认真记录桩入土深度和压力表读数的关系，以判断桩的质量及承载力。

友情提示：沉桩过程中应注意送桩、接桩与截桩工艺。

桩顶承台施工类似于基础施工工艺。首先是基坑开挖施工。基坑开挖前根据施工技术交底完成边坡支护、降水措施，挖土应均衡分层进行，对流塑性软土的基坑开挖，高差不应超过1m，挖出的土方不得堆置在基坑附近。其次是钢筋和混凝土施工，绑扎钢筋前应将灌注桩桩头与预制桩桩顶进行破桩头，桩体及其主筋埋入承台的长度应符合设计要求。承台混凝土应一次浇筑完成，混凝土入槽宜采用平铺法。

2）基础结构施工工艺流程。块体砌筑基础主要包括砖砌基础、料石基础与毛石基础等，主要以块体砌筑而成的刚性基础。这类基础的施工工艺流程主要包括：砌筑前先放样弹线，进行试摆砖或块石与立皮数杆，盘头与砌筑。基础砌筑一般不需要勾缝工艺。砖基础一般采用三一法进行砌筑，而料石、毛石基础一般采用铺灰法进行砌筑。

混凝土基础主要包括素混凝土基础、钢筋混凝土基础等。这类基础的施工工艺与钢筋混凝土结构工艺流程类似，主要包括：放样弹线，支模板及钢筋混凝土基础的钢筋绑扎，混凝土浇筑、振捣及养护工艺。

友情提示：除砖、石等块体砌筑基础与素混凝土基础外，刚性基础中还包括灰土基础、三合土基础等，施工工艺与方法参照地基处理相关技术规范。

三、质量检查与验收

1. 原材料进场检查与验收

1）钢筋、混凝土等原材料的质量检验应符合设计要求和现行国家标准《混凝土结构工程施工质量验收规范》（GB 50204—2015）的规定。

2）钢材、焊接材料和连接件等原材料及成品的进场、焊接或连接检测应符合设计要求和现行国家标准《钢结构工程施工质量验收标准》（GB 50205—2020）的规定。

3）砂、石子、水泥、石灰、粉煤灰、矿（钢）渣粉等掺合料、外加剂等原材料的质量、检验项目、批量和检验方法，应符合国家现行有关标准的规定。

2. 地基施工质量检查与验收

1）素土和灰土地基、砂和砂石地基、土工合成材料地基、粉煤灰地基、强夯地基、注浆地基、预压地基的承载力必须达到设计要求。地基承载力的检验数量每 $300m^2$ 不应少于1点，超过 $3000m^2$ 部分每 $500m^2$ 不应少于1点。每单位工程不应少于3点。

2）砂石桩、高压喷射注浆桩、水泥土搅拌桩、土和灰土挤密桩、水泥粉煤灰碎石桩、夯实水泥土桩等复合地基的承载力必须达到设计要求。复合地基承载力的检验数量不应少于总桩数的0.5%，且不应少于3点。有单桩承载力或桩身强度检验要求时，检验数量不应少于总桩数的0.5%，且不应少于3根。

3）地基处理工程的验收，当采用一种检验方法检测结果存在不确定性时，应结合其他检验方法进行综合判断。

3. 基础工程施工质量检查与验收

1）地基基础工程必须进行验槽，验槽检验要点应符合《建筑地基基础工程施工质量验收标准》（GB 50202—2018）附录 A 的规定。

2）扩展基础、筏形与箱形基础、沉井与沉箱，施工前应对放线尺寸进行复核；桩基工程施工前应对放好的轴线和桩位进行复核。群桩桩位的放样允许偏差为 20mm，单排桩桩位的放样允许偏差为 10mm。

3）工程桩施工允许偏差应满足《建筑地基基础工程施工质量验收标准》（GB 50202—2018）中 5.1.2 与 5.1.4 条规定。灌注桩混凝土强度检验的试件应在施工现场随机抽取。来自同一搅拌站的混凝土，每浇筑 50m³ 必须至少留置 1 组试件；当混凝土浇筑量不足 50m³ 时，每连续浇筑 12h 必须至少留置 1 组试件。对单柱单桩，每根桩应至少留置 1 组试件。

4）工程桩应进行承载力和桩身完整性检验。设计等级为甲级或地质条件复杂时，应采用静载试验的方法对桩基承载力进行检验，检验桩数不应少于总桩数的 1%，且不应少于 3 根，当总桩数少于 50 根时，不应少于 2 根。在有经验和对比资料的地区，设计等级为乙级、丙级的桩基可采用高应变法对桩基进行竖向抗压承载力检测，检测数量不应少于总桩数的 5%，且不应少于 10 根；工程桩的桩身完整性的抽检数量不应少于总桩数的 20%，且不应少于 10 根。每根柱子承台下的桩抽检数量不应少于 1 根。

四、施工要点与现场监督

1. 土方工程施工

（1）土方开挖要点　机械挖土时应避免超挖，场地边角土方、边坡修整等应采用人工方式挖除。基坑开挖至坑底标高应在验槽后及时进行垫层施工，垫层宜浇筑至基坑围护墙边或坡脚，机械挖土时，坑底以上 200~300mm 范围内的土方应采用人工修底的方式挖除。放坡开挖的基坑边坡应采用人工修坡的方式；土方工程施工前，应采取有效的地下水控制措施。基坑内地下水位应降至拟开挖下层土方的底面以下不小于 0.5m；土石方开挖的顺序、方法必须与设计工况和施工方案相一致，并应遵循"开槽支撑，先撑后挖，分层开挖，严禁超挖"的原则。

（2）土方堆放与运输　土方工程施工应进行土方平衡计算，应按土方运距最短、运程合理和各个工程项目的施工顺序做好调配，减少重复搬运，合理确定土方机械的作业线路、运输车辆的行走路线、弃土地点等。临时堆土的坡角至坑边距离应按挖坑深度、边坡坡度和土的类别确定。运输土方的车辆应用加盖车辆或采取覆盖措施。

（3）土方回填要点　土方回填前，应根据工程特点、土料性质、设计压实系数、施工条件等合理选择压实机具，并确定回填土料含水率控制范围、铺土厚度、压实遍数等施工参数。重要土方回填工程或采用新型压实机具的，应通过填土压实试验确定施工参数。

2. 地基工程施工

（1）一般规定　施工前应测量和复核地基的平面位置与标高。基底标高不同时，宜按先深后浅的顺序进行施工。施工过程中应采取减少基底土体扰动的保护措施。机械挖土时，基底以上 200~300mm 厚土层应采用人工挖除；地基施工时，应分析挖方、填方、振动、挤压等对边坡稳定及周边环境的影响。地基验槽时，发现地质情况与勘察报告不相符，应进行补勘。地基施工完成后，应对地基进行保护，并应及时进行基础施工。

（2）换填地基　换填地基主要包括素土、灰土地基，砂石地基与粉煤灰地基等。换填的土石料应符合《建筑地基基础工程施工规范》（GB 51004—2015）的要求，施工含水率宜控制在最优含水率范围。采用分层填筑、分层压实的施工方法，分层铺填厚度、每层压实或振捣遍数等宜通过试验确定。素土、灰土地基分层铺填厚度宜取 200～300mm。换填地基宜分段施工，分段的接缝不应在柱基、墙角及承重窗间墙下位置，分段施工时应采用斜坡搭接，每层搭接位置应错开 0.5～1.0m，搭接处应振压密实。

（3）挤密与强化加固地基　加固地基包括各类挤密桩、重锤或强夯地基、预压或振冲地基、注浆与搅拌地基等。强夯应分区进行，宜先边区后中部，或由临近建（构）筑物一侧向远离一侧方向进行。每遍夯击后应及时将夯坑填平或推平，并测量场地高程，计算本遍场地夯沉量。完成全部夯击遍数后，应按夯印搭接 1/5～1/3 锤径的夯击原则，用低能量满夯将场地表层松土夯实并碾压，测量强夯后场地高程。堆载预压法施工时应根据设计要求分级逐渐加载，在加载过程中应每天进行竖向变形量、水平位移及孔隙水压力等项目的监测，且应根据监测资料控制加载速率。振冲置换地基施工顺序宜从中间向外围或间隔跳打进行，当加固区附近存在既有建（构）筑物或管线时，应从邻近建筑物一边开始，逐步向外施工。振冲加密地基施工顺序宜从外围或两侧向中间进行。挤密桩的施工按整片处理时宜从里向外，局部处理时宜从外向里，施工时应间隔 1～2 个孔依次进行，成孔达到要求深度后应及时回填夯实。

3. 基础工程施工

（1）一般规定　基础施工前应进行地基验槽，并应清除表层浮土和积水。垫层混凝土应在基础验槽后立即浇筑，混凝土强度达到设计强度 70% 后，方可进行后续施工。

（2）砖基础　砖基础砌筑应上下错缝，内外搭砌，竖缝错开不应小于 1/4 砖长，砖基础水平缝的砂浆饱满度不应低于 80%，内外墙基础应同时砌筑，对不能同时砌筑而必须留置的临时间断处，应砌筑成斜槎，斜槎的水平投影长度不应小于高度的 2/3。

（3）素混凝土基础　混凝土基础台阶应支模浇筑，模板支撑应牢固可靠，模板接缝不应漏浆；台阶式基础宜一次浇筑完成，每层宜先浇边角、后浇中间，坡度较陡的锥形基础可采取支模浇筑的方法；不同底标高的基础应开挖成阶梯状，混凝土应由低到高浇筑；混凝土浇筑和振捣应满足均匀性和密实性的要求，浇筑完成后应采取养护措施。

（4）钢筋混凝土扩展基础　绑扎钢筋时，底部钢筋应绑扎牢固，采用 HPB300 钢筋时，端部弯钩应朝上，柱的锚固钢筋下端应用 90°弯钩与基础钢筋绑扎牢固，按轴线位置校核后上端应固定牢靠；混凝土宜分段分层连续浇筑，每层厚度宜为 300～500mm，各段各层间应互相衔接，混凝土浇捣应密实；杯形基础的支模宜采用封底式杯口模板，施工时应将杯口模板压紧，在杯底应预留观测孔或振捣孔，混凝土浇筑应对称均匀下料，杯底混凝土振捣应密实；锥形基础模板应随混凝土浇捣分段支设并固定牢靠，基础边角处的混凝土应振捣密实。

（5）钢筋混凝土预制桩　在施工现场运输、吊装过程中，严禁采用拖拉取桩方法。接桩时，接头宜高出地面 0.5～1.0m，不宜在桩端进入硬土层时停顿或接桩。单根桩沉桩宜连续进行。沉桩顺序应按先深后浅、先大后小、先长后短、先密后疏的次序进行；密集桩群应控制沉桩速率，宜自中间向两个方向或四周对称施打，一侧毗邻建（构）筑物或设施时，应由该侧向远离该侧的方向施打。

（6）钢筋混凝土灌注桩　泥浆护壁钻孔灌注桩施工时应维持钻孔内泥浆液面高于地下水位 0.5m，受水位涨落影响时，应高于最高水位 1.5m。成孔时宜在孔位埋设护筒，成孔过程中应及时排除废渣，排渣可采用泥浆循环或淘渣筒；人工挖孔灌注桩施工的关键是混凝土护壁，挖孔应从上而下进行，挖土次序宜先中间后周边。扩底部分应先挖桩身圆柱体，再按扩底尺寸从上而下进行。

钢筋笼宜分段制作，分段长度应根据钢筋笼整体刚度、钢筋长度以及起重设备的有效高度等因素确定。钢筋笼接头宜采用焊接或机械式接头，接头应相互错开；钢筋笼安装入孔时，应保持垂直，对准孔位轻放，避免碰撞孔壁；水下混凝土灌注应采用导管法。

任务拓展

1. 课外阅读《建筑施工测量标准》（JGJ/T 408—2017）第八部分"基坑施工监测"。
2. 课外阅读《建筑地基基础工程施工质量验收标准》（GB 50202—2018）。
3. 课外阅读《建筑地基基础工程施工规范》（GB 51004—2015）。

任务训练

1. 人工挖孔混凝土灌注桩施工中最关键的环节是（　　）。
   A. 定位放样　　　B. 混凝土护壁　　　C. 安装钢筋笼　　　D. 浇筑混凝土
2. 土方回填施工过程中，影响填土压实的因素包括（　　）。
   A. 基坑深度　　　B. 基坑形状　　　C. 土方开挖方式　　　D. 每层虚铺厚度
3. 基础施工前，必须进行（　　）工艺。
   A. 施工放样　　　B. 验槽　　　C. 隐蔽工程检查　　　D. 开挖土方

任务小结

1. 根据施工技术交底与施工准备工作计划，地基与基础工程施工前需要完成施工放样、施工机械、人力与运输等作业前的准备。
2. 地基与基础工程施工的工艺流程主要包括：首先进行土方开挖，其次进行地基处理或桩基工程，然后进行桩基承台及基础结构施工，最后进行基础回填施工。同时，还包括土方放坡、土壁支护、降水与排水等辅助工作。
3. 施工检查与验收主要包括：原材料进场验收、土方施工检查、地基施工质量验收、基础施工验收等。
4. 施工要点与监督主要包括：土方工程施工要点、地基处理施工要点与基础工程施工要点。

工作任务 2　地基与基础施工技术交底、计划与检查

> **知识点：**
> 1. 地基与基础工程施工技术交底。
> 2. 地基与基础工程施工进度计划。
> 3. 地基与基础工程质量检查。
>
> **能力（技能）点：**
> 1. 能够按照已知工程量编制地基与基础工程施工进度计划与专项施工方案。
> 2. 能按照指定施工任务与施工方案编制地基与基础工程施工技术交底。
> 3. 能应用施工质量验收规范，对地基与基础工程进行质量检查，达到质量验收规范要求。

任务实施

一、施工作业计划

1. 土方工程施工计划

（1）土方开挖的施工准备　施工前熟悉与掌握勘察报告、设计图纸、法规、标准等文件，对场地内地下障碍物及地下管线、不良地质、周边建筑物状况、场地条件及交通条件等做详细检查，应编制土方开挖施工方案。开挖前应确保工程桩、围护结构等施工完毕达到设计要求，通过降水等措施，保证作业面水位低于开挖面 0.5~1.0m。同时开挖前应完成排水系统设置，对相关监测数据进行必要分析。

（2）选择土方开挖方案与方法　土方开挖根据开挖深度范围可分为分层开挖和不分层开挖，在平面上可分为分块开挖和不分块开挖，其中盆式开挖和岛式开挖是分块开挖的典型形式。土方开挖常用施工方法可采用盆式开挖、岛式开挖与分块区域开挖。

（3）选择土方开挖施工机械　土方开挖施工中常用机械主要有反铲挖掘机、抓铲挖掘机、铲运机、推土机、土方运输车等。其中反铲挖掘机是土方开挖的主要机械，一般根据土质条件、斗容量大小与工作面高度、土方工程量以及运输机械的匹配条件进行选型。

（4）土方开挖技术措施　放坡开挖应满足场地土坡稳定性要求，开挖较深时应采用多级放坡，多级放坡平台宽度不宜小于 1.5m。放坡坡脚位于地下水位以下时，应采取降水或隔水帷幕的措施，排水系统与坡脚的距离宜大于 1.0m。土质较差放坡坡体宜进行护坡，坡顶不宜堆土或存在堆载；有围护无支撑的基础，开挖时应与土钉、锚杆施工相协调，开挖和支护施工应形成循环作业，开挖应分层分段进行，每层开挖后应及时支护施工；有内支撑的基坑开挖的方法和顺序应遵循"先撑后挖、限时支撑、分层开挖、严禁超挖"的原则；采用逆作法、盖挖法进行暗挖施工时，基坑开挖方法的确定必须与主体结构设计、支护结构设计相协调，主体结构在施工期间的变形、不均匀沉降均应满足设计要求。设置取土口，分层、分块、对称、限时开挖周边土方和进行结构施工。暗挖作业区域可利用取土口进行自然

通风采光，并应采取强制通风措施。

（5）土方回填施工　土方回填前应先清除基底上的垃圾，排除坑穴中积水、淤泥和杂物，并做好防排水措施。土方回填方法主要有人工回填和机械回填方法，采用分层填筑、分层压实的方式。填土压实应严格控制分层厚度、每层压实遍数，同时对回填土料的质量与含水率进行控制。为了提高碾压效率，压实前宜对填土初步平整。

（6）施工进度计划　土方工程施工作业进度计划一般是月旬计划，工期短、工序少，多采用横道图来表示施工进度计划，也可用双代号网络图、单代号网络图、时标网络图等施工进度计划表示方法进行编制。施工进度计划的编制步骤一般包括：首先应划分施工过程，根据工程特点对施工对象划分施工段（层），其次计算每个施工单元的工作量，然后根据机械台班产量或班组工作定额确定每个施工过程在每个单元的持续时间，最后根据绘制规则及逻辑关系绘制施工进度计划。

友情提示：施工组织可分为平行施工、依次施工与流水施工，最好采用流水施工的作业方式；流水施工进度计划按"同一施工过程连续，不同施工搭接"的原则组织施工进度。

2. 地基工程施工计划

（1）地基工程施工准备　在选择地基处理方案前应有必要的勘察资料。地基处理设计时，必须满足地基土强度、变形、抗液化和抗渗等要求，同时应确定地基处理的范围。常用的地基处理方法往往是该地区的设计和施工经验的总结，应重视类似场地上同类工程的地基处理经验。

（2）换填垫层法施工　首先是确定适用范围，进行垫层设计。主要包括材料选择、垫层厚度设计与垫层宽度设计，其次是换填垫层施工工艺。一般采用平板式振动器、插入式振捣器、振动碾、木夯或机械夯等设备。铺设垫层前应验槽，铺设时严禁扰动垫层下卧层及侧壁的软弱土层。垫层应分层铺设，分层夯（压）实，控制每层的铺设厚度，并应分层分段施工。

友情提示：分层铺设厚度、压实或振密遍数以及压实系数与填土种类、含水率与压实方式关系密切；回填土料应控制含水率在最优含水率范围内，如低于最优含水率，可钻孔灌水或洒水浸渗。

（3）夯实挤密法施工　夯实挤密法施工前应确定有效加固深度、单位夯击能、夯击点布置及间距、夯击次数与夯击遍数及间歇时间等施工参数，准备与组织夯实挤密机械设备进场，进行现场测试；其次施工放样夯击位置，并测量场地高程，设备就位实施夯实挤密作业；最后按设计规定的夯击次数及控制标准完成一个位置的夯击，进而完成一遍全部夯击位置点的夯击挤密作业，并按规定的间隔时间逐次完成全部夯击挤密遍数。

友情提示：夯实挤密前应平整场地并做好排水沟，应按一定顺序分段进行；回填土料应控制含水率在最优含水率范围内，如低于最优含水率，可钻孔灌水或洒水浸渗；施工时对邻近建筑物或设备产生有害影响时，应采取防振、隔振等措施。

（4）复合地基加固法施工　该类地基加固包括夯实水泥土桩、水泥粉煤灰碎石桩及多种桩型复合地基等。施工前均应进行复合地基设计，确定地基处理的面积、桩孔及填料施工参数与复合地基承载力及变形要求；施工前应根据设计要求、现场土质及周围环境等选择适宜的成桩设备和施工工艺，并准备好相应成孔和夯实机具；成孔和孔内回填夯实的施工顺序，当整片处理时宜从里（或中间）向外间隔 1~2 孔进行，对大型工程可采用分段施工，当局部处理时，宜从外向里间隔 1~2 孔进行；根据夯实机械和填料选择虚铺厚度和夯实遍数，并按施工工艺要求实施。

友情提示：复合地基填料应满足相应质量要求，如填土料应采用有机质不大于5%，最大粒径不大于15mm的素土，填料的含水率宜在最优含水率范围内，否则需要进行增湿处理。

（5）注浆加固法施工　该类地基加固包括化学注浆法（如单液硅化法和碱液法）、水泥土搅拌法与旋喷桩施工。施工前应进行注浆加固设计，确定加固半径、桩孔或注浆管间距与布置、浆液用量及浓度等技术参数。同时，应准备设计工艺需要的成孔设备及注浆机具，并经调试处于良好状态。进行现场试验，确认各项施工工艺参数；先将成孔设备就位，进行成孔与灌注加固溶液或搅拌水泥土，应自基础底面标高起向下分层进行，达到设计深度后结束。

（6）施工进度计划　按分层分段的施工组织模式，划分地基工程施工过程，计算单元工程量，根据产量定额或时间定额计算施工过程持续时间，采用横道图、网络图等表达方式绘制地基工程施工进度计划。

3. 基础工程施工计划

（1）桩基工程施工　桩基按成桩方法与工艺分为非挤土桩、部分挤土桩与挤土桩，一般混凝土桩的施工方式分为灌注桩与预制桩。非挤土桩的成桩过程中，将与桩体积相同的土挖出，桩周土体较少受到扰动，但有应力松弛现象，如干作业桩法、泥浆护壁法桩、套管护壁法桩、人工挖孔桩。部分挤土桩成桩过程中，桩周围的土仅受到轻微的扰动，如部分挤土灌注桩、预钻孔打入式预制桩、打入式开口钢管桩、H型钢桩、螺旋成孔桩等。挤土桩成桩过程中，桩周围的土被压密或挤开，因而使周围土层受到严重扰动，如挤土灌注桩、挤土预制混凝土桩（打入式、振入式与压入式）。桩基工程施工前应进行桩基工程设计，按安全适用、经济合理的原则选择桩型与成桩工艺，确定桩基构造组成与桩基承载力，编制桩基工程的施工组织设计（或施工方案）和保证工程质量、安全和季节性施工的技术措施。根据施工工艺中成孔方法准备正反循环钻机、旋挖钻机、冲（抓）式钻机、长螺旋钻机、锤击或振动打桩或压桩机等施工机械设备；灌注桩的施工应首先进行成孔，一般采用各类钻机钻孔或用桩机沉管成孔，然后放置钢筋笼，再浇筑混凝土。预制桩的施工应包括就位、送桩、接桩、打（压）桩等工艺。桩基承台施工顺序宜先深后浅，施工前应将灌注桩桩头浮浆与预制桩桩头锤击面破碎部分去除，绑扎钢筋后再浇筑混凝土。

友情提示：根据开孔方式或混凝土浇筑方式不同，灌注桩成孔一般包括泥浆护壁灌注桩、干作业成孔灌注桩、沉管灌注桩与人工挖孔灌注桩等；泥浆护壁灌注桩的施工工艺包括：桩位放样、挖泥浆池、埋设护管、钻机就位、冲孔泥浆循环、清孔换浆、吊放钢筋笼、插入导管浇筑水下混凝土、拔导管及护筒；人工挖孔灌注桩的施工应首先进行混凝土护壁施工，然后再进行桩体混凝土灌注。

（2）刚性基础结构施工　刚性基础一般为浅基础，包括砖砌体基础、砌石基础、混凝土基础和毛石混凝土基础、灰土基础等。灰土基础的施工参照灰土垫层地基的施工工艺，首先进行基础放样与测量，其次按照分段分层施工的方式进行灰土基础施工。砖砌体与砌石等块体砌筑基础的施工工艺，首先进行基础放样与测量，其次按排列砌块、盘头、立皮数杆、砌筑等工艺进行施工。砖砌体一般采用三一法砌筑，砌石砌筑一般采用铺灰法砌筑施工。毛石混凝土与混凝土基础的施工一般是先施工放样与测量，然后支设模板，最后浇筑混凝土并养护。

（3）柔性基础结构施工　柔性基础一般包括钢筋混凝土的独立基础、条形基础、筏板基础、箱型基础等，基本施工过程为：首先进行基础放样与测量，其次支设模板，然后绑扎钢筋，最后浇筑混凝土并养护。模板支设、钢筋绑扎与混凝土浇筑工艺详见学习情境五混凝土施工相关内容。

（4）施工进度计划　按分层分段的施工组织模式，划分地基工程施工过程，计算施工单元工程量，根据产量定额或时间定额计算施工过程持续时间，采用横道图、网络图等表达方式绘制地基工程施工进度计划。

友情提示：施工进度计划中，每个施工单元工程量计算与工程造价的工程量有区别也有联系。施工单元工程量应按综合班组确定施工过程内容，按产量定额或时间定额的内容计算。每个施工过程的持续时间与施工过程逻辑顺序是施工进度计划编制的关键。

二、施工技术交底

1. 地基与基础工程施工技术交底

（1）概述　地基与基础工程施工技术交底一般包括专项方案交底、分部分项工程交底、质量（安全）技术交底、作业交底等，是指在地基与基础分部工程或单一分项工程施工前，由施工现场技术人员（如施工员、技术员、质量员等）编制施工任务的施工技术交底文件，向参与施工的人员进行技术性交待。施工方案可通过召集会议形式或现场授课形式进行技术交底，交底的内容可纳入施工方案中，也可单独形成交底方案。各专业技术管理人员应通过书面形式配以现场口头讲授的方式进行技术交底，技术交底的内容应单独形成交底文件。交底内容应有交底的日期，有交底人、接收人签字，并经项目总工程师审批。

（2）施工技术交底内容组成　地基与基础工程施工技术交底从内容上一般由土方开挖回填技术交底、基坑工程支护或排水技术交底、基础结构工程施工技术交底等；从结构上一般包括强制性条文、施工要点与质量检查验收标准等。

2. 土方开挖、回填技术交底

（1）强制性条文　土方开挖的顺序、方法必须与设计工况相一致，并遵循"开槽支撑、先撑后挖、分层开挖、严禁超挖"的原则。

（2）土方开挖

1）土方开挖前应检查定位放线、排水和降低地下水位系统，合理安排土方运输车的行走路线及弃土场；施工过程中应检查平面位置、水平标高、边坡坡度、压实度、排水、降低地下水位系统，并随时观测周围的环境变化；临时性挖方边坡值应符合表3-2的规定。

表3-2　临时性挖方边坡值

土的类别		边坡值（高:宽）
砂土（不包括细砂、粉砂）		1:1.25 ~ 1:1.50
一般性黏土	硬	1:0.75 ~ 1:1.00
	硬、塑	1:1.00 ~ 1:1.25
	软	1:1.50 或更缓
碎石类土	充填坚硬、硬塑黏性土	1:0.05 ~ 1:1.00
	充填砂土	1:1.00 ~ 1:1.50

注：1. 设计有要求时，应符合设计标准。
　　2. 如采用降水或其他加固措施，可不受本表限制，但应计算复核。
　　3. 开挖深度，对软土不应超过4m，对硬土不应超过8m。

2）土方开挖工程质量检验标准应符合表3-3的规定。

表3-3　土方开挖工程质量检验标准

分类	序号	项目	允许偏差或允许值/mm					检验方法
			柱基基坑基槽	挖方场地平整		管沟	地（路）面基层	
				人工	机械			
主控项目	1	标高	50	±30	±50	50	50	水准仪
	2	长度、宽度（由设计中心线向两边量）	+200 50	+300 100	+500 150	+100	—	经纬仪，用钢尺量
	3	边坡	设计要求					观察或用坡度尺检查
一般项目	1	表面平整度	20	20	50	20	20	用2m靠尺和楔形塞尺检查
	2	基底土性	设计要求					观察或土样分析

注：地（路）面基层的偏差只适用于直接在挖、填方上做地（路）面的基层。

（3）土方回填

1）土方回填前应清除基底的垃圾、树根等杂物，抽除坑穴积水、淤泥，验收基底标高。如在耕植土或松土上填方，应在基底压实后再进行。对填方土料应按设计要求验收后方可填入。填方施工过程中应检查排水措施、每层填筑厚度、含水率、压实程度。填筑厚度及压实遍数应根据土质、压实系数及所用机具确定。如无试验依据，应符合表3-4的规定。

表3-4　填土施工时的分层厚度及每层压实遍数

压实机具	分层厚度/mm	每层压实遍数
平碾	250~300	6~8
振动压实机	250~350	3~4
柴油打夯机	200~250	3~4
人工打夯	<200	3~4

2）填方施工结束后，应检查标高、边坡坡度、压实程度等，检验标准应符合表3-5的规定。

表3-5　填土工程质量检验标准

分类	序号	项目	允许偏差或允许值/mm					检验方法
			柱基基坑基槽	挖方场地平整		管沟	地（路）面基层	
				人工	机械			
主控项目	1	标高	50	±30	±50	50	50	水准仪
	2	分层压实系数	设计要求					按规定方法
一般项目	1	回填土料	设计要求					取样检查或直接鉴别
	2	分层厚度及含水率	设计要求					水准仪及抽样检查
	3	表面平整度	20	20	30	20	20	用靠尺或水准仪检查

3. 排桩墙支护工程技术交底

(1) 强制性条文　基坑（槽）、管沟土方工程验收必须确保支护结构安全和周围环境安全。当设计有指标时，以设计要求为依据，如无设计指标应按表3-6的规定执行。

表3-6　基坑变形的监控值　　　　　　　　　　　　　　　　（单位：cm）

基坑类别	围护结构墙顶位移监控值	围护结构墙体最大位移监控值	地面最大沉降监控值
一级基坑	3	5	3
二级基坑	6	8	6
三级基坑	8	10	10

注：1. 符合下列情况之一，为一级基坑：重要工程或支护结构做主体结构的一部分；开挖深度大于10m；与邻近建筑物、重要设施的距离在开挖深度以内的基坑。
　　2. 三级基坑为开挖深度小于7m，且周围环境无特殊要求的基坑。
　　3. 除一级和三级外的基坑属于二级基坑。
　　4. 当周围已有的设施有特殊要求时，尚应符合这些要求。

(2) 排桩墙支护工程

1) 排桩墙支护结构是由灌注桩、预制桩、板桩等类型桩构成的支护结构；灌注桩、预制桩的检验标准应符合《建筑地基基础工程施工质量验收标准》（GB 50202—2018）的规定。钢板桩均为工厂成品，新桩可按出厂标准检验，重复使用的钢板桩应符合表3-7的规定，混凝土板桩应符合表3-8的规定。

表3-7　重复使用的钢板桩检验标准

序号	检查项目	允许偏差或允许值	检查方法
1	桩垂直度	<1%	用钢尺量
2	桩身弯曲度	<2%l	用钢尺量，l为桩长
3	齿槽平直度及光滑度	无电焊渣或毛刺	用1m长的桩段做通过试验
4	桩长度	不小于设计长度	用钢尺量

表3-8　混凝土板桩制作标准

分类	序号	检查项目	允许偏差或允许值		检查方法
			单位	数值	
主控项目	1	桩长度	mm	+100	用钢尺量
	2	桩身弯曲度	mm	<0.1%l	用钢尺量，l为桩长
一般项目	1	保护层厚度	mm	±5	用钢尺量
	2	横截面相对两面之差	mm	5	用钢尺量
	3	桩尖对桩轴线的位移	mm	10	用钢尺量
	4	桩厚度	mm	+100	用钢尺量
	5	凹凸槽尺寸	mm	±3	用钢尺量

2) 排桩墙支护的基坑，开挖后应及时支护，每一道支撑施工应确保基坑变形在设计要求的控制范围内。在含水地层范围内的排桩墙支护基坑，应有确实可靠的止水措施，确保基坑施工及邻近构筑物的安全。

4. 降水与排水工程技术交底

(1) 概述　降水与排水是配合基坑开挖的安全措施，施工前应有降水与排水设计。当在基坑外降水时，应有降水范围的估算，对重要建筑物或公共设施在降水过程中应监测。降水系统施工完成后，应试运转，如发现井管失效，应采取措施使其恢复正常，如无可能恢复则应报废，另行设置新的井管。降水系统运转过程中应随时检查观测孔中的水位。基坑内明排水应设置排水沟及集水井，排水沟纵坡宜控制在1‰~2‰。

（2）质量检验　降水与排水施工质量检验标准应符合表3-9的规定。

表3-9　降水与排水施工质量检验标准

序号	检查项目	允许值或允许偏差		检查方法
		单位	数值	
1	排水管坡度		1‰~2‰	目测，坑内不积水，沟内排水畅通
2	井管（点）垂直度		1%	插管时目测
3	井管（点）间距（与设计相比）	mm	≤150	用钢尺量
4	井管（点）插入深度（与设计相比）	mm	≤200	水准仪
5	过滤砂砾料填灌（与计算值相比）	mm	≤5	检查回填料用量
6	井点真空度： 轻型井点 喷射井点	kPa kPa	>60 >93	真空度表 真空度表
7	电渗井点阴阳极距离： 轻型井点 喷射井点	mm mm	80~100 120~150	用钢尺量 用钢尺量

5. 地下连续墙工程（地基基础工程）技术交底

（1）强制性条文　土方开挖的顺序、方法必须与设计工况相一致，并遵循"开槽支撑、先撑后挖、分层开挖、严禁超挖"的原则。基坑（槽）、管沟土方工程验收必须确保支护结构安全和周围环境安全。当设计有指标时，以设计要求为依据，如无设计标准应按表3-10的规定执行。

表3-10　基坑变形的监控值　　　　　　　　　　　　（单位：cm）

基坑类别	围护结构墙顶位移监控值	围护结构墙体最大位移监控值	地面最大沉降监控值
一级基坑	3	5	3
二级基坑	6	8	6
三级基坑	8	10	10

注：1. 符合下列情况之一，为一级基坑：重要工程或支护结构做主体结构的一部分；开挖深度大于10m；与邻近建筑物、重要设施的距离在开挖深度以内的基坑；基坑范围内有历史文物、近代优秀建筑、重要管线需严加保护的基坑。
2. 三级基坑为开挖深度小于7m，且周围环境无特殊要求的基坑。
3. 除一级和三级外的基坑属于二级基坑。
4. 当周围已有的设施有特殊要求时，尚应符合这些要求。

（2）主控项目

1）防水混凝土所用原材料、配合比以及其他防水材料必须符合设计要求。检查方法是检查出厂合格证、质量检验报告、计量措施和现场抽样试验报告。

2）地下连续墙混凝土抗压强度和抗渗压力必须符合设计要求。检查方法是检查混凝土抗压、抗渗试验报告。

（3）一般项目 地下连续墙的槽段接缝以及墙体与内衬结构接缝应符合设计要求。检验方法是观察检查和检查隐蔽工程验收记录；地下连续墙面的露筋部分应小于1%墙面面积，且不得有露石和夹泥现象；地下连续墙面表面平整度的允许偏差：临时支护墙体为50mm，单一或复合墙体为30mm。地下连续墙质量检验标准见表3-11。

表3-11 地下连续墙质量检验标准

分类	序号	检查项目		允许偏差或允许值		检查方法
				单位	数值	
主控项目	1	墙体强度		设计要求		查试件记录或取芯试压
	2	垂直度：永久结构 临时结构			1/300 1/150	声波测槽仪或成槽机上的监测系统
一般项目	1	导墙尺寸	宽度 墙面平整度 导墙平面位置	mm mm	$W+40$ <5 ±10	用钢尺量，W为地下墙设计厚度 用钢尺量 用钢尺量
	2	沉渣厚度：永久结构 临时结构		mm mm	≤100 ≤200	重锤测量或沉积物测定仪测量
	3	槽深		mm	+100	重锤测
	4	混凝土坍落度		mm	180~200	坍落度测定器
	5	钢筋笼尺寸		见 GB 50202—2018 表 5.6.4-1		见 GB 50202—2018 表 5.6.4-1
	6	地下墙表面平整度	永久结构 临时结构 插入式结构	mm mm mm	<100 <150 <20	此为均匀黏土层，松散及易坍土层由设计决定
	7	永久结构的预埋件位置	水平向 垂直向	mm mm	≤70 ≤70	用钢尺量 水准仪

6. 地基工程技术交底

（1）强制性条文

1）对灰土地基、砂和砂石地基、土工合成材料地基、粉煤灰地基、强夯地基、注浆地基、预压地基，其竣工后的结果（地基强度或承载力）必须达到设计要求的标准。检验数量，每单位工程不应少于3点，1000m²以上的工程，每100m²至少应有1点，3000m²以上的工程，每300m²至少应有1点。每一独立基础下至少有1点，基槽每20延米应有1点。

灰土地基、砂和砂石地基、土工合成材料地基质量检验标准见表3-12~表3-14。

2）对水泥土搅拌桩复合地基、高压喷射注浆桩复合地基、砂桩地基、振冲桩复合地基、土和灰土挤密桩复合地基、水泥粉煤灰碎石桩复合地基及夯实水泥土桩复合地基，其承载力检验，数量为总数的0.5%~1%，但不应少于3处。有单桩强度检验要求时，以设计要求为依据，当无设计指标时应按表3-15的规定执行。

表3-12 灰土地基质量检验标准

分类	序号	检查项目	允许偏差或允许值		检查方法
			单位	数值	
主控项目	1	地基承载力	设计要求		按规定方法
	2	配合比	设计要求		按拌和时的体积比
	3	压实系数	设计要求		现场实测
一般项目	1	石灰粒径	mm	≤5	筛分法
	2	土料有机质含量	≤5%		实验室焙烧法
	3	土颗粒粒径	mm	≤15	筛分法
	4	含水率（与要求的最优含水率比较）	2%		烘干法
	5	分层厚度偏差（与设计要求比较）	mm	50	水准仪

表3-13 砂和砂石地基质量检验标准

分类	序号	检查项目	允许偏差或允许值		检查方法
			单位	数值	
主控项目	1	地基承载力	设计要求		按规定方法
	2	配合比	设计要求		按拌和时的体积比或重量比
	3	压实系数	设计要求		现场实测
一般项目	1	砂石料有机质含量	≤5%		焙烧法
	2	砂石料含泥量	≤5%		水洗法
	3	石料粒径	mm	≤100	筛分法
	4	含水率（与最优含水率比较）	2%		烘干法
	5	分层厚度（与设计要求比较）	mm	50	水准仪

表3-14 土工合成材料地基质量检验标准

分类	序号	检查项目	允许偏差或允许值		检查方法
			单位	数值	
主控项目	1	土工合成材料强度	≤5%		置于夹具上做拉伸试验（结果与设计标准相比）
	2	土工合成材料延伸率	≤3%		置于夹具上做拉伸试验（结果与设计标准相比）
	3	地基承载力	设计要求		按规定方法
一般项目	1	土工合成材料搭接长度	mm	≥300	用钢尺量
	2	土石料有机质含量	≤5%		焙烧法
	3	屋面平整度	mm	≤20	用2m靠尺
	4	每层铺设厚度	mm	25	水准仪

表 3-15 高压喷射注浆桩复合地基质量检验标准

分类	序号	检查项目	允许偏差或允许值 单位	允许偏差或允许值 数值	检查方法
主控项目	1	水泥及外掺剂质量	符合出厂要求		查产品合格证书或抽样送检
主控项目	2	水泥用量	设计要求		查看流量及水泥浆水灰比
主控项目	3	桩基强度或完整性检验	设计要求		按规定方法
主控项目	4	地基承载力	设计要求		按规定方法
一般项目	1	钻孔位置	mm	≤50	用钢尺量
一般项目	2	钻孔垂直度	≤1.5%		经纬仪测钻杆或实测
一般项目	3	孔深	mm	200	用钢尺量
一般项目	4	注浆压力	按设定参数指标		查看压力表
一般项目	5	桩体搭接	mm	>200	用钢尺量
一般项目	6	桩体直径	mm	≤50	开挖后用钢尺量
一般项目	7	桩身中心允许偏差	≤0.2D		开挖后桩顶下 500mm 处用钢尺量，D 为桩径

(2) 水泥土搅拌桩地基　施工前应检查水泥及外掺剂的质量、桩位、搅拌机工作性能及各种计量设备完好程度；施工结束后，应检查桩体强度、桩体直径及地基承载力。进行强度检验时，对承载水泥土搅拌桩应取 90d 后的试件；对支护水泥土搅拌桩应取 28d 后的试件；水泥土搅拌桩地基质量检验标准应符合表 3-16 的规定。

表 3-16 水泥土搅拌桩地基质量检验标准

分类	序号	检查项目	允许偏差或允许值 单位	允许偏差或允许值 数值	检查方法
主控项目	1	水泥及外掺剂质量	设计要求		查产品合格证书或抽样送检
主控项目	2	水泥用量	参数指标		查看流量计
主控项目	3	桩体强度	设计要求		按规定方法
主控项目	4	地基承载力	设计要求		按规定方法
一般项目	1	机头提升速度	m/min	≤0.5	量机头上升距离及时间
一般项目	2	桩底标高	mm	±200	测机头深度
一般项目	3	桩顶标高	mm	+100 / -50	水准仪（最上部 500mm 不计入）
一般项目	4	桩位偏差	mm	<50	用钢尺量
一般项目	5	桩径	<0.04D		用钢尺量，D 为桩径
一般项目	6	垂直度	≤1.5%		经纬仪
一般项目	7	搭接	mm	>200	用钢尺量

7. 钢筋混凝土预制桩技术交底

(1) 强制性条文　打入桩（预制混凝土方桩、先张法预应力管桩）的桩位偏差，必须符合表 3-17 的规定。斜桩倾斜度的偏差不得大于倾斜角正切值的 15%。

表 3-17 预制桩（钢桩）桩位的允许偏差 （单位：mm）

序号	项目	允许偏差
1	有基础梁的桩： （1）垂直基础梁的中心线 （2）沿基础梁的中心线	$100+0.01H$ $150+0.01H$
2	桩数为 1~3 根桩基中的桩	100
3	桩数为 4~16 根桩基中的桩	1/2 桩径或边长
4	桩数大于 16 根桩基中的桩： （1）最外边的桩 （2）中间桩	1/3 桩径或边长 1/2 桩径或边长

注：H 为施工现场地面标高与桩顶标高的距离。

（2）锚杆静力压桩及静力压桩

1）静力压桩包括锚杆静压桩及其他各种非冲力沉桩。施工前应对成品桩做外观及强度检验，接桩用焊条或半成品硫磺胶泥应有产品合格证书，或送有关部门检验；压桩用压力表、锚杆规格及质量应进行检查。硫磺胶泥半成品应每 100kg 做一组试件（3 件）。

2）压桩过程中应检查压力、桩垂直度、接桩间歇时间、桩的连接质量及压入深度。重要工程应对电焊接桩的接头做 10% 的探伤检查。对承受反力的结构应加强观察。施工结束后，应做桩的承载力及桩体质量检验。锚杆静力压桩质量检验标准应符合表 3-18 的规定。

表 3-18 锚杆静力压桩质量检验标准

分类	序号	检查项目	允许偏差或允许值		检查方法
			单位	数值	
主控项目	1	桩体质量检验	按基桩检测技术规范		按基桩检测技术规范
	2	桩位偏差	按基桩检测技术规范		用钢尺量
	3	承载力	按基桩检测技术规范		按基桩检测技术规范
一般项目	1	成品桩质量： 外观、外形尺寸 强度	表面平整，颜色均匀，掉角深度小于 10mm，蜂窝面积小于总面积 0.5% 满足设计要求		按基桩检测技术规范 查产品合格证书或钻芯试压
	2	硫磺胶泥质量（半成品）	设计要求		查产品合格证书或抽样送检
	3	电焊接桩：电焊结束后停歇时间	min	>1.0	秒表测定
		硫磺胶泥接桩： 胶泥浇注时间 浇注后停歇时间	min min	<2 >7	秒表测定 秒表测定
	4	电焊条质量	设计要求		查产品合格证书
	5	压桩压力（设计有要求时）	±5%		查压力表读数
	6	接桩时上下节平面偏差 接桩时节点弯曲矢高	mm	<10 <1/1000L	用钢尺量 用钢尺量，L 为两节桩长
	7	桩顶标高	mm	±50	水准仪

(3)混凝土预制桩　桩在现场预制时,应对原材料、钢筋骨架、混凝土强度进行检查;采用工厂生产的成品桩时,桩进场后应进行外观及尺寸检查;施工中应对桩体垂直度、沉桩情况、桩顶完整状况、接桩质量等进行检查。对电焊接桩,重要工程应做10%的焊缝探伤检查。施工结束后,应对承载力及桩体质量做检验。对长桩或总锤击数超过500击的锤击桩,应符合桩体强度及28d的两项条件才能锤击。钢筋混凝土预制桩的质量检验标准应符合表3-19的规定。

表3-19　钢筋混凝土预制桩的质量检验标准

分类	序号	检查项目	允许偏差或允许值		检查方法
			单位	数值	
主控项目	1	桩体质量检验	按基桩检测技术规范		按基桩检测技术规范
	2	桩位偏差	符合GB 50202—2018的规定		用钢尺量
	3	承载力	按基桩检测技术规范		按基桩检测技术规范
一般项目	1	砂、石、水泥、钢材等原材料（现场预制时）	符合设计要求		查出厂质保文件或抽样送检
	2	混凝土配合比及强度（现场预制时）	符合设计要求		检查称量及查试块记录
	3	成品桩外形	表面平整,颜色均匀,掉角深度小于10mm,蜂窝面积小于总面积0.5%		直观
	4	成品桩接缝（收缩裂缝或起吊、装运、堆放引起的裂缝）	深度小于20mm,宽度小于0.25mm,横向裂缝不超过边长的一半		裂缝测定仪,该项在地下水有侵蚀地区及锤击数超过500击的长桩不适用
	5	成品桩尺寸：横截面边长	mm	±5	用钢尺量
		桩顶对角线差	mm	<10	用钢尺量
		桩尖中心线	mm	<10	用钢尺量
		桩身弯曲矢高		<1/1000L	用钢尺量,L为两节桩长
		桩顶平整度	mm	<2	用水平尺量
	6	电焊接桩：焊接质量	见GB 50202—2018表5.5.4-2		见GB 50202—2018表5.5.4-2
		电焊结束后停歇时间	min	>1.0	秒表测量
		上下节平面偏差	mm	<10	用钢尺量
		节点弯曲矢高		<L/1000	用钢尺量,L为两节桩长
	7	硫磺胶泥接桩：胶泥浇注时间	min	<2	秒表测定
		浇注后停歇时间	min	>7	秒表测定
	8	桩顶标高	mm	±50	水准仪
	9	停锤标准	设计要求		现场实测或查沉桩记录

三、施工质量检查

1. 土方工程施工质量检查

（1）开挖前检查　在土石方工程开挖施工前，应完成支护结构、地面排水、地下水控制、基坑及周边环境监测、施工条件验收和应急预案准备等工作的验收，合格后方可进行土石方开挖；施工前应检查支护结构质量、定位放线、排水和地下水控制系统，以及对周边影响范围内地下管线和建（构）筑物保护措施的落实，并应合理安排土方运输车辆的行走路线及弃土场。附近有重要保护设施的基坑，应在土方开挖前对围护体的止水性能通过预降水进行检验。

（2）开挖施工中检查

1）在土石方工程开挖施工中，应定期测量和校核设计平面位置、边坡坡率和水平标高。平面控制桩和水准控制点应采取可靠措施加以保护，并应定期检查和复测。土石方不应堆在基坑影响范围内。

2）土石方开挖的顺序、方法必须与设计工况和施工方案相一致，并应遵循"开槽支撑、先撑后挖、分层开挖、严禁超挖"的原则。

3）施工中应检查平面位置、水平标高、边坡坡率、压实度、排水系统、地下水控制系统、预留土墩、分层开挖厚度、支护结构的变形，并随时观测周围环境变化。施工结束后应检查平面几何尺寸、水平标高、边坡坡率、表面平整度和基底土性等。

（3）土方回填施工质量检查

1）施工前应检查基底的垃圾、树根等杂物清除情况，测量基底标高、边坡坡率，检查验收基础外墙防水层和保护层等。回填料应符合设计要求，并应确定回填料含水率控制范围、铺土厚度、压实遍数等施工参数。

2）施工中应检查排水系统、每层填筑厚度、辗迹重叠程度、含水率控制、回填土有机质含量、压实系数等。回填施工的压实系数应满足设计要求。当采用分层回填时，应在下层的压实系数经试验合格后进行上层施工。填筑厚度及压实遍数应根据土质、压实系数及压实机具确定。

3）施工结束后，应进行标高及压实系数检验。

2. 地基与桩基工程施工质量检查

（1）地基施工质量检查

1）地基施工的轴线定位点和水准基点等是施工控制测量的基准，非常重要，应妥善保护，并经常复测。

2）换土垫层地基施工质量检查。施工中应检查分层铺设的厚度、夯实时的加水量、夯压遍数及压实系数。施工结束后，应进行地基承载力检验。

3）夯压挤密地基施工质量检查。施工前应检查夯锤质量和尺寸、落距控制方法、排水设施及被夯地基的土质。施工中应检查夯锤落距、夯点位置、夯击范围、夯击击数、夯击遍数、每击夯沉量、最后两击的平均夯沉量、总夯沉量和夯点施工起止时间等。施工结束后，应进行地基承载力、地基土的强度、变形指标及其他设计要求指标检验。

4）水泥土搅拌桩复合地基施工质量检查。施工前应检查水泥及外掺剂的质量、桩位、搅拌机工作性能，并应对各种计量设备进行检定或校准。施工中应检查机头提升速度、水泥浆或水泥注入量、搅拌桩的长度及标高。施工结束后，应检验桩体的强度和直径，以及单桩与复合地基的承载力。

5）土和灰土挤密桩复合地基施工质量检查。施工前应对石灰及土的质量、桩位等进行检查。施工中应对桩孔直径、桩孔深度、夯击次数、填料的含水率及压实系数等进行检查。施工结束后，应检验成桩的质量及复合地基承载力。

6）砂石桩复合地基施工质量检查。施工前应检查砂石料的含泥量及有机质含量等。振冲法施工前应检查振冲器的性能，应对电流表、电压表进行检定或校准。施工中应检查每根砂石桩的桩位、填料量、标高、垂直度等。振冲法施工中尚应检查密实电流、供水压力、供水量、填料量、留振时间、振冲点位置、振冲器施工参数等。施工结束后，应进行复合地基承载力、桩体密实度等检验。

7）注浆地基施工质量检查。施工前应检查注浆点位置、浆液配比、浆液组成材料的性能及注浆设备性能。施工中应抽查浆液的配比及主要性能指标、注浆的顺序及注浆过程中的压力控制等。施工结束后，应进行地基承载力、地基土强度和变形指标检验。

(2) 桩基工程施工质量检查

1）泥浆护壁灌注桩施工质量检查。施工前应检验灌注桩的原材料及桩位处的地下障碍物处理资料。施工中应对成孔、钢筋笼制作与安装、水下混凝土灌注等各项质量指标进行检查验收；嵌岩桩应对桩端的岩性和入岩深度进行检验。施工后应对桩身完整性、混凝土强度及承载力进行检验。

2）干作业成孔灌注桩质量检查。施工前应对原材料、施工组织设计中制定的施工顺序、主要成孔设备性能指标、监测仪器、监测方法、保证人员安全的措施或安全专项施工方案等进行检查验收。施工中应检验钢筋笼质量、混凝土坍落度、桩位、孔深、桩顶标高等。施工结束后应检验桩的承载力、桩身完整性及混凝土的强度。人工挖孔桩应复验孔底持力层土岩性，嵌岩桩应有桩端持力层的岩性报告。

3）钢筋混凝土预制桩施工质量检查。施工前应检验成品桩构造尺寸及外观质量。施工中应检验接桩质量、锤击及静压的技术指标、垂直度以及桩顶标高等。施工结束后应对承载力及桩身完整性等进行检验。

4）长螺旋钻孔压灌桩施工质量检查。施工前应对放线后的桩位进行检查。施工中应对桩位、桩长、垂直度、钢筋笼笼顶标高等进行检查。施工结束后应对混凝土强度、桩身完整性及承载力进行检验。

5）沉管灌注桩施工质量检查。施工前应对放线后的桩位进行检查。施工中应对桩位、桩长、垂直度、钢筋笼笼顶标高、拔管速度等进行检查。施工结束后应对混凝土强度、桩身完整性及承载力进行检验。

3. 基础结构工程施工质量检查

(1) 一般规定　扩展基础、筏形与箱形基础、沉井与沉箱，施工前应对放线尺寸进行复核；桩基工程施工前应对放好的轴线和桩位进行复核。群桩桩位的放样允许偏差应为20mm，单排桩桩位的放样允许偏差应为10mm。

(2) 无筋扩展基础施工质量检查　施工前应对放线尺寸进行检验。施工中应对砌筑质量、砂浆强度、轴线及标高等进行检验。施工结束后，应对混凝土强度、轴线位置、基础顶面标高等进行检验。

(3) 钢筋混凝土扩展基础施工质量检查　施工前应对放线尺寸进行检验。施工中应对钢筋、模板、混凝土、轴线等进行检验。施工结束后，应对混凝土强度、轴线位置、基础顶面标高进行检验。

(4) 筏形与箱形基础施工质量检查　施工前应对放线尺寸进行检验。施工中应对轴线、预埋件、预留洞中心线位置、钢筋位置及钢筋保护层厚度进行检验。施工结束后，应对筏形和箱形基础的混凝土强度、轴线位置、基础顶面标高及平整度进行检验。

任务拓展

1. 收集并阅读施工质量验收相关规范：《建筑地基基础工程施工质量验收标准》（GB 50202—2018）、《建筑地基基础工程施工规范》（GB 51004—2015）、《建筑施工组织设计规范》（GB/T 50502—2009）、《建设工程项目管理规范》（GB/T 50326—2017）。

2. 熟悉深基础工程施工技术交底相关内容：钢筋混凝土工程施工技术交底、土方开挖施工技术交底等。

3. 熟悉地基与基础工程施工质量检查相关内容：高压喷射注浆地基施工质量检查、水泥粉煤灰碎石桩复合地基施工质量检查、湿陷性黄土地基施工质量检查、沉管灌注桩施工质量检查、锚杆静压桩施工质量检查等。

任务训练

1. 地基与基础工程项目施工质量检查中，（　　）属于施工结束后的施工质量检验。
   A. 放线尺寸检验　　　　B. 钢筋保护层厚度检验
   C. 钢筋位置检验　　　　D. 混凝土强度检验
2. 根据土方工程施工计划，（　　）是施工作业计划的最重要组成部分。
   A. 施工进度计划　　　　B. 施工准备计划
   C. 施工组织设计　　　　D. 施工任务
3. 在地基与基础工程交底中，（　　）属于深基坑工程土方开挖的交底内容。
   A. 施工进度安排　　　　B. 劳动力准备
   C. 强制性条文　　　　　D. 安全技术措施

任务小结

1. 根据施工任务，编制地基与基础工程施工作业计划与专项施工方案，主要内容包括：工艺流程、作业准备、主要技术措施与施工进度计划。

2. 根据施工作业计划，编制地基与基础工程施工技术交底，主要内容包括：强制性条文、施工要点与质量要求。

3. 地基与基础工程施工质量检查与验收，主要包括：土方工程质量检查与验收、地基工程施工质量检查与验收、基础工程施工质量检查与验收，一般分为主控项目和一般项目。

工作任务 3　地基与基础工程质量验收与评审

知识点：
1. 地基与基础工程质量验收。
2. 地基与基础工程施工。
3. 地基与基础工程质量评审。

能力（技能）点：
1. 能根据给定的地基与基础工程施工任务，对地基与基础工程进行质量创优施工指导。
2. 能根据给定的施工任务，编制地基与基础工程施工方案。
3. 能根据给定的施工任务，组织相关责任单位进行地基与基础分部工程项目验收工作。
4. 能根据给定的施工任务，对施工组织方案进行审核评定。

任务实施

一、地基与基础工程施工方案

1. 一般地基与基础

（1）施工顺序与施工特点　结合工程特点分段划分为：基坑开挖——人工普探——素土、3∶7灰土回填——基础与地下室施工——做地下室外防水——室外回填。整个工程的施工顺序总体安排基础工程不分段，但各工程不能间歇，灰土两班轮流作业，其他各工种相互协调组织流水作业。

（2）施工机械技术措施　基坑开挖根据土方量及周边环境确定用机械开挖（ZL50型装载车）。根据开挖深度采用两次作业；根据开挖深度考虑到安全因素在基础四边进行放坡，放坡系数按1∶0.3，根据土质情况确定起点为1m。

（3）普探及回填孔　在基坑验收合格后，进行人工普探，探孔深度按设计要求。1m×1m梅花形布置，探孔深2.5m，遇孔洞、古墓按《建筑地基基础工程施工规范》（GB 51004—2015）普探并进行处理，回填孔采用2∶8灰土，人工回填灰土必须过筛、搅拌均匀、填夯密实，厚度控制在20cm左右。

（4）土方回填

1）土方铺设：素土用基坑所挖的土方，土料中不得含有机质物及腐殖土，共分17层进行回填，压实厚度控制在170～190mm。

2）土方碾压：根据土质情况及击实试验要求，确定用压路机进行碾压，在整个土方铺设完后再进行碾压，碾压控制行驶速度2km/h，每次轮迹应控制在8～10cm，四周碾压不到的地方应用蛙式电夯夯实三遍。

(5) 3∶7 灰土回填

1) 材料要求：灰土的土料可采用基坑挖出的土，土中不得含有有机质及耕植土，灰土配合比为 3∶7（体积比），土料粒径不得大于 15mm，灰料粒径不得大于 5mm。

2) 土方铺设：灰土采用机械配料，比例严格按照配合比要求。分层整片铺设，每层铺土厚度控制在 150~170mm，共分 7 层进行回填。

铺土时应适当控制含水率，以手紧握土料成团，两指轻捏即碎为宜。土料中水分过多或不足时，可以晾干或洒水湿润。

3) 土方碾压：根据土质情况及压实试验要求，确定用压路机进行碾压，在整个土方铺设完后再进行碾压，碾压时应控制行驶速度 2km/h，每次碾压轮迹控制在 8~10cm 之间，四周碾压不到的地方应用蛙式电夯夯实三遍。

(6) 质量检查

1) 直观检查：根据《建筑地基基础工程施工质量验收标准》（GB 50202—2018）表 6.3.4 的规定。

2) 压实度检查：采用环刀取样测定密实度，取样部位应在每层压实后的下半部。每层按 300m² 取样一组进行测定，压实后的干密度应有 90% 以上符合设计要求，其余 10% 的最低值与设计值之差不得大于 0.888 每立方米。

(7) 基础施工方法及质量要求　基础施工方法及质量要求除按《建筑地基基础工程施工质量验收标准》（GB 50202—2018）相关要求外，还应符合《砌体结构工程施工质量验收规范》（GB 50203—2011）、《混凝土结构工程施工质量验收规范》（GB 50204—2015）等的相关质量验收标准的要求。

(8) 基础回填

1) 室外回填。一般下部为素土，室外地坪至 -600mm 范围内为 3∶7 灰土回填，每层虚铺不得超过 250mm，采用压路机碾压，压实系数大于 0.95，2∶8 灰土压实系数大于 0.97。

2) 室内回填。室内回填之前将室内清理干净，回填时采用人工配合机械，室内采用蛙式机夯实，每层虚铺厚度 250mm，夯实遍数为 3 遍。对小面积采用人工夯实，每层虚铺厚度应控制在 200mm。

2. 专项施工方案

对于施工现场中危险性较大的分部分项工程需要编制专项施工方案，由施工单位技术负责人审核签字、加盖单位公章，并由总监理工程师审查签字、加盖执业印章后方可实施。

(1) 专项施工方案的编制范围　根据住房城乡建设部令 37 号《危险性较大的分部分项工程安全管理规定》与建办质［2018］31 号《住房城乡建设部办公厅关于实施〈危险性较大的分部分项工程安全管理规定〉有关问题的通知》等文件，地基与基础工程中涉及如下范围的分部工程需要编制专项施工方案，超过一定规模的危大工程专项施工方案需要组织专家论证会进行方案论证。

1) 基坑工程。开挖深度超过 3m（含 3m）的基坑（槽）的土方开挖、支护、降水工程；开挖深度虽未超过 3m，但地质条件、周围环境和地下管线复杂，或影响毗邻建、构筑物安全的基坑（槽）的土方开挖、支护、降水工程。

2) 基础混凝土模板支撑工程：搭设高度 5m 及以上，或搭设跨度 10m 及以上，或施工总荷载（荷载效应基本组合的设计值，以下简称设计值）10kN/m² 及以上，或集中线荷载

（设计值）15kN/m² 及以上，或高度大于支撑水平投影宽度且相对独立无联系构件的混凝土模板支撑工程。

3）人工挖孔桩工程或采用新技术、新工艺、新材料、新设备可能影响工程施工安全，尚无国家、行业及地方技术标准的分部分项工程。如大体积混凝土浇筑专项施工方案、深基坑支护及信息化监测专项施工方案等。

（2）地基与基础工程专项施工方案主要内容

1）工程概况。危大工程中地基与基础工程概况和特点、施工平面布置、施工要求和技术保证条件。

2）编制依据。地基与基础工程涉及的相关法律、法规、规范性文件、标准、规范及施工图设计文件、施工组织设计等。

3）施工计划。地基与基础工程的施工进度计划、材料与设备计划。

4）施工工艺技术。地基与基础工程施工方法的选择，相关施工技术参数、工艺流程、施工方法、操作要求、检查要求等。

5）施工安全保证措施。地基与基础工程施工组织保障措施、技术措施、监测监控措施等。

6）施工管理及作业人员配备和分工。地基与基础工程施工管理人员、专职安全生产管理人员、特种作业人员、其他作业人员等。

7）验收要求。地基与基础工程施工质量验收标准、验收程序、验收内容、验收人员等。

8）应急处置措施。

9）计算书及相关施工图纸。

（3）深基坑工程专项施工方案

1）工程概况。首先介绍工程概况及工程施工特点、基坑土质等基本情况，其次表述深基坑工程专项施工方案编制范围，一般包括排（降）水、土方开挖（回填）、支护结构、基坑监测等内容。

2）施工编制依据。主要包括工程地质勘察报告，工程施工图设计，施工采用规范、规程和国家和地方相关标准，其他有关的规范、规程及图集。

3）施工准备。基坑开挖的施工准备工作一般包括以下几方面内容：查勘现场，摸清工程实地情况；按设计或施工要求标高整平场地；做好防水排水工作；设置测量控制网；设置基坑施工用的临时设施。

4）深基坑土方开挖方法。土方开挖主要采用机械化施工。采用机械开挖，基槽开挖后应注意边坡稳定，采取必要的支护措施。一般采用反铲挖掘机挖土，自卸汽车运土，正向开挖、侧向装土，人工开挖下部0.5m深土层。基坑放坡开挖是工程施工的关键工序，不具备放坡开挖条件处，采取相应支护措施，如挡墙、支护桩等。深基坑深度低于地下水位时，需采用基坑降水与排水措施。

5）土方回填与地基处理方法。填方土料应符合设计及规范要求，合理选择压实机械、设备。填土前，应对填方基底和已完成隐蔽工程进行检查和中间验收，并做好记录。回填土应分层摊铺和夯（压）实，根据设计要求每层铺土厚度约为300mm，一般铺土厚度应小于压实机械压实的作用深度，应能使土方压实而机械压实功率最小。基坑开挖过程中或开挖后遇到特殊地基问题要进行地基局部处理，坑底强度不满足基底承载力要求时需要进行地基处理。

6）钢筋混凝土基础施工方法。钢筋工程施工、模板工程施工与混凝土工程施工方法详见学习情境五。

7）安全防护及质量保证措施。

8）施工部署及进度安排。

友情提示：深基坑专项施工方案中除基坑土方开挖专项施工方案外，还包括深基坑支护工程专项施工方案、大体积混凝土工程专项施工方案、深基坑降水工程专项施工方案等。

二、地基与基础工程施工方案审查

1. 一般方案审查

1）地基与基础工程中重要的分部、分项工程的施工方案，承包单位在开工前，向监理工程师提交详细说明，其内容包括为完成该项工程的施工方法、施工机械设备及人员配备与组织、质量管理措施以及进度安排等，报请监理工程师审查认可后方能实施。

2）地基与基础工程施工顺序按先基坑开挖、再地基处理、最后基础施工，施工过程中应考虑基坑降水及基坑支护等辅助工作。此外，施工流向要合理，即平面和立面上都要考虑施工的质量保证与安全保证；考虑使用的先后和区段的划分，与材料、构配件的运输不发生冲突。

3）地基与基础工程施工方案与施工进度计划的一致性。施工进度计划的编制应以确定的施工方案为依据，正确体现施工的总体部署、流向顺序及工艺关系等。

4）地基与基础工程施工方案与施工平面图布置的协调一致。施工平面图的静态布置内容，如临时施工供水、供电、供热、供气、管道，施工道路，临时办公房屋，物资仓库等，以及动态布置内容，如施工材料、模板、工具器具等，应做到布置有序，有利于各阶段施工方案的实施。

友情提示：大面积软土深基坑工程挖土应分层、分区、分块进行，土方开挖后尽快完成垫层等后续工序的施工，尽量缩短基坑基底的暴露时间。

2. 危险性较大的分部分项工程施工方案论证

施工单位应当在开挖深度超过 3m 的土方开挖、人工挖孔灌注桩及其他复杂地基与基础工程等危大工程施工前组织工程技术人员单独编制专项施工方案。对于超过一定规模的危大工程，如开挖深度超过 5m 的土方开挖、开挖深度超过 16m 的人工挖孔桩工程或包含新技术、新工艺等的施工方案，施工单位应当组织召开专家论证会对专项施工方案进行论证。对于超过一定规模的危大工程专项施工方案，专家论证的主要内容应当包括：专项施工方案内容是否完整、可行；专项施工方案计算书和验算依据、施工图是否符合有关标准规范；专项施工方案是否满足现场实际情况，并能够确保施工安全。

三、施工质量验收

1. 地基与桩基工程施工质量验收

（1）地基与桩基工程验槽

1）勘察、设计、监理、施工、建设等各方相关技术人员应共同参加验槽；验槽时，现场应具备岩土工程勘察报告、轻型动力触探记录（可不进行轻型动力触探的情况除外）、地基基础设计文件、地基处理或深基础施工质量检测报告等；当设计文件对基坑坑底检验有专门要求时，应按设计文件要求进行；验槽应在基坑或基槽开挖至设计标高后进行，当留置保护土层时其厚度不应超过100mm；槽底应为无扰动的原状土。

2）遇到下列情况之一时，尚应进行专门的施工勘察：工程地质与水文地质条件复杂，出现详勘阶段难以查清的问题时；开挖基槽发现土质、地层结构与勘察资料不符时；施工中地基土受严重扰动，天然承载力减弱，需进一步查明其性状及工程性质时；开挖后发现需要增加地基处理或改变基础形式，已有勘察资料不能满足需求时；施工中出现新的岩土工程或工程地质问题，已有勘察资料不能充分判别新情况时。

3）进行过施工勘察时，验槽时要结合详勘和施工勘察成果进行。验槽完毕填写验槽记录或检验报告，对存在的问题或异常情况提出处理意见。

（2）天然地基验槽　天然地基验槽应检验下列内容：根据勘察、设计文件核对基坑的位置、平面尺寸、坑底标高；根据勘察报告核对基坑底、坑边岩土体和地下水情况；检查空穴、古墓、古井、暗沟、防空掩体及地下埋设物的情况，并应查明其位置、深度和形状；检查基坑底土质的扰动情况以及扰动的范围和程度；检查基坑底土质受到冰冻、干裂、受水冲刷或浸泡等扰动情况，并应查明影响范围和深度。

（3）地基处理工程验槽　设计文件有明确地基处理要求的，在地基处理完成、开挖至基底设计标高后进行验槽；对于换填地基、强夯地基，应现场检查处理后的地基均匀性、密实度等检测报告和承载力检测资料；对于增强体复合地基，应现场检查桩位、桩头、桩间土情况和复合地基施工质量检测报告；对于特殊土地基，应现场检查处理后地基的湿陷性、地震液化、冻土保温、膨胀土隔水、盐渍土改良等方面的处理效果检测资料；经过地基处理的地基承载力和沉降特性，应以处理后的检测报告为准。

（4）桩基工程施工质量验槽　设计计算中考虑桩筏基础、低桩承台等桩间土共同作用时，应在开挖清理至设计标高后对桩间土进行检验；对人工挖孔桩，应在桩孔清理完毕后，对桩端持力层进行检验。对大直径挖孔桩，应逐孔检验孔底的岩土情况；在试桩或桩基施工过程中，应根据岩土工程勘察报告对出现的异常情况、桩端岩土层的起伏变化及桩周岩土层的分布进行判别。

2. 基础工程施工质量验收

（1）混凝土基础结构质量验收　扩展基础、筏形与箱形基础、沉井与沉箱，施工前应对放线尺寸进行复核；桩基工程施工前应对放好的轴线和桩位进行复核。群桩桩位的放样允许偏差为20mm，单排桩桩位的放样允许偏差为10mm。

（2）混凝土预制桩质量验收　预制桩（钢桩）的桩位偏差应符合表3-20的规定。斜桩倾斜度的偏差应为倾斜角正切值的15%。

表3-20　预制桩（钢桩）的桩位允许偏差

序号	检查项目		允许偏差/mm
1	带有基础梁的桩	垂直基础梁的中心线	≤100 + 0.01H
		沿基础梁的中心线	≤150 + 0.01H
2	承台桩	桩数为1~3根桩基中的桩	≤100 + 0.01H
		桩数大于或等于4根桩基中的桩	≤1/2桩径 + 0.01H 或 ≤1/2边长 + 0.01H

注：H为施工现场地面标高与桩顶标高的距离。

（3）混凝土灌注桩质量验收　灌注桩混凝土强度检验的试件应在施工现场随机抽取。来自同一搅拌站的混凝土，每浇筑 $50m^3$ 必须至少留置 1 组试件；当混凝土浇筑量不足 $50m^3$ 时，每连续浇筑 12h 必须至少留置 1 组试件。对单柱单桩，每根桩应至少留置 1 组试件。灌注桩的桩径、垂直度及桩位允许偏差应符合表 3-21 的规定。

表 3-21　混凝土灌注桩允许偏差

序号	成孔方法		桩径允许偏差 /mm	垂直度允许偏差（%）	桩位允许偏差 /mm
1	泥浆护壁钻孔桩	D<1000mm	≥0	≤1	≤70+0.01H
		D≥1000mm	≥0	≤1	≤100+0.01H
2	套管成孔灌注桩	D<500mm	≥0	≤1	≤70+0.01H
		D≥500mm	≥0	≤1	≤100+0.01H
3	干成孔灌注桩		≥0	≤1	≤70+0.01H
4	人工挖孔桩		≥0	≤1	≤50+0.01H

注：H 为桩基施工面至设计桩顶的距离（mm）；D 为设计桩径（mm）。

3. 地基与基础工程隐蔽工程验收

（1）概述　隐蔽工程验收是指对项目建成后无法进行复查的工程部位所进行的验收。在施工过程中，会出现一些后一工序的工作结果掩盖了前一工序的工作结果的隐蔽工程，如地下基础的承载能力和断面尺寸，打桩数量和位置，钢筋混凝土工程的钢筋，各种暗配的水、暖、电、卫管道和线路等。为确保工程质量，在下一工序施工前，应由单位工程技术负责人或施工队邀请建设单位、设计单位三方共同对隐蔽工程进行检查和验收，同时绘制隐蔽工程竣工图，并认真办理隐蔽工程验收签证手续。隐蔽工程主要验收内容：岩土工程勘察；工程桩：预制桩、冲孔桩、搅拌桩、旋挖桩、人工挖孔桩；基坑验槽；锚杆；防水工程；模板工程；钢筋工程；砖砌体工程。

（2）基坑、基槽验收　建筑物基础或管道基槽按设计标高开挖后，项目经理要求监理单位组织验槽工作，项目工程部工程师、监理工程师、施工单位、勘察、设计单位要求尽快现场确认土质是否满足承载力的要求，如需加深处理则可通过工程联系单方式经设计方签字确认进行处理。基坑或基槽验收记录要经上述五方会签，验收后应尽快隐蔽，避免被雨水浸泡。

（3）基础回填隐蔽验收　基础回填工作要按设计图要求的土质或材料分层夯填，而且按施工与验收规范的要求，请质监站进行取土检查其密实性，夯实系数要达到设计要求，以确保回填土不产生较大沉降。

（4）混凝土工程的钢筋隐蔽验收　对钢筋原材料进场前要进行检查是否有合格证，合格证要注明钢材规格、型号、炉号、批号、数量及出厂日期、生产厂家。同时要取样进行物理性能和化学成分检验，合格后方可批量进场。检查验收钢筋绑扎规格、数量、间距是否符合设计图纸的要求，同一截面接头数量及搭接长度必须符合《混凝土结构工程施工质量验收规范》（GB 50204—2015）的要求。对焊接接头的钢筋，先试验焊工焊接质量，然后按《混凝土结构工程施工质量验收规范》（GB 50204—2015）的要求抽取样品进行焊接试件检验，对不合格焊接试件要按要求加倍取样检验，确保焊接接头质量达标；对钢筋保护层按设计要求验收；对验收中存在不合要求的要发送监理整改通知单，直至完全合格后方可在隐蔽验收记录表上签字同意进行混凝土浇筑。

四、施工质量评定与创优

1. 地基与基础工程质量评定

（1）工程概况　主要包括工程名称、工程地点、建筑面积、结构类型、工程用途、开工及验收日期、建设单位、勘察单位、设计单位、施工单位、监理单位与质量监督单位等。

（2）施工工作和质量评定依据

1）施工工作依据。一般包括施工承包合同、建筑法、质量管理条例、地基与基础工程设计文件、相关法律、规范和有关技术标准等。

2）质量评定依据。一般包括：《建筑工程施工质量验收统一标准》（GB 50300—2013）、《建筑地基基础工程施工质量验收标准》（GB 50202—2018）、《混凝土结构工程施工质量验收规范》（GB 50204—2015）、质量控制资料、安全和功能检验资料。

3）质量验收情况。工程施工无违反国家强制性标准情况；地基与基础分部工程施工已完成了合同工程量及施工图内容；地基与基础分部隐蔽验收手续齐全、程序正确，其工程施工质量符合施工质量验收标准及规范要求；地基与基础的混凝土强度在混凝土浇筑地点随机抽取混凝土试件，试件混凝土强度等级均满足设计要求；全部原材料均符合国家有关质量标准规定，复验合格；外观质量满足设计文件要求，充分体现了设计意图。

（3）施工质量评定情况

1）无支护土方子分部。包括土方开挖、土方回填两个分项工程，其工程施工质量符合《建筑地基基础工程施工质量验收标准》（GB 50202—2018）的有关规定，工程质量等级评定为不合格、合格或优良。土方开挖分项：工程检验批质量验收记录，评定为不合格、合格或优良；土方回填分项：工程检验批质量验收记录，评定不合格、合格或优良。

2）混凝土基础子分部。包括模板、钢筋、混凝土、现浇结构四个分项工程，其工程施工质量符合《混凝土结构工程施工质量验收规范》（GB 50204—2015）的有关规定，工程质量等级评定为不合格、合格或优良。模板分项：工程检验批质量验收记录，评定为不合格、合格或优良；钢筋分项：工程检验批质量验收记录，评定为不合格、合格或优良；混凝土分项：工程检验批质量验收记录，评定为不合格、合格或优良；现浇结构分项：工程检验批质量验收记录，评定为不合格、合格或优良。

友情提示：工程检验批质量验收按《建筑工程施工质量验收统一标准》（GB 50300—2013）相关要求划分工程检验批，进行工程检验批质量验收。

（4）质量控制资料核查情况

1）图纸会审、设计变更、洽商记录符合要求，工程定位测量、放线记录符合要求。

2）原材料出厂合格证书及进场复验报告，钢材出厂合格证、进场复验报告符合要求，水泥出厂合格证、进场复验报告符合要求，砂、石检验报告符合要求。

3）施工试验报告及见证检测报告。混凝土配合比设计报告、混凝土试块强度检验报告。

4）隐蔽工程验收记录符合要求。施工记录符合要求；分项、子分部、分部工程质量验收记录符合要求；地基验槽记录符合要求。

（5）观感质量检查情况　质量评价：好、一般及差共三个等级。

（6）地基与基础工程质量综合评定　地基与基础工程质量综合评定等级可分为：不合格、合格与优良。

2. 地基与基础工程质量创优

（1）质量创优概述　地基与基础工程质量创优良工程要事前制定质量目标，明确质量责任，按照事前、事中、事后对工程质量全面管理和控制，通过管理能随时发现不足、随时改正，包括工程质量和管理能力，体现企业保证能力和持续改进能力，有效提高实体工程质量。

（2）质量管理的过程控制　制定有效的地基与基础工程施工措施、技术规程与专项施工方案，地基与基础工程控制施工工序过程的手段和操作依据。工程质量验收，加强工程施工质量检测，并对施工过程进行真实的记录，作为工程质量验收评价的依据。

（3）地基与基础工程质量验收　突出检验批质量的验收，检验批是质量控制的关键。按《建筑工程施工质量验收统一标准》（GB 50300—2013）的规定进行检验批验收，检验批检查评定要做好现场检查原始记录，然后交监理单位验收。

（4）地基与基础工程质量评价

1）综合核查。在按《建筑工程施工质量验收统一标准》（GB 50300—2013）及其配套标准验收合格的基础上，针对结构安全、使用功能、建筑节能和观感质量等综合核查其施工质量水平，达到优良工程标准的评定为优良。

2）评价过程。施工质量评价可随着施工进度，在各分部、子分部工程完工验收合格后进行优良工程评价，分别填写各部分、系统的评价表格。

3）质量评价方法。采用了性能检测、质量记录、允许偏差等评价方法评价地基与基础工程质量。地基与基础工程性能检测评价代表了该分部的总体质量水平，是评价标准的重要部分，评价地基承载力、复合地基承载力、单桩承载力等承载力检验，桩身质量检验、地下渗漏水检验、地基沉降观测等项目；采用材料质量记录、施工记录、施工试验等项目评价地基与基础工程质量；通过对天然地基与基础工程允许偏差、复合地基桩或灌注桩或打压桩等允许偏差与防水施工搭接宽度允许偏差等项目评价地基与基础工程质量；按地基、复合地基、桩基与地下防水等观感质量项目评价地基与基础工程质量，每个检查项目以随机抽取的检查点按"好""一般"给出质量评价。

任务拓展

1. 收集并阅读《建筑地基基础工程施工质量验收标准》（GB 50202—2018）、《建筑工程施工质量评价标准》（GB/T 50375—2016）。

2. 熟悉深基础工程施工方案相关内容：深基坑降水与排水工程专项施工方案；大体积混凝土工程专项施工方案（扫描文前二维码下载资源）。

任务训练

1. 下面地基与基础工程项目中（　　），根据要求需要对较大危险性施工项目编制专项施工方案。

A. 土方开挖　　　B. 场地平整　　　C. 人工挖孔灌注桩　　　D. 土方回填

2. 根据地基与基础工程质量评价方法，（　　）是地基与基础工程质量评价标准的重要部分。

A. 性能检测　　　B. 质量记录　　　C. 允许偏差　　　D. 综合审查

3. 在地基与基础工程质量验收中，基础回填土验收属于（　　）。

A. 隐蔽工程验收　　B. 基坑、基槽验槽　　C. 主体结构质量验收　　D. 单位工程质量验收

任务小结

1. 地基与基础工程施工方案：根据施工任务，编制地基与基础工程施工作业方案及专项施工方案与审查施工方案，对重大危险的专项施工方案应组织专家进行技术安全论证。

2. 地基与基础工程施工质量验收：主要包括地基与基础工程验槽、地基与基础工程隐蔽工程验收与基础工程质量验收等，一般分为主控项目和一般项目。

3. 地基与基础工程质量评定与创优：地基与基础质量评定以性能检测、质量记录、允许偏差、观感质量等项目进行项目质量评价，评价等级为不合格、合格或优良三个等级；地基与基础质量创优是在工程质量评定合格的基础上，综合核查施工质量水平，达到优良工程标准的评定为优良。

学习情境四 砌体工程施工

案例引入

锦苑住宅小区位于西安市新城区,总建筑面积约 30 万 m^2,规划居住户数 2500 户,居住人数约 8000 人。该小区主要建设内容包括住宅、小区学校、小区幼儿园、配变电所、文化娱乐设施及物业管理、绿地及道路等。

锦苑小区 3#楼填充墙的材料、平面位置不得随意更改,砌体部分施工质量控制等级为 B 级;当首层填充墙下无基础梁或结构梁板时,墙下应做基础,基础做法详见基础平面图;当砌体填充墙高度大于 4m 时应设钢筋混凝土圈梁;填充墙应在主体结构施工完毕后,由上而下逐层砌筑,或将填充墙砌筑至梁、板底附近,最后再由上而下按要求完成;填充墙砌至板、梁底附近后,应待砌体沉实后再用斜砌法将下部砌体与上部板、梁间用砌块逐块敲紧填实,构造柱顶采用干硬性混凝土捣实。

工作任务 1 砌体工程施工工艺实施与监督

知识点:
1. 砌体工程放样测量工作。
2. 砌体工程施工机械、人力、运输的准备。
3. 砌体工程施工尺寸等参数核对。
4. 砌体工程施工工艺标准。

能力(技能)点:
1. 能根据给定施工图,进行砌体构筑物、部品、构件定位放样测量工作。
2. 能够根据施工工艺交底,协调施工机械、人力、运输,进行砌体工程施工。
3. 能够应用图纸、图集对砌体工程施工尺寸等参数进行核对。
4. 能够按照《建筑施工手册》砌体工程施工工艺流程监督施工符合工艺标准。

任务实施

一、放样与检查

1. 放样测量前准备

(1)施工放样技术交底 砌体工程施工放样技术交底:测量放线前要认真阅读施工图纸,了解设计意图及施工要求;对图纸的设计尺寸及标高,要认真核对;检查总尺寸和分尺寸是否一致，总平面图和大样图尺寸是否一致，不符之处要及时向设计单位提出，进行核对修正。在砌体工程施工放样实施与监督过程中，由中高级岗位技术人员依据施工放样交底书向初级岗位技术人员进行技术交底，后者应做好施工放样交底记录。

砌体工程施工放样技术交底可通过召集会议形式或现场授课形式进行技术交底，交底的内容可纳入施工方案中，也可单独形成交底方案。各专业技术管理人员应通过书面形式配以现场口头讲授的方式进行技术交底，技术交底的内容应单独形成交底文件。交底内容应有交底的日期，有交底人、接收人签字，并经项目总工程师审批。

(2) 砌体工程施工测量方案　砌体工程施工测量方案编制宜包括下列内容：工程概况及任务要求；施工测量技术依据、测量设备、测量方法和技术要求；轴线引测与高程传递，建筑物砌体构件定位、放线、验线等施工过程测量；竣工测量；施工测量管理体系；安全质量保证体系与具体措施；成果资料整理与提交。

(3) 砌体工程施工图校核　砌体工程施工图校核应根据不同施工阶段的需要，校核总平面图、建筑施工图、结构施工图、设备施工图等。校核内容应包括坐标与高程系统、建筑轴线关系、几何尺寸、各部位高程等，并应了解和掌握有关工程设计变更文件。

2. 施工（放样）测量工艺流程

(1) 轴线投测和标高传递

1) 施工层标高的传递，宜采用悬挂钢尺代替水准尺的水准测量方法进行，并应对钢尺读数进行温度、尺长和拉力修正。传递点的数目，应根据建筑物的大小和高度确定。规模较小的工业建筑或多层民用建筑，宜从两处分别向上传递，规模较大的工业建筑或高层民用建筑，宜从三处分别向上传递。传递的标高差小于 3mm 时，可取其平均值作为施工层的标高基准，否则应重新传递。

2) 施工层的轴线投测，宜使用 2″级激光经纬仪或激光铅直仪进行。控制轴线投测至施工层后，应在结构平面上按闭合图形对投测轴线进行校核。合格后，才能进行本施工层上的其他测量工作；否则，应重新进行投测。施工的垂直度测量精度，应根据建筑物的高度、施工的精度要求、现场观测条件和垂直度测量设备等综合分析确定，但不应低于轴线竖向投测的精度要求。

(2) 墙体放样

1) 墙体轴线与边线。当砌体结构施工测量在基础墙顶放线时，应测出墙体轴线；在楼板上放线时，内墙应弹出两侧边线，外墙应弹出内边线。

2) 墙体高程。墙体砌筑之前，应按施工图制作皮数杆，作为控制墙体砌筑标高的依据，皮数杆全高绘制允许误差为 ±2mm。皮数杆的位置应选在建筑物各转角及施工流水段分界处，相邻间距不宜大于 15m，立杆时先用水准仪抄测标高线，允许误差为 ±2mm。各施工层墙体砌筑到一步架高度后，应测设 500mm（或整米标高）标高线，作为结构、装修施工的标高依据，相邻标高点间距不宜大于 4m，标高线允许误差为 ±3mm。

(3) 砌体施工放样要求　砌体结构的标高、轴线，应引自基准控制点。砌筑基础前，应校核放线尺寸，允许偏差应符合表 4-1 的规定。

表 4-1　砌体工程放线允许偏差

长度 L、宽度 B/m	允许偏差/mm	长度 L、宽度 B/m	允许偏差/mm
L（或 B）≤30	±15	60＜L（或 B）≤90	±15
30＜L（或 B）≤60	±10	L（或 B）＞90	±20

二、施工准备与施工工艺

1. 砌体工程施工准备

（1）施工机械及运输资源　根据施工准备工作计划与施工技术交底，砌体工程施工前需协调相关施工机械按计划时间进入施工现场。砌体工程施工主要施工机械包括：起重机械、砂浆搅拌机械、水平运输机械等砌体工程施工机械；钢筋切断、弯曲及焊接等钢筋加工连接设备；模板加工机械等。

（2）劳动力及人力资源　砌体工程施工需要相应砌体施工机械的操作人员与砌筑施工操作作业人员，同时应配合脚手架搭设的架子工与钢筋混凝土结构（构造柱、圈梁、过梁等）的模板工、钢筋工及混凝土工等，应根据施工技术交底、施工准备工作计划与施工进度计划合理安排施工现场的劳动力进场。检查砌筑工程施工操作人员的技能资格，并对操作人员进行技术、安全交底。

（3）砌体工程脚手架的搭设　砌体工程脚手架搭设属于辅助施工设施施工，是砌体工程施工作业前的准备。脚手架的类型较多，砌体工程施工一般多采用钢管扣件式、碗扣式与门式脚手架等，砌体工程施工脚手架的搭设根据施工技术交底的要求组织实施，应满足下列要求：

1）砌体工程脚手架施工应编制专项施工方案，并在施工前逐级做好施工技术交底与安全技术交底。砌筑脚手架搭设前应按专项施工方案与施工技术要求，做好脚手架材料、吊装或运输机械、安装工具及相关安全防护设施。落地式脚手架基础应平整、坚实，并做好排水。

2）砌体工程脚手架搭设应按专项施工方案及技术交底要求，高度重视各种构造措施，剪刀撑、拉结点等均应按要求设置；水平封闭应从第一步起，每隔一步或二步，满铺脚手板或脚手笆，脚手板沿长向铺设，接头应重叠搁置在小横杆上，严禁出现空头板。在内立杆与墙面之间每隔四步铺设通长安全底笆；垂直封闭从第二步至第五步，每步均需在外排立杆内侧设置1.00m高的防护栏杆和挡脚板或设立网，防护杆（网）与立杆扣牢；第五步以上除设防护栏杆外，应全部设安全笆或安全立网；在沿街或居民密集区，则应从第二步起，外侧全部设安全笆或安全立网；脚手架搭设应高于建筑物顶端或操作面1.5m以上，并加设围护；搭设完毕的脚手架上的钢管、扣件、脚手板和连接点等不得随意拆除。施工中必须拆除时，须经工地负责人同意，并采取有效措施，工序完成后立即恢复。

3）脚手架使用与拆除。脚手架使用前，应由工地负责人组织检查验收，验收合格并填写交验单后方可使用。在施工过程中应有专业管理、检查和保修，并定期进行沉降观察，发现异常应及时采取加固措施；脚手架拆除时，应先检查与建筑物连接情况，并将脚手架上的存留材料、杂物等清除干净，自上而下，按先装后拆、后装先拆的顺序进行，拆除的材料应统一向下传递或吊运到地面，一步一清。不准采用踏步拆法，严禁向下抛掷或用推（拉）倒的方法拆除。

4）砌筑脚手架搭设技术要求。不管搭设哪种类型的脚手架，脚手架所用的材料和加工质量必须符合规定要求，绝对禁止使用不合格材料搭设脚手架，以防发生意外事故；一般脚手架必须按脚手架安全技术操作规程搭设，对于高度超过15m的高层脚手架，必须有设计、有计算、有详图、有搭设方案、有上一级技术负责人审批、有书面安全技术交底，然后才能搭设；对于危险性大而且特殊的吊、挑、挂、插口、堆料等架子必须经过设计和审批，编制单独的安全技术措施，才能搭设；施工队伍接受任务后，必须组织全体人员认真领会脚手架专项安全施工方案和安全技术措施交底，研讨搭设方法，并派技术好、有经验的技术人员负责搭设技术指导和监护。

5) 砌筑施工脚手架验收。脚手架搭设和组装完毕后，应经检查、验收确认合格后方可进行作业。逐层、逐流水段内，主管工长、架子班组长和专职安全技术人员一起组织验收，并填写验收单。验收要求如下：脚手架的基础处理、做法、埋置深度必须正确可靠；架子的布置、立杆、大小横杆间距应符合要求；架子的搭设和组装，包括工具架和起重点的选择应符合要求；连墙点或与结构固定部分要安全可靠；剪刀撑、斜撑应符合要求；脚手架的安全防护、安全保险装置要有效；扣件和绑扎拧紧程度应符合规定；脚手架的起重机具、钢丝绳、吊杆的安装等要安全可靠，脚手板的铺设应符合规定。

(4) 其他准备　砌体结构施工前，应完成下列工作：进场原材料的见证取样复验；砌筑砂浆及混凝土配合比的设计；砌块砌体应按设计及标准要求绘制排块图、节点组砌图；完成基槽、隐蔽工程、上道工序的验收，且经验收合格；放线复核；标志板、皮数杆设置；施工方案要求砌筑的砌体样板已验收合格；现场所用的砌筑工程施工需要的施工机具按计划准备，并检查完好性；现场所用施工质量、计量器具应按计划准备，并符合检定周期和检定标准规定。

友情提示：施工作业前准备包括技术准备、施工机械及原材料准备、现场准备、劳动力准备等。技术准备包括施工技术交底、施工计划与施工方案等；现场准备主要是测量放样与现场施工机具准备等；原材料准备除应依据施工准备计划按时进场外，还应进行检查与验收。

2. 砌体工程施工工艺流程

(1) 烧结砖砌体施工

1) 砌筑前准备。用于清水墙、柱表面的砖，应边角整齐，色泽均匀；砖应提前 1~2d 浇水润湿，烧结普通砖含水率宜为 10%~15%；砌筑砖基础前，应用钢尺校核放线尺寸，允许偏差应满足砌体施工放样要求；砌筑方法宜采用"三一"砌筑法，当采用铺浆法砌筑时，铺浆长度不得超过 750mm，施工期间气温超过 30℃时，铺浆长度不得超过 500mm；设置皮数杆，皮数杆间距不应大于 15m。

2) 砖基础砌筑工艺。砖基础一般采用烧结普通砖，下部为大放脚、上部为基础墙。砌筑工艺流程：搅拌砂浆并确定组砌方法→验槽→浇筑垫层→排砖撂底→砌筑→抹防潮层。砖基础底标高不同时，应从低处砌起，并应由高处向低处搭砌；砖基础的转角处和交接处应同时砌筑，当不能同时砌筑时，应留置斜槎。

友情提示：砖基础大放脚有等高或间隔式大放脚，一般采用一顺一丁的砌筑形式。砖基础的转角处、交接处，为错缝需要应加砌配砖；砖基础的水平灰缝厚度和垂直缝宽度宜为 10mm，水平灰缝的砂浆饱满度不得小于 80%。

3) 砖墙砌筑工艺。砖墙一般采用烧结普通砖、烧结多孔砖等，组砌方法一般采用一顺一丁、梅花丁或三顺一丁砌法，砌筑方法一般为"三一"砌筑法。砌筑工艺流程：核验墙体放线→材料见证取样→配置砂浆→排砖撂底与墙体盘角→立杆挂线→砌墙、留槎等。

友情提示：正常施工条件下，砖砌体每日砌筑高度宜控制在 1.5m 或一步脚手架高度内；砖砌工作段的分段位置，宜设在变形缝、构造柱或门窗洞口处；相邻工作段的砌筑高度差不得超过一个楼层高度，也不宜大于4m。

(2) 混凝土砌块砌体工程施工工艺

1) 混凝土小型空心砌块砌筑施工。首先是施工准备，小砌块的产品龄期不应小于28d，普通混凝土小砌块不宜浇水，对轻骨料混凝土小砌块应提前浇水湿润；应尽量采用主规格小砌块，强度等级应符合设计要求；承重墙体使用的小砌块应完整、无破损、无裂缝。其次在房屋四角或楼梯间转角处设立皮数杆，皮数杆间距不得超过15m。小砌块砌筑应从转角或定位处开始，内外墙同时砌筑，纵横墙交错搭接；小砌块砌筑的施工方法一般采用铺灰法施工。

友情提示：墙体转角处和纵横交接处应同时砌筑。临时间断处应砌成斜槎，如留斜槎有困难，除外墙转角处及抗震设防地区，砌体临时间断处不应留直槎外，可从砌体面伸出200mm砌成阴阳槎，并沿砌体高度设置拉结钢筋或钢筋网片。

2) 芯柱施工工艺流程。在楼（地）面砌筑第一皮小砌块时，在芯柱部位，应用开口小砌块砌出操作孔；芯柱钢筋应与基础或基础梁中的预埋钢筋连接，上下楼层的钢筋可在楼板面上搭接，搭接长度不应小于$40d$（d为钢筋直径）；小砌块砌体的芯柱在楼盖处应贯通，不得削弱芯柱截面尺寸；芯柱混凝土不得漏灌。

(3) 石砌体工程施工工艺

1) 砌石工艺流程。砌石工艺流程与砖砌体施工工艺类似，首先应进行墙体或基础施工放样，然后进行选料与石块排列，坐浆或铺浆，安装石料，捣实砂浆，清除石面浮浆，检查砌筑质量，最后进行勾缝与养护。砌石基础施工前应进行基础验槽，砌石墙施工前应对轴线进行校核。

2) 毛石砌体施工工艺要求。毛石砌体应采用铺浆法砌筑，宜分皮卧砌，应上下错缝，内外搭砌；毛石砌筑时，对石块间存在的较大缝隙，应先向缝内填灌砂浆并捣实，再用小石块嵌填；毛石基础砌筑的第一皮石块应坐浆，并将石块的大面朝下。毛石基础、毛石墙的第一皮及转角、交接处应用较大的平毛石砌筑，基础及每个楼层墙体的最上一皮，宜选用较大的毛石砌筑；毛石墙每日砌筑高度不应超过1.2m。毛石砌体与砖砌体应同时砌筑，并每隔4~6皮砖用2~3皮丁砖与毛石砌体拉结砌合，两种砌体间的空隙应用砂浆填满。

3) 料石砌体施工工艺要求。料石砌体应采用铺浆法砌筑，料石应放置平稳，砂浆必须饱满；料石基础的第一皮料石应坐浆丁砌，以上各层料石可按一顺一丁进行砌筑；阶梯形料石基础，上级阶梯的料石至少压砌下级阶梯料石的1/3；料石墙可采用全顺砌筑、两顺一丁或丁顺组砌等组砌方式。

4) 浆砌石施工工艺要求。砌筑前，冲洗石料表面，在基础面上铺一层3~5cm厚稠砂浆，石料摆放在浆面上，用铁锤轻敲石面，使铺浆溢出为度；砌筑程序为先砌"角石"、再砌"面石"、最后砌"腹石"；在砌筑施工24h以后进行勾缝，砌筑后12~18h及时养护。水泥砂浆砌体一般养护14d，混凝土砌体一般养护21d。

5) 干砌石施工工艺要求。在砌石开始前，测量放线、打桩，桩上标明砌石设计高度，对角挂线，作为砌石标准。砌筑前，铺设一层厚为100mm的砂砾垫层；砌筑时，遵循先下后上、先里后外，整体平行上升的原则进行施工。

(4) 配筋砌体工程施工工艺

1）砌筑砖砌体，同时按照箍筋或拉结钢筋的竖向间距，在水平灰缝中铺置箍筋或拉结钢筋。

2）绑扎钢筋：将纵向受力钢筋与箍筋绑牢，在组合砖墙中，将纵向受力钢筋与拉结筋绑牢，将水平分布钢筋与纵向受力钢筋绑牢。

3）在面层部分的外围分段支设模板，每段支模高度宜在500mm以内，浇水润湿模板及砖砌体面，分层浇筑混凝土或砂浆，并捣实。

4）待面层混凝土或砂浆的强度达到其设计强度的30%以上，方可拆除模板，如有缺陷应及时修整。

（5）构造柱和砖组合砌体施工工艺 构造柱和砖组合墙的施工程序应先砌墙后浇混凝土构造柱。构造柱施工程序：绑扎钢筋→砌砖墙→支模板→浇混凝土→拆模。

（6）填充墙混凝土砌块砌筑工艺流程 填充墙混凝土砌块一般为加气混凝土砌块。砌筑前，应根据建筑物的平、立面图绘制砌块排列图；在墙体转角处设置皮数杆，皮数杆上画出砌块皮数及砌块高度，并在相对砌块上边线间拉准线，依准线砌筑。为了使填充墙与梁更紧密地结合并补偿变形，填充墙在梁底采用斜砖砌筑。

友情提示： 加气混凝土砌块填充墙存在构造柱时，应在砌筑前绑扎构造柱钢筋，砌筑过程中预留马牙槎，并埋设拉结钢筋，填充墙砌筑完毕后，支设模板并浇筑混凝土。

三、质量检查与验收

1. 原材料进场检查与验收

1）砖、水泥、钢筋、预拌砂浆、专用砌筑砂浆、复合夹心墙的保温材料、外加剂等原材料进场时，应检查其质量合格证明；对有复检要求的原材料应送检，检验结果应满足设计及相应国家现行标准要求。

2）砖的质量检查，应包括品种、规格、尺寸、外观质量及强度等级，符合设计及产品标准要求后方可使用。料石进场时应检查其品种、规格、颜色以及强度等级的检验报告，并应符合设计要求，石材材质应质地坚实，无风化剥落和裂缝。

3）钢筋、混凝土等原材料的质量检验应符合设计要求和现行国家标准《混凝土结构工程施工质量验收规范》（GB 50204—2015）的规定；砂、石子、水泥、石灰、粉煤灰、矿（钢）渣粉等掺合料、外加剂等原材料的质量、检验项目、批量和检验方法，应符合国家现行有关标准的规定。

2. 砌体工程施工质量检查与验收

（1）砖砌体施工质量检查

1）主控项目包括：砖强度等级；砂浆强度等级；斜槎留置；转角、交接处砌筑；直槎拉结钢筋及接槎处理；砂浆饱满度。

2）一般项目包括：轴线位移；每层及全高的墙面垂直度；组砌方式；水平灰缝厚度；竖向灰缝宽度；基础、墙、柱顶面标高；表面平整度；后塞口的门窗洞口尺寸；窗口偏移；水平灰缝平直度；清水墙游丁走缝。

3）砖砌体工程施工过程中，应对拉结钢筋及复合夹心墙拉结件进行隐蔽前的检查。

友情提示： 砖砌体的灰缝应横平竖直，厚薄均匀。水平灰缝厚度和竖向灰缝宽度宜为10mm，但不应小于8mm，且不应大于12mm；构造柱相邻部位砌体应砌成马牙槎，马牙槎应先退后进，每个马牙槎沿高度方向的尺寸不宜超过300mm，凹凸尺寸宜为60mm。砌筑时，砌体与构造柱间应沿墙高每500mm设拉结钢筋，钢筋数量及伸入墙内长度应满足设计要求。

（2）混凝土砌块施工质量检查

1）主控项目包括：小砌块强度等级；砂浆强度等级；芯柱混凝土强度等级；砂浆水平灰缝和竖向灰缝的饱满度；转角、交接处砌筑；芯柱质量检查；斜槎留置。

2）一般项目包括：轴线位移；每层及全高的墙面垂直度；水平灰缝厚度；竖向灰缝宽度；柱顶面标高；表面平整度；后塞口的门窗洞口尺寸；窗口偏移；水平灰缝平直度；清水墙游丁走缝。

3）小砌块砌体工程施工过程中，应对拉结钢筋或钢筋网片进行隐蔽前的检查。

4）对小砌块砌体的芯柱检查应符合下列规定：对小砌块砌体的芯柱混凝土密实性，应采用锤击法进行检查，也可采用钻芯法或超声波法进行检测；楼盖处芯柱尺寸及芯柱设置应逐层检查。

（3）石砌体施工质量检查

1）主控项目包括：石材强度等级；砂浆强度等级；灰缝的饱满度。

2）一般项目包括：轴线位置；基础和墙体顶面标高；砌体厚度；每层及全高的墙面垂直度；表面平整度；清水墙面水平灰缝平直度；组砌形式。

（4）填充墙砌体工程施工质量检查

1）主控项目包括：块体强度等级；砂浆强度等级；与主体结构连接；植筋实体检测。

2）一般项目包括：轴线位置；每层墙面垂直度；表面平整度；后塞口的门窗洞口尺寸；窗口偏移；水平灰缝砂浆饱满度；竖缝砂浆饱满度；拉结筋、网片位置；拉结筋、网片埋置长度；砌块搭砌长度；灰缝厚度及宽度。

（5）配筋砌体工程施工质量检查

1）主控项目包括：钢筋品种、规格、数量和设置部位；混凝土强度等级；马牙槎尺寸；马牙槎拉结筋；钢筋连接；钢筋锚固长度；钢筋搭接长度。

2）一般项目包括：构造柱中心线位置；构造柱层间错位；每层及全高的构造柱垂直度；灰缝钢筋防腐；网状配筋规格；网状配筋位置；钢筋保护层厚度；凹槽水平钢筋间距。

3）混凝土构造柱拆模后，应对构造柱外观缺陷进行检查。检查的方法应符合现行国家标准《混凝土结构工程施工质量验收规范》（GB 50204—2015）的规定。

四、施工要点与现场监督

1. 砖砌体施工要点

（1）润砖　当砌筑烧结普通砖、烧结多孔砖、蒸压灰砂砖和蒸压粉煤灰砖砌体时，砖应提前1~2d适度湿润，不得采用干砖或吸水饱和状态的砖砌筑。砖湿润程度宜符合下列规定：烧结类砖的相对含水率宜为60%~70%；混凝土多孔砖及混凝土实心砖不宜浇水湿润，但在气候干燥炎热的情况下，宜在砌筑前对其浇水湿润；其他非烧结类砖的相对含水率宜为40%~50%。地基与基础施工应按《建筑地基基础工程施工规范》（GB 51004—2015）中有关地基施工、基础施工、土方施工等相关规定与要求组织实施与现场监督。

（2）砌体组砌

1）砖基础大放脚形式应符合设计要求。当设计无规定时，宜采用二皮砖一收或二皮与一皮砖间隔一收的砌筑形式，退台宽度均应为60mm，退台处面层砖应丁砖砌筑。

2）砌体组砌应上下错缝，内外搭砌；组砌方式宜采用一顺一丁、梅花丁、三顺一丁。

3）砖砌体在下列部位应使用丁砌层砌筑，且应使用整砖：每层承重墙的最上一皮砖；楼板、梁、柱及屋架的支承处；砖砌体的台阶水平面上；挑出层。

（3）转角与交接处砌筑

1）砖砌体的转角处和交接处应同时砌筑。在抗震设防烈度8度及以上地区，对不能同时砌筑的临时间断处应砌成斜槎。其中普通砖砌体的斜槎水平投影长度不应小于高度的2/3。多孔砖砌体的斜槎长高比不应小于1/2。斜槎高度不得超过一步脚手架的高度。

2）砖砌体的转角处和交接处对非抗震设防及在抗震设防烈度为6度、7度地区的临时间断处，当不能留斜槎时，除转角处外，可留直槎，但应做成凸槎。留直槎处应加设拉结钢筋，其拉结筋应符合下列规定：每120mm墙厚应设置1Φ6拉结钢筋；当墙厚为120mm时，应设置2Φ6拉结钢筋；间距沿墙高不应超过500mm，且竖向间距偏差不应超过100mm；埋入长度从留槎处算起每边均不应小于500mm，对抗震设防烈度6度、7度的地区，不应小于1000mm，末端应设90°弯钩。

（4）砌筑方法　砌砖工程宜采用"三一"砌筑法；当采用铺浆法砌筑时，铺浆长度不得超过750mm；当施工期间气温超过30℃时，铺浆长度不得超过500mm；多孔砖的孔洞应垂直于受压面砌筑。

（5）砌筑高度　正常施工条件下，砖砌体每日砌筑高度宜控制在1.5m或一步脚手架高度内。

（6）压缝勾缝　砖砌体应随砌随清理干净凸出墙面的余灰。清水墙砌体应随砌随压缝，后期勾缝应深浅一致，深度宜为8~10mm，并应将墙面清扫干净。

友情提示：砌体灰缝的砂浆应密实饱满，砖墙水平灰缝的砂浆饱满度不得小于80%，砖柱的水平灰缝和竖向灰缝饱满度不应小于90%；竖缝宜采用挤浆或加浆方法，不得出现透明缝、瞎缝和假缝，不得用水冲浆灌缝；砌体接槎时，应将接槎处的表面清理干净，洒水湿润，并应填实砂浆，保持灰缝平直；厚度240mm及以下墙体可单面挂线砌筑；厚度为370mm及以上的墙体宜双面挂线砌筑；夹心复合墙应双面挂线砌筑。

2. 混凝土砌块施工要点

（1）砌筑前准备　小砌块表面的污物应在砌筑时清理干净，灌孔部位的小砌块，应清除掉底部孔洞周围的混凝土毛边。当砌筑厚度大于190mm的小砌块墙体时，宜在墙体内外侧双面挂线。

（2）砌块安放　小砌块应将生产时的底面朝上反砌于墙上。小砌块墙内不得混砌黏土砖或其他墙体材料。当需局部嵌砌时，应采用强度等级不低于C20的适宜尺寸的配套预制混凝土砌块。

（3）错缝搭砌　小砌块砌体应对孔错缝搭砌。搭砌应符合下列规定：单排孔小砌块的搭接长度应为块体长度的1/2，多排孔小砌块的搭接长度不宜小于砌块长度的1/3；当个别部位不能满足搭砌要求时，应在此部位的水平灰缝中设φ4钢筋网片，且网片两端与该位置的竖缝距离不得小于400mm，或采用配块；墙体竖向通缝不得超过2皮小砌块，独立柱不得有竖向通缝。

（4）转角与交接　墙体转角处和纵横交接处应同时砌筑。临时间断处应砌成斜槎，斜槎水平投影长度不应小于斜槎高度。临时施工洞口可预留直槎，但在补砌洞口时，应在直槎上下搭砌的小砌块孔洞内用强度等级不低于Cb20或C20的混凝土灌实。厚度为190mm的自承重小砌块墙体宜与承重墙同时砌筑。厚度小于190mm的自承重小砌块墙宜后砌，且应按设计要求预留拉结筋或钢筋网片。

（5）铺灰与灰缝

1）铺灰。砌筑小砌块时，宜使用专用铺灰器铺放砂浆，且应随铺随砌。当未采用专用铺灰器时，砌筑时的一次铺灰长度不宜大于2块主规格块体的长度。水平灰缝应满铺下皮小砌块的全部壁肋或单排、多排孔小砌块的封底面；竖向灰缝宜将小砌块一个端面朝上满铺砂浆，上墙应挤紧，并应加浆插捣密实。

2）勾缝。砌筑小砌块墙体时，对一般墙面，应及时用原浆勾缝，勾缝宜为凹缝，凹缝深度宜为2mm；对装饰夹心复合墙体的墙面，应采用勾缝砂浆进行加浆勾缝，勾缝宜为凹圆或V形缝，凹缝深度宜为4~5mm。

3）小砌块砌体的水平灰缝厚度和竖向灰缝宽度宜为10mm，但不应小于8mm，也不应大于12mm，且灰缝应横平竖直。

（6）脚手架与砌筑高度　砌筑小砌块墙体应采用双排脚手架或工具式脚手架。当需在墙上设置脚手眼时，可采用辅助规格的小砌块侧砌，利用其孔洞作脚手眼，墙体完工后应采用强度等级不低于Cb20或C20的混凝土填实；正常施工条件下，小砌块砌体每日砌筑高度宜控制在1.4m或一步脚手架高度内。

（7）混凝土芯柱施工　浇筑芯柱混凝土应符合下列规定：应清除孔洞内的杂物，并应用水冲洗，湿润孔壁；当用模板封闭操作孔时，应有防止混凝土漏浆的措施；砌筑砂浆强度大于1.0MPa后，方可浇筑芯柱混凝土，每层应连续浇筑；浇筑芯柱混凝土前，应先浇50mm厚与芯柱混凝土配比相同的去石水泥砂浆，再浇筑混凝土；每浇筑500mm左右高度，应捣实一次，或边浇筑边用插入式振捣器捣实；应预先计算每个芯柱的混凝土用量，按计量浇筑混凝土；芯柱与圈梁交接处，可在圈梁下50mm处留置施工缝。

3. 石砌体施工要点

（1）一般规定　石砌体的转角处和交接处应同时砌筑。对不能同时砌筑而又需留置的临时间断处，应砌成斜槎。石砌体每天的砌筑高度不得大于1.2m。石砌体应采用铺浆法砌筑，砂浆应饱满，叠砌面的粘灰面积应大于80%。

石砌体勾缝时，应符合下列规定：勾平缝时，应将灰缝嵌塞密实，缝面应与石面相平，并应把缝面压光；勾凸缝时，应先用砂浆将灰缝补平，待初凝后再抹第二层砂浆，压实后应将其捋成宽度为40mm的凸缝；勾凹缝时，应将灰缝嵌塞密实，缝面宜比石面深10mm，并把缝面压平溜光。

（2）毛石砌体砌筑

1）毛石砌体宜分皮卧砌，错缝搭砌，搭接长度不得小于80mm，内外搭砌时，不得采用外面侧立石块中间填心的砌筑方法，中间不得有铲口石、斧刃石和过桥石；毛石砌体的第一皮及转角处、交接处和洞口处,应采用较大的平毛石砌筑。

2)砌筑毛石基础的第一皮毛石时,应先在基坑底铺设砂浆,并将大面向下。阶梯形毛石基础的上级阶梯的石块应至少压砌下级阶梯的1/2,相邻阶梯的毛石应相互错缝搭砌。毛石基础砌筑时应拉垂线及水平线。

3)毛石、料石和实心砖的组合墙中,毛石、料石砌体与砖砌体应同时砌筑,并应每隔4~6皮砖用2~3皮丁砖与毛石砌体拉结砌合,毛石与实心砖的咬合尺寸应大于120mm,两种砌体间的空隙应采用砂浆填满。

4)毛石砌体的灰缝应饱满密实,表面灰缝厚度不宜大于40mm,石块间不得有相互接触现象。石块间较大的空隙应先填塞砂浆,后用碎石块嵌实,不得采用先摆碎石后塞砂浆或干填碎石块的方法。

(3)料石砌体砌筑　料石砌体的水平灰缝应平直,竖向灰缝应宽窄一致,其中细料石砌体灰缝不宜大于5mm,粗料石和毛料石砌体灰缝不宜大于20mm。料石墙砌筑方法可采用丁顺叠砌、二顺一丁、丁顺组砌、全顺叠砌。料石墙的第一皮及每个楼层的最上一皮应丁砌。

各种砌筑用料石的宽度、厚度均不宜小于200mm,长度不宜大于厚度的4倍。除设计有特殊要求外,料石加工的允许偏差应符合表4-2的规定。

表4-2　料石加工的允许偏差

料石种类	允许偏差	
	宽度、厚度/mm	长度/mm
细料石	±3	±5
粗料石	±5	±7
毛料石	±10	±15

4. 配筋砌体施工要点

(1)原材料要求　配筋砖砌体构件、组合砌体构件和配筋砌块砌体剪力墙构件的混凝土、砂浆的强度等级及钢筋的牌号、规格、数量应符合设计要求。配筋砌体中钢筋的防腐应符合设计要求。

(2)放置水平灰缝钢筋　设置在砌体水平灰缝内的钢筋,应沿灰缝厚度居中放置。灰缝厚度应大于钢筋直径6mm以上;当设置钢筋网片时,应大于网片厚度4mm以上,但灰缝最大厚度不宜大于15mm。砌体外露面砂浆保护层的厚度不应小于15mm。

(3)设置拉结筋　伸入砌体内的拉结钢筋,从接缝处算起,不应小于500mm。对多孔砖墙和砌块墙不应小于700mm;网状配筋砌体的钢筋网,不得用分离放置的单根钢筋代替。

(4)构造柱　墙体与构造柱的连接处应砌成马牙槎,设置钢筋混凝土构造柱的砌体,应按先砌墙后浇筑构造柱混凝土的顺序施工。浇筑混凝土前应将砖砌体与模板浇水润湿,并清理模板内残留的杂物。构造柱混凝土可分段浇筑,每段高度不宜大于2m。浇筑构造柱混凝土时,应采用小型插入式振动棒边浇筑边振捣的方法。钢筋混凝土构造柱的竖向受力钢筋应在基础梁和楼层圈梁中锚固,锚固长度应符合设计要求。

（5）芯柱与配筋砌块剪力墙　芯柱的纵向钢筋应通过清扫口与基础圈梁、楼层圈梁、连系梁伸出的竖向钢筋绑扎搭接或焊接连接，搭接或焊接长度应符合设计要求。当钢筋直径大于22mm时，宜采用机械连接。芯柱竖向钢筋应居中设置，顶端固定后再浇筑芯柱混凝土。

配筋砌块砌体剪力墙的水平钢筋，在凹槽砌块的混凝土带中的锚固、搭接长度应符合设计要求。配筋砌块砌体剪力墙两平行钢筋间的净距不应小于50mm。水平钢筋搭接时应上下搭接，并应加设短筋固定。水平钢筋两端宜锚入端部灌孔混凝土中。

5. 填充墙施工要点

（1）烧结空心砖墙　应侧立砌筑，孔洞应呈水平方向。空心砖墙底部宜砌筑3皮普通砖，且门窗洞口两侧一砖范围内应采用烧结普通砖砌筑；砌筑空心砖墙的水平灰缝厚度和竖向灰缝宽度宜为10mm，且不应小于8mm，也不应大于12mm。竖缝应采用刮浆法，先抹砂浆后再砌筑；砌筑时，墙体的第一皮空心砖应进行试摆，排砖时不够半砖处应采用普通砖或配砖补砌，半砖以上的非整砖宜采用无齿锯加工制作；烧结空心砖砌体组砌时，应上下错缝，交接处应咬槎搭砌，掉角严重的空心砖不宜使用。转角及交接处应同时砌筑，不得留直槎，留斜槎时斜槎高度不宜大于1.2m。

（2）轻骨料混凝土小型空心砌块砌体　轻骨料混凝土小型空心砌块砌体的砌筑要求应符合混凝土小型砌块施工规定。当小砌块墙体孔洞中需填充隔热或隔声材料时，应砌一皮填充一皮，且应填满，不得捣实。

轻骨料混凝土小型空心砌块填充墙砌体，在纵横墙交接处及转角处应同时砌筑；当不能同时砌筑时，应留成斜槎，斜槎水平投影长度不应小于高度的2/3。当砌筑带保温夹芯层的小砌块墙体时，应将保温夹芯层一侧靠置室外，并应对孔错缝。左右相邻小砌块中的保温夹芯层应互相衔接，上下皮保温夹芯层间的水平灰缝处宜采用保温砂浆砌筑。

（3）蒸压加气混凝土砌块砌体　填充墙砌筑时应上下错缝，搭接长度不宜小于砌块长度的1/3，且不应小于150mm。当不能满足时，在水平灰缝中应设置2Φ6钢筋或φ4钢筋网片加强，加强筋从砌块搭接的错缝部位起，每侧搭接长度不宜小于700mm。

蒸压加气混凝土砌块采用薄层砂浆砌筑法砌筑时，应符合下列规定：砌筑砂浆应采用专用黏结砂浆；砌块不得用水浇湿，其灰缝厚度宜为2～4mm；砌块与拉结筋的连接，应预先在相应位置的砌块上表面开设凹槽；砌筑时，钢筋应居中放置在凹槽砂浆内；砌块砌筑过程中，当在水平面和垂直面上有超过2mm的错边量时，应采用钢齿磨板和磨砂板磨平，方可进行下道工序施工。采用非专用黏结砂浆砌筑时，水平灰缝厚度和竖向灰缝宽度不应超过15mm。

任务拓展

1. 课外阅读《建筑施工脚手架安全技术统一标准》（GB 51210—2016）。
2. 课外阅读《砌体结构工程施工规范》（GB 50924—2014）。
3. 课外阅读《砌体结构工程施工质量验收规范》（GB 50203—2011）。

任务训练

1. 混凝土小型空心砌块上下皮搭砌长度不得小于（　　）。
   A. 60mm　　　　B. 90mm　　　　C. 150mm　　　　D. 180mm
2. 砌筑多孔砖，砖应提前浇水湿润的时间为（　　）。
   A. 1～2d　　　　B. 1～2h　　　　C. 8h　　　　D. 7d
3. 在抗震设防地区，多孔砖砌体的砌筑方法应为（　　）。
   A. 三一法　　　　B. 铺浆法　　　　C. 灌浆法　　　　D. 拌浆法

任务小结

1. 根据施工技术交底与施工准备工作计划，砌筑工程施工前需要完成施工放样、施工机械、人力与运输等作业前的准备。

2. 砌筑工程施工的工艺流程主要包括：首先进行摆砖，其次进行盘角，然后立皮数杆，最后进行砌筑。同时，还包括脚手架搭设、砂浆搅拌、材料运输等辅助工作。

3. 施工检查与验收主要包括：原材料进场验收、砖砌体施工检查、石砌体施工检查、混凝土小砌块施工检查、填充砌体施工检查等。

4. 施工要点与监督主要包括：砖砌体施工检查要点、石砌体施工要点、混凝土砌块施工要点、填充砌体施工要点。

工作任务 2　砌体工程施工技术交底、计划与检查

知识点：
1. 砌体工程施工技术交底。
2. 砌体工程施工进度计划。
3. 砌体工程质量检查。

能力（技能）点：
1. 能按照指定施工任务编制砌体工程施工技术交底。
2. 能够按照已知工程量编制砌体工程施工进度计划。
3. 能应用施工质量验收规范对砌体工程进行质量检查，达到质量验收规范要求。

任务实施

一、施工作业计划

1. 概述

砌体工程施工作业计划一般以砌体工程施工为对象，以月（旬）为时间单元，包括施工项目、作业方法、工序流程、进度安排（计划）、施工准备及资源准备、主要技术措施等内容，由施工员、技术员、安全员等施工现场中级岗位技术管理人员编制的具体实施性计划，是施工计划管理的重要组成部分。

2. 分类

砌体工程施工作业进度计划一般是月（旬）计划，工期短、工序少，多采用横道图来表示施工进度计划，也可用双代号网络图、单代号网络图、时标网络图等施工进度计划表示方法进行编制。

3. 步骤流程

砌体工程施工进度计划的编制步骤流程一般包括：

1）将施工任务划分施工过程。砖基础的施工过程划分一般包括：基坑开挖、基础垫层、基础砌筑、基础回填等施工过程。砖/石墙的施工过程划分一般包括：墙体放样（50线、弹皮数线）、钢筋绑扎、墙体砌筑、圈梁钢筋、构造柱/圈梁支模、浇筑混凝土、拆除模板等施工过程。砌体工程施工过程划分的粗细程度及包括工作内容与设计图纸、施工过程实施班组等有关。

友情提示：施工过程划分中可以综合混凝土养护、墙体放样等，综合考虑砖石墙砌筑、脚手架搭设等辅助作业。

2）将施工任务划分施工段（层）。根据工程特点与施工平面布置，将施工对象划分施工段。施工段的划分可以以砌体建筑的变形缝或以砌筑工程量基本相当为划分依据。按建筑层划分施工层时，考虑砌筑墙体高度超过砌筑操作高度需搭设脚手架，故砌筑过程中每个建筑层可划分为两个施工层。

3）计算每个施工单元的工作量。施工段或施工层工程量的计算以施工过程为类别，工作内容以施工过程综合工作内容为依据，按施工定额等标准为依据计算每个施工单元的工程量。工程量的单位以综合施工过程中主体施工项目的单位为依据，砌筑工程一般以 m^3 为单位进行计算，即以施工段范围内施工对象的体积为该施工单位的工作量。

4）计算砌筑施工过程在施工段上持续时间。根据砌体施工机械台班产量、砌筑班组产量定额或消耗量定额确定每个施工过程在每个单元的持续时间。

案例小贴士：每 $10m^3$ 1 砖混水砖墙消耗量定额为 11.251 工日（综合工日），施工内容包括：调运铺砂浆、运转、砌砖、安放木砖、垫块；若综合施工班组产量定额为 $9.6m^3$/工日，施工段Ⅰ中 1 砖墙工程量为 $38m^3$，则砌 1 砖混水墙在施工段Ⅰ的持续时间为 38/9.3 = 4 天。

5）绘制砌筑工程施工进度计划。最后根据绘制规则及逻辑关系，采用横道图、双代号网络图、时标网络图等，绘制砌筑工程施工进度计划。

友情提示：施工组织可分为平行施工、依次施工和流水施工，最好采用流水施工的作业方式。流水施工进度计划按"同一施工过程连续，不同施工搭接"的原则组织施工进度。施工进度计划中，每个施工单元的工程量与工程造价的工程量有区别也有联系。施工单元工程量应按综合班组确定施工过程内容，按产量定额或时间定额的内容计算。每个施工过程的持续时间与施工过程逻辑顺序是施工进度计划编制的关键。

案例小贴士：某砖基础工程施工项目包括挖基槽、砌砖基础与基础回填三个施工过程，沿着建筑平面划分为三个施工段，每个施工过程在每个施工段持续时间为 3 天，按照流水施工的原理，则该砖基础工程项目施工进度计划绘制如图 4-1 所示。

施工过程	1d	2d	3d	4d	5d	6d	7d	8d	9d	10d
挖基槽	施工段1		施工段2		施工段3					
砌砖基础				施工段1		施工段2		施工段3		
基础回填							施工段1		施工段2		施工段3

图 4-1　某砖基础施工进度计划

二、砌筑工程施工技术交底

1. 砖砌体工程技术交底

（1）强制性条文

1）水泥进场使用前，应分批对其强度、安定性进行复验。检验批应以同一生产厂家、同一编号为一批。当在使用中对水泥质量有怀疑或水泥出厂超过三个月（快硬硅酸盐水泥超过一个月）时，应复查试验，并按其结果使用。不同品种的水泥，不得混合使用。

2）凡在砂浆中掺入有机塑化剂、早强剂、缓凝剂、防冻剂等，应经检验和试配符合要求后，方可使用。有机塑化剂应有砌体强度的型式检验报告。

（2）主控项目

1）砖和砂浆的强度等级必须符合设计要求。抽验数量：每一生产厂家的砖到现场后，按烧结砖 15 万块、多孔砖 5 万块及粉煤灰砖 10 万块砖各为一验收批，抽验数量为 1 组。砂浆试块的抽验数量执行《砌体结构工程施工质量验收规范》（GB 50203—2011）第 4.0.12

条的有关规定。检验方法：查砖和砂浆试块试验报告。

2）砌体水平灰缝的砂浆饱满度不得小于80%；抽验数量：每检验批抽查不应少于5处；检查方法：用方格网检查砖底面与砂浆的粘接痕迹面积。每处检测3块砖，取其平均值。

3）砖砌体的转角处和交接处应同时砌筑，严禁无可靠措施的内外墙分砌施工。对不能同时砌筑而又必须留置的临时间断处应砌成斜槎，斜槎水平投影长度不应小于高度2/3。抽验数量：每检验批抽20%接槎，且不应小于5处；检验方法：观察检查。

4）非抗震设防及抗震设防烈度为6度、7度地区的临时间断处，当不能留斜槎时，除转角处外，可留直槎，但直槎必须做成凸槎，且应加设拉结钢筋，拉结钢筋应符合下列规定：每120mm墙厚放置1Φ6拉结钢筋（120mm厚墙应放置2Φ6拉结钢筋）；间距沿墙高不应超过500mm，且竖向间距偏差不应超过100mm；埋入长度从留槎处算起每边均不应小于500mm，对抗震设防烈度6度、7度的地区，不应小于1000mm；末端应有90°弯钩。抽检数量：每检验批抽查不应少于5处。检验方法：观察和尺量检查。合格标准：留槎正确、拉结钢筋设置数量、直径正确，竖向间距偏差不超过100mm，留置长度基本符合规定。砖砌体的位置及垂直度允许偏差应符合表4-3的规定。

表4-3 砖砌体的位置及垂直度允许偏差表

项次	项目			允许偏差/mm	检验方法
1	轴线位置偏移			10	用经纬仪和尺检查，或用其他测量仪器检查
2	垂直度	每层		5	用2m拖线板检查
		全高	≤10m	10	用经纬仪、吊线和尺检查，或用其他测量仪器检查
			>10m	20	

抽检数量：轴线查全部承重墙柱，外墙垂直度全高查阳角，不应少于4处，每层每20m查一处；内墙按有代表性的自然间抽10%，但不应少于3间，每间不应少于2处，柱不少于5根。

（3）一般控制项目

1）砖砌体组砌方法应正确，上下错缝，内外搭砌，砖柱不得采用包心砌法。抽验数量，外墙每20m抽查一次，每处3~5m且不应少于2处；内墙按有代表性的自然间抽10%，且不应少于3间。检验方法：观察检查。合格标准：除符合上述要求外，清水墙、窗间墙无通缝；混水墙中长度大于或等于300mm的通缝每间不超过3处，且不得位于同一面墙体上。

2）砖砌体的灰缝应横平竖直，厚薄均匀。水平灰缝厚度宜为10mm，但不应少于8mm，也不应大于12mm。抽验数量：每步脚手架施工的砌体，每20m抽查1处。检验方法：用尺量10皮砖砌高度折算。

2. 石砌体工程技术交底

（1）强制性条文

1）水泥进场使用前，应分批对其强度、安定性进行复验。检验批应以同一生产厂家、同一编号为一批。当在使用中对水泥质量有怀疑或水泥出厂超过三个月（快硬硅酸盐水泥超过一个月）时，应复查试验，并按其结果使用。不同品种的水泥，不得混合使用。

2）凡在砂浆中掺入有机塑化剂、早强剂、缓凝剂、防冻剂等，应经检验和试配符合要求后，方可使用。有机塑化剂应有砌体强度的型式检验报告。

3）挡土墙的泄水孔当设计无规定时，施工应符合下列规定：泄水孔应均匀设置，在每米高度上间隔 2m 左右设置一个泄水孔；泄水孔与土体间铺设长、宽各为 300mm，厚 200mm 的卵石或碎石作疏水层。

(2) 主控项目

1) 石材及砂浆强度等级必须符合设计要求。抽验数量：同一产地的石材至少应抽检一组。砂浆试块的抽检数量执行《砌体结构工程施工质量验收规范》（GB 50203—2011）第 4.0.12 条的有关规定。检验方法：料石检查产品质量证书，石材、砂浆检查试块试验报告。

2) 砂浆饱满度不应小于 80%。抽检数量：每步架抽查不应少于 1 处。检验方法：观察检查。

3) 石砌体的轴线位置及垂直度允许偏差应符合表 4-4 的规定。抽验数量：外墙，按楼层（或 4m 高以内）每 20m 抽查 1 处，每处 3 延长米，但不应少于 3 处。内墙，按有代表性的自然间抽查 10%，但不应少于 3 间，每间不应少于 2 处，柱子不应少于 5 根。

表 4-4 石砌体的轴线位置及垂直度允许偏差

项次	项目		允许偏差/mm						检验方法
			毛石砌体		料石砌体				
			基础	墙	毛料石		粗料石		细料石	
					基础	墙	基础	墙	墙、柱	
1	轴线位置		20	15	20	15	15	10	10	用经纬仪和尺检查，或用其他测量仪器检查
2	墙面垂直度	每层		20		20		10	7	用经纬仪、吊线和尺检查，或用其他测量仪器检查
		全高		30		30		25	20	

(3) 一般项目

1) 石砌体的一般尺寸允许偏差应符合《砌体结构工程施工质量验收规范》（GB 50203—2011）表 7.3.1 的规定。抽验数量：外墙，按楼层（4m 高以内）每 20m 抽查 1 处，每处 3 延长米，但不应少于 3 处；内墙，按有代表性的自然间抽查 10%，但不应少于 3 间，每间不应少于 2 处，柱子不应少于 5 根。

2) 石砌体的组砌形式应符合下列规定：内外搭砌，上下错缝，拉结石、丁砌石交错设置；毛石墙拉结石每 0.7m² 墙面不应少于 1 块。检查数量：外墙，按楼层（或 4m 高以内）每 20m 抽查 1 处，每处 3 延长米，但不应少于 3 处；内墙，按有代表性的自然间抽查 10%，但不应少于 3 间。检查方法：观察检查。

3. 配筋砌体施工技术交底

(1) 强制性条文

1) 钢筋的品种、规格、数量和设置部位应符合设计要求。检验方法：检查钢筋的合格证书、钢筋性能复试试验报告、隐蔽工程记录。

2) 构造柱、芯柱、组合砌体构件、配筋砌体剪力墙构件的混凝土及砂浆的强度等级应符合设计要求。抽检数量：每检验批砌体，试块不应少于 1 组，验收批砌体试块不得少于 3 组。检验方法：检查混凝土和砂浆试块试验报告。

(2) 主控项目

1) 构造柱与墙体的连接应符合下列规定：墙体应砌成马牙槎，马牙槎凹凸尺寸不宜小于60mm，高度不应超过300mm，马牙槎应先退后进，对称砌筑；马牙槎尺寸偏差每一构造柱不应超过2处；预留拉结钢筋的规格、尺寸、数量及位置应正确，拉结钢筋应沿墙高每隔500mm设2Φ6，伸入墙内不宜小于600mm，钢筋的竖向移位不应超过100mm，且竖向移位每一构造柱不得超过2处；施工中不得任意弯折拉结钢筋。抽检数量：每检验批抽查不应少于5处。检验方法：观察检查和尺量检查。

2）配筋砌体中受力钢筋的连接方式及锚固长度、搭接长度应符合设计要求。检查数量：每检验批抽查不应少于5处。检验方法：观察检查。

3）构造柱一般尺寸允许偏差及检验方法应符合表4-5的规定。抽检数量：每检验批抽查不应少于5处。

表4-5 构造柱一般尺寸允许偏差及检验方法

项次	项 目			允许偏差/mm	检验方法
1	中心线位置			10	用经纬仪和尺检查，或用其他测量仪器检查
2	层间错位			8	用经纬仪和尺检查，或用其他测量仪器检查
3	垂直度	每层		10	用2m托线板检查
		全高	≤10m	15	用经纬仪、吊线和尺检查，或用其他测量仪器检查
			>10m	20	

4）对配筋混凝土小型空心砌块砌体，芯柱混凝土应在装配式楼盖处贯通，不得削弱芯柱截面尺寸。抽检数量：每检验批抽10%，且不应少于5处。检验方法：观察检查。

(3) 一般控制项目

1）设置在砌体灰缝中钢筋的防腐保护应符合《砌体结构工程施工质量验收规范》（GB 50203—2011）第3.0.16条的规定，且钢筋防护层完好，不应有肉眼可见裂纹、剥落和擦痕等缺陷。抽检数量：每检验批抽查不应少于5处。检验方法：观察检查。

2）网状配筋砖砌体中，钢筋网规格及放置间距应符合设计规定。每一构件钢筋网沿砌体高度位置超过设计规定一皮砖厚不得多于一处。抽检数量：每检验批抽查不应少于5处。检验方法：通过钢筋网成品检查钢筋规格，钢筋网放置间距采用局部剔缝观察，或用探针刺入灰缝内检查，或用钢筋位置测定仪测定。

3）钢筋安装位置的允许偏差及检验方法应符合表4-6的规定。抽检数量：每批检验抽10%，且不少于5处。

表4-6 钢筋安装位置的允许偏差及检验方法

项 目		允许偏差/mm	检验方法
受力钢筋保护层厚度	网状配筋砌体	±10	检查钢筋网成品，钢筋网放置位置局部剔缝观察，或用探针刺入灰缝内检查，或用钢筋位置测定仪测定
	组合砖砌体	±5	支模前观察与尺量检查
	配筋小砌块砌体	±10	浇筑灌孔混凝土前观察与尺量检查
配筋小砌块砌体墙凹槽中水平钢筋间距		±10	钢尺量连续三档，取最大值

4. 砌块砌体工程技术交底

(1) 强制性条文 施工时所用的小砌块的产品龄期不应小于28d。承载墙严禁使用断裂小砌块。小砌块应底面朝上反砌于墙上。

(2) 主控项目

1) 小砌块和芯柱混凝土、砌筑砂浆的强度等级必须符合设计要求。

2) 砌体水平灰缝和竖向灰缝的砂浆饱满度，按净面积计算不得低于90%。抽检数量：每检验批抽查不应少于5处。检验方法：用专用百格网检测小砌块与砂浆黏结痕迹，每处检测3块小砌块，取其平均值。

3) 墙体转角处和纵横交接处应同时砌筑。临时间断处应砌成斜槎，斜槎水平投影长度不应小于斜槎高度。施工洞口可预留直槎，但在洞口砌筑和补砌时，应在直槎上下搭砌的小砌块孔洞内用强度等级不低于C20（或Cb20）的混凝土灌实。抽检数量：每检验批抽查不应少于5处。检验方法：观察检查。

4) 小砌块砌体的芯柱在楼盖处应贯通，不得削弱芯柱截面尺寸；芯柱混凝土不得漏灌。抽检数量：每检验批抽查不应少于5处。检验方法：观察检查。

5) 砌体的轴线偏移和垂直度允许偏差应符合表4-7的规定。

表4-7 砌体轴线偏移和垂直度允许偏差

项次	项目		允许偏差/mm	检验方法	抽检数量
1	轴线位移		10	用经纬仪和尺，或用其他测量仪器检查	承重墙、柱全数检查
2	基础、墙、柱顶面标高		±15	用水准仪和尺检查	不应少于5处
3	墙面垂直度	每层	5	用2m托线板检查	不应少于5处
		全高 ≤10m	10	用经纬仪、吊线和尺，或用其他测量仪器检查	外墙全部阳角
		全高 >10m	20		
4	表面平整度	清水墙、柱	5	用2m靠尺和楔形塞尺检查	不应少于5处
		混水墙、柱	8		
5	水平灰缝平直度	清水墙	7	拉5m线和尺检查	不应少于5处
		混水墙	10		

(3) 一般项目

1) 墙体的水平灰缝厚度和竖向缝宽度宜为10mm，但不应大于12mm，也不应小于8mm。抽检数量：每层楼的监测点不应小于3处。抽检方法：用尺量5皮小砌块的高度和2m砌体长度折算。

2) 小砌块墙体的一般尺寸允许偏差应按《砌体结构工程施工质量验收规范》（GB 50203—2011）第5.3.3条表5.3.3中1~5项的规定执行。

5. 填充墙砌体工程技术交底

(1) 强制性条文

1) 水泥进场使用前，应分批对其强度、安定性进行复检。检验批应以同一生产厂家、同一编号为一批。当在使用中对水泥质量有怀疑或水泥出厂超过三个月（快硬硅酸盐水泥超过一个月）时，应复查试验，并按其结果使用。不同品种的水泥，不得混合使用。

2) 凡在砂浆中掺入有机塑化剂、早强剂、缓凝剂、防冻剂等，应经检验和试配符合要求，方可使用。有机塑化剂应有砌体强度的型式检验报告。

(2) 主控项目 砖、砌块和砌筑砂浆的强度等级应符合设计要求。检验方法：检查砖或砌块的产品合格证书、产品性能检测报告和砂浆试块试验报告。

(3) 一般项目

1) 填充墙砌体一般尺寸的允许偏差应符合表 4-8 规定。

表 4-8 填充墙砌体一般尺寸的允许偏差

项次	项 目		允许偏差/mm	检验方法
1	轴线位移		10	用尺检查
2	垂直度(每层)	≤3m	5	用 2m 托线板或吊线、尺检查
		>3m	10	
3	表面平整度		8	用 2m 靠尺和楔形尺检查
4	门窗洞口高、宽(后塞口)		±10	用尺检查
5	外墙上、下窗口偏移		20	用经纬仪或吊线检查

抽检数量:对表中 1、2 项,在检验批的标准间中随机抽查 10%,但不应少于 3 间;大面积房间和楼道按两个轴线或每 10 延长米按一标准间计数,每间检验不应少于 3 处;对表中 3、4 项,在检验批中抽检 10%,且不应少于 5 处。

2) 蒸压加气混凝土砌块砌体和轻骨料混凝土小型空心砌块砌体不应与其他块体混砌。抽检数量:在检验批中抽检 20%,且不应少于 5 处;检验方法:外观检查。

3) 填充墙砌体的砂浆饱满度及检验方法应符合表 4-8 的规定。抽检数量:每步架子不少于 3 处,且每处不应少于 3 块。

4) 填充墙砌体留置的拉结钢筋或网片的位置应与块体皮数相符合。拉结钢筋或网片应置于灰缝中,埋置长度应符合设计要求,竖向位置偏差不应超过一皮高度。抽检数量:在检验批中抽检 20%,且不应少于 5 处。检验方法:观察和用尺量检查。

5) 填充墙砌筑时应错缝搭砌,蒸压加气混凝土砌块搭砌长度不应小于砌块的砌体长度的 1/3;轻骨料混凝土小型空心砌块搭砌长度不应小于 90mm;竖向通缝不应大于 2 皮。抽检数量:在检验批的标准间中抽查 10%,且不应少于 3 间。检查方法:观察和用尺检查。

6) 填充墙砌体的灰缝厚度和宽度应正确。空心砖、轻骨料混凝土小型空心砌块灰缝应为 8~18mm。蒸压加气混凝土砌块砌体的水平灰缝厚度及竖向灰缝宽度分别宜为 15mm 和 20mm。抽检数量:在检验批的标准间中抽查 10%,且不应少于 3 间。检查方法:用尺量 5 皮空心砖或小砌块的高度和 2m 砌体长度折算。

7) 填充墙砌至接近梁、板底时,应留一定空隙,待填充墙砌筑完并应至少间隔 7d 后,再将其补砌挤紧。抽检数量:每验收批抽 10% 填充墙片,且不应少于 3 片墙。检验方法:观察检查。

三、施工质量检查

1. 砖砌体工程施工质量检查

(1) 砌筑材料检查

1) 砖、水泥、钢筋、预拌砂浆、专用砌筑砂浆、复合夹心墙的保温材料、外加剂等原材料进场时,应检查其质量合格证明;对有复检要求的原材料应送检,检验结果应满足设计及国家现行相关标准要求。

2) 砖的质量检查,应包括其品种、规格、尺寸、外观质量及强度等级,符合设计及产品标准要求后方可使用。

（2）施工过程质量检查　砖砌体工程施工过程中，应对下列主控项目及一般项目进行检查，并应形成检查记录。主控项目包括：砖强度等级，砂浆强度等级，斜槎留置，转角、交接处砌筑，直槎拉结钢筋及接槎处理，砂浆饱满度。一般项目包括：轴线位移，每层及全高的墙面垂直度，组砌方式，水平灰缝厚度，竖向灰缝宽度，基础、墙、柱顶面标高，表面平整度，后塞口的门窗洞口尺寸，窗口偏移，水平灰缝平直度，清水墙游丁走缝。砖砌体工程施工过程中，应对拉结钢筋及复合夹心墙拉结件进行隐蔽前的检查。

2. 石砌体工程质量检查

（1）料石材料检查　料石进场时应检查其品种、规格、颜色以及强度等级的检验报告，并应符合设计要求，石材材质应质地坚实，无风化剥落和裂缝；应对现场二次加工的料石进行检查，其检查结果应符合《砌体结构工程质量验收规范》（GB 50203—2011）第 7.1 条的规定。

（2）施工过程质量检查　石砌体工程施工过程中，应对下列主控项目及一般项目进行检查，并应形成检查记录。主控项目包括：石材强度等级，砂浆强度等级，灰缝的饱满度。一般项目包括：轴线位置，基础和墙体顶面标高，砌体厚度，每层及全高的墙面垂直度，表面平整度，清水墙面水平灰缝平直度，组砌形式。

3. 砌块砌体施工质量检查

（1）砌筑材料检查　小砌块、水泥、钢筋、预拌砂浆、专用砌筑砂浆、复合夹心墙的保温材料、外加剂等原材料进场时，应检查其质量合格证书；对有复检要求的原材料应及时送检，检验结果应满足设计及国家现行相关标准要求；小砌块的质量检查，应包括其品种、规格、尺寸、外观质量及强度等级，符合设计及产品标准要求后方可使用。

（2）砌筑施工过程质量检查

1）小砌块砌体工程施工过程中，应对下列主控项目及一般项目进行检查，并应形成检查记录。主控项目包括：小砌块强度等级，砂浆强度等级，芯柱混凝土强度等级，砂浆水平灰缝和竖向灰缝的饱满度，转角、交接处砌筑，芯柱质量检查，斜槎留置。一般项目包括：轴线位移，每层及全高的墙面垂直度，水平灰缝厚度，竖向灰缝宽度，基础、墙、柱顶面标高，表面平整度，后塞口的门窗洞口尺寸，窗口偏移，水平灰缝平直度，清水墙游丁走缝。

2）小砌块砌体工程施工过程中，应对拉结钢筋或钢筋网片进行隐蔽前的检查。

3）对小砌块砌体的芯柱检查应符合下列规定：芯柱混凝土密实性，应采用锤击法进行检查，也可采用钻芯法或超声法进行检测；楼盖处芯柱尺寸及芯柱设置应逐层检查。

4. 配筋砌体施工质量检查

（1）一般规定　配筋砌体施工质量检查，除应符合下列施工过程质量检查的相关规定外，尚应符合砖砌体施工质量检查和砌块砌体施工质量相关规定。

（2）施工过程质量检查

1）配筋砌体工程施工过程中，应对下列主控项目及一般项目进行检查，并应形成检查记录。主控项目包括：钢筋品种、规格、数量和设置部位，混凝土强度等级，马牙槎尺寸，马牙槎拉结筋，钢筋连接，钢筋锚固长度，钢筋搭接长度。一般项目包括：构造柱中心线位置，构造柱层间错位，每层及全高的构造柱垂直度，灰缝钢筋防腐，网状配筋规格，网状配筋位置，钢筋保护层厚度，凹槽水平钢筋间距。

2）混凝土构造柱拆模后，应对构造柱外观缺陷进行检查。检查的方法应符合现行国家标准《混凝土结构工程施工质量验收规范》（GB 50204—2015）的规定。

5. 填充墙施工质量检查

（1）一般规定　填充墙砌体的质量检查，除应符合下列施工过程质量检查的相关规定外，尚应符合砖砌体质量检查、砌块砌体质量检查、配筋砌体质量检查的规定。

（2）施工过程质量检查　填充墙砌体工程施工过程中，应对下列主控项目及一般项目进行检查，并应形成检查记录。主控项目包括：块体强度等级，砂浆强度等级，与主体结构连接，植筋实体检测。一般项目包括：轴线位置，每层墙面垂直度，表面平整度，后塞口的门窗洞口尺寸，窗口偏移，水平灰缝砂浆饱满度，竖缝砂浆饱满度，拉结筋、网片位置，拉结筋、网片埋置长度，砌块搭砌长度，灰缝厚度，灰缝宽度。

任务拓展

1. 课外阅读《砌体结构工程施工质量验收规范》（GB 50203—2011）、《砌体结构工程施工规范》（GB 50924—2014）、《建筑施工组织设计规范》（GB/T 50502—2009）、《建设工程项目管理规范》（GB/T 50326—2017）。

2. 熟悉砌体工程施工技术交底相关内容：砖砌体工程施工技术交底、砌块砌体工程施工技术交底等。

3. 熟悉砌体工程施工质量检查相关内容：砖砌体工程施工质量检查、混凝土小型砌块砌体工程施工质量检查、加筋砌体施工质量检查、填充墙砌体工程施工质量检查等。

4. 熟悉砌体工程冬雨季施工措施与施工方案。

5. 熟悉脚手架工程施工方案。

任务训练

1. 砌体工程施工质量检查中，（　　）不属于施工过程的施工质量检查。
　　A. 放线尺寸检验　　B. 灰缝砂浆饱满度　　C. 砌块搭砌长度　　D. 砌块强度检验

2. 砌体工程施工进度计划编制中，（　　）是施工进度计划编制的第一步。
　　A. 划分施工段　　B. 计算工程量　　C. 计算持续时间　　D. 划分施工过程

3. 在砌体工程施工技术交底中，（　　）属于砖砌体工程施工技术交底的主要内容。
　　A. 施工进度安排　　B. 劳动力准备　　C. 强制性条文　　D. 安全技术措施

任务小结

1. 根据施工任务，砌体工程施工作业计划重点是施工进度计划。主要内容包括：划分施工过程、划分施工段、计算工程量、计算持续时间、绘制施工进度计划。

2. 根据施工作业计划，编制砌体工程施工技术交底，主要内容包括：强制性条文、施工要点与质量要求。砌体工程施工技术交底一般分为砖砌体施工技术交底、砌块砌体施工技术交底、加筋砌体施工技术交底、填充墙施工技术交底等。

3. 砌体工程施工质量检查与验收一般包括：砖砌体施工质量检查与验收、砌块砌体施工质量检查与验收、加筋砌体施工质量检查与验收、填充墙砌体施工质量检查与验收，主要包括砌筑材料检查、主控项目与一般控制项目要求。

工作任务 3　砌体工程质量验收与评审

知识点：
1. 砌体工程质量验收。
2. 砌体工程施工。
3. 砌体工程质量评审。

能力（技能）点：
1. 能根据给定施工任务，对砌体工程进行质量创优施工指导。
2. 能根据给定施工任务，编制砌体工程施工方案。
3. 能根据给定施工任务，组织相关责任单位进行砌体工程项目验收工作。
4. 能根据给定施工任务，对砌体工程施工方案进行审核评定。

任务实施

一、砌体结构工程施工方案

1. 施工方案内容

砌体结构工程施工方案的主要内容包括：工程概况、编制依据、施工准备、施工工艺及砌筑施工要点、主要技术措施（工期、质量、安全、环境、冬雨期施工等）等。

友情提示： 施工方案的内容因编制对象的不同有差异，重点内容是施工工艺及施工要点。复杂结构的施工方案除施工工艺与施工要点外，还应包括施工部署及施工进度计划、绿色施工、安全施工、脚手架工程等，复杂砌体结构施工应编制专项施工方案。

2. 工程概况与编制依据

（1）工程概况　砌体结构工程概况除介绍工程名称、规模、性质及用途等基本情况与建筑层数、建筑面积、结构形式等工程技术参数外，应重点介绍工程结构特点与工程施工特点。工程特点的分析是施工方案确定的重要依据。

（2）编制依据　砌体结构工程施工方案编制依据主要包括：

1）工程设计与施工资料。砌体结构设计施工图、建筑施工图、建筑详图及图集等设计图纸，单位工程施工进度计划，单位工程施工方案等。

2）技术规范与标准。主要包括：《砌体结构工程施工质量验收规范》（GB 50203—2011）、《砌体结构工程施工规范》（GB 50924—2014）、《砌体结构设计规范》（GB 50003—2011）、《建筑工程施工质量验收统一标准》（GB 50300—2013）、《建筑工程绿色施工规范》（GB/T 50905—2014）、《工程测量标准》（GB 50026—2020）等。

3）参考资料。主要包括：类似项目的砌体工程施工方案、技术交底与单位工程施工组织设计等。

3. 施工准备与施工进度计划

（1）砌体工程施工技术准备　熟悉审核各方案提供的有关图纸资料，参阅有关施工工艺；掌握施工要领，明确施工顺序；学习施工和质量验收规范，进行安全、技术交底；编制施工进度计划与施工准备工作计划等技术文件；中小型砌块砌筑前应绘制砌块排列图。

(2) 砌体工程施工资源准备

1) 材料及预制构件准备。依据施工进度计划与施工准备工作计划，准备砌筑工程砌筑材料（砖石或砌块、砂浆材料、钢筋及混凝土材料等）并安排进场，准备砌筑工程中预制混凝土过梁等构件并安排进场。

友情提示：原材料及预制构件准备应按材料及预制构件计划要求的数量、质量及时间安排进场，并按要求进行砌筑工程材料进场验收。

2) 施工机具准备。依据砌体工程施工进度计划与施工准备工作计划，准备砌筑工程施工机具。砌筑工程施工机具一般包括砂浆强制搅拌机、混凝土搅拌机及起重机械、水平输送机具等施工机械与夹具、砖车及手推车、靠尺或拖线板等施工工具。

3) 劳动力资源准备。依据施工进度计划编制劳动力资源准备计划，并依据准备计划准备施工需要的砌筑工人（包括瓦工、普工及杂工）及辅助工程劳动力（架子工、机械操作、测量工）等劳动力资源。

4. 砌体工程施工现场准备

(1) 测量放线　砌筑前按装饰工程要求放好砌体墙身位置线、门窗洞口位置线，验线须符合图纸设计要求，并预检合格。按砌筑操作需要，根据结构 50 线，用水平管找好标高；在转角处、楼梯间及内墙交接处立好皮数杆。

(2) 操作面清理　砌筑部位的灰渣、杂物清除干净，并浇水湿润。

(3) 现场平面布置　施工现场平面布置包括：建筑材料堆场位置设计，大型施工机具的布置（如起重设施的布置）与现场临时设施的布置。

友情提示：施工现场平面布置应符合安全施工要求与绿色施工要求，如现场布置应满足建筑防火要求，绿色施工的集水及污水处理设施除满足技术要求外应满足施工现场平面布置要求。

5. 砌筑工艺及施工要点

(1) 施工顺序与施工特点

1) 砌筑施工工艺顺序。砌筑基本工艺顺序：抄平、放线→摆砖→立皮数杆→盘角→挂线→砌筑→勾缝→清理；砖/石砌体施工顺序：放砖墙线→检查柱、墙预留连结筋，构造柱、圈梁预埋钢筋→画皮数杆→选砖→砌筑→浇筑构造柱、圈梁→门窗洞过梁安装→上部砌体；砌块砌体施工顺序：墙体放线→施工准备→砌块排列→铺砂浆→砌块就位、校正→灌嵌竖缝→砌筑镶嵌→勒缝。

友情提示：砌体工程施工顺序与砌筑对象及砌筑类型关系密切，具体施工顺序应按单位工程施工组织设计及施工质量要求确定，如在砖基础施工过程中应考虑验槽、垫层、砌筑、防潮层等工艺及顺序。同时，施工顺序中应考虑脚手架搭设、拉结钢筋铺设等辅助工作；砌筑高度超过操作最大高度应搭设脚手架，施工段每个结构层砌筑将被分为两个施工层实施。

2) 特殊部位的砌筑顺序。基底标高不同时，应从低处砌起，并应由高处向低处搭砌；砌体转角处和交接处应同时砌筑，当不能同时砌筑时，应按规定留槎、接槎。

(2) 施工要点

1) 施工放线。设置基准控制线：在主体结构的楼板面设置基准控制线，弹放砌体墙控制线或辅助控制线；设置砌筑控制线：由基准控制线，引出砌筑轴线、边线，并距离墙体边线 70mm 引出检测和恢复控制线。由主体墙体柱的水平控制线标记到四个墙角，并在砌体达到一定高度及时弹出（建筑标高的 1m 控制线），以便控制水平标高；在砌体墙面标出管线安装准确位置，作为线管定位线。

2）绘制砌块排列图、交底、立皮数杆。砌筑前应进行砌块排列设计，绘制砌块排列图（包括砌块尺寸、灰缝厚度、顶部空隙和墙根部坎台高度），尽可能采用主规格砌块，减少配套砌块的种类和数量；在排列图上标明主规格砌块、配套砌块以及预埋件等位置，标明灰缝中应设置拉结钢筋的部位，标明预留洞和预埋件的位置。墙体排版图的交底：砌块排列要求整齐且有规律性，避免通缝，应以大规格砌块为主砌块，使其占砌块总数的 70%以上。铺砌最小长度不应小于 100mm，砌块排列应上下错缝，搭接长度不宜小于被搭接砌块长度 1/3。

3）选砌块、选砖。砌体结构工程使用的小砌块、砖及石材，应符合设计要求及现行国家标准；空心砖的外观质量，无缺棱、掉角和裂缝现象。不应使用被水浸透和表面上有浮水或含水率超标、断裂、砌块壁肋中有竖向裂缝的砌块。

4）砌筑施工通用工艺要点。盘角：墙体砌筑前先盘角，每次盘角不要超过五层，新盘的大角，及时进行吊、靠，如有偏差要及时修整。挂线：厚度 240mm 及以下墙体可单面挂线砌筑；厚度为 370mm 及以上的墙体宜双面挂线砌筑；夹心复合墙应双面挂线砌筑。留槎：内外墙砌筑必须留斜槎，槎长与高度的比不得小于 2/3，槎子必须平直、通顺，分段位置在门窗口角处；临时间断处的高度差不得超过一部脚手架的高度。封顶：砌到接近上层梁、板底时，至少须隔七日，待下部砌体变形稳定后，用斜砖顶砌挤紧，砖倾斜度为 60°左右，砂浆应饱满。在墙上留置临时施工洞口，其侧边离交接处墙面不应小于 500mm，洞口净宽度不应超过 1m。

5）砌筑施工专用工艺要点。

① 实心砖（砌块）砌筑工艺要点：提前 1~2d 均匀浇水润砖，不得随浇随砌。砌筑应上下错缝，内外搭砌，宜采用"三一砌筑法"，并宜采用梅花丁、一顺一丁或三顺一丁的砌筑形式，构造柱砖墙的大马牙槎须满足要求。排砖撂底：预排砖撂底并认真核对窗间墙、垛尺寸，其长度宜符合墙体排砖图。

② 轻集料空心砖（砌块）砌筑工艺要点：排砖时，凡不够半砖处用普通砖补砌，半砖以上的非整砖宜用无齿锯加工制作非整块砖，不得用砍凿方法将砖打断；第一批空心砖砌筑必须进行试摆。砌砖时，砌空心砖应采用刮浆法和满铺法，砌块一般应底面朝上，从外墙转角处或定位砌块处开始砌筑；空心砌块墙体应对孔错缝搭砌，搭接长度不应小于 90mm；空心砖墙应同时砌起，不得留槎。

③ 烧结空心砖（砌块）砌筑工艺要点：烧结砖砌筑时应提前 1~2d 将砖浇水湿润，含水率宜为 10%~15%。烧结多孔砖砌筑时要求上下错缝、内外搭接。M 型多孔砖的砌筑形式应采用全顺式，P 型多孔砖的砌筑形式可采用一顺一丁和梅花丁两种。

友情提示：普通混凝土小型砌块不宜浇水；轻集料混凝土小型砌块施工前可洒水，但不宜过多。砌筑就位应先远后近、先下后上、先外后内；每层开始时，应从转角处或定位砌块处开始；应吊砌一皮、校正一皮，墙皮拉线控制砌体标高和墙面平整度。

6. 质量检查与质量要求

（1）质量检查　砖砌体工程施工过程中，应对下列主控项目及一般项目进行检查，并应形成检查记录：

1）主控项目包括：砖强度等级，砂浆强度等级，斜槎留置，转角、交接处砌筑，槎拉结钢筋及接槎处理，砂浆饱满度。

2）一般项目包括：轴线位移，每层及全高的墙面垂直度，组砌方式，水平灰缝厚度，竖向灰缝宽度，基础、墙、柱顶面标高，表面平整度，后塞口的门窗洞口尺寸，窗口偏移，水平灰缝平直度，清水墙游丁走缝。

3）砖砌体工程施工过程中，应对拉结钢筋及复合夹心墙拉结件进行隐蔽前的检查。

(2) 质量要求　砌筑工程施工方法及质量要求除按《砌体结构工程施工质量验收规范》(GB 50203—2011) 相关要求外，还应符合《混凝土结构工程施工质量验收规范》(GB 50204—2015)、《砌体结构工程施工规范》(GB 50924—2014) 等的相关质量验收标准的要求。

二、施工质量验收

1. 砌体工程子分部工程验收

(1) 文件和记录　砌体工程验收前，应提供下列文件和记录：设计变更文件，施工执行的技术标准，原材料出厂合格证书、产品性能检测报告和进场复验报告，混凝土及砂浆配合比通知单，混凝土及砂浆试件抗压强度试验报告单，砌体工程施工记录，隐蔽工程验收记录，分项工程检验批的主控项目、一般项目验收记录，填充墙砌体植筋锚固力检测记录，重大技术问题的处理方案和验收记录，其他必要的文件和记录。

(2) 质量评价与处理　砌体子分部工程验收时，应对砌体工程的观感质量作出总体评价；当砌体工程质量不符合要求时，应按现行国家标准《建筑工程施工质量验收统一标准》(GB 50300—2013) 有关规定执行。

(3) 有裂缝砌体验收　有裂缝的砌体应按下列情况进行验收：对不影响结构安全性的砌体裂缝，应予以验收；对明显影响使用功能和观感质量的裂缝，应进行处理；对有可能影响结构安全性的砌体裂缝，应由有资质的检测单位检测鉴定，需返修或加固处理的，待返修或加固处理满足使用要求后进行二次验收。

2. 砌体结构工程验收

(1) 基本要求

1）检验批划分。砌体结构工程检验批的划分应同时符合下列规定：所用材料类型及同类型材料的强度等级相同，不超过 250m^3 砌体，主体结构砌体一个楼层（基础砌体可按一个楼层计），填充墙砌体量少时可多个楼层合并。

2）检验批验收。砌体结构工程检验批验收时，其主控项目应全部符合《砌体结构工程施工质量验收规范》(GB 50203—2011) 的规定；一般项目应有 80% 及以上的抽检处符合本规范的规定；有允许偏差的项目，最大超差值为允许偏差值的 1.5 倍；砌体结构分项工程中检验批抽检时，各抽检项目的样本最小容量除有特殊要求外，按不应小于 5 确定。

3）检验批记录。砌体工程检验批质量验收记录详见规范《砌体结构工程施工质量验收规范》(GB 50203—2011) 附录 A。

(2) 砖砌体施工质量验收　砖砌体施工质量验收应符合《砌体结构工程施工质量验收规范》(GB 50203—2011) 第 5 部分：砖砌体工程的规定与要求，其中强制性要求如下：砖和砂浆的强度等级必须符合设计要求；砖砌体的转角处和交接处应同时砌筑，严禁无可靠措施的内外墙分砌施工；在抗震设防烈度为 8 度及 8 度以上地区，对不能同时砌筑而又必须留置的临时间断处应砌成斜槎，普通砖砌体斜槎水平投影长度不应小于高度的 2/3，多孔砖砌体的斜槎长高比不应小于 1/2；斜槎高度不得超过一步脚手架的高度。其余部分可参照前文砖砌体施工技术交底的要求。

（3）砌块砌体施工质量验收　砌块砌体施工质量验收应符合《砌体结构工程施工质量验收规范》（GB 50203—2011）第6部分：混凝土小型空心砌块砌体工程的规定与要求，其中强制性要求如下：小砌块和芯柱混凝土、砌筑砂浆的强度等级必须符合设计要求；墙体转角处和纵横交接处应同时砌筑；临时间断处应砌成斜槎，斜槎水平投影长度不应小于斜槎高度；施工洞口可预留直槎，但在洞口砌筑和补砌时，应在直槎上下搭砌的小砌块孔洞内用强度等级不低于C20（或Cb20）的混凝土灌实。其余要求可参照前文砌块砌体施工技术交底的要求。

（4）配筋砌体施工质量验收　配筋砌体施工质量验收应符合《砌体结构工程施工质量验收规范》（GB 50203—2011）第8部分：配筋砌体工程的规定与要求，其中强制性要求如下：钢筋的品种、规格、数量和设置部位应符合设计要求；构造柱、芯柱、组合砌体构件、配筋砌体剪力墙构件的混凝土及砂浆的强度等级应符合设计要求。其余要求可参照前文配筋砌体施工技术交底的要求。

（5）填充墙砌体施工质量验收　填充墙砌体施工质量验收应符合《砌体结构工程施工质量验收规范》（GB 50203—2011）第9部分：填充墙砌体工程的规定与要求；填充墙砌体植筋锚固力检验抽样判定与填充墙砌体植筋锚固力检测详见《砌体结构工程施工质量验收规范》（GB 50203—2011）附录B、附录C等。其余要求可参照前文填充墙砌体施工技术交底的要求。

3. 砌体结构隐蔽工程验收

（1）砌体基础　砌体基础的隐蔽工程验收一般分两个阶段进行。第一阶段，先验收基础的断面形式和尺寸，组砌方法、基顶标高及砌体的外观质量，如不符合要求，应及时进行处理；第二阶段，试压出砂浆试块3d或7d的抗压强度，并推算出28d的抗压强度，如符合要求，即可办理隐蔽工程验收记录手续。如试压时试块不符合要求，则应经用关单位负责人提出处理方案，并进行处理后，方可办理隐蔽工程验收手续。

友情提示：砌体基础隐蔽工程验收中应注意防潮层、基础砌体中钢筋与预埋件的检查与验收。

（2）砌体中钢筋　配筋砌体中的钢筋、墙体拉结钢筋与构造柱或圈梁中钢筋属于砌体工程隐蔽工程验收的内容；检查砌体中配筋的部位及钢筋的类别、规格、数量、接头形式等是否符合设计要求，柱与墙拉筋数量、规格、伸出墙面长度，间隔多少放一皮；检查钢筋原材料复验报告及拉结筋拉拔试验报告等。女儿墙压顶钢筋规格、数量等应符合设计要求。

（3）砌体中构造柱处墙体　构造柱处墙体马牙槎凹凸尺寸不宜小于60mm，高度不应超过300mm，先退后进，马牙槎边口应吊线两边对称砌筑，构造柱边贴双面泡沫条，厚度不小于5mm。

（4）砌体预埋　预埋件、预埋管线的安装检查与验收，应符合设计要求；预埋木砖及防腐、塑钢或金属门窗的预埋铁件应进行安装验收。

三、施工质量评定与创优

1. 砌体工程质量评定

（1）工程概况　主要包括工程名称、工程地点、建筑面积、结构类型、工程用途、开工/验收日期、建设/勘察/设计/施工单位、监理单位与质量监督单位等。

（2）施工工作和质量评定依据

1）施工工作依据。一般包括施工承包合同、建筑法、质量管理条例、砌体工程设计文件、相关法律/规范和有关技术标准等。

2) 质量评定依据。一般包括：《建筑工程施工质量验收统一标准》（GB 50300—2013）、《砌体工程施工质量验收规范》（GB 50203—2011）、《混凝土结构工程施工质量验收规范》（GB 50204—2015）、《建筑工程施工质量评价标准》（GB/T 50375—2016）、质量控制资料、安全和功能检验资料。

3) 质量验收情况。工程施工无违反国家强制性标准情况；砌体分部工程施工已完成了合同工程量及施工图内容；砌体工程分部隐蔽验收手续齐全、程序正确，其工程施工质量符合施工质量验收标准及规范要求；砌体工程中的混凝土强度在混凝土浇筑地点随机抽取混凝土试件，试件混凝土强度等级均满足设计要求；全部原材料均符合国家有关质量标准规定，复验合格；外观质量满足设计文件要求，充分体现了设计意图。

(3) 砌体结构施工质量评价　以砌筑工程为主的主体结构分部工程一般包括砌体结构子分部工程与混凝土结构子分部工程；以砌筑工程为主的地基与基础分部工程一般包括砌体基础子分部工程。

1) 砌体结构子分部工程。包括砖砌体、混凝土小型砌块砌体、配筋砌体、石砌体四个分项工程，其工程施工质量符合《砌体工程施工质量验收规范》（GB 50203—2013）的有关规定，工程质量等级评定为不合格、合格或优良。

2) 钢筋混凝土子分部工程。包括模板、钢筋、混凝土、现浇结构四个分项工程，其工程施工质量符合《混凝土结构工程施工质量验收规范》（GB 50204—2015）的有关规定，工程质量等级评定为不合格、合格或优良。

友情提示：工程检验批质量验收按《建筑工程施工质量验收统一标准》（GB 50300—2013）相关要求划分工程检验批，进行工程检验批质量验收。

(4) 质量控制资料核查情况

1) 图纸会审、设计变更、洽商记录符合要求，工程定位测量、放线记录符合要求。

2) 原材料出厂合格证书及进场复验报告，钢材出厂合格证、进场复验报告符合要求，水泥出厂合格证、进场复验报告符合要求，砂、石检验报告符合要求。

3) 施工试验报告及见证检测报告：混凝土配合比设计报告、混凝土试块强度检验报告。

4) 隐蔽工程验收记录符合要求。施工记录符合要求。分项、子分部、分部工程质量验收记录符合要求。

(5) 观感质量检查情况　砌体工程质量评价分为好、一般及差共三个等级。

(6) 砌体工程质量综合评定　砌体工程质量综合评定等级可分为：不合格、合格与优良。

2. 砌体工程质量创优

(1) 质量创优概述　砌体工程质量创优良工程要事前制定质量目标，明确质量责任，按照事前、事中、事后对工程质量全面管理和控制，通过管理能随时发现不足，随时改正，包括工程质量和管理能力，体现企业保证能力和持续改进能力，有效提高实体工程质量。

(2) 质量管理的过程控制　重点对砌体工程原材料的质量控制，制定有效的砌体工程施工措施、技术规程与施工方案，砌体工程控制施工工序过程的控制手段和操作依据。工程质量验收，加强工程施工质量检测，并对施工过程作出真实的记录，作为工程质量验收评价的依据。

(3) 砌体工程质量验收　突出检验批质量的验收，检验批是质量控制的关键。按《建筑工程施工质量验收统一标准》（GB 50300—2013）规定检验批验收，检验批检查评定要做好现场检查原始记录，然后交监理单位验收。

(4) 砌体工程质量评价

1) 综合核查。按《建筑工程施工质量验收统一标准》(GB 50300—2013) 及其配套标准验收合格的基础上，对结构安全、使用功能、建筑节能和观感质量等进行综合核查其施工质量水平，达到优良工程标准的评定为优良。

2) 评价过程。砌体施工质量评价可随着施工进度，在各分部、子分部工程完工验收合格后进行优良工程评价，分别填写各部分、系统的评价表格。

3) 质量评价方法。采用了性能检测、质量记录、允许偏差等评价方法评价砌体工程质量。砌体工程性能检测评价代表了该分部的总体质量水平，是评价标准的重要部分，评价砂浆强度、混凝土强度、全高砌体垂直度等项目；采用材料合格证与进场验收记录及复试报告、施工记录、施工试验等项目评价砌体结构工程质量；通过对轴线位移允许偏差、层高垂直度允许偏差与上下窗口偏移允许偏差等项目评价砌体结构工程质量；按砌筑留槎、过梁压顶、构造柱圈梁、砌体表面质量、网状配筋及位置、组合砌体及马牙槎拉结筋、预留孔洞预埋件、细部质量等观感质量项目评价砌筑工程质量。每个检查项目以随机抽取的检查点按"好""一般"给出质量评价。

任务拓展

1. 课外阅读《砌体工程施工质量验收规范》(GB 50203—2011)，《建筑工程施工质量评价标准》(GB/T 50375—2016)。

2. 熟悉砌体工程施工方案：砖砌体施工方案；砌块砌体施工方案。

任务训练

1. 下面砌体工程施工方案中，(　　)符合砖砌体施工工艺要求。
A. 设计排列图　　B. 铺灰法砌筑　　C. 盘角　　D. 砌筑镶嵌

2. 根据砌体工程质量评价方法，(　　)是砌体工程质量评价标准的重要部分。
A. 性能检测　　B. 质量记录　　C. 允许偏差　　D. 综合审查

3. 在砌体工程施工质量验收中，(　　)属于隐蔽工程验收。
A. 拉结钢筋验收　　B. 水平灰缝厚度　　C. 砂浆饱满度　　D. 砖砌体垂直度

任务小结

1. 砌筑工程施工方案：根据施工任务，编制砌筑工程施工作业方案及专项施工方案与审查施工方案，并对重大危险的专项施工方案应组织专家进行技术安全论证。

2. 砌筑工程施工质量验收：主要包括砖砌体工程施工质量验收、配筋砌体工程施工质量验收、砌块砌体工程施工质量验收与填充墙砌体工程质量验收等，一般分为主控项目与一般控制项目要求。

3. 砌体工程质量评定与创优：砌体工程质量评定以性能检测、质量记录、允许偏差、观感质量等项目进行项目质量评价，评价等级为不合格、合格或优良等三个等级；砌体工程质量创优是在工程质量评定合格的基础上，综合核查施工质量水平，达到优良工程标准的评定为优良。

学习情境五 钢筋混凝土工程施工

案例引入

锦苑住宅小区位于西安市新城区，总建筑面积约 30 万 m²，规划居住户数 2500 户，居住人数约 8000 人。该小区主要建设内容包括住宅、小区学校、小区幼儿园、变配电所、文化娱乐设施及物业管理、绿地及道路等。

锦苑小区 3#楼钢筋混凝土工程采用国家标准图集《混凝土结构施工图平面整体表示方法制图规则和构造详图》（22G101—1~3）（以下简称平法图集）的表示方法。施工图中未注明的构造要求应按照标准中的有关要求执行。该项目结构施工图对混凝土最小保护层厚度、受拉钢筋的锚固长度和搭接长度、钢筋接头连接形式和要求、现浇钢筋混凝土板施工基本要求、钢筋混凝土梁施工基本要求、钢筋混凝土柱施工基本要求做了具体规定。

工作任务 1 钢筋混凝土工程施工工艺实施与监督

知识点：
1. 钢筋混凝土工程定位放样测量。
2. 钢筋混凝土结构构件部品位置、尺寸等参数核对。
3. 钢筋混凝土工程施工机械、人力、运输的准备。
4. 钢筋混凝土工程施工工艺标准。

能力（技能）点：
1. 能根据给定施工图，进行钢筋混凝土结构构筑物、部品、构件定位放样测量工作。
2. 能够根据施工工艺交底协调施工机械、人力、运输进行钢筋混凝土工程施工。
3. 能够应用图纸、图集对钢筋混凝土结构构筑物、部品、构件尺寸等参数进行核对。
4. 能够按照《建筑施工手册》钢筋混凝土分项工程工艺流程监督施工并符合工艺标准。

任务实施

一、放样与检查

1. 放样测量前准备

（1）施工放样技术交底 在钢筋混凝土结构工程施工放样实施与监督过程中，由中高级岗位技术人员依据施工放样交底书向初级岗位技术人员进行技术交底，后者应做好施工放样交底记录；钢筋混凝土结构工程施工放样技术交底可通过召集会议形式或现场授课形式进行技术交底，交底的内容可纳入施工方案中，也可单独形成交底方案。各专业技术管理人员应通过书面形式配以现场口头讲授的方式进行技术交底，技术交底的内容应单独形成交底文件。

（2）钢筋混凝土结构工程施工测量方案　钢筋混凝土结构工程施工测量方案编制宜包括下列内容：工程概况及任务要求；施工测量技术依据、测量设备、测量方法和技术要求；轴线引测与高程传递，建筑物砌体构件定位、放线、验线等施工过程测量；竣工测量；施工测量管理体系；安全质量保证体系与具体措施；成果资料整理与提交。

（3）钢筋混凝土结构工程施工图校核　钢筋混凝土结构工程施工图校核应根据不同施工阶段的需要，校核总平面图、建筑施工图、结构施工图、设备施工图等。校核内容应包括坐标与高程系统、建筑轴线关系、几何尺寸、各部位高程等，并应了解和掌握有关工程设计变更文件。

2. 施工（放样）测量工艺

（1）一般规定　钢筋混凝土结构施工测量内容应包括装配式、现浇结构等形式的施工测量。钢筋混凝土构件进场后，应检查其几何尺寸，且其误差在允许范围内。

（2）预制构件安装放样

1）预制梁柱安装前，应在梁两端与柱身三面分别弹出几何中线或安装线，弹线允许误差应为±2mm；预制柱（墙）安装前，应检查结构中支承埋件的平面位置（允许误差为±2mm）与标高（允许误差为-5mm，0），并应绘简图记录误差情况。

2）当预制柱（墙）安装时，应采用两台经纬仪，在相互垂直的方向上同时校测构件安装的垂直度；当观测面为不等截面时，经纬仪应安置在轴线上；当观测面为等截面时，经纬仪可不安置在轴线上，但仪器中心至柱中心的直线与轴线的水平夹角不得大于15°。预制柱（墙）安装垂直度测量的允许误差应为±3mm；预制梁安装后，应复测柱身垂直度，并做记录。

3）柱顶面的梁或屋架位置线，应以结构平面轴线为准测设，允许误差应符合《建筑施工测量标准》（JGJ/T 408—2017）第9.1.6的规定。

（3）现浇混凝土结构放样

1）现浇混凝土结构中，墙、柱钢筋绑扎完成后，应在竖向主筋上测设标高，并应进行标识，作为支模与浇灌混凝土高度的依据，测量方法及允许误差应符合《建筑施工测量标准》（JGJ/T 408—2017）第9.1.9条的规定。

2）现浇柱支模后，应校测模板的平面位置及垂直度。平面位置测量允许误差应为3mm，垂直度测量的允许误差应为±3mm。

二、施工准备与施工工艺

1. 钢筋混凝土结构工程施工准备

（1）施工机械及运输资源　根据施工准备工作计划与施工技术交底，钢筋混凝土结构工程施工前需协调相关施工机械按计划时间进入施工现场。钢筋混凝土结构工程施工机械主要包括：起重机械，钢筋切断、弯曲及焊接等钢筋加工连接设备、模板加工机械，混凝土拌合运输与浇筑振捣机械等混凝土施工机械。

（2）劳动力及人力资源　钢筋混凝土结构工程施工需要相应施工机械的操作人员，同时应配合脚手架搭设的架子工与钢筋混凝土结构的模板工、钢筋工及混凝土工等，应根据施工技术交底、施工准备工作计划与施工进度计划合理安排施工现场的劳动力进场。检查钢筋混凝土工程施工操作人员的技能资格，并对操作人员进行技术、安全交底。

（3）脚手架的搭设与拆除　脚手架的类型较多，钢筋混凝土结构工程施工一般多采用钢管扣件式、碗扣式、门式脚手架，工具式脚手架等，脚手架的搭设与拆除根据施工技术交底的要求组织实施，应满足下列要求：

1）应编制专项施工方案，并在施工前逐级做好施工技术交底与安全技术交底。搭设前应按专项施工方案与施工技术要求，做好脚手架材料、吊装或运输机械、安装工具及相关安全防护设施。落地式脚手架基础应牢靠，并做好排水。

2）钢筋混凝土结构工程脚手架搭设应按专项施工方案及技术交底要求，必须高度重视各种构造措施。

3）钢筋混凝土结构工程脚手架使用与拆除。脚手架使用前，应由工地负责人组织检查验收，验收合格并填写交验单后方可使用。在施工过程中应有专业管理、检查和保修，并定期进行沉降观察，发现异常应及时采取加固措施。脚手架拆除时，应先检查与建筑物连接情况，并将脚手架上的存留材料、杂物等清除干净，自上而下，按先装后拆、后装先拆的顺序进行，拆除的材料应统一向下传递或吊运到地面，一步一清。不准采用踏步拆法，严禁向下抛掷或用推（拉）倒的方法拆除。

友情提示：施工作业前准备包括技术准备、施工机械及原材料准备、现场准备、劳动力准备等。技术准备包括施工技术交底、施工计划与施工方案等，对于钢筋混凝土工程施工，脚手架工程专项施工方案及模板工程专项施工方案等尤为重要，现场准备主要是测量放样与现场施工机具准备等，原材料准备除应依据施工准备计划按时进场外，还应进行检查与验收。

2. 钢筋混凝土结构工程施工流程

钢筋混凝土结构施工工艺基本流程为：施工准备、支模板、绑钢筋、浇筑混凝土、混凝土养护等主要施工过程，同时还包括搭设脚手架、安全围护及文明施工等辅助施工过程。钢筋混凝土结构工程施工工艺流程顺序与施工对象有关，柱、墙及基础的工艺流程一般为：绑扎钢筋、支模板、浇筑混凝土及养护；而梁板结构的工艺流程一般为：支模板、绑钢筋、浇筑混凝土及养护等。

友情提示：大体积混凝土施工工艺流程应包括预埋降温管道、温度监测设备以及温度控制等内容。普通混凝土施工中水、电管预埋及其他预埋应按设计要求在混凝土浇筑前完成。

3. 模板工程施工工艺

模板及支架应根据施工过程中的各种工况进行设计，应具有足够的承载力和刚度，并应保证其整体稳固性。模板工程一般包括通用组合式模板、现场加工与拼装模板、大模板、滑动模板、爬升模板、飞模或台模等。通用组合式模板系按模数制设计与工厂加工成型，大模板、滑动模板、爬升模板、飞模或台模等专用模板按施工图定制设计与工厂定制加工，而现场加工与拼装模板按施工图设计与现场加工拼装。一般工艺流程包括：材料选择→模板设计→模板制作→模板安装→模板拆除与维护。

(1) 材料选择与模板设计

1) 模板及支架材料。模板及支架材料技术指标应符合国家现行有关标准的规定。模板及支架宜选用轻质、高强、耐用的材料，如钢、铝合金、塑料、木材等。连接件宜选用标准定型产品。

2) 模板及支架的设计。模板及支架设计应包括下列内容：模板及支架的选型及构造设计；模板及支架上的荷载及其效应计算；模板及支架的承载力、刚度验算；模板及支架的抗倾覆验算；绘制模板及支架施工图。

(2) 模板及支架制作　模板应按图加工、制作。通用性强的模板宜制作成定型模板；模板面板背楞的截面高度宜统一。模板制作与安装时，面板拼缝应严密。有防水要求的墙体，其模板对拉螺栓中部应设止水片，止水片应与对拉螺栓环焊。与通用钢管支架匹配的专用支架，应按图加工、制作。搁置于支架顶端可调托座上的主梁，可采用木方、木工字梁或截面对称的型钢制作。

(3) 通用模板安装

1) 施工前的准备工作。要做好模板的定位基准工作；按施工需用的模板及配件对其规格、数量逐项清点检查，未经修复的部件不得使用；采取预组装模板施工时，顶板组装工作应在组装平台或经平整处理的地面上进行，要求逐块检验后进行试吊，试吊后再进行复查，并检查配件数量、位置和紧固情况；支承支柱的土体地面，应事先夯实整平，并做好防水、排水设置，准备支柱底垫木；竖向模板安装的底面应平整坚实，并采取可靠的定位措施，按施工设计要求预埋支承锚固件。

2) 模板支设安装。按配板设计循环拼装，以保证模板系统整体稳定；配件必须装插牢固，支柱和斜撑下的支撑面应平整垫实，要有足够的受压面积。支承件应着力于外钢楞；预埋件与预留孔洞必须位置准确，安设牢固；基础模板必须支撑牢固，防止变形，侧模斜撑的底部应加设垫木。墙和柱子模板的底面应找平，下端应与事先做好的定位基准靠紧垫平，在墙、柱子上继续安装模板时，模板应有可靠的支承点，其平直度应进行校正。楼板模板支模时，应先完成一个格构的水平支撑及斜撑安装，再逐渐向外扩展，以保持支撑系统的稳定性。预组装墙模吊装就位后下端应垫平、紧靠定位基准；两侧模板均应利用斜撑调整和固定其垂直度。支柱所设的水平撑与剪刀撑，应按构造与整体稳定性要求布置。多层支设的支柱上下应设置在同一竖向中心线上，下层楼板应具有承受上层荷载的承载能力或加设支架支撑。下层支架的立柱应铺设垫板。

(4) 现场加工拼装模板安装

1) 基础模板。阶形基础模板安装顺序：放线、安底阶模、安底阶模支撑、安上阶模、安上阶围箍和支撑、搭设模板吊架、检查校正与验收。杯形基础模板与阶形基础模板基本类似，不同之处是在搭设模板吊架后需要安装芯模。条形基础的安装分两种情况，土质较好，下半段利用源土削铲平整不支设模板，仅上半段采用吊模；土质较差，其上下段均支设模板；安装顺序为：制作侧板和端板、弹线校正、搭设支撑、校核模板几何尺寸及轴线位置。

155

2）梁柱模板安装。梁模板安装顺序：放线、搭设支模架、安装梁底模、梁模起拱、绑扎钢筋与垫块、安装两侧模板、固定梁夹、安装梁柱节点模板、检查校正、安装梁口卡、相邻梁模固定。柱模板安装顺序：放线、设置定位基准、第一块模板安装定位、安装支撑、邻侧模板安装就位、连接第二块模板、安装第二块模板支撑、安装第三、第四块模板及支撑、调直纠偏、安装柱箍、全面检查校正、柱模群体固定、清除柱内杂物、封闭清扫口。

（5）大模板安装　主要由板面系统、支撑系统、操作平台和附件组成，分为桁架式大模板、组合式大模板、拆装式大模板、筒式模板以及外墙大模板。

大模板施工顺序为：弹线、剔除接槎混凝土软弱层、安装门窗洞口模板并与大模板接触的侧面加贴海绵条、在楼板上的墙线外侧贴海绵条、安装内横墙模板、安装内纵墙模板、安装堵头模板、安装外墙内侧模板、安装外墙外侧模板。

友情提示：模板安装后，混凝土浇筑前需要在模板上涂刷脱模剂，而且有必要洒水润湿模板；混凝土浇筑过程中应防止出现跑模、涨模。

（6）模板拆除　模板拆除时，可采取先支后拆、后支先拆，先拆非承重模板、后拆承重模板的顺序，并应从上而下进行拆除；当设计无具体要求时，同条件养护的混凝土立方体试件抗压强度应符合表5-1。当混凝土强度能保证其表面及棱角不受损伤时，方可拆除侧模。

表5-1　底模拆除时的混凝土强度要求

构件类型	构件跨度/m	达到设计混凝土强度等级值的百分率（%）
板	≤2	≥50
	>2，≤8	≥75
	>8	≥100
梁、拱、壳	≤8	≥75
	>8	≥100
悬臂结构	—	≥100

（7）拆除时间　多个楼层间连续支模的底层支架拆除时间，应根据连续支模的楼层间荷载分配和混凝土强度的增长情况确定。快拆支架体系的支架立杆间距不应大于2m。拆模时，应保留立杆并顶托支承楼板，拆模时的混凝土强度可按表5-1中构件跨度为2m的规定确定。后张预应力混凝土结构构件，侧模宜在预应力筋张拉前拆除；底模及支架不应在结构构件建立预应力前拆除。

4. 钢筋工程施工工艺

（1）钢筋材料要求

1）材料性能。钢筋的性能应符合国家现行有关标准的规定，并应符合建筑结构施工图设计要求。

2）抗震要求。对有抗震设防要求的结构，其纵向受力钢筋的性能应满足设计要求；当设计无具体要求时，对按一、二、三级抗震等级设计的框架和斜撑构件（含梯段）中的纵向受力普通钢筋应采用 HRB335E、HRB400E、HRB500E、HRBF335E、HRBF400E 或 HRBF500E 钢筋，其强度和最大力下总伸长率的实测值，应符合下列规定：钢筋的抗拉强度实测值与屈服强度实测值的比值不应小于 1.25；钢筋的屈服强度实测值与屈服强度标准值的比值不应大于 1.30；钢筋的最大力下总伸长率不应小于 9%。

3）施工管理。施工过程中应采取防止钢筋混淆、锈蚀或损伤的措施。施工中发现钢筋脆断、焊接性能不良或力学性能显著不正常等现象时，应停止使用该批钢筋，并应对该批钢筋进行化学成分检验或其他专项检验。

友情提示： 钢筋材料进场应按要求进行进场检查，对钢筋材料的质量证明文件、材料外观质量等进行检查，应按国家现行有关标准的规定抽样检验屈服强度、抗拉强度、伸长率、弯曲性能及单位长度重量偏差。

（2）钢筋配料　钢筋配料是现场钢筋的深化设计，即根据结构配筋图，先绘出各种形状和规格的单根钢筋简图并加以编号，然后分别计算钢筋下料长度和根数，填写配料单。

1）钢筋下料长度计算。钢筋因弯曲或弯钩会使长度变化，在配料中不能直接根据图纸中尺寸下料，必须了解混凝土保护层、钢筋弯曲、弯钩等规定，再根据图中尺寸计算其下料长度。

① 各种钢筋下料长度计算如下：

直钢筋下料长度 = 构件长度 − 保护层厚度 + 弯钩增加长度

弯起钢筋下料长度 = 直段长度 + 斜段长度 − 弯曲调整值 + 弯钩增加长度

箍筋下料长度 = 箍筋周长 + 箍筋调整值

② 钢筋弯曲调整值见表 5-2。

表 5-2　钢筋弯曲调整值

钢筋弯曲角度	30°	45°	60°	90°	135°
光圆钢筋弯曲调整值	$0.3d$	$0.54d$	$0.9d$	$1.75d$	$0.38d$
热轧带肋钢筋调整值	$0.3d$	$0.54d$	$0.9d$	$2.08d$	$0.11d$

注：d 为钢筋直径。

对于弯起钢筋，中间部位弯折处的弯曲直径不应小于 $5d$，常见弯起钢筋的弯曲调整值见表 5-3。

表 5-3　常见弯起钢筋的弯曲调整值

弯起角度	30°	45°	60°
弯曲调整值	$0.34d$	$0.67d$	$1.22d$

③ 弯钩增加长度。钢筋的弯钩形式有三种：半圆弯钩、直弯钩及斜弯钩。光圆钢筋的弯钩增加长度，对半圆弯钩为 $6.25d$，对直弯钩为 $3.5d$，对斜弯钩为 $4.9d$。

④ 弯起钢筋斜长。弯起钢筋斜长系数见表 5-4。

表 5-4　弯起钢筋斜长系数

弯起角度	$\alpha = 30°$	$\alpha = 45°$	$\alpha = 60°$
斜边长度 s	$2h_0$	$1.41h_0$	$1.15h_0$
底边长度 l	$1.732h_0$	h_0	$0.575h_0$
增加长度 $s-l$	$0.268h_0$	$0.41h_0$	$0.575h_0$

注：h_0 为弯起高度。

⑤ 箍筋下料长度。箍筋的量度方法有"量外包尺寸"和"量内皮尺寸"两种。箍筋按量内皮尺寸计算，并结合实践经验，常见的箍筋下料长度见表5-5。

表5-5 箍筋下料长度

箍筋式样	光圆钢筋	热轧带肋钢筋
双肢箍筋90°+180°弯钩	$2a+2b+16.5d$	$2a+2b+17.5d$
双肢箍筋90°+90°弯钩	$2a+2b+14d$	$2a+2b+14d$
双肢箍筋135°+135°弯钩	$2a+2b+27d$（抗震） $2a+2b+17d$（非抗震）	$2a+2b+28d$（抗震） $2a+2b+18d$（非抗震）

注：a，b为箍筋内皮尺寸；d为箍筋直径。

友情提示：在设计图纸中，钢筋配置的细节问题没有注明，一般可按构造要求处理；配料计算时，应考虑钢筋的形状和尺寸在满足设计要求的前提下有利于加工安装；配料时，还要考虑施工需要的附加钢筋，如钢筋撑脚、钢筋撑铁、斜筋撑、预应力构件固定预留孔道位置的定位钢筋等。

2）配料单与料牌。钢筋配料计算完毕，填写配料单；列入加工计划的配料单，将每一编号的钢筋制作一块料牌，作为钢筋加工的依据与钢筋安装的标志；钢筋配料单和料牌，应严格校核，必须准确无误，以免返工浪费。

3）钢筋代换。当钢筋的品种、级别或规格需作变更时，应办理设计变更文件。

① 钢筋代换原则。等强度代换：当构件受强度控制时，钢筋可按强度相等的原则进行代换；等面积代换：当构件按最小配筋率配筋时，钢筋可按面积相等的原则进行代换；当构件受裂缝宽度或挠度控制时，代换后应进行裂缝宽度或挠度验算。

② 钢筋代换依据。等强度代换方法的依据为：代换后的钢筋强度不小于代换前的钢筋强度，可按下式计算：

$$A_{S2}f_{y2}n_2 \geq A_{S1}f_{y1}n_1 \qquad 即：n_2 \geq \frac{n_1 d_1^2 f_{y1}}{d_2^2 f_{y2}} \tag{5-1}$$

式中 A_{S1}、A_{S2}——代换前（原设计）、代换后钢筋计算面积；
　　　n_1、n_2——代换前（原设计）、代换后钢筋根数；
　　　d_1、d_2——代换前（原设计）、代换后钢筋直径；
　　　f_{y1}、f_{y2}——代换前（原设计）、代换后钢筋屈服强度。

当代换前后钢筋牌号相同，而直径不同，则钢筋代换公式为：

$$n_2 \geq \frac{n_1 d_1^2}{d_2^2} \tag{5-2}$$

当代换前后钢筋直径相同，而钢筋牌号不同，则钢筋代换公式为：

$$n_2 \geq \frac{n_1 f_{y1}}{f_{y2}} \tag{5-3}$$

对于受弯构件，钢筋代换后，有时由受力钢筋直径加大或钢筋根数增多，而需要增加排数，则构件的有效高度减少，使截面强度降低。通常对这种影响可凭经验适当增加钢筋面积，然后再作截面强度复核。

③ 钢筋代换要求。钢筋代换应严格遵守现行混凝土结构设计规范的各项规定；凡重要结构中的钢筋代换，应征得设计单位同意。钢筋代换后，仍能满足各类极限状态的有关计算

要求及必要的配筋构造规定钢筋和箍筋的最小直径、间距、锚固长度、配筋百分率以及混凝土保护层厚度等；在一般情况下，代换钢筋还必须满足截面对称的要求。对抗裂要求高的构件，不可用光圆钢筋代替变形钢筋，以免降低抗裂度；梁内纵向受力钢筋与弯起钢筋应分别进行代换，以保证正截面与斜截面强度。

（3）钢筋加工

1）钢筋除锈。钢筋加工前应将表面清理干净。钢筋除锈可采用机械除锈和手工除锈两种方法：机械除锈可采用钢筋除锈或钢筋冷拉、调直过程除锈；手工除锈可采用钢丝刷、砂盘、喷砂等除锈或酸洗除锈。对于有起层锈片的钢筋，应先用小锤敲击，使锈片剥落干净，再用砂盘或除锈机除锈；对于因麻坑、斑点以及锈皮去层而使钢筋截面损伤的钢筋，使用前应鉴定是否降级使用或另作其他处置。

2）钢筋调直。钢筋宜采用机械设备进行调直，也可采用冷拉方法调直。当采用机械设备调直时，调直设备不应具有延伸功能；当采用冷拉方法调直时，HPB300 光圆钢筋的冷拉率不宜大于 4%；HRB400、HRB500、HRBF400、HRBF500 及 RRB400 带肋钢筋的冷拉率，不宜大于 1%。钢筋调直过程中不应损伤带肋钢筋的横肋。调直后的钢筋应平直，不应有局部弯折。

3）钢筋切断。钢筋宜采用机械设备进行钢筋切断，也可采用手工工具进行钢筋切断。钢筋调直机一般具有钢筋切断功能，数控钢筋调直切断机是在原有调直机的基础上，采用光电测长系统和光电计数装置，准确控制断料长度，并自动计数。

4）钢筋弯折。钢筋弯折宜采用钢筋弯折设备，也可采用手工弯曲工具。

① 钢筋应一次弯折到位，对 HRB400、HRB500 钢筋不能过量弯曲再回弯，以免弯曲点处发生裂纹。钢筋弯曲成型工艺包括：画线与钢筋弯曲成型。

友情提示：钢筋端部带半圆弯钩时，该段长度画线时增加 $0.5d$（d 为钢筋直径）；画线工作宜从钢筋中线开始向两边进行；两边不对称的钢筋，也可从钢筋一端开始画线，如画到另一端有出入时，则应重新调整。

② 钢筋弯折的弯弧内直径应符合下列规定：光圆钢筋不应小于钢筋直径的 2.5 倍；400MPa 级带肋钢筋不应小于钢筋直径的 4 倍；500MPa 级带肋钢筋，当直径为 28mm 以下时不应小于钢筋直径的 6 倍，当直径为 28mm 及以上时不应小于钢筋直径的 7 倍。

③ 位于框架结构顶层端节点处的梁上部纵向钢筋和柱外侧纵向钢筋，在节点角部弯折处，当钢筋直径为 28mm 以下时不宜小于钢筋直径的 12 倍；当钢筋直径为 28mm 及以上时不宜小于钢筋直径的 16 倍。

④ 箍筋弯折处尚不应小于纵向受力钢筋直径；箍筋弯折处纵向受力钢筋为搭接钢筋或并筋时，应按钢筋实际排布情况确定箍筋弯弧内直径。

⑤ 纵向受力钢筋的弯折后平直段长度应符合设计要求及现行国家标准《混凝土结构设计规范》（GB 50010—2010）（2015 年版）的有关规定。光圆钢筋末端作 180°弯钩时，弯钩的弯折后平直段长度不应小于钢筋直径的 3 倍。

（4）钢筋连接与安装　钢筋连接工艺主要包括钢筋绑扎、钢筋焊接与钢筋机械连接，同时钢筋连接工艺也是钢筋安装施工需要技术。

1）钢筋接头要求。

① 钢筋接头宜设置在受力较小处；有抗震设防要求的结构中，梁端、柱端箍筋加密区

范围内不宜设置钢筋接头，且不应进行钢筋搭接。

② 同一纵向受力钢筋不宜设置两个或两个以上接头。接头末端至钢筋弯起点的距离，不应小于钢筋直径的10倍。

③ 当纵向受力钢筋采用机械连接接头或焊接接头时，接头的设置应符合下列规定：同一构件内的接头宜分批错开；接头连接区段的长度为35d，且不应小于500mm，凡接头中点位于该连接区段长度内的接头均应属于同一连接区段。其中d为相互连接两根钢筋中较小直径。

④ 同一连接区段内，纵向受力钢筋接头面积百分率为该区段内有接头的纵向受力钢筋截面面积与全部纵向受力钢筋截面面积的比值；纵向受力钢筋的接头面积百分率应符合下列规定：受拉接头，不宜大于50%；受压接头，可不受限制；板、墙、柱中受拉机械连接接头，可根据实际情况放宽；装配式混凝土结构构件连接处受拉接头，可根据实际情况放宽；直接承受动力荷载的结构构件中，不宜采用焊接；当采用机械连接时，不应超过50%。

⑤ 当纵向受力钢筋采用绑扎搭接接头时，接头的设置应符合下列规定：同一构件内的接头宜分批错开；各接头的横向净间距s不应小于钢筋直径，且不应小于25mm；接头连接区段的长度为1.3倍搭接长度，凡接头中点位于该连接区段长度内的接头均应属于同一连接区段，搭接长度可取相互连接两根钢筋中较小直径计算；同一连接区段内，纵向受力钢筋接头面积百分率为该区段内有接头的纵向受力钢筋截面面积与全部纵向受力钢筋截面面积的比值。纵向受压钢筋的接头面积百分率可不受限值。纵向受拉钢筋的接头面积百分率应符合下列规定：梁类、板类及墙类构件，不宜超过25%；基础筏板，不宜超过50%；柱类构件，不宜超过50%；当工程中确有必要增大接头面积百分率时，对梁类构件，不应大于50%；对其他构件，可根据实际情况适当放宽。

2）钢筋机械连接。机械连接接头的混凝土保护层厚度符合《混凝土结构设计规范》（GB 50010—2010）（2015年版）受力钢筋的混凝土保护层最小厚度规定，且不得小于15mm。接头之间的横向净间距不宜小于25mm。螺纹接头安装后应使用专用扭力扳手校核拧紧扭力矩。挤压接头压痕直径的波动范围应控制在允许波动范围内，并使用专用量规进行检验。

3）钢筋焊接。钢筋焊接施工应符合下列规定：细晶粒热轧钢筋及直径大于28mm的普通热轧钢筋，其焊接参数应经试验确定；余热处理钢筋不宜焊接。电渣压焊只应使用于柱、墙等构件中竖向受力钢筋的连接。

4）钢筋绑扎。钢筋绑扎应符合下列规定：钢筋的绑扎搭接接头应在接头中心和两端用铁丝扎牢；墙、柱、梁钢筋骨架中各竖向钢筋网交叉点应全数绑扎；板上部钢筋网的交叉点应全数绑扎，底部钢筋网除边缘部分外可间隔交错绑扎；梁、柱的箍筋弯钩及焊接封闭箍筋的焊点应沿纵向受力钢筋方向错开设置；构造柱纵向钢筋宜与承重结构同步绑扎；梁及柱中箍筋、墙中水平分布钢筋、板中钢筋距构件边缘的起始距离宜为50mm。

5. 混凝土工程施工工艺

混凝土工程施工工艺主要包括施工配合比设计、制备、运输、浇筑、振捣与养护等工艺。而采用商品混凝土的项目主要施工工艺为混凝土运输、浇筑、振捣和养护，而材料设计与制备由商品混凝土公司完成。

（1）一般规定 混凝土浇筑前应完成下列工作：隐蔽工程验收和技术复核；对操作人员进行技术交底；根据施工方案中的技术要求，检查并确认施工现场具备实施条件；施工单位填报浇筑申请单，并经监理单位签认。

混凝土拌合物入模温度不应低于5℃,且不应高于35℃;混凝土运输、输送、浇筑过程中严禁加水;混凝土运输、输送、浇筑过程中散落的混凝土严禁用于混凝土结构构件的浇筑;混凝土应布料均衡。应对模板及支架进行观察和维护,发生异常情况应及时进行处理。混凝土浇筑和振捣应采取防止模板、钢筋、钢构、预埋件及其定位件移位的措施。

(2) 混凝土运输

1) 混凝土泵送方式。混凝土输送宜采用泵送方式。混凝土输送泵的选择及布置应符合下列规定:输送泵的选型应根据工程特点、混凝土输送高度和距离、混凝土工作性确定;输送泵的数量应根据混凝土浇筑量和施工条件确定,必要时应设置备用泵;输送泵设置的位置应满足施工要求,场地应平整、坚实,道路应畅通;输送泵的作业范围不得有阻碍物;输送泵设置位置应有防范高空坠物的设施。

2) 混凝土输送泵管与支架的设置。混凝土输送泵管应根据输送泵的型号、拌合物性能、总输出量、单位输出量、输送距离以及粗骨料粒径等进行选择;混凝土粗骨料最大粒径不大于25mm时,可采用内径不小于125mm的输送泵管;混凝土粗骨料最大粒径不大于40mm时,可采用内径不小于150mm的输送泵管;输送泵管安装连接应严密,输送泵管道转向宜平缓;输送泵管应采用支架固定,支架应与结构牢固连接,输送泵管转向处支架应加密;向上输送混凝土时,地面水平输送泵管的直管和弯管总的折算长度不宜小于竖向输送高度的20%,且不宜小于15m;输送泵管倾斜或垂直向下输送混凝土,且高差大于20m时,应在倾斜或竖向管下端设置直管或弯管,直管或弯管总的折算长度不宜小于高差的1.5倍;输送高度大于100m时,混凝土输送泵出料口处的输送泵管位置应设置截止阀。

3) 混凝土输送布料设备的设置。布料设备的选择应与输送泵相匹配;布料设备的混凝土输送管内径宜与混凝土输送泵管内径相同;布料设备的数量及位置应根据布料设备工作半径、施工作业面大小以及施工要求确定;布料设备应安装牢固,且应采取抗倾覆措施;布料设备安装位置处的结构或专用装置应进行验算,必要时应采取加固措施。

4) 输送泵输送混凝土。应先进行泵水检查,并应湿润输送泵的料斗、活塞等直接与混凝土接触的部位;输送混凝土前,宜先输送水泥砂浆对输送泵和输送管进行润滑,然后开始输送混凝土;输送混凝土应先慢后快、逐步加速,应在系统运转顺利后再按正常速度输送;输送混凝土过程中,应设置输送泵集料斗网罩,并应保证集料斗有足够的混凝土余量。

(3) 混凝土浇筑

1) 一般要求。浇筑混凝土前,应清除模板内或垫层上的杂物。表面干燥的地基、垫层、模板上应洒水湿润;现场环境温度高于35℃时,宜对金属模板进行洒水降温;洒水后不得留有积水。混凝土宜一次连续浇筑,并保证混凝土的均匀性和密实性。混凝土运输、输送入模的过程应保证混凝土连续浇筑,从运输到输送入模的延续时间不宜超过表5-6的规定。

表5-6 运输到输送入模的延续时间及包括间歇的总时间限值 (单位:min)

条件	气温			
	≤25℃		>25℃	
	入模时间	总时间	入模时间	总时间
不掺外加剂	90	180	60	150
掺外加剂	150	240	120	210

2）布料点位置。混凝土浇筑的布料点宜接近浇筑位置，应采取减少混凝土下料冲击的措施，并应符合下列规定：宜先浇筑竖向结构构件，后浇筑水平结构构件；浇筑区域结构平面有高差时，宜先浇筑低区部分，再浇筑高区部分。

3）浇筑倾落高度。柱、墙模板内的混凝土浇筑不得发生离析，粗骨料粒径大于25mm时混凝土浇筑倾落高度不超过3m；粗骨料粒径不超过25mm时混凝土倾落高度不超过6m；当不能满足要求时，应加设串筒、溜管、溜槽等装置。柱、墙混凝土设计强度等级高于梁、板混凝土设计强度等级时，混凝土浇筑应符合下列规定：柱、墙混凝土设计强度比梁、板混凝土设计强度高一个等级时，柱、墙位置梁、板高度范围内的混凝土经设计单位确认，可采用与梁、板混凝土设计强度等级相同的混凝土进行浇筑；柱、墙混凝土设计强度比梁、板混凝土设计强度高两个等级及以上时，应在交界区域采取分隔措施，分隔位置应在低强度等级的构件中，且距高强度等级构件边缘不应小于500mm；宜先浇筑强度等级高的混凝土，后浇筑强度等级低的混凝土。

4）泵送混凝土浇筑。宜根据结构形状及尺寸、混凝土供应、混凝土浇筑设备、场地内外条件等划分每台输送泵的浇筑区域及浇筑顺序；采用输送管浇筑混凝土时，宜由远而近浇筑；采用多根输送管同时浇筑时，其浇筑速度宜保持一致；润滑输送管的水泥砂浆用于湿润结构施工缝时，水泥砂浆应与混凝土浆液成分相同；接浆厚度不应大于30mm，多余水泥砂浆应收集后运出；混凝土泵送浇筑应连续进行；当混凝土不能及时供应时，应采取间歇泵送方式；混凝土浇筑后，应清洗输送泵和输送管。

（4）混凝土振捣　混凝土振捣应使模板内各个部位混凝土密实、均匀，不应漏振、欠振、过振。混凝土振捣应采用插入式振动棒、平板振动器或附着振动器，必要时可采用人工辅助振捣。一般振捣工艺满足以下要求：

1）振动棒振捣混凝土。混凝土振捣应按分层浇筑厚度分别进行振捣，振动棒的前端应插入前一层混凝土中，插入深度不应小于50mm；振动棒应垂直于混凝土表面并快插慢拔均匀振捣；当混凝土表面无明显塌陷、有水泥浆出现、不再冒气泡时，应结束该部位振捣；振动棒与模板的距离不应大于振动棒作用半径的50%；振捣插点间距不应大于振动棒的作用半径的1.4倍。

2）平板振动器振捣混凝土。平板振动器振捣应覆盖振捣平面边角；平板振动器移动间距应覆盖已振实部分混凝土边缘；振捣倾斜表面时，应由低处向高处进行振捣。

3）附着振动器振捣混凝土。附着振动器应与模板紧密连接，设置间距应通过试验确定；附着振动器应根据混凝土浇筑高度和浇筑速度，依次从下往上振捣；模板上同时使用多台附着振动器时，应使各振动器的频率一致，并应交错设置在相对面的模板上。

（5）混凝土养护　混凝土浇筑后应及时进行保湿养护，保湿养护可采用洒水、覆盖、喷涂养护剂等方式。养护方式应根据现场条件、环境温湿度、构件特点、技术要求、施工操作等因素确定。混凝土强度达到1.2MPa前，不得在其上踩踏、堆放物料、安装模板及支架。

1）混凝土的养护时间。采用硅酸盐水泥、普通硅酸盐水泥或矿渣硅酸盐水泥配制的混凝土，养护时间不应少于7d；采用其他品种水泥时，养护时间应根据水泥性能确定；采用缓凝型外加剂、大掺量矿物掺合料配制的混凝土，养护时间不应少于14d；抗渗混凝土、强度等级C60及以上的混凝土，养护时间不应少于14d；后浇带混凝土的养护时间不应少于

14d；地下室底层墙、柱和上部结构首层墙、柱，宜适当增加养护时间；大体积混凝土养护时间应根据施工方案确定。

2）洒水养护。洒水养护宜在混凝土裸露表面覆盖麻袋或草帘后进行，也可采用直接洒水、蓄水等养护方式；洒水养护应保证混凝土表面处于湿润状态；当日最低温度低于5℃时，不应采用洒水养护。

3）覆盖养护。覆盖养护宜在混凝土裸露表面覆盖塑料薄膜、塑料薄膜加麻袋、塑料薄膜加草帘进行；塑料薄膜应紧贴混凝土裸露表面，塑料薄膜内应保持有凝结水；覆盖物应严密，覆盖物的层数应按施工方案确定。

4）喷涂养护剂养护。应在混凝土裸露表面喷涂覆盖致密的养护剂进行养护；养护剂应均匀喷涂在结构构件表面，不得漏喷；养护剂应具有可靠的保湿效果，保湿效果可通过试验检验；养护剂使用方法应符合产品说明书的有关要求。

5）混凝土加热养护。一般包括混凝土蒸汽养护与太阳能养护。用蒸汽养护混凝土，可以提前拆模（通常2d即可拆模），缩短工期，大大节约模板；经过蒸汽养护后的混凝土，还要放在潮湿环境中继续养护，一般洒水7~12d，使混凝土处于相对湿度在80%~90%的潮湿环境中。混凝土制品上面可遮盖草帘或其他覆盖物；用太阳能加热养护棚内的空气，在足够的湿度和温度下进行混凝土养护，获得早强。

6）柱、墙混凝土养护方法。地下室底层和上部结构首层柱、墙混凝土带模养护时间，不应少于3d；带模养护结束后，可采用洒水养护方式继续养护，也可采用覆盖养护或喷涂养护剂养护方式继续养护；其他部位柱、墙混凝土可采用洒水养护，也可采用覆盖养护或喷涂养护剂养护。

三、质量检查与验收

混凝土工程质量检查与验收应满足《建筑工程施工质量验收统一标准》（GB 50300—2013）、《混凝土结构工程施工质量验收规范》（GB 50204—2015）、《混凝土结构工程施工规范》（GB 50666—2011）相关规定与要求。

1. 混凝土材料检查与验收

（1）原材料检查与验收

1）水泥检查与验收。水泥进场时，应对其品种、代号、强度等级、包装或散装编号、出厂日期等进行检查，并应对水泥的强度、安定性和凝结时间进行检验，检验结果应符合现行国家标准《通用硅酸盐水泥》（GB 175—2007）的相关规定。同一生产厂家、同一等级、同一品种、同一批号且连续进场的水泥，袋装水泥不超过200t应为一批，散装水泥不超过500t应为一批。当使用中水泥质量受不利环境影响或水泥出厂超过3个月（快硬硅酸盐水泥超过1个月）时，应进行复验，并应按复验结果使用。

2）骨料与混凝土外加剂检查与验收：

① 混凝土外加剂进场时，应对其品种、性能、出厂日期等进行检查，并应对外加剂的相关性能指标进行检验，检验结果应符合现行国家标准《混凝土外加剂》（GB 8076—2008）和《混凝土外加剂应用技术规范》（GB 50119—2013）等的规定。

② 应对粗骨料的颗粒级配、含泥量、泥块含量、针片状含量指标进行检验，压碎指标可根据工程需要进行检验；应对细骨料颗粒级配、含泥量、泥块含量指标进行检验。当设计

文件有要求或结构处于易发生碱骨料反应环境中时，应对骨料进行碱活性检验。抗冻等级 F100 及以上的混凝土用骨料，应进行坚固性检验。骨料不超过 400m³ 或 600t 为一检验批。

3）钢筋材料检查与验收：

① 钢筋进场检查应符合下列规定：应检查钢筋的质量证明文件；应按国家现行有关标准的规定抽样检验屈服强度、抗拉强度、伸长率、弯曲性能及单位长度重量偏差；经产品认证符合要求的钢筋，其检验批量可扩大一倍。在同一工程中，同一厂家、同一牌号、同一规格的钢筋连续三次进场检验均一次检验合格时，其后的检验批量可扩大一倍；钢筋的外观质量；当无法准确判断钢筋品种、牌号时，应增加化学成分、晶粒度等检验项目。

② 成型钢筋进场时，应检查成型钢筋的质量证明文件、成型钢筋所用材料质量证明文件及检验报告，并应抽样检验成型钢筋的屈服强度、抗拉强度、伸长率和重量偏差。检验批量可由合同约定，同一工程、同一原材料来源、同一组生产设备生产的成型钢筋，检验批量不宜大于 30t。

（2）混凝土拌合物检查与验收

1）一般要求。混凝土拌合物不应离析。检查数量：全数检查。检验方法：观察。首次使用的混凝土配合比应进行开盘鉴定，其原材料、强度、凝结时间、稠度等应满足设计配合比的要求。检查数量：同一配合比的混凝土检查不应少于一次。检验方法：检查开盘鉴定资料和强度试验报告。

2）拌合物稠度。混凝土拌合物稠度应满足施工方案的要求。检查数量：对同一配合比混凝土，取样应符合下列规定。每拌制 100 盘且不超过 100m³ 时，取样不得少于一次；每工作班拌制不足 100 盘时，取样不得少于一次；每次连续浇筑超过 1000m³ 时，每 200m³ 取样不得少于一次；每一楼层取样不得少于一次。检验方法：检查稠度抽样检验记录。

3）拌合物检查。坍落度、入模温度等。

2. 混凝土施工质量检查与验收

（1）混凝土施工质量检查

1）概述。混凝土结构施工质量检查可分为过程控制检查和拆模后的实体质量检查。过程控制检查应在混凝土施工全过程中，按施工段划分和工序安排及时进行；拆模后的实体质量检查应在混凝土表面未作处理和装饰前进行；混凝土浇筑前应检查混凝土送料单，核对混凝土配合比，确认混凝土强度等级，检查混凝土运输时间，测定混凝土坍落度，必要时还应测定混凝土扩展度。

在混凝土结构工程施工过程中，对隐蔽工程应进行验收，对重要工序和关键部位应加强质量检查或进行测试，并应做出详细记录，同时宜留存图像资料；混凝土结构工程各工序的施工，应在前一道工序质量检查合格后进行。

混凝土结构施工的质量检查，应符合下列规定：检查的频率、时间、方法和参加检查的人员，应根据质量控制的需要确定。施工单位应对完成施工的部位或成果的质量进行自检，自检应全数检查。混凝土结构施工质量检查应做出记录；返工和修补的构件，应有返工修补前后的记录，并应有图像资料。已经隐蔽的工程内容，可检查隐蔽工程验收记录。需要对混凝土结构的性能进行检验时，应委托有资质的检测机构检测，并应出具检测报告。

2）施工过程检查。混凝土结构施工过程中，应进行下列检查：模板及支架位置、尺寸；模板的变形和密封性；模板涂刷脱模剂及必要的表面湿润；模板内杂物清理；钢筋的规格、数量；钢筋的位置；混凝土保护层厚度；预埋件规格、数量、位置及固定。

3）拆除模板后检查。混凝土结构拆除模板后应进行下列检查：构件的轴线位置、标高、截面尺寸、表面平整度、垂直度；预埋件的数量、位置；构件的外观缺陷；构件的连接及构造做法；结构的轴线位置、标高、全高垂直度。

混凝土结构拆模后实体质量检查方法与判定，应符合现行国家标准《混凝土结构工程施工质量验收规范》（GB 50204—2015）的有关规定。

（2）模板工程施工质量检查

1）模板、支架杆件和连接件的进场检查。模板表面应平整；胶合板模板的胶合层不应脱胶翘角；支架杆件应平直，应无严重变形和锈蚀；连接件应无严重变形和锈蚀，并不应有裂纹；模板的规格和尺寸，支架杆件的直径和壁厚，及连接件的质量，应符合设计要求；施工现场组装的模板，其组成部分的外观和尺寸，应符合设计要求；必要时，应对模板、支架杆件和连接件的力学性能进行抽样检查；应在进场时和周转使用前全数检查外观质量。

2）模板安装后应检查尺寸偏差。固定在模板上的预埋件、预留孔和预留洞，应检查其数量和尺寸。

3）模板支架质量检查。采用扣件式钢管作模板支架时，质量检查应符合下列规定：梁下支架立杆间距的偏差不宜大于50mm，板下支架立杆间距的偏差不宜大于100mm；水平杆间距的偏差不宜大于50mm。应检查支架顶部承受模板荷载的水平杆与支架立杆连接的扣件数量，采用双扣件构造设置的抗滑移扣件，其上下应顶紧，间隙不应大于2mm。支架顶部承受模板荷载的水平杆与支架立杆连接的扣件拧紧力矩，不应小于40N·m，且不应大于65N·m；支架每步双向水平杆应与立杆扣接，不得缺失。

采用碗扣式、盘扣式或盘销式钢管架作模板支架时，质量检查应符合下列规定：插入立杆顶端可调托座伸出顶层水平杆的悬臂长度，不应超过650mm；水平杆杆端与立杆连接的碗扣、插接和盘销的连接状况，不应松脱。

（3）钢筋施工质量检查

1）力学性能和单位长度重量偏差。钢筋调直后，应检查力学性能和单位长度重量偏差。如采用无延伸功能的机械设备调直的钢筋，可不进行本条规定的检查。

2）钢筋加工尺寸偏差。钢筋加工后，应检查尺寸偏差；钢筋安装后，应检查品种、级别、规格、数量及位置。

3）钢筋连接。钢筋连接施工的质量检查应符合下列规定：钢筋焊接和机械连接施工前均应进行工艺检验。机械连接应检查有效的型式检验报告，钢筋焊接接头和机械连接接头应全数检查外观质量，搭接连接接头应抽检搭接长度，螺纹接头应抽检拧紧扭矩值。钢筋焊接施工中，焊工应及时自检。当发现焊接缺陷及异常现象时，应查找原因，并采取措施及时消除。施工中应检查钢筋接头百分率。应按现行行业标准《钢筋机械连接技术规程》（JGJ 107—2016）、《钢筋焊接及验收规程》（JGJ 18—2012）的有关规定抽取钢筋机械连接接头、焊接接头试件作力学性能检验。

四、施工要点与现场监督

1. 现浇混凝土结构施工要点

（1）准备工作

1）原材料要求。原材料选用对钢筋混凝土的强度、耐腐蚀性、耐久性都有直接影响。

在选用材料时，对工程的使用功能、地理环境、施工季节、施工现场条件作综合考虑，才能使钢筋混凝土工程达到设计要求和安全使用的目的。浇筑前除对作业人员再次进行浇筑工序、安全教育、技术要求交底外，检查钢筋绑扎数量与质量应与设计一致；检查止水条、止水带、模板数量并安装正确牢固；调配好施工配合比；检查设备器完好且处于正常情况；检查预埋件、预埋套管是否有错埋、漏埋，浇注范围内异物、积水应清除干净；若混凝土采用商品混凝土泵送浇灌，在输送管混凝土出口处加设布料软管。

2) 脚手架搭设。剪刀撑、拉结点等均应按要求设置。水平封闭：应从第一步起，每隔一步或二步，满铺脚手板或脚手笆，脚手板沿长向铺设，接头应重叠搁置在小横杆上，严禁出现空头板；从第二步至第五步，每步均需在外排立杆里侧设置1.00m高的防护样栏杆和挡脚板或设立网，防护杆（网）与立杆扣牢；第五步以上除设防护栏杆外，应全部设安全笆或安全立网；在沿街或居民密集区，则应从第二步起，外侧全部设安全笆或安全立网；脚手架搭设应高于建筑物顶端或操作面1.5m以上，并加设围护；搭设完毕的脚手架上的钢管、扣件、脚手板和连接点等不得随意拆除。

(2) 模板制作及安装

1) 模板制作及安装注意事项。模板制作安装的几何尺寸与标高应正确且结构合理；在安装梁的模板时，主次梁起拱高度不应大于1/1000；一般高层框架结构大部分采用钢模板。如模板量不足而采用木模板时，梁的底模可采用6cm厚白松或红松板材。

2) 模板安装检查。模板工程安装完毕后，技术员应在绑扎钢筋前用仪器检测、检查，对照施工图纸对梁、板、柱的几何尺寸、标高位置进行详尽检查。符合设计要求及确定支撑系统安全、稳定、刚度均符合施工质量要求，方可进入下一道工序。

(3) 钢筋工程　钢筋工序的施工方法和质量控制措施极为重要。钢筋工程施工除应遵照施工规范、规程的各项规定外，尚应注意以下几点：

1) 现浇梁板中主梁箍筋尺寸。在制作主梁箍筋高度时应考虑次梁、板受力筋的位置。如按主梁设计高度制作箍筋、次梁、板的主筋位置就会产生高度平移，影响次梁和板的保护层厚度，如保证次梁、板的保护层厚度势必加厚现浇混凝土厚度，增加恒载重量，造成工程浪费。

2) 钢筋绑扎焊接。宜采用Φ18钢筋头垫在主梁板底模上，顺梁底设置，长度应不大于主梁箍筋间距。主次梁主筋头应优先采用单面焊接，柱底主筋接头应优先考虑采用立式钢筋对焊接头技术。框架梁、板、柱主梁大部分为多跨连续梁，在绑扎钢筋时应事先将梁上部负弯矩筋预留振捣空隙，待混凝土浇筑至负弯矩筋下皮时再调整负筋位置，然后浇筑上面的混凝土。

在绑扎主筋时，应在柱顶混凝土施工缝以下5cm左右位置焊定位钢筋，以保证柱的主受力筋浇筑混凝土过程中不产生位移。在绑扎主梁钢筋以前，也应对柱子的主筋按轴线位置进行调整以保证上层结构柱钢筋的正确位置。

(4) 混凝土配制与浇筑

1) 混凝土试配工作是关键一步。在施工大型框架结构和大体积结构的混凝土时，应分别根据结构要求、结构形式和施工方法进行几种试配，从中选出最佳配合比。一般框架结构的混凝土强度设计均大于C20，粗骨料的选用和级配是否合理是水泥用量大小的关键。目前，市场供应的碎石大多属于单粒级配，因此应进行人工级配调整。一般高层框架结构因其使用要求高，抗震级别大，配筋较密，应选用 1~3cm 型号的碎石，同时配以人工级配 0.5~1.5cm 规格的碎石以降低粗骨料的空隙率。配合比一般采用 2/3 的 1~3cm 碎石和 1/3 的 0.5~1.5cm 碎石，可达到降低砂率、减少水泥用量的效果。

2）混凝土浇筑前准备。混凝土浇筑时为保证混凝土不产生离析，考虑在浇筑柱墙时设置串筒，减少混凝土自由下落高度，保证混凝土的质量。输送管线宜直，转弯宜缓，接头严密。泵送前先用适量的与混凝土内成分相同的水泥浆或砂浆润滑输送管内壁。混凝土泵送过程中，受料斗内应具有足够的混凝土，以防吸入空气产生阻塞。浇筑混凝土前，对模板内的杂物及钢筋上的油污须清理干净；对模板的缝隙和孔洞应予堵严；对木模板应浇水湿润，但不得有积水。浇筑混凝土前对施工缝进行冲洗，清除松散颗粒及杂物，但不能有积水，浇筑前应在施工缝上铺设 50mm 厚与混凝土级配相同的砂浆。

3）混凝土浇筑过程。混凝土浇筑过程中，设专人观察模板、支架、钢筋等情况，发现变形、移位时应及时采取措施进行处理。为避免浇筑混凝土的过程中，施工人员踩坏楼板钢筋，须设专人看护并修复钢筋。浇筑混凝土由一侧开始，先浇柱、墙，后浇梁、板。应在柱、墙浇筑完毕后，停歇 1~1.5h 再继续浇筑梁、板。浇筑时应分层浇筑分层振捣，施工程序和施工缝的留置应符合施工规范要求。严格控制楼板面高程，方法是利用仪器将控制点分别投到柱、墙插筋上，利用拉线法进行控制。混凝土随浇随捣随抹，一次性抹平压实。混凝土浇筑完楼板面及时覆盖草袋并洒水养护或者刷混凝土养护液。

2. 预制混凝土结构施工要点

预制装配式混凝土结构施工要点详见学习情境六装配式混凝土结构工程施工。本学习情境简单介绍要点。

（1）材料及制作

1）台座与模板。预制混凝土构件的制作，可以采用台座、钢平模和成组立模等方法。制作构件的场地应平整坚实，并有排水措施；台座表面应光滑平整，在 2m 长度上平整度的允许偏差为 3mm，在气温变化较大的地区应留有伸缩缝；制作预制混凝土构件时，应优先采用钢模板。

2）拆模强度。预制构件模板拆除时的混凝土强度，应符合施工详图的要求，当设计无具体要求时，应符合下列规定：侧模，在混凝土强度能保证构件不变形、棱角完整时，方可拆除；芯模或预留孔洞的内模，在混凝土强度能保证构件和孔洞表面不发生坍陷和裂缝后，方可拆除；底模，对跨度不大于 4m 的构件，在混凝土强度达到设计标号的 50% 以上时，方可拆模；对跨度大于 4m 的构件，在混凝土强度达到设计标号的 75% 以上时，方可拆模。

3）质量要求。构件不得影响结构性能或安装使用的外观缺陷；构件尺寸的允许偏差，当设计无具体要求，应符合规定；经检查合格的构件，应标注合格的印鉴。

（2）构件运输和堆放　构件运输时的混凝土强度，当设计无具体规定时，不应小于设计混凝土强度标准值的 75%。堆放构件的场地应平整坚实，并具有排水措施，堆放构件时应使构件与地面之间留有一定空隙；应根据构件的刚度及受力情况，确定构件平放或立放，并应保持稳定。

（3）构件安装

1）构件安装前，应在构件上标注中心线。同时，应用仪器校核支承结构和预埋件的标高和平面位置，并在支撑结构上标出中心线和标高，以保证准确地按施工详图所示的位置完成安装。

2）构件起吊应符合下列规定：构件应按施工详图规定的起吊位置进行起吊。起吊大型构件时，应设置临时联杆和横撑，以避免构件变形或损伤。如起吊方法与设计要求不同时，应验算构件在起吊过程所产生的内力能否符合要求。

3）构件安装就位后，应采取临时固定措施，以保证构件的稳定性。安装就位的构件，必须经过校正后，方可焊接或浇筑接头混凝土。根据需要焊接后方可再进行一次复查，并做好记录。

4）构件接头的焊接，应符合国家现行标准《钢结构工程施工规范》（GB 50755—2012）和《钢筋焊接及验收规程》（JGJ 18—2012）的规定，并经检查合格后，填写记录单。为防止混凝土在高温作用下遭受损伤，可采用间隔流水焊接或分层流水焊接的方法。

5）装配式结构中的接头和接缝，应用不低于构件标号的混凝土或砂浆填筑，并可采用快硬措施和补偿收缩混凝土，捣固密实。

3. 预应力混凝土结构施工要点

预应力商品混凝土结构施工前，施工单位应根据设计图纸，编制预应力施工方案。当设计图纸深度不具备施工条件时，预应力专业施工单位应将图纸进一步深化，预应力施工中需要控制以下几点。

（1）预应力筋制作与安装

1）预应力筋下料。长度应由计算确定（一般取下料长度＝孔道长度＋130cm），确保预加应力均匀一致；采用砂轮锯或切断机切断，不得采用电弧切割。

2）后张法有黏结预应力筋预留孔道。预留孔道的定位应准确、牢固；孔道应平顺通畅，端部的预埋垫板应垂直于孔道中心线；成孔用管道应密封良好，接头应严密不漏浆；在曲线孔道的曲线波峰位置应设置排气兼泌水管，灌浆孔及泌水管的孔径应能保证浆液通畅；固定成孔管道的钢筋马凳间距：对钢管不宜大于1.5m，对金属螺旋管及波纹管不宜大于1.0m，对胶管不宜大于0.5m，对曲线孔道宜适当加密。

3）预应力筋铺设。施工过程中防止电火花损伤预应力筋，对有损伤的预应力筋应予以更换。先张法预应力施工时应选用非油脂性的模板隔离剂，在铺设预应力筋时严禁隔离剂沾污预应力筋。在后张法施工中，对于浇筑商品混凝土前穿入孔道的预应力筋，应有防锈措施。无黏结预应力筋的护套应完整，局部破损处采用防水塑料胶带缠绕紧密修补好；无黏结预应力筋的定位应牢固，浇筑商品混凝土时不应出现移位和变形，端部的预埋垫板应垂直于预应力筋，内埋式固定端垫板不应重叠，锚具与垫块应贴紧。

（2）预应力筋张拉和放张

1）安装张拉设备时，直线预应力筋，应使张拉力的作用线与孔道中心线重合；曲线预应力筋，应使张拉力的作用线与孔道中心线末端的切线重合。

2）预应力筋张拉或放张时，当设计无要求时，不应低于设计的商品混凝土立方体抗压强度标准值的75%。

3）预应力筋的张拉力、张拉或放张顺序及张拉工艺应符合设计及施工技术方案的要求，并应符合下列规定：

① 当预应力筋是逐根或逐束张拉时，应保证各阶段不出现对结构不利的应力状态，同时宜考虑后批张拉预应力筋所产生的结构构件的弹性压缩对先批张拉预应力筋的影响，确定

张拉力。有黏结预应力筋张拉时应整束张拉，使其各根预应力筋同步受力，应力均匀。实际施工中有部分预应力损失，可采取超张拉方法抵消。

② 当采取超张拉方法减少预应力筋的松弛损失时，预应力筋的张拉顺序为：从零应力开始张拉至 1.05 倍预应力筋的张拉控制应力，持荷 2min 后，卸荷至预应力筋的张拉控制应力，或从应力为零开始张拉至 1.03 倍预应力筋的张拉控制应力。

③ 当采用应力控制方法张拉时，应校核预应力筋的伸长值，如实际伸长值比计算伸长值大于 10% 或小于 5%，应暂停张拉，在采取措施予以调整后，方可继续张拉。

（3）灌浆及封锚　孔道灌浆是在预应力筋处于高应力状态，对其进行永久性保护的工序，所以应在预应力筋张拉后尽早进行孔道灌浆，孔道内水泥浆应饱满、密实；张拉端锚具及外露预应力筋的封闭保护：锚具的封闭保护应符合设计要求。

任务拓展

1. 课外阅读《建筑施工脚手架安全技术统一标准》（GB 51210—2016）。
2. 课外阅读《混凝土结构工程施工规范》（GB 50666—2011）。
3. 课外阅读《混凝土结构工程施工质量验收规范》（GB 50204—2015）。

任务训练

1. 下面（　　）符合钢筋加工工艺流程。
A. 切断－弯折－除锈－调直　　　　B. 除锈－调直－切断－弯折
C. 冷拉－锚固－张放　　　　　　　D. 穿筋－冷拉－锚固－灌浆
2. 对于现浇混凝土结构，混凝土的养护时间一般为（　　）。
A. 3d　　　　B. 28h　　　　C. 14d　　　　D. 7d
3. 对混凝土拆模的要求中，下面说法正确的是（　　）。
A. 底模拆除混凝土强度达到设计强度 50%
B. 底模拆除混凝土强度达到设计强度 75%
C. 悬臂结构拆除侧模混凝土达到设计强度 100%
D. 侧模拆除混凝土强度达到设计强度 50%

任务小结

1. 根据施工技术交底与施工准备工作计划，混凝土结构工程施工前需要完成施工放样、施工机械、人力与运输等作业前的准备。
2. 混凝土结构工程施工的工艺流程主要包括：首先进行支模板，其次进行绑钢筋，然后浇筑混凝土，最后进行养护与拆模。同时，还包括脚手架搭设、混凝土制备、材料运输等辅助工作。
3. 施工检查与验收主要包括：原材料进场验收、现浇混凝土结构施工检查、预制混凝土结构施工检查、预应力混凝土施工检查等。
4. 施工要点与监督主要包括：现浇混凝土施工要点、预制混凝土结构施工要点与预应力混凝土施工要点。

工作任务 2　钢筋混凝土工程施工技术交底、计划与检查

知识点：
1. 混凝土工程施工技术交底。
2. 混凝土工程施工进度计划。
3. 混凝土工程质量检查。

能力（技能）点：
1. 能按照指定施工任务编制混凝土工程施工技术交底。
2. 能够按照已知工程量编制混凝土工程施工进度计划。
3. 能应用施工质量验收规范对混凝土工程进行质量检查，达到质量验收规范的要求。

任务实施

一、施工作业计划

1. 概述

混凝土工程施工作业计划一般以混凝土结构工程施工为对象，以月（旬）为时间单元，包括施工项目、作业方法、工序流程、进度安排（计划）、施工准备及资源准备、主要技术措施等内容，由施工员、技术员、安全员等施工现场中级岗位技术管理人员编制的具体实施性计划，是施工计划管理的重要组成部分。

混凝土工程施工作业进度计划一般是月（旬）计划，工期短、工序少，多采用横道图来表示施工进度计划，也可用双代号网络图、单代号网络图、时标网络图等施工进度计划表示方法进行编制。

2. 编制流程

混凝土工程施工进度计划的编制步骤流程一般包括：

（1）将施工任务划分施工过程　混凝土工程的施工过程划分一般包括：施工准备、支模板、绑钢筋、浇筑混凝土、养护与拆模等过程。不同混凝土构件的施工过程会有差异。混凝土工程施工过程划分的粗细程度及包括工作内容与设计图纸、施工过程实施班组等有关。

友情提示： 施工过程划分中可以综合混凝土养护、施工放样等，综合考虑脚手架搭设等辅助作业。

（2）将施工任务划分施工段（层）　根据工程特点与施工平面布置，将施工对象划分施工段。施工段的划分可以混凝土建筑的变形缝或以混凝土工程量基本相当为划分依据，按建筑层划分施工层。

（3）计算每个施工单元的工作量　施工段或施工层工程量的计算以施工过程为类别，工作内容以施工过程综合工作内容为依据，按施工定额等标准为依据计算每个施工单元的工程量。工程量的单位以综合施工过程中主体施工项目的单位为依据，混凝土工程一般以 m^3 为单位计算施工段范围施工对象的体积为该施工单位的工程量。钢筋工程一般以重量为单位

计算钢筋施工的工程量。模板工程一般以面积为单位计算工程量。

（4）计算混凝土施工过程在施工段上持续时间　根据混凝土施工机械台班产量、混凝土班组产量定额或消耗量定额确定每个施工过程在每个单元的持续时间。

案例小贴士：混凝土施工可选择单独的钢筋班组、模板班组与混凝土班组，也可能是混凝土混合班组。班组的形式与混凝土工程施工工程量有关。

（5）绘制混凝土工程施工进度计划　最后根据绘制规则及逻辑关系，采用横道图、双代号网络图、时标网络图等，绘制混凝土工程施工进度计划。

二、混凝土工程施工技术交底

1. 模板工程技术交底

（1）强制性条文　模板及支架应根据安装、使用和拆除工况进行设计，并应满足承载力、刚度和整体稳定性要求。

（2）主控项目

1）模板及支架用材料的技术指标应符合国家现行有关标准的规定。进场时应抽样检验模板和支架材料的外观、规格和尺寸；现浇混凝土结构模板及支架的安装质量，应符合国家现行有关标准的规定和施工方案的要求。检查数量：按国家现行相关标准的规定确定。检验方法：按国家现行有关标准的规定执行。

2）后浇带处的模板及支架应独立设置。支架竖杆和竖向模板安装在土层上时，应符合下列规定：土层应坚实、平整，其承载力或密实度应符合施工方案的要求；应有防水、排水措施；对冻胀性土，应有预防冻融措施；支架竖杆下应有底座或垫板。

（3）一般控制项目

1）模板安装质量应符合下列规定：模板的接缝应严密；模板内不应有杂物、积水或冰雪等；模板与混凝土的接触面应平整、清洁；用作模板的地坪、胎膜等应平整、清洁，不应有影响构件质量的下沉、裂缝、起砂或起鼓；对清水混凝土及装饰混凝土构件，应使用能达到设计效果的模板。

2）隔离剂的品种和涂刷方法应符合施工方案的要求。隔离剂不得影响结构性能及装饰施工；不得沾污钢筋、预应力筋、预埋件和混凝土接槎处；不得对环境造成污染；模板的起拱应符合现行国家标准《混凝土结构工程施工规范》（GB 50666—2011）的规定，并应符合设计及施工方案的要求。

3）现浇混凝土结构多层连续支模应符合施工方案的规定。上下层模板支架的竖杆宜对准。竖杆下垫板的设置应符合施工方案的要求；固定在模板上的预埋件和预留孔洞不得遗漏，且应安装牢固。有抗渗要求的混凝土结构中的预埋件，应按设计及施工方案的要求采取防渗措施。

4）预埋件和预留孔洞的位置应满足设计和施工方案的要求。现浇结构模板安装的尺寸偏差及检验方法应符合表 5-7 的规定。

2. 钢筋工程技术交底

（1）强制性条文

1）钢筋进场时，应按国家现行标准的规定抽取试件作屈服强度、抗拉强度、伸长率、弯曲性能和重量偏差检验，检验结果应符合相应标准的规定。

2）对按一、二、三级抗震等级设计的框架和斜撑构件（含梯段）中的纵向受力普通钢筋应采用 HRB400E、HRB500E、HRBF400E 或 HRBF500E 钢筋，其强度和最大力下总伸长率的实测值应符合下列规定：抗拉强度实测值与屈服强度实测值的比值不应小于1.25，屈服强度实测值与屈服强度标准值的比值不应大于1.30，最大力下总伸长率不应小于9%。

表 5-7　现浇结构模板安装的尺寸偏差及检验方法

项　目			允许偏差/mm	检验方法
轴线位置			5	尺量
底模上表面标高			±5	水准仪或拉线、尺量
模板内部尺寸	整体基础		±10	尺量
	梁、板、墙		±5	
	楼梯相邻踏步高差		5	
柱、墙垂直度	层高	≤6m	8	经纬仪或吊线、尺量
		>6m	10	
相邻模板表面高差			2	尺量
表面平整度			5	2m靠尺和塞尺量测

注：检查轴线位置当有纵横两个方向时，沿纵、横两个方向量测，并取其中偏差的较大值。

3）钢筋安装时，受力钢筋的牌号、规格和数量必须符合设计要求。

（2）主控项目

1）成型钢筋进场时，应抽取试件作屈服强度、抗拉强度、伸长率和重量偏差检验，检验结果应符合国家现行相关标准的规定。对由热轧钢筋制成的成型钢筋，当有施工单位或监理单位的代表驻厂监督生产过程，并提供原材钢筋力学性能第三方检验报告时，可仅进行重量偏差检验。

2）钢筋弯折的弯弧内直径应符合下列规定：光圆钢筋，不应小于钢筋直径的2.5倍；400MPa级带肋钢筋，不应小于钢筋直径的4倍；500MPa级带肋钢筋，当直径为28mm以下时不应小于钢筋直径的6倍，当直径为28mm及以上时不应小于钢筋直径的7倍；箍筋弯折处尚不应小于纵向受力钢筋的直径。

3）纵向受力钢筋的弯折后平直段长度应符合设计要求。光圆钢筋末端做180°弯钩时，弯钩的平直段长度不应小于钢筋直径的3倍。

4）箍筋、拉筋的末端应按设计要求作弯钩，并应符合下列规定：对一般结构构件，箍筋弯钩的弯折角度不应小于90°，弯折后平直段长度不应小于箍筋直径的5倍；对有抗震设防要求或设计有专门要求的结构构件，箍筋弯钩的弯折角度不应小于135°，弯折后平直段长度不应小于箍筋直径的10倍；梁、柱复合箍筋中的单肢箍筋两端弯钩的弯折角度均不应小于135°，弯折后平直段长度不应小于箍筋直径的5倍。

5）钢筋的连接方式应符合设计要求。钢筋采用机械连接或焊接连接时，钢筋机械连接接头、焊接接头的力学性能、弯曲性能应符合国家现行有关标准的规定。接头试件应从工程实体中截取。

6）钢筋应安装牢固。受力钢筋的安装位置、锚固方式应符合设计要求。

（3）一般控制项目

1）钢筋应平直、无损伤，表面不得有裂纹、油污、颗粒状或片状老锈；成型钢筋的外观质量和尺寸偏差应符合国家现行相关标准的规定；钢筋机械连接套筒、钢筋锚固板以及预埋件等的外观质量应符合国家现行相关标准的规定；钢筋加工的形状、尺寸应符合设计要求，其偏差应符合表5-8的规定。

表5-8 钢筋加工的允许偏差

项　　目	允许偏差/mm
受力钢筋沿长度方向的净尺寸	±10
弯起钢筋的弯折位置	±20
箍筋外廓尺寸	±5

2）钢筋接头的位置应符合设计和施工方案要求。有抗震设防要求的结构中，梁端、柱端箍筋加密区范围内不应进行钢筋搭接。接头末端至钢筋弯起点的距离不应小于钢筋直径的10倍；钢筋机械连接接头、焊接接头的外观质量应符合现行行业标准《钢筋机械连接技术规程》（JGJ 107—2016）和《钢筋焊接及验收规程》（JGJ 18—2012）的规定。

3）当纵向受力钢筋采用机械连接接头或焊接接头时，同一连接区段内纵向受力钢筋的接头面积百分率应符合设计要求；当设计无具体要求时，应符合下列规定：受拉接头，不宜大于50%；受压接头，可不受限制；直接承受动力荷载的结构构件中，不宜采用焊接；当采用机械连接时，不应超过50%。

友情提示：接头连接区段是指长度为35d且不小于500mm的区段，d为相互连接的两根钢筋的直径较小值。

4）同一连接区段内纵向受力钢筋接头面积百分率为接头中点位于该连接区段内的纵向受力钢筋截面面积与全部纵向受力钢筋截面面积的比值；当纵向受力钢筋采用绑扎搭接接头时，接头的设置应符合下列规定：接头的横向净间距不应小于钢筋直径，且不应小于25mm；同一连接区段内，纵向受拉钢筋的接头面积百分率应符合设计要求；当设计无具体要求时，应符合下列规定：梁类、板类及墙类构件，不宜超过25%；基础筏板，不宜超过50%；柱类构件，不宜超过50%；当工程中确有必要增大接头面积百分率时，对梁类构件，不应大于50%。

友情提示：接头连接区段是指长度为1.3倍搭接长度的区段。搭接长度取相互连接两根钢筋中较小直径计算；同一连接区段内纵向受力钢筋接头面积百分率为接头中点位于该连接区段长度内的纵向受力钢筋截面面积与全部纵向受力钢筋截面面积的比值。

5）梁、柱类构件的纵向受力钢筋搭接长度范围内箍筋的设置应符合设计要求。当设计无具体要求时，应符合下列规定：箍筋直径不应小于搭接钢筋较大直径的1/4；受拉搭接区段的箍筋间距不应大于搭接钢筋较小直径的5倍，且不应大于100mm；受压搭接区段的箍筋间距不应大于搭接钢筋较小直径的10倍，且不应大于200mm；当柱中纵向受力钢筋直径大于25mm时，应在搭接接头两个端面外100mm范围内各设置两道箍筋，其间距宜为50mm。

6）钢筋安装偏差及检验方法应符合表5-9的规定，受力钢筋保护层厚度的合格点率应达到90%及以上，且不得有超过表中数值1.5倍的尺寸偏差。

3. 混凝土工程技术交底

（1）强制性条文

1）水泥进场时，应对其品种、代号、强度等级、包装或散装编号、出厂日期等进行检查，并应对水泥的强度、安定性和凝结时间进行检验，检验结果应符合现行国家标准《通用硅酸盐水泥》（GB 175—2007）的相关规定。

表5-9 钢筋安装偏差及检验方法

项　　目		允许偏差	检验方法
绑扎钢筋网	长宽	±10mm	尺量
	网眼尺寸	±20mm	连续三档取最大值
绑扎钢筋骨架	长	±10mm	尺量
	宽高	±5mm	
纵向受力钢筋	锚固长度	−20mm	尺量
	间距	±10mm	
	排距	±5mm	
纵向受力钢筋、箍筋的保护层厚度	基础	±10mm	尺量
	梁柱	±5mm	
	板、墙、壳	±3mm	
绑扎箍筋、横向钢筋间距		±20mm	尺量
钢筋起弯点位置		20mm	尺量
预埋件	中心线位置	5mm	尺量
	水平高差	+3mm，0	塞尺量测

2）混凝土的强度等级必须符合设计要求。用于检验混凝土强度的试件应在浇筑地点随机抽取。

（2）主控项目

1）混凝土外加剂进场时，应对其品种、性能、出厂日期等进行检查，并应对外加剂的相关性能指标进行检验，检验结果应符合现行国家标准《混凝土外加剂》（GB 8076—2008）和《混凝土外加剂应用技术规范》（GB 50119—2013）等的规定。

2）预拌混凝土进场时，其质量应符合现行国家标准《预拌混凝土》（GB/T 14902—2012）的规定。

3）混凝土拌合物不应离析；混凝土中氯离子含量和碱总含量应符合现行国家标准《混凝土结构设计规范》（GB 50010—2010）（2015年版）的规定和设计要求；首次使用的混凝土配合比应进行开盘鉴定，其原材料、强度、凝结时间、稠度等应满足设计配合比的要求。

4）现浇结构的外观质量不应有严重缺陷。对已经出现的严重缺陷，应由施工单位提出技术处理方案，并经监理单位认可后进行处理；对裂缝或连接部位的严重缺陷及其他影响结构安全的严重缺陷，技术处理方案尚应经设计单位认可。对经处理的部位应重新验收。

5）现浇结构不应有影响结构性能或使用功能的尺寸偏差；混凝土设备基础不应有影响结构性能和设备安装的尺寸偏差。对超过尺寸允许偏差且影响结构性能和安装、使用功能的部位，应由施工单位提出技术处理方案，经监理、设计单位认可后进行处理。

（3）一般项目

1）混凝土用矿物掺合料进场时，应对其品种、技术指标、出厂日期等进行检查，并应对矿物掺合料的相关技术指标进行检验，检验结果应符合国家现行有关标准的规定；混凝土原材料中的粗骨料、细骨料质量应符合现行行业标准《普通混凝土用砂、石质量及检验方法标准》（JGJ 52—2006）的规定，再生混凝土骨料应符合现行国家标准《混凝土用再生粗骨料》（GB/T 25177—2010）和《混凝土和砂浆用再生细骨料》（GB/T 25176—2010）的规定。

2）混凝土拌合物稠度应满足施工方案的要求。每拌制 100 盘且不超过 $100m^3$ 时，取样不得少于一次；每工作班拌制不足 100 盘时，取样不得少于一次；每次连续浇筑超过 $1000m^3$ 时，每 $200m^3$ 取样不得少于一次。

3）混凝土有耐久性指标要求时，应在施工现场随机抽取试件进行耐久性检验，其检验结果应符合国家现行有关标准的规定和设计要求；混凝土有抗冻要求时，应在施工现场进行混凝土含气量检验，其检验结果应符合国家现行有关标准的规定和设计要求。

4）后浇带的留设位置应符合设计要求。后浇带和施工缝的留设及处理方法应符合施工方案要求；混凝土浇筑完毕后应及时进行养护，养护时间以及养护方法应符合施工方案要求。现浇结构的外观质量不应有一般缺陷，对已经出现的一般缺陷，应由施工单位按技术处理方案进行处理。对经处理的部位应重新验收。现浇结构的位置、尺寸偏差及检验方法应符合表 5-10 的规定。

表 5-10 现浇结构的位置、尺寸偏差及检验方法

项	目		允许偏差/mm	检验方法
轴线位置	整体基础		15	经纬仪和尺量
	独立基础		10	
	梁、板、墙		8	
垂直度	层高	≤6m	10	经纬仪或吊线、尺量
		>6m	12	
	全高 H	≤300m	$H/30000+20$	经纬仪和尺量
		>300m	$H/10000$，且≤80	
标高	层高		±10	经纬仪或拉线和尺量
	全高		±30	经纬仪或拉线和尺量
截面尺寸	基础		+15，-10	尺量
	梁、墙、板、柱		+10，-5	
	楼梯相邻踏步高差		6	
电梯井	中心位置		10	
	长宽尺寸		+25，0	

三、施工质量检查

1. 模板工程施工质量检查

（1）进场检查 模板、支架杆件和连接件的进场检查，应符合下列规定：模板表面应平整；胶合板模板的胶合层不应脱胶翘角；支架杆件应平直，应无严重变形和锈蚀；连接件应无严重变形和锈蚀，并不应有裂纹；模板的规格和尺寸，支架杆件的直径和壁厚，及连接件的质量，应符合设计要求；施工现场组装的模板，其组成部分的外观和尺寸，应符合设计要求；必要时，应对模板、支架杆件和连接件的力学性能进行抽样检查；应在进场时和周转

使用前全数检查外观质量。

（2）安装尺寸检查　模板安装后应检查尺寸偏差。固定在模板上的预埋件、预留孔和预留洞，应检查其数量和尺寸。

（3）支架质量检查

1）扣件式钢管支架。采用扣件式钢管作模板支架时，质量检查应符合下列规定：梁下支架立杆间距的偏差不宜大于50mm，板下支架立杆间距的偏差不宜大于100mm；水平杆间距的偏差不宜大于50mm；应检查支架顶部承受模板荷载的水平杆与支架立杆连接的扣件数量，采用双扣件构造设置的抗滑移扣件，其上下应顶紧，间隙不应大于2mm；支架顶部承受模板荷载的水平杆与支架立杆连接的扣件拧紧力矩，不应小于40N·m，且不应大于65N·m；支架每步双向水平杆应与立杆扣接，不得缺失。

2）其他扣件钢管支架。采用碗扣式、盘扣式或盘销式钢管架作模板支架时，质量检查应符合下列规定：插入立杆顶端可调托座伸出顶层水平杆的悬臂长度，不应超过650mm；水平杆杆端与立杆连接的碗扣、插接或盘销的连接状况，不应松脱；按规定设置的竖向和水平斜撑。

2. 钢筋工程施工质量检查

（1）钢筋进场质量检查

1）钢筋进场检查应符合下列规定：应检查钢筋的质量证明文件；应按国家现行有关标准的规定抽样检验屈服强度、抗拉强度、伸长率、弯曲性能及单位长度重量偏差；经产品认证符合要求的钢筋，其检验批量可扩大一倍；在同一工程中，同一厂家、同一牌号、同一规格的钢筋连续三次进场检验均一次检验合格时，其后的检验批量可扩大一倍；钢筋的外观质量满足要求；当无法准确判断钢筋品种、牌号时，应增加化学成分、晶粒度等检验项目。

2）成型钢筋进场时，应检查成型钢筋的质量证明文件、成型钢筋所用材料质量证明文件及检验报告，并应抽样检验成型钢筋的屈服强度、抗拉强度、伸长率和重量偏差。检验批量可由合同约定，同一工程、同一原材料来源、同一组生产设备生产的成型钢筋，检验批量不宜大于30t。

（2）钢筋加工质量检查　钢筋调直后，应检查力学性能和单位长度重量偏差；但采用无延伸功能的机械设备调直的钢筋，可不进行检查；钢筋加工后，应检查尺寸偏差；钢筋安装后，应检查品种、级别、规格、数量及位置。

（3）钢筋连接施工质量检查　钢筋连接施工的质量检查应符合下列规定：钢筋焊接和机械连接施工前均应进行工艺检验。机械连接应检查有效的型式检验报告。钢筋焊接接头和机械连接接头应全数检查外观质量，搭接连接接头应抽检搭接长度。螺纹接头应抽检拧紧扭矩值。施工中应检查钢筋接头百分率。应按现行行业标准《钢筋机械连接技术规程》（JGJ 107—2016）、《钢筋焊接及验收规程》（JGJ 18—2012）的有关规定抽取钢筋机械连接接头、焊接接头试件作力学性能检验。

3. 混凝土工程施工质量检查

（1）原材料进场检查

1）水泥进场检查。应对水泥的强度、安定性及凝结时间进行检验。同一生产厂家、同一等级、同一品种、同一批号且连续进场的水泥，袋装水泥不超过200t应为一批，散装水泥不超过500t应为一批。

2)骨料进场检查。应对粗骨料的颗粒级配、含泥量、泥块含量、针片状含量指标进行检验,压碎指标可根据工程需要进行检验,应对细骨料颗粒级配、含泥量、泥块含量指标进行检验。当设计文件有要求或结构处于易发生碱骨料反应环境中时,应对骨料进行碱活性检验。抗冻等级 F100 及以上的混凝土用骨料,应进行坚固性检验。骨料不超过 400m³ 或 600t 为一检验批。

3)掺合料与外加剂进场检查。应对矿物掺合料细度(比表面积)、需水量比(流动度比)、活性指数(抗压强度比)、烧失量指标进行检验。粉煤灰、矿渣粉、沸石粉不超过 200t 应为一检验批,硅灰不超过 30t 应为一检验批。应按外加剂产品标准规定对其主要匀质性指标和掺外加剂混凝土性能指标进行检验。同一品种外加剂不超过 50t 应为一检验批。

(2)混凝土生产过程质量检查

1)原料与施工配合比一致性检查。生产前应检查混凝土所用原材料的品种、规格是否与施工配合比一致。在生产过程中应检查原材料实际称量误差是否满足要求,每一工作班应至少检查 2 次;生产前应检查生产设备和控制系统是否正常、计量设备是否归零;混凝土拌合物的工作性检查每 100m³ 不应少于 1 次,且每一工作班不应少于 2 次,必要时可增加检查次数。

2)预拌混凝土检查。采用预拌混凝土时,供方应提供混凝土配合比通知单、混凝土抗压强度报告、混凝土质量合格证和混凝土运输单;当需要其他资料时,供需双方应在合同中明确约定。预拌混凝土质量控制资料的保存期限,应满足工程质量追溯的要求。

3)混凝土拌合物质量检查。应对混凝土坍落度、维勃稠度进行质量检查。坍落度和维勃稠度的检验方法,应符合现行国家标准《普通混凝土拌合物性能试验方法标准》(GB/T 50080—2016)的有关规定;坍落度、维勃稠度的允许偏差应符合表 5-11 的规定;预拌混凝土的坍落度检查应在交货地点进行;坍落度大于 220mm 的混凝土,可根据需要测定其坍落扩展度,扩展度的允许偏差为 ±30mm。

表 5-11 混凝土坍落度、维勃稠度的允许偏差

坍落度/mm			
设计值/mm	≤40	50~90	≥100
允许偏差/mm	±10	±20	±30
维勃稠度/s			
设计值/s	≥11	10~6	≤5
允许偏差/s	±3	±2	±1

(3)现浇混凝土结构施工质量检查

1)一般要求。混凝土结构施工的质量检查的频率、时间、方法和参加检查的人员,应根据质量控制的需要确定。施工单位应对完成施工的部位或成果的质量进行自检,自检应全数检查。混凝土结构施工质量检查应做出记录;返工和修补的构件,应有返工修补前后的记录,并应有图像资料。已经隐蔽的工程内容,可检查隐蔽工程验收记录。需要对混凝土结构的性能进行检验时,应委托有资质的检测机构检测,并应出具检测报告。

混凝土浇筑前应检查混凝土送料单,核对混凝土配合比,确认混凝土强度等级,检查混凝土运输时间,测定混凝土坍落度,必要时还应测定混凝土扩展度。

2)施工过程检查。混凝土结构施工过程中,应进行下列检查:模板及支架位置、尺

寸；模板的变形和密封性；模板涂刷脱模剂及必要的表面湿润；模板内杂物清理；钢筋的规格、数量，钢筋的位置，钢筋的保护层厚度，预埋件规格、数量、位置及固定；混凝土拌合物的坍落度、入模温度等；大体积混凝土的温度测控措施；混凝土施工中混凝土输送、浇筑、振捣等；混凝土浇筑时模板的变形、漏浆等；混凝土浇筑时钢筋和预埋件位置；混凝土试件制作；混凝土养护等。

3）拆除模板后检查。混凝土结构拆除模板后应进行下列检查：构件的轴线位置、标高、截面尺寸、表面平整度、垂直度；预埋件的数量、位置；构件的外观缺陷；构件的连接及构造做法；结构的轴线位置、标高、全高垂直度。

混凝土结构拆模后实体质量检查方法与判定，应符合现行国家标准《混凝土结构工程施工质量验收规范》（GB 50204—2015）等的有关规定。

任务拓展

1. 课外阅读《混凝土结构工程施工质量验收规范》（GB 50204—2015）、《混凝土结构工程施工规范》（GB 50666—2011）、《建筑施工组织设计规范》（GB/T 50502—2009）、《建设工程项目管理规范》（GB/T 50326—2017）。
2. 熟悉混凝土工程施工技术交底相关内容：模板工程施工技术交底、钢筋工程施工技术交底、混凝土工程施工技术交底等。
3. 熟悉混凝土工程施工质量检查相关内容：模板工程施工质量检查、钢筋工程施工质量检查、混凝土工程施工质量检查、预应力工程施工质量检查等。
4. 熟悉混凝土工程冬雨季施工措施与施工方案。
5. 熟悉高大模板工程专项施工方案、大体积混凝土专项施工方案。

任务训练

1. 混凝土工程施工质量检查中，（　　）不属于施工过程的施工质量检查。
   A. 入模温度　　　B. 坍落度　　　C. 钢筋与预埋件位置　　　D. 水泥体积安定性
2. 混凝土工程施工进度计划编制中，（　　）是施工进度计划编制第一步。
   A. 划分施工段　　B. 计算工程量　　C. 计算持续时间　　　D. 划分施工过程
3. 在混凝土工程施工技术交底中，（　　）属于混凝土工程施工技术交底的主要内容。
   A. 施工进度安排　B. 劳动力准备　　C. 强制性条文　　　　D. 安全技术措施

任务小结

1. 根据施工任务，混凝土工程施工作业计划重点是施工进度计划。主要内容包括：划分施工过程、划分施工段、计算工程量、计算持续时间、绘制施工进度计划。
2. 根据施工作业计划，编制混凝土工程施工技术交底，主要内容包括：强制性条文、施工要点与质量要求。混凝土工程施工技术交底一般分为模板工程施工技术交底、钢筋工程施工技术交底、混凝土工程施工技术交底等。
3. 混凝土工程施工质量检查与验收一般包括：模板工程施工质量检查与验收、钢筋工程施工质量检查与验收、混凝土施工质量检查与验收等，主要内容包括原材料检查、主控项目与一般控制项目要求。

学习情境五 钢筋混凝土工程施工

工作任务 3　钢筋混凝土工程质量验收与评审

知识点：
1. 混凝土工程质量验收。
2. 混凝土工程施工。
3. 混凝土工程质量评审。

能力（技能）点：
1. 能根据给定施工任务，对混凝土工程进行质量创优施工指导。
2. 能根据给定施工任务，编制混凝土工程施工方案。
3. 能根据给定施工任务，组织相关责任单位进行混凝土工程项目验收工作。
4. 能根据给定施工任务，对混凝土工程施工方案进行审核评定。

任务实施

一、混凝土结构工程施工方案

根据《混凝土结构工程施工规范》（GB 50666—2011）第 3.1.5 条规定，施工单位应根据设计文件和施工组织设计的要求制定具体的施工方案，并应经监理单位审核批准后组织实施。

1. 施工方案内容

混凝土结构工程施工方案的主要内容包括：工程概况、编制依据、施工准备、施工工艺及施工要点、主要技术措施（工期、质量、安全、环境、冬雨季施工等）等。

友情提示： 施工方案的内容将依据编制对象的不同略有差异，重点内容是施工工艺及施工要点。复杂结构的施工方案除施工工艺与施工要点外，还应包括施工部署及施工进度计划、绿色施工、安全施工、脚手架工程等。模板工程施工、钢筋工程施工及混凝土工程施工应编制专项施工方案。滑模、爬模等工具式模板工程及高大模板支架工程的专项施工方案，应进行技术论证。

2. 工程概况与编制依据

（1）工程概况　混凝土结构工程概况除介绍工程名称、规模、性质及用途等基本情况与建筑层数、建筑面积、结构形式等工程技术参数外，应重点介绍工程结构特点与工程施工特点。工程特点的分析是施工方案确定的重要依据。

（2）编制依据　混凝土结构工程施工方案编制依据主要包括：混凝土结构设计施工图、建筑施工图、建筑详图及图集等设计图纸，单位工程施工进度计划，单位工程施工方案等；技术规范与标准，主要包括：《混凝土结构工程施工质量验收规范》（GB 50204—2015）、《混凝土结构工程施工规范》（GB 50666—2011）、《混凝土结构设计规范》（GB 50010—2010）（2015 年版）、《建筑工程施工质量验收统一标准》（GB 50300—2013）、《建筑工程绿色施工规范》（GB/T 50905—2014）、《工程测量标准》（GB 50026—2020）等；类似项目的混凝土工程施工方案、技术交底与单位工程施工组织设计等。

3. 施工准备与施工进度计划

（1）混凝土工程施工技术准备　熟悉审核各方案提供的有关图纸资料，参阅有关施工工艺；掌握施工要领，明确施工顺序；学习规范与操作规范，进行安全、技术交底；编制施工进度计划与施工准备工作计划等技术文件。

（2）混凝土工程施工资源准备

1）材料及预制构件准备。依据施工进度计划与施工准备工作计划，准备混凝土工程原材料（模板、钢筋及混凝土材料等）并安排进场，准备混凝土工程中预制混凝土构件并安排进场。

友情提示：原材料及预制构件准备应按材料及预制构件计划要求的数量、质量及时间安排进场，并按要求进行混凝土工程材料进场验收。

2）施工机具准备。依据混凝土工程施工进度计划与施工准备工作计划，准备混凝土工程施工机具。混凝土工程施工机具一般包括混凝土搅拌机及起重机械、混凝土泵、混凝土振捣机具、模板加工机具、钢筋加工机具等施工机械。

3）劳动力资源准备。依据施工进度计划编制劳动力资源准备计划，并依据准备计划准备施工需要的混凝土工人（包括钢筋工、模板工及混凝土工）及辅助工程劳动力（架子工、机械操作工、测量工）等劳动力资源。

（3）混凝土工程施工现场准备

1）测量放线。施工前按装饰工程要求放好混凝土墙柱等位置线、门窗洞口位置线，验线须符合图纸设计要求，并预检合格。按模板、钢筋等施工操作需要，根据结构50线，用水平管找好标高；在转角处、楼梯间及内墙交接处立好皮数杆。

2）操作面清理。混凝土施工面部位的灰渣、杂物清除干净，并浇水湿润。

3）现场平面布置。施工现场平面布置包括：建筑材料堆场位置设计，大型施工机具的布置（如起重设施的布置）与现场临时设施的布置。

友情提示：施工现场平面布置应符合安全施工要求与绿色施工要求，如现场布置应满足建筑防火要求，绿色施工的集水及污水处理设施除满足技术要求外应满足施工现场平面布置要求。

4. 混凝土工程施工工艺及施工要点

（1）施工顺序与施工特点　混凝土工程基本施工工序为：施工准备→支设模板→绑扎钢筋→浇筑混凝土→拆模及养护。不同构件的支设模板与绑扎钢筋的顺序不一定相同，一般墙柱构件先绑扎钢筋后支设模板，梁板构件则先支设模板后绑扎钢筋。

1）施工准备。混凝土工程施工准备主要包括材料准备、技术准备、劳动力准备与施工现场准备。特别是施工现场准备，包括施工测量放线、脚手架支设及施工机具的准备等。

2）模板施工工艺顺序。模板工程基本工艺顺序：模板选型→模板组配→模板支设→混凝土浇筑振捣→拆模。

墙柱模板支设施工顺序：架子→第一段模板安装就位→检查对角线、竖直和位置，安装柱箍→第二、三段模板及柱箍安装→安装有梁口的柱模板→全面校正检查→群体固定。

梁模板支设施工顺序：弹出梁轴线及水平线并复核→搭设梁模支架→安装梁底模龙骨或梁卡具→安装梁底模板→梁底起拱→绑扎梁钢筋→安装梁侧模→安装上下锁口龙骨、斜龙骨及腰龙骨和对拉螺栓→复核梁模尺寸、位置→与相邻模板连接牢固。

楼板模板支设施工工艺：搭设支架→安装主次龙骨→调整楼板下皮标高及起拱→铺设楼

板模板→检查模板上皮标高、平整度。

友情提示：模板选型与模板组配属于模板设计的内容，对高大模板或复杂模板设计还应进行荷载计算与结构验算。

3）钢筋施工工艺顺序。钢筋工程基本施工顺序：原材料进场检验与验收→钢筋配料→钢筋除锈→钢筋调直→钢筋切断→钢筋弯折→钢筋安装与连接。

板筋施工工艺顺序：清理模板杂物→在模板上划主筋、分布筋间距线→先放主筋后放分布筋→下层筋绑扎→上层筋绑扎→放置马凳筋及垫块。

柱筋施工工艺顺序：套柱箍筋→竖向钢筋接长→划箍筋间距线→绑箍筋（拉筋）→布第二道卡位钢筋→（绑梁板筋）→布第一道卡位钢筋。

梁筋施工工艺顺序：支梁底模及1/2侧模→在底模划箍筋间距线→主筋穿好箍筋，按已计划好的间距逐个分开→固定弯起筋及主筋→穿次梁弯起筋及主筋并绑好箍筋→放主筋架立筋、次梁架立筋→隔一定间距将梁底主筋与箍筋绑住→绑架立筋→再绑主筋→放置保护层垫块→封闭另1/2侧模。

墙板筋施工工艺顺序：墙体弹线→剔凿墙体混凝土浮浆→修理预留搭接钢筋→绑扎纵向钢筋→绑扎水平钢筋→绑扎拉筋或支撑。

4）混凝土施工工艺顺序。混凝土施工基本顺序：混凝土制备→混凝土运输→混凝土浇筑→混凝土振捣→混凝土养护。

友情提示：对大体积混凝土施工过程中要注意温度的监控，防止混凝土内外温差超过25℃；对冬期施工过程中，混凝土拌合物入模温度不宜低于5℃。

（2）施工要点

1）施工放线。设置基准控制线：在主体结构的楼板面设置基准控制线，弹放混凝土墙柱控制线或辅助控制线；设置施工控制线，由基准控制线，引出构件轴线、边线，并距离墙体边线70mm引出检测和恢复控制线，由主体墙柱的水平控制线标记到四个墙角，以便控制水平标高；在混凝土墙面或柱面标出管线安装准确位置，作为线管定位线。

2）模板支设与拆除。柱模板根部要用水泥砂浆堵严，防止跑浆。柱模板的浇筑口和清扫口，在配模时应一并考虑留出。梁柱模板分两次支设时，对于柱子，混凝土浇筑达到拆模强度时拆下部模板，最上一段柱模先保留不拆，以便与梁模板连接；复核梁底标高，校正轴线位置无误后，搭设和调平梁模支架，安装水平拉杆和剪刀撑，固定楞条和梁卡具，再在模楞上铺设梁底板，用钩头螺栓与楞条固定，拼接角模，然后绑扎梁钢筋，安装并固定两侧模板，插入对拉螺杆拧紧，最后调整梁平直；楼板铺设模板先与柱模连接，然后向跨中铺设平模，相邻两块模板用木枋龙骨连接，最后对于不够模数的模板和窄条缝，采用拼缝模板或木方嵌补，但拼缝应严密；非承重侧模应能保证混凝土表面及棱角不受损坏时（大于1N/mm²）方可拆除；承重模板按《混凝土结构工程施工质量验收规范》（GB 50204—2015）有关规定进行。模板拆除的顺序和方法，应按照先支后拆、后支先拆、先非承重部位后承重部位以及自上而下的原则进行。

3）钢筋加工与安装：

① 基础钢筋绑扎与安装。基础钢筋绑扎成型全面加固完毕后，先在钢筋面层上投线并放出柱插筋的位置。插筋施工时先在基础面层钢筋上点焊定位箍。插筋按照定拉箍的位置进行插设后，将定位箍与基础钢筋网点焊牢固，并在插筋伸出以上部位绑扎二道定位箍筋或水平筋。

② 柱钢筋绑扎与安装。在每施工层楼板结构标高以上100mm布设一道卡位钢筋，在浇

筑板混凝土之前套上卡位钢筋，待绑扎柱筋之前取下卡位筋周转使用；按图纸要求间距，计算好每根柱箍筋数量，先将箍筋套在下层伸出的竖向钢筋上，然后立竖向钢筋；柱子竖向钢筋直径≥16mm采用电渣压力焊接头，其余采用绑扎接头，位置按图纸及规范要求。连接时设专人负责，由专业操作人员连接。柱筋均在施工层的上一层留1000mm和2000mm长的柱子纵向筋，连接接头相互错开1000mm；在立好的柱子竖向钢筋上，按图纸要求用粉笔划箍筋间距线；箍筋的接头要交错排列垂直放置；箍筋转角与竖向钢筋交叉点均要扎牢（箍筋平直部分与竖向钢筋交叉点可每隔一根互成梅花式扎牢）。绑扎箍筋时，铁丝扣要相互成八字形绑扎；柱筋保护层按设计要求30mm，采用塑料卡作为保护层，根据不同钢筋直径与厂家直接定做，可以保证尺寸完全统一且控制在保护层允许的偏差范围之内。把塑料卡卡在外竖筋上，间距1000mm。

③ 梁钢筋绑扎与安装。梁的纵向主筋直径≥18mm采用电弧单面焊连接，其余采用绑扎接头，梁的受拉钢筋接头位置不能在箍筋范围内，应在跨中区（跨中1/3处）、受压钢筋接头应在支座处，接头位置应相互错开，在受力钢筋35d区段内（且不小于500mm），有绑扎接头的受力钢筋截面面积占受力钢筋总截面面积百分率，在受拉区不得超过25%，受压区不得超过50%；在完成梁底模板及1/2侧模通过质检员验收后，即施工梁钢筋，按图纸要求先放置纵筋再套外箍，梁中箍筋应与主筋垂直，箍筋的接头应交错布置，箍筋转角与纵向钢筋的交叉点均应扎牢。箍筋弯钩的叠合处，在梁中应交错绑扎。梁筋绑扎同时，木工可跟进封梁侧模；主次梁同时配合进行，主梁的纵向受力钢筋在同一高度遇有次梁、边梁（圈梁）时，必须支撑在次梁或边梁受力钢筋之上，主筋两端的搁置长度应保持均匀一致，次梁的纵向受力钢筋应支承在主梁的纵向受力钢筋上。

④ 板钢筋绑扎与安装。绑扎钢筋前应修整模板，将模板上垃圾杂物清扫干净，在平台底板上用墨线弹出控制线，并用红油漆或粉笔在模板上标出每根钢筋的位置；按划好的钢筋间距，先排放受力主筋，后放分布筋，预埋件、电线管、预留孔等同时配合安装并固定。待底排钢筋、预埋管件及预埋件就位后交质检员复查，再清理场面后，方可绑扎上排钢筋；钢筋采用绑扎搭接，下层筋不得在跨中搭接，上层筋不得在支座处搭接，搭接处应在中心和两端绑牢，Ⅰ级钢筋绑扎接头的末端应做180°弯钩；板钢筋网的绑扎施工时，四周两行交叉点应每点扎牢，中间部分每隔一根相互成梅花式扎牢，双向主筋的钢筋必须将全部钢筋相互交叉扎牢，邻绑扎点的铁丝扣要成八字形绑扎（右左扣绑扎）。下层180°弯钩的钢筋弯钩向上；上层钢筋90°弯钩朝下布置。为保证上下层钢筋位置的正确和两层间距离，上下层筋之间用凳筋架立；板、次梁与主梁交叉处，板的钢筋在上，次梁的钢筋在中层，主梁的钢筋在下，当有圈梁或垫梁时，主梁钢筋在上；板按1m的间距放置垫块，梁底及两侧每1m均在各面垫上两块塑料垫块。

4）混凝土施工工艺要点。浇筑混凝土采用泵送，柱分层浇筑，分层振捣，每个施工流水段一次连续浇捣完毕；在板与柱相交处设置水平施工缝。均匀下灰，分层浇捣，每层厚度不超过50cm，采用插入式振捣器振捣；浇筑时特别注意柱插筋的位置，防止下灰及振捣造成倾斜及移位；混凝土终凝前对柱子插筋位置进行复核，发现位移倾斜及时纠正；浇筑完毕表面硬化后立即覆盖塑料布养护保水，使混凝土始终保持湿润，养护时间不少于7～14d。

5. 质量检查与质量要求

（1）质量检查

1）主控项目。模板及支架的材料与安装质量、后浇带处模板及支架、支架竖杆和竖向模板安装；钢筋材料进场检验、抗震框架纵向钢筋的强度和伸长率、钢筋弯折弯钩和平直段、盘圆钢筋调直、钢筋的连接方式检查、接头力学性能、受力钢筋安装检查；水泥及外加剂材料检查、预拌混凝土检查、混凝土拌合物检查、氯离子和碱含量检查、配合比检查、混凝土强度检查。

2）一般项目。模板安装质量、隔离剂、模板起拱、多层连续支模、预埋件和预留孔洞、安装尺寸偏差；钢筋外观质量和尺寸偏差、连接套筒/锚固板/预埋件外观质量、钢筋加工尺寸及允许偏差、钢筋接头位置、钢筋接头外观质量、钢筋接头面积比、纵向钢筋绑扎接头、搭接范围箍筋设置、钢筋安装偏差；矿物掺和量、粗骨料、细骨料、混凝土拌制及养护用水，抗冻性混凝土含气量检验、耐久性检验、混凝土拌合物稠度、后浇带的留设、浇筑完毕及养护。

3）隐蔽前检查。混凝土结构工程施工过程中，应对钢筋及预埋件进行隐蔽前的检查。

（2）质量要求 混凝土工程施工方法及质量要求除按《混凝土结构工程施工质量验收规范》（GB 50204—2015）相关要求外，还应符合《混凝土结构工程施工规范》（GB 50666—2011）等的相关质量验收标准的要求。

二、施工质量验收

1. 现浇混凝土结构子分部工程

（1）混凝土结构实体检验

1）检验范围与实施。对涉及混凝土结构安全的有代表性的部位应进行结构实体检验。结构实体检验应包括混凝土强度、钢筋保护层厚度、结构位置与尺寸偏差以及合同约定的项目；必要时可检验其他项目。

结构实体检验应由监理单位组织施工单位实施，并见证实施过程。施工单位应制定结构实体检验专项方案，并经监理单位审核批准后实施。除结构位置与尺寸偏差外的结构实体检验项目，应由具有相应资质的检测机构完成。

2）混凝土强度检验。结构实体混凝土强度应按不同强度等级分别检验，检验方法宜采用同条件养护试件方法；当未取得同条件养护试件强度或同条件养护试件强度不符合要求时，可采用回弹－取芯法进行检验。

3）钢筋位置检验。钢筋保护层厚度检验及结构位置与尺寸偏差检验应符合规范的规定。结构实体检验中，当混凝土强度或钢筋保护层厚度检验结果不满足要求时，应委托具有资质的检测机构按国家现行有关标准的规定进行检测。

（2）混凝土结构子分部工程验收

1）文件与记录。混凝土结构子分部工程施工质量验收时，应提供下列文件和记录：设计变更文件，原材料质量证明文件和抽样检验报告，预拌混凝土的质量证明文件，混凝土、灌浆料试件的性能检验报告，钢筋接头的试验报告，预制构件的质量证明文件和安装验收记录，预应力筋用锚具、连接器的质量证明文件和抽样检验报告，预应力筋安装、张拉的检验记录，钢筋套筒灌浆连接及预应力孔道灌浆记录，隐蔽工程验收记录，混凝土工程施工记录，混凝土试件的试验报告，分项工程验收记录，结构实体检验记录，工程的重大质量问题的处理方案和验收记录，其他必要的文件和记录。

2）施工质量验收。混凝土结构子分部工程施工质量验收合格应符合下列规定：所含分项工程质量验收应合格；应有完整的质量控制资料；观感质量验收应合格。混凝土结构工程子分部工程施工质量验收合格后，应将所有的验收文件存档备案。子分部工程验收时，应对混凝土工程的观感质量作出总体评价；当混凝土结构工程质量不符合要求时，应按现行国家标准《建筑工程施工质量验收统一标准》（GB 50300—2013）有关规定执行。

2. 混凝土结构分项工程

（1）混凝土工程施工质量验收

1）基本要求。分项工程的质量验收应在所含检验批验收合格的基础上，进行质量验收记录检查。检验批的质量验收应包括实物检查和资料检查，并应符合下列规定：主控项目的质量经抽样检验应合格；一般项目的质量经抽样检验应合格；一般项目当采用计数抽样检验时，除规范有专门规定外，其合格点率应达到80%及以上，且不得有严重缺陷；应具有完整的质量检验记录，重要工序应具有完整的施工操作记录。

混凝土结构工程采用的材料、构配件、器具及半成品应按进场批次进行检验。属于同一工程项目且同期施工的多个单位工程，对同一厂家生产的同批材料、构配件、器具及半成品，可统一划分检验批进行验收。

2）模板分项施工质量验收。模板工程施工质量验收应符合《混凝土结构工程施工质量验收规范》（GB 50204—2015）第4部分：模板工程应编制施工方案。爬升式模板工程、工具式模板工程及高大模板支架工程的施工方案，应按有关规定进行技术论证；模板及支架应根据安装、使用和拆除工况进行设计，并应满足承载力、刚度和整体稳定性要求；模板及支架拆除应符合现行国家标准《混凝土结构工程施工规范》（GB 50666—2011）的规定和施工方案的要求。

3）钢筋分项施工质量验收。钢筋分项施工质量验收应符合《混凝土结构工程施工质量验收规范》（GB 50204—2015）第5部分：浇筑混凝土之前，应进行钢筋隐蔽工程验收。隐蔽工程验收应包括下列主要内容：纵向受力钢筋的牌号、规格、数量、位置；钢筋的连接方式、接头位置、接头质量、接头面积百分率、搭接长度、锚固方式及锚固长度；箍筋、横向钢筋的牌号、规格、数量、间距、位置，箍筋弯钩的弯折角度及平直段长度；预埋件的规格、数量和位置。

4）混凝土分项施工质量验收。混凝分项施工质量验收应符合《混凝土结构工程施工质量验收规范》（GB 50204—2015）第7部分：混凝土强度应按现行国家标准《混凝土强度检验评定标准》（GB/T 50107—2010）的规定分批检验评定。划入同一检验批的混凝土，其施工持续时间不宜超过3个月。检验评定混凝土强度时，应采用28d或设计规定龄期的标准养护试件；试件成型方法及标准养护条件应符合现行国家标准《混凝土物理力学性能试验方法标准》（GB/T 50081—2019）的规定。采用蒸汽养护的构件，其试件应先随构件同条件养护，然后再置入标准养护条件下继续养护至28d或设计规定龄期。

（2）混凝土结构隐蔽工程验收

1）基础验收。一般分两阶段进行。第一阶段，待模板拆除后，先验收基础的断面形式和尺寸、基顶标高、混凝土的外观质量，如不符要求，应及时处理；第二阶段，试压出混凝土试块3d或7d的抗压强度，并推算出28d的抗压强度，如符合要求，即可办理隐蔽工程验收记录手续。如果混凝土试块不符合要求（包括经28d养护的试块），则应在有关单位负责人提出的处理方案后，方可办理隐蔽工程验收手续。

友情提示：钢筋混凝土基础隐蔽工程验收中应注意防潮层、基础钢筋与预埋件的检查与验收。钢筋混凝土基础及地下钢筋混凝土结构的钢筋保护层厚度是隐蔽工程检查的重点之一。

2) 结构中钢筋。钢筋类别、规格、形状、数量、接头位置、钢筋代换及预埋件一般按结构层或段进行隐蔽工程验收。验收的数量可以按榀或根数，也可以按所涉及的混凝土立方数计。

友情提示：钢筋安装是隐蔽工程检查验收的重点，除过规格、数量及位置外，钢筋锚固与连接验收是隐蔽工程钢筋验收的重点。钢筋的锚固长度应符合规范要求；钢筋连接接头位置及接头工艺满足规范要求，钢筋焊接接头包括焊条、焊缝、焊接接头形式以及焊接质量均为隐蔽工程检查的重点。

3) 混凝土中的预埋件。预埋件、预埋管线的安装检查与验收，应符合设计要求；预埋木砖及防腐、塑钢或金属门窗的预埋铁件安装验收。

4) 沉降缝与伸缩缝。沉降缝、伸缩缝统称为变形缝。从结构和构造形式及选用材料上考虑变形缝的沉降和伸缩的可变性，是保证变形缝施工质量的关键，因此应严格按设计要求进行变形缝的隐蔽工程验收。

5) 模板验收。模板分项验收主要包括保证项目、基本项目与允许偏差项目。

① 保证项目：模板及其支架必须具有足够的强度、刚度和稳定性，能可靠地承受新浇混凝土的自重和侧压力，及施工中产生的荷载；保证结构和构件外形、尺寸及相互位置的正确；临空、门框墙的模板安装，其固定模板的对拉螺栓上严禁采用套管、混凝土预制件等。

② 基本项目：模板接缝宽度，接触面清理与隔离措施。

③ 允许偏差项目：轴线位移、标高、截面尺寸、垂直度、相邻两板表面高低差、表面平整度、预埋件（中心线位移、外露长度）、预留洞（中心线位移、截面内部尺寸）等。

三、施工质量评定与创优

1. 混凝土工程质量评定

（1）质量评定依据

1) 施工工作依据。混凝土工程施工依据一般包括施工承包合同、建筑法、质量管理条例、混凝土工程设计文件、相关法律/规范和有关技术标准等。

2) 质量评定依据。混凝土施工质量评定依据一般包括：《建筑工程施工质量验收统一标准》（GB 50300—2013）、《混凝土结构工程施工质量验收规范》（GB 50204—2015）、《建筑工程施工质量评价标准》（GB/T 50375—2016）、质量控制资料、安全和功能检验资料。

（2）施工质量评价 钢筋混凝土子分部工程，包括模板、钢筋、混凝土、现浇结构四个分项工程，其工程施工质量符合《混凝土结构工程施工质量验收规范》（GB 50204—2015）的有关规定，工程质量等级评定为不合格、合格或优良。

友情提示：工程检验批质量验收按《建筑工程施工质量验收统一标准》（GB 50300—2013）相关要求划分工程检验批，进行工程检验批质量验收。

（3）质量控制资料核查 图纸会审、设计变更、洽商记录符合要求，工程定位测量、放线记录符合要求；原材料出厂合格证书及进场复验报告符合要求，钢材出厂合格证、进场复验报告符合要求，水泥出厂合格证、进场复验报告符合要求，砂、石检验报告符合要求；施工试验报告及见证检测报告符合要求，包括混凝土配合比设计报告、混凝土试块强度检验报告；隐蔽工程验收记录符合要求；施工记录符合要求；分项、子分部、分部工程质量验收记录符合要求。

（4）观感质量与质量综合评定 混凝土工程观感质量评价：好、一般、差三个等级；

混凝土工程质量综合评定等级可分为：不合格、合格与优良。

2. 混凝土工程质量创优

混凝土工程质量创优是从质量管理体系、质量管理目标、质量管理组织、技术准备、技术作业条件、创新技术工艺、技术管理措施等多个方面综合性工作，主要工作要点如下：

（1）质量创优管理　首先应建立完善的质量管理体系，明确创优样板的质量目标；其次应从人员组织上建立项目班子，安排混凝土专业管理和试验人员，并按计划落实施工队伍。

（2）技术准备与作业条件　熟悉设计文件并编制混凝土施工方案和技术交底等文件，编制材料准备计划；准备混凝土施工质量检查文件及质量检测试验用具；积极推广"新材料、新设备、新工艺、新技术"，提高工程的技术含量，降低成本，加快施工进度，缩短施工工期，治理质量通病，提高工程质量，达到精品的高标准要求，实现创样板工程的目的；浇筑混凝土处的模板、钢筋、预埋件及管线等全部安装完毕，经检查符合设计要求；浇筑混凝土的架子、马道已支设完毕并检查合格；原材料经检查符合标准要求，已下达混凝土配合比通知单，已根据施工方案进行技术安全交底且混凝土浇筑申请书已被批准；浇筑前应将模板内的杂物清理干净，将钢筋上的污染物清除干净，木模板应浇水湿润，交接处松散混凝土已剔凿，并用压缩空气将模板吹净。

（3）混凝土施工创优工艺做法

1）钢筋直螺纹丝头加工。直螺纹丝头加工前，钢筋端头采用专用机具切割，保证端头垂直、平整。加工成型的有效丝头长度=（套筒长/2）+2mm。直螺纹加工质量应牙形饱满，使用配套工具进行检查、验收，应符合通环规能顺利旋入整个有效扣长度，而止环规旋入丝头深度不超过 $3p$（p 为螺距），钢筋丝头螺纹的有效旋合长度用专用丝头卡板检测，允许偏差 $1p$。加工好的丝头安装保护帽，分类码放整齐，标识清晰。

2）现浇板钢筋绑扎。根据板钢筋的设计间距，在模板表面弹出每道钢筋位置线，绑扎时优先采用钢筋绑扎机进行绑扎，提高工效，相邻绑丝呈"八"字扣梅花形分布。

3）剪力墙钢筋定位措施。剪力墙水平梯子筋，固定于墙体顶部 150~200mm 处，用于控制立筋间距和位置。竖向梯子筋，采用比墙竖向钢筋高一规格钢筋焊接加工并可代替墙体竖向钢筋，每隔 1.8m 设置一道。当墙筋直径大 16mm，可取消竖向定位筋，采用双 F 卡定位。卡子两端使用无齿锯切割，端头往里刷 15mm 防锈漆。柱定位箍设置在楼面标高以上500mm 处，定位卡钢筋中心间距为钢筋直径加 3mm。

4）盘扣式脚手架应用。高支模区域模板支架需求量大，结构荷载大，安全稳定性要求高，宜采用 60 系列盘扣式脚手架，盘扣式脚手架的搭拆快捷、承载力强和稳定性好，有效提升模板工程施工质量。

5）剪力墙柱根部施工措施。混凝土浇筑前应对混凝土结构面进行凿毛，露出新的混凝土墙面。在墙柱根部弹出边线，并切边、剔除软弱层，用钢丝刷清理干净。模板根部采用砂浆找平层及封浆木条，预先浇筑 30mm 厚水泥砂浆接浆层封底，严格控制混凝土坍落度及浇筑混凝土的厚度，振捣密实。

任务拓展

1. 课外阅读《混凝土结构工程施工质量验收规范》（GB 50204—2015），《建筑工程施工质量评价标准》（GB/T 50375—2016）。

2. 熟悉混凝土结构工程施工方案。

任务训练

1. 下面混凝土结构工程施工方案中，（　　）符合模板工程施工工艺要求。
   A. 制作与安装　　　　B. 弯折　　　　　C. 振捣　　　　　D. 养护
2. 根据混凝土工程创优要求，（　　）是属于钢筋创优的施工工艺。
   A. 钢筋直螺纹技术　　B. 钢筋绑扎　　　C. 钢筋焊接　　　D. 钢筋加工
3. 在混凝土结构工程施工质量验收中，（　　）属于隐蔽工程验收。
   A. 模板安装偏差　　　B. 钢筋加工偏差　C. 混凝土和易性　D. 混凝土强度

任务小结

1. 混凝土工程施工方案：根据施工任务，编制混凝土工程施工作业方案及专项施工方案与审查施工方案，并对重大危险的专项施工方案应组织专家进行技术安全论证。

2. 混凝土工程施工质量验收：主要包括模板工程施工质量验收、钢筋工程施工质量验收、混凝土工程施工质量验收与隐蔽工程质量验收等，一般分为主控项目与一般控制项目要求。

3. 混凝土工程质量评定与创优：混凝土工程质量创优包括管理创优与工艺技术创优等，重点介绍了钢筋连接、剪力墙钢筋等创优工艺措施。力争在工程质量评定合格的基础上，综合核查施工质量水平，达到优良工程标准的评定为优良。

学习情境六 装配式混凝土结构工程施工

案例引入

某试验楼根据业主要求采用工厂化（PC）生产、现场安装的建造工艺，以提高建筑质量，缩短建造周期，建筑耐火等级为一级，抗震设防烈度为7度，除柱和少量现浇楼板外，墙板、楼板、楼梯等均为PC构件，试验楼外墙和楼板为叠合板，采用预制板与现浇板叠合构造。

该试验楼工程深化设计图纸包括混凝土预制墙板模板图、混凝土预制墙板配筋图、混凝土预制墙板预留预埋图、混凝土预制墙板预埋件示意图、预制混凝土外挂挡板示意图、桁架钢筋混凝土叠合板模板及配筋图、预制钢筋混凝土板式楼梯模板图及配筋图、预制钢筋混凝土阳台板模板图及配筋图、预制钢筋混凝土空调板模板图及配筋图、女儿墙墙身配筋图等。其中预制墙板中电气预留线盒位置、数量及预埋线路等需与电气专业图纸核对无误后方可进行加工制作；电气线盒预埋位置预制板下部需预留线路连接槽口，线盒应避开边缘构件范围；当预埋电线盒与填充聚苯板位置冲突时，按照图纸示意减小聚苯板；各种型号接线盒均应有"CCC"认证标志和相关技术资料。

工作任务1 装配式混凝土结构工程实施与监督

知识点：

1. 装配式混凝土结构工程放样测量工作。
2. 装配式混凝土结构工程施工机械、人力、运输的准备。
3. 装配式混凝土结构工程施工尺寸等参数核对。
4. 装配式混凝土结构工程施工工艺标准。

能力（技能）点：

1. 能根据给定施工图，进行装配式混凝土结构构筑物、部品、构件定位放样测量工作。
2. 能够根据施工工艺交底协调施工机械、人力、运输进行装配式混凝土结构工程施工。
3. 能够应用图纸、图集对装配式混凝土结构工程施工尺寸等参数进行核对。
4. 能够按照《建筑施工手册》装配式混凝土结构工程施工工艺流程监督施工符合工艺标准。

任务实施

一、装配式混凝土结构工程测量放样

1. 柱主筋定位施工流程准备

柱主筋定位施工流程为：垫层放样→蜡烛台固定喷漆→放置格网箍→立柱主筋→板筋和地梁钢筋绑扎→放置套筒和定木板→架立龙门架→调整柱主筋固定→混凝土浇筑。

2. 基础柱主筋测量定位方式

一般施工现场的测量放样采用传统测量方式，其主要步骤包括：基础施工轴线控制，直接采用基坑外控制桩两点通视直线投测法，向基坑内投测轴线（采用三点成一线及转直角复测），再按投测控制线引放其他细部控制线，且每次控制轴线的放样必须独立施测两次，经校核无误后方可使用。土方开挖时，高程控制在基底打入小木桩，将水准仪架在基坑边，通过塔尺将基坑上口的标高传递到基坑内的小木桩桩顶。在基坑内按 2000mm 左右的间距打入小竹桩，将小木桩上的标高传递到小竹桩上，以此控制整个基坑土方和垫层面的标高。

3. 测量放样精度要求

测量放样的精度要求按照现行国家标准《工程测量标准》（GB 50026—2020）的要求执行。装配式结构在构件吊装时，应重点关注预制构件的标高和平面位置两项指标。表 6-1 和表 6-2 分别给出了标高传递的竖向误差精度和建筑平面测量精度要求的各项指标。

表 6-1 标高传递的竖向误差精度

项 目		允许偏差/mm
每 层		±3
总高 H/m	$H \leqslant 30$	±5
	$30 < H \leqslant 60$	±10
	$60 < H \leqslant 90$	±15

表 6-2 建筑平面测量精度要求

测量高程		测量精度要求
控制点闭合差	高程闭合差	<1mm
	距离闭合差	<2mm
	角度闭合差	<20"
测量控制线	控制点位置	结构体外围1m线
	放样线闭合差	小于控制点闭合差2倍
平面控制网	测量中误差	±2.5"
	最弱点点位中误差	±15mm
	相邻点的相对中误差	±8mm
	导线全长相对闭合差	1/35000

二、装配式混凝土结构工程施工准备

1. 技术准备

（1）深化设计图准备　装配式混凝土结构工程施工前，应由相关单位完成深化设计，

并经原设计单位确认。

预制构件的深化设计图应包括但不限于下列内容：

1）预制构件模板图、配筋图、预埋吊件及各种预埋件的细部构造图等。

2）夹心保温外墙板应绘制内外叶墙板拉结件布置图及保温板排版图。

3）水、电线、管、盒预埋预设布置图。

4）预制构件脱模、翻转过程中混凝土强度及预埋吊件的承载力的验算。

5）对带饰面砖或饰面板的构件，应绘制排砖图或排版图。

（2）施工组织设计　工程项目明确后，应该认真编写专项施工组织设计，编写时要突出装配式结构安装的特点。专项施工组织设计的基本内容应包括以下几项：

1）编制依据。

2）工程概况，包括工程总体简介、工程设计结构及建筑特点、工程环境特征。

3）施工部署。

4）施工场地平面布置。

5）主要设备机具计划。

6）构件安装工艺。

7）施工安全。

8）质量管理。

9）绿色施工与环境保护措施。

（3）施工现场平面布置　施工现场平面布置图是在拟建工程的建筑平面上（包括周围环境），布置为施工服务的各种临时建筑、临时设施及材料、施工机械、预制构件等，是施工方案在现场的空间体现。根据现场不同施工阶段（期），施工现场总平面布置图可分为基础工程施工总平面图、装配式结构工程施工阶段总平面图、装饰装修阶段施工总平面布置图。

（4）图纸会审　图纸会审是由设计、施工、监理单位以及有关部门参加的图纸审查会，其目的有两个：一是使施工单位和各参建单位熟悉设计图纸，了解工程特点和设计意图，找出需要解决的技术难题，并制定解决方案；二是解决图纸中存在的问题，减少图纸的差错，使设计达到经济合理、符合实际，以利于施工顺利进行。

2. 人员准备

根据装配式混凝土结构工程的管理和施工技术特点，对管理人员及作业人员进行专项培训，严禁未培训上岗及培训不合格者上岗；要建立完善的内部教育和考核制度，通过定期考核和劳动竞赛等形式提高工人素质。对于长期从事装配式混凝土结构施工的企业，逐步建立专业化的施工队伍。钢筋套筒灌浆作业是装配式结构的关键工序，是有别于常规建筑的新工艺，因此在施工前，应对工人进行专门的灌浆作业技能培训，模拟现场灌浆施工作业流程，提高注浆工人的质量意识和业务技能，确保构件灌浆作业的施工质量。

3. 起重机具设备准备

起重机具选择主要考虑的三大技术参数如下：

1）工作幅度。工作幅度是指塔式起重机的回转中心到吊钩可达到最远处的距离，决定塔式起重机的覆盖范围。塔式起重机使用分为地下室施工和主体施工两大阶段。地下室施工阶段主要吊装模板、架管、钢筋、料斗等，对起重能力要求不高，但对覆盖范围要求大；主体施工阶段中，吊装预制构件是塔式起重机的主要工作，预制构件动辄 5~6t，所以主体施工阶段对塔式起重机起重能力要求高，但只需要覆盖主体。

2）起重高度。起重高度需考虑以下因素，如图6-1所示。

建筑物的高度（安装高度比建筑物高出2~3节标准节，一般高出10m左右）。

群体建筑中相邻塔式起重机的安全垂直距离（按规范要求错开2节标准节高度）。

3）起重量：

起重量×工作幅度＝起重力矩，一般控制在额定起重力矩的75%以下。

起重量＝单个预制构件重量＋吊具重量（挂钩、钢丝绳、钢扁担等）。

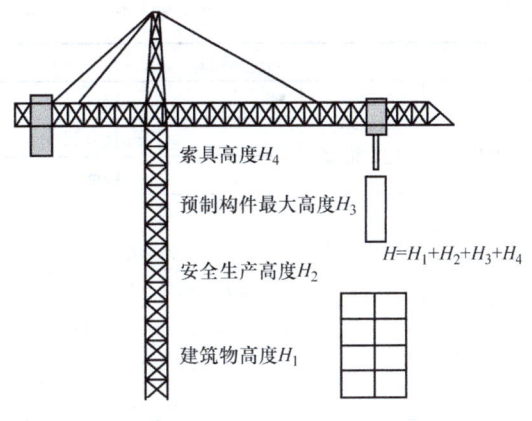

图6-1 起重高度

预制构件起吊及落位整个过程是否超荷，需进行塔式起重机起重能力验算，并绘制塔式起重机起重能力验算图。

三、装配式混凝土预制构件进场检查

1）对入场的预制构件的外观质量进行全数检查，见表6-3。检验方法是观测检测，要求外观质量不宜有一般缺陷、不应有严重缺陷。

表6-3 预制构件外观质量缺陷

名称	现象	严重缺陷	一般缺陷
露筋	构件内钢筋未被混凝土包裹	主筋有露筋	其他钢筋有少量露筋
蜂窝	混凝土表面缺少水泥砂浆而形成石子外露	主筋部位和置点位置有蜂窝	其他部位有少量蜂窝
孔洞	混凝土中孔穴深度和长度均超过构件	构件主要受力部位有孔洞	孔洞
夹渣	混凝土中夹有杂物且深度超过保护层厚度	构件主要受力部位有夹渣	其他部位有少量夹渣
疏松	混凝土中局部不密实	构件主要受力部位有疏松	其他部位有少量疏松
裂缝	裂隙从混凝土表面延伸至混凝土内部	构件主要受力部位有影响结构性能或使用功能的裂缝	其他部位有少量不影响结构性能或使用功能的裂缝
连接部位缺陷	构件连接处混凝土缺陷及连接钢筋、连接件松动、灌浆套筒未保护	连接部位有影响结构传力性能的缺陷	连接部位有基本不影响结构传力性能的缺陷
外形缺陷	内表面缺棱掉角、棱角不直、翘曲不平等外表面，面砖黏结不牢、位置偏差、面砖嵌缝没有达到横平竖直、转角面砖棱角不直、面砖表面翘曲不平等	清水混凝土构件有影响使用功能或装饰效果的外形缺陷	其他混凝土构件有不影响使用功能的外形缺陷
外部缺陷	构件内表面麻面、掉皮、起砂、沾污等，外表面面砖污染。预埋门窗框破坏	具有重要装饰效果的清水混凝土构件、门窗框有外表缺陷	其他混凝土构件有不影响使用功能的外表缺陷、门窗框不宜有外表缺陷

2）入场的预制构件尺寸允许偏差和检验方法应符合表6-4的规定，对于施工过程中临时使用的预埋件中心线位置及后浇混凝土部位的预制构件尺寸偏差可按表中的规定放大一倍执行。检查数量：按同一生产企业、同一品种的构件，不超过100个为一批，每批抽查构件数量的5%，且不少于3件。构件入场实测检验如图6-2所示。

表 6-4 预制构件尺寸允许偏差和检验方法

项　目		允许偏差/mm	检验方法
长度	板、梁、柱、桁架 <12m	±5	尺量
	板、梁、柱、桁架 ≥12m 且 <18m	±10	
	板、梁、柱、桁架 ≥18m	±20	
	墙板	±4	
宽度、高（厚）度	板、梁、柱、桁架截面尺寸	±5	钢尺量一端及中部，取其中偏差绝对值较大处
	墙板的高度、厚度	±3	
表面平整度	板、梁、柱、墙板内表面	5	2m 靠尺和塞尺检查
	墙板外表面	3	
侧向弯曲	板、梁、柱	L/750 且 <20	拉线、钢尺量最大侧向弯曲处
	墙板、桁架	L/1000 且 <20	
翘曲	板	L/750	调平尺在两端量测
	墙	L/1000	
对角线差	板	10	钢尺量两个对角线
	墙板、门窗口	5	
挠度变形	梁、板、桁架设计起拱	±10	拉线、钢尺量最大弯曲处
	梁、板、桁架下垂	0	
预留孔	中心线位置	5	尺量
	孔尺寸	±5	
预留洞	中心线位置	10	尺量
	洞口尺寸、深度	±10	
门窗口	中心线位置	5	尺量
	宽度、高度	±3	
预埋件	预埋件锚板中心线位置	5	尺量
	预埋件锚板与混凝土面平面高差	0，-5	
	预埋螺栓中心线位置	2	
	预埋螺栓外露长度	+10，-5	
	预埋套筒、螺母中心线位置	2	
	预埋套筒、螺母与混凝土面平面高差	0，-5	
	线管、电盒、木砖、吊环在构件平面的中心线位置偏差	20	
	线管、电盒、木砖、吊环与构件表面混凝土高差	0，-10	
预留钢筋	中心线位置	3	尺量
	外露长度	+5，-5	
键槽	中心线位置	5	尺量
	长度、宽度、高度	±5	

注：1. L 为构件长度（mm）。
2. 检查中心线、螺栓和孔道位置时，应由纵、横两个方向量测，并取其中的较大值。

3）应详细复查其粗糙面是否达到规范要求；检查灌浆套筒是否畅通、有无异物和油污；检查钢筋的锚固方式及锚固长度。预制构件粗糙面示意图如图 6-3 所示。

4）检查并留存出厂合格证及查收以下证明文件：

① 预制构件隐蔽工程质量验收表。

② 预制构件出厂质量验收表。
③ 钢筋进场复验报告。
④ 钢筋留样检验报告。
⑤ 保温材料、拉结件、套筒等主要材料进厂复验检验报告。
⑥ 产品合格证。
⑦ 产品说明书。
⑧ 其他相关的质量证明文件等资料。

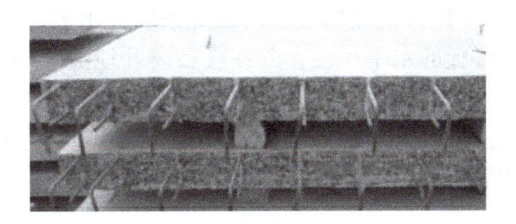

图 6-2　构件入场实测检验　　　　　图 6-3　预制构件粗糙面示意图

四、装配式混凝土预制构架吊装施工工艺标准

1. 预制柱吊装施工工艺标准

1）预制柱运入现场后，需对预制柱的外观和几何尺寸等项目进行检查和验收。构件检查的项目包括：规格、尺寸以及抗压强度是否满足设计要求。同时观察预制柱内的钢筋套筒是否被异物填入堵塞。检查结果应记录在案，签字后生效。

2）根据施工图准确划线，以控制预制柱准确安放在平面控制线上。若需进行钢筋穿插连接，还要对预留钢筋进行微调，使预留钢筋可顺利插入钢筋套筒。

3）预制柱在起吊前，应选择合适的吊具、钩索，并确保其承受的最小拉应力为构件自重的 1.5 倍。为便于校正预制柱的垂直度，还应在起吊前，在预制柱四角安放金属垫块，并使用经纬仪辅助调节柱的垂直度。

4）预制柱吊装就位时，施工人员可手扶柱子，引导其内的钢筋套筒与预留钢筋试对，施工人员确定无问题后，可缓慢安放预制柱，在确保预留钢筋完美插入钢筋套筒的同时，引导柱底面与平面控制线对准，若出现少量偏移，可采用橡胶锤、扳手等工具敲击柱身，使之精准就位。

5）预制柱就位后可通过灌浆孔灌注混凝土，以及螺栓固定的方式对柱子进行固定。固定过程中，仍需要控制预制柱位置，避免柱子因外力作用下错位。

2. 预制梁吊装施工工艺标准

1）预制梁运入现场后应对其进行检查和验收，主要检查构件的规格、尺寸、抗压强度以及预留钢筋的形状、型号是否满足设计的要求。

2）根据图纸，运用经纬仪、钢尺、卷尺等测量工具划出控制轴线。同时检查梁底支撑工具，查看其支撑高度是否与控制轴线平齐，若不足或超出控制轴线，需要对其进行微调。

3）预制梁吊装过程中，在离地面 200mm 处对构件水平度进行调整，其中，需控制吊索长度，使其与钢梁的夹角不小于 60°。预制梁吊装如图 6-4 所示。

3. 预制叠合楼板吊装施工工艺标准

1）预制叠合楼板运入现场后应对其进行检查和验收，主要检查构件的规格、尺寸以及抗压强度是否满足项目要求。

2）根据图纸，运用经纬仪、钢尺、卷尺等测量工具在预制梁上划出楼板位置的控制轴线。同时检查板底的支撑系统，查看其支撑高度是否与控制轴线平齐，若不足或超出控制轴线，需对其做调整，支撑工具为竖向支撑系统，由承插盘扣式脚手架和可调顶托组成。

图 6-4　预制梁吊装示意图

3）预制楼板吊装时，应按顺序吊装，不可间隔吊装，同时吊索应连接在楼板四角，保证楼板的水平吊装，并在楼板离开地面 200mm 左右对其水平度进行调整。

4）楼板下放时，应将楼板预留筋与预制梁的预留筋的位置错开，缓慢下放，准确就位。吊装完毕后对楼板位置进行调整或校正，误差控制在 2mm 以内。最后利用支撑工具，在固定楼板的同时，调整楼板标高。

任务拓展

1. 课外阅读《装配式混凝土建筑技术标准》（GB/T 51231—2016）。
2. 课外阅读《装配式混凝土结构技术规程》（JGJ 1—2014）。
3. 课外阅读《装配式建筑评价标准》（GB/T 51129—2017）。

任务训练

1. 某装配式建筑总高度为 48m，施工时标高传递的竖向误差精度说法正确的是（　　）。
   A. 全高范围内误差为 ±10mm   B. 每层误差为 ±2mm
   C. 全高范围内误差为 ±12mm   D. 全高范围内误差为 ±8mm
2. 预制构件外观质量检查说法正确的是（　　）。
   A. 不应有严重缺陷   B. 不应有一般缺陷
   C. 不宜有严重缺陷   D. 以上都不正确
3. 预制构件质量检查说法正确的是（　　）。
   A. 表面平整度采用 2m 靠尺检查
   B. 表面平整度采用塞尺检查
   C. 表面平整度采用 2m 靠尺和塞尺检查
   D. 以上都正确

任务小结

本工作任务主要内容包括：装配式混凝土结构工程柱主筋定位施工流程、测量定位方法和测量放样精度要求；施工前的技术准备、人员准备、机具准备和吊具吊索的选用；预制构件进场质量检验方法；预制柱吊装施工工艺标准、预制梁吊装施工工艺标准和预制叠合楼板吊装施工工艺标准。

学习情境六　装配式混凝土结构工程施工

工作任务 2　装配式混凝土结构工程交底、计划与检查

知识点：
1. 装配式混凝土结构工程施工技术交底。
2. 装配式混凝土结构工程施工进度计划。
3. 装配式混凝土结构工程质量检查。

能力（技能）点：
1. 能按照指定施工任务编制装配式混凝土结构工程施工技术交底。
2. 能够按照已知工程量编制装配式混凝土结构工程施工进度计划。
3. 能应用施工质量验收规范对装配式混凝土结构工程进行质量检查，达到质量验收规范要求。

任务实施

一、装配式混凝土结构工程施工技术交底

1. 技术交底的目的

建筑施工技术交底，是在某一单位工程开工前，或一个分项工程施工前，由主管技术领导向参与施工的人员进行的技术性交代，其目的是使施工人员对工程的特点、技术质量要求、施工方法与措施和安全等方面有一个较详细的了解，以便于科学地组织施工，避免技术质量等事故的发生。

技术交底的内容包括图纸交底、施工组织设计交底、设计变更交底、分项工程技术交底。技术交底采用三级制，即项目技术负责人→施工员→班组长。项目技术负责人向施工员进行交底，要求细致、齐全，并应结合具体操作部位、关键部位的质量要求、操作要点及安全注意事项等进行交底。施工员接受交底后，应反复、细致地向操作班组进行交底，除口头和文字交底外，必要时应进行图表、样板、示范操作等方法的交底。班组长在接受交底后，应组织工人进行认真讨论，保证其明确施工意图。

2. 预制构件吊装施工技术交底要点

（1）预制柱吊装施工技术交底要点

1）工艺流程。预制柱的吊装流程为：吊装前准备工作→吊装前质检与编号确认→柱底部标高钢片调整、斜撑固定座安装→梁搁置位置放样→预制立柱吊装→斜撑安装及垂直度调整→斜撑系统位置锁定→吊车吊钩松绑→进入下一道工序。预制柱吊装如图 6-5 所示。

2）质量标准

① 吊装质量的控制重点在于施工测量的精度控制方面。为达到构件整体拼装的严密性，避免因累计误差超过允许偏差值而使后续构件无法正常吊装就位等问题的出现，吊装前须对所有吊装控制线进行认真的复检，构件安装就位后须由项目部质检员会同监理工程师验收构件的安装精度。安装精度经验收签字通过后方可进行下道工序施工。

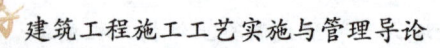

②轴线、柱和墙定位边线及 200mm 或 300mm 控制线、结构 1m 线、建筑 1m 线、支撑定位点在放线完成后及时进行标识。现场吊装完成后及时依据表 6-5 进行检查，标识完整，实测上墙。

（2）预制梁吊装施工技术交底要点

1）工艺流程。预制主梁和次梁的吊装流程为：预制梁吊装准备→主梁临时支撑系统架设→方向/编号/上层主筋检查→上一根主梁吊装→下一根主梁吊装→立柱/支撑置点标高调整→支撑系统标高锁定→吊车吊钩松绑→次梁支撑系统架设→主梁与次梁节点砂浆充填。预制梁吊装如图 6-6 所示。

2）质量标准。预制梁吊装质量要求同预制柱。

（3）钢筋套筒灌浆连接施工技术交底要点

1）工艺流程。以预制竖向墙体之间钢筋连接为例，套筒灌浆连接施工流程为：接缝清理→预制构件封模→无收缩砂浆制备→砂浆流动度检测→无收缩砂浆灌浆并塞孔。套筒灌浆连接施工如图 6-7 所示。

图 6-5　预制柱吊装

表 6-5　装配式结构构件位置和尺寸允许偏差及检验方法

项　目			允许偏差/mm	检验方法
构件轴线位置	竖向构件（柱、墙、桁架）		8	经纬仪及尺量
	水平构件（梁、楼板）		5	
标高	梁、柱、墙板 楼板底面或顶面		±5	水准仪或拉线、尺量
构件垂直度	柱、墙板安装后的高度	≤6m	5	经纬仪或吊线、尺量
		>6m	10	
构件倾斜度	梁、桁架		5	经纬仪或吊线、尺量
相邻构件平整度	梁、楼板底面	外露	3	2m 靠尺和塞尺量测
		不外露	5	
	柱、墙板	外露	5	
		不外露	8	
构件搁置长度	梁、板		±10	尺量
支座、支垫中心位置	板、梁、柱、墙、桁架		10	尺量
墙板接缝宽度			±5	尺量

图 6-6　预制梁吊装

图 6-7　套筒灌浆连接施工

2）质量标准
① 拌制专用灌浆料应进行浆料流动性检测，留置试块，然后才可以进行灌浆。
② 一个阶段灌浆作业结束后，应立即清洗灌浆泵。
③ 灌浆泵内残留的灌浆料浆液如已超过 30min（自制浆加水开始计算），不得继续使用，应废弃。
④ 在预制墙板灌浆施工之前对操作人员进行培训，通过培训增强操作人员对灌浆质量重要性的意识，明确该操作行为的一次性，且不可逆的特点，从思想上重视其所从事的灌浆操作；另外，通过工作人员灌浆作业的模拟操作培训，规范灌浆作业操作流程，熟练掌握灌浆操作要领及其控制要点。
⑤ 现场存放灌浆料时需搭设专门的灌浆料储存仓库，要求该仓库防雨、通风，仓库内搭设放置灌浆料存放架（离地一定高度），使灌浆料处于干燥、阴凉处。

二、装配式混凝土结构工程施工作业计划

1. 施工作业计划的作用、编制原则

编制施工作业计划的目的是要组织连续均衡生产，以取得较好的经济效果。但是，建筑生产具有施工现场分散流动，高空露天作业，气候影响等特点。编制施工作业计划必须从实际出发，充分考虑施工特点和各种影响因素。

（1）施工作业计划的主要作用　施工作业是年、季度施工计划的具体化，是基层施工单位据以施工的行动计划。

1）把施工任务层层落实。具体的分配给车间、班组和各个业务部门，使全体职工在日常施工中有明确的奋斗目标，组织有节奏地、均衡的施工，以保证全面完成年、季度各项技术经济指标。

2）及时地、有计划地指导进行劳动力、材料和机具设备的准备和供应。

3）指导调度部门，据以监督、检查和进行调度工作。

（2）编制施工作业计划原则

1）确保年、季度计划的完成。计划的安排必须贯彻保证工程及时和提前交付使用。

2）严格遵守施工程序。新开工的工程必须严格执行开工报告制度，抓紧施工准备，不具备开工条件的工程，不准列入计划。在建的工程必须按照施工组织设计或施工方案的施工顺序和施工方法进行，不准任意改变。

3）明确主攻方向，保重点，保竣工配套。

4）指标必须建立在既积极先进，又实事求是、留有余地的基础上。

2. 施工作业计划的主要内容

1）计划期内应完成的施工任务，施工进度要求完成的工程项目，工程形象进度，实物工程量，开竣工日期，计划用工数量。

2）提高劳动生产率，降低工程成本措施计划。根据年、季施工财务计划中的技术组织措施计划，结合月度计划具体情况，制定切实可行的提高劳动生产率、降低成本的技术组织措施，以加快施工进度、减轻劳动强度、节约材料、降低工程成本。

3）计划编制说明。对所编制的计划，在贯彻和实施方面存在的问题，应采取的主要措施，和应注意的事项等加以说明。结合计划期内的具体施工条件和工程特点，对提高劳动生

产率，降低工程成本，保证工程质量和安全施工等方面，提出切实可行的要求。

三、装配式混凝土结构工程施工质量检查

1. 原材料质量检查

（1）灌浆料　灌浆料性能应符合《钢筋连接用套筒灌浆料》（JG/T 408—2019）的有关规定，抗压强度应符合表6-6的要求，且不应低于接头设计要求的灌浆料抗压强度，灌浆料竖向膨胀率应符合表6-7的要求。灌浆料拌合物的工作性能应符合表6-8的要求。灌浆料最好采用与构件内预埋套筒相匹配的灌浆料，否则需要完成所有验证检验，并对结果负责。

表6-6　灌浆料抗压强度要求

时间（龄期）	抗压强度/(N·m²)
1d	235
3d	260
28d	285

表6-7　灌浆料竖向膨胀率要求

项目	竖向膨胀率
3h	≥0.02
24h与3h差值	0.02~0.50

表6-8　灌浆料拌合物的工作性能要求

项目		工作性能要求
流动度/mm	初始	≥300
	30min	≥260
泌水率（%）		0

（2）钢筋套筒灌浆连接接头　第一批灌浆料检验合格后，灌浆施工前，应对不同钢筋生产企业的进场钢筋进行接头工艺检验。施工过程中，当更换钢筋生产企业，或同生产企业生产的钢筋外形尺寸与已完成工艺检验的钢筋有较大差异，或灌浆的施工单位变更时，应再次进行工艺检验。每种规格钢筋应制作3个对中套筒灌浆连接接头，并应检查灌浆质量。接头试件与灌浆料试件应在标准养护条件下养护28d。

每个接头试件的抗拉强度不应小于连接钢筋抗拉强度标准值，且破坏时应断于接头外钢筋，屈服强度不应小于连接钢筋屈服强度标准值；3个接头试件残余变形的平均值不大于0.10（钢筋直径不大于32mm）或0.14（钢筋直径大于32mm）。灌浆料抗拉强度应不小于$85N/mm^2$。

施工过程中，应按照同一原材料、同一炉（批）号、同一类型、同规格的1000个灌浆套筒为一个检验批，每批随机抽取3个灌浆套筒制作接头。接头试件应在标准养护条件下养护28d后进行抗拉强度检验，检验结果应满足；抗拉强度不小于连接钢筋抗拉强度标准值，且破坏时应断于接头外钢筋。钢筋套筒灌浆连接接头破坏形式如图6-8所示。

2. 预制构件安装质量检查

（1）主控项目

1）对于工厂生产的预制构件，进场时应检查其质量证明文件和表面标识。预制构件的质量、标识应符合设计要求及现行国家相关标准的规定。预制构件质量检查如图6-9所示。

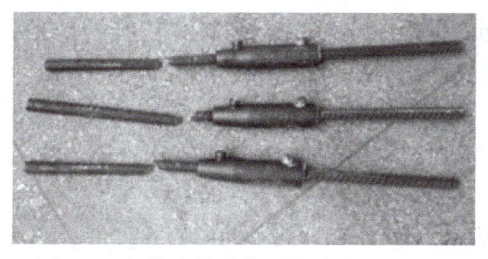

图 6-8　钢筋套筒灌浆连接接头破坏形式　　　　图 6-9　预制构件质量检查

检查数量：全数检查。

检查方法：观察检查、检查出厂合格证及相关质量证明文件。

2）预制构件安装就位后，连接钢筋、套筒或浆锚的主要传力部位不应出现影响结构性能和构件安装施工的尺寸偏差。

对已经出现的影响结构性能的尺寸偏差，应由施工单位提出技术处理方案，并经监理（建设）单位许可后进行处理。对经过处理的部位，应重新检查验收。

检查数量：全数检查。

检查方法：观察，检查技术处理方案。

3）预制构件安装完成后，外观质量不应有影响结构性能的缺陷。

对已经出现的影响结构性能的缺陷，应由施工单位提出技术处理方案，并经监理（建设）单位认可后进行处理，对经过处理的部位，应重新检查验收。

检查数量：全数检查。

检查方法：观察，检查技术处理方案。

4）预制构件与主体结构之间，预制构件与预制构件之间的钢筋接头应符合设计要求。施工前应对接头施工进行工艺检验。采用机械连接时，接头质量应符合现行行业标准《钢筋机械连接技术规程》（JGJ 107—2016）的要求；采用灌浆套筒时，接头抗拉强度及残余变形应符合现行行业标准《钢筋机械连接技术规程》（JGJ 107—2016）中Ⅰ级接头的要求；采用浆锚搭接连接钢筋时，浆锚搭接连接接头的工艺检验应按有关规范执行采用焊接连接时，接头质量应符合现行行业标准《钢筋焊接及验收规程》（JGJ 18—2012）的要求，检查焊接产生的焊接应力和温差是否造成预制构件出现影响结构性能的缺陷，对已经出现的缺陷，应处理合格后，再进行混凝土浇筑。

检查数量：全数检查。

检查方法：观察，检查施工记录和检测报告。

5）灌浆套筒进场时，应抽取套筒采用与之匹配的灌浆料制作对中连接接头，并做抗拉强度检验，检验结果应符合现行行业标准《钢筋机械连接技术规程》（JGJ 107—2016）中Ⅰ级接头对抗拉强度的要求。接头的抗拉强度不应小于连接钢筋抗拉强度标准值，且破坏时应断于接头外钢筋。

检查数量：同一原材料、同一炉（批）号、同一类型、同一规格的灌浆套筒，检验批量不应大于 1000 个，每批随机抽取 3 个灌浆套筒制作接头，并应制作不少于 1 组 40mm ×

40mm×160mm灌浆料强度试件。

检查方法：检查质量证明文件和抽样检测报告。

6）灌浆套筒进场时，应抽取试件检验外观质量和尺寸偏差，检验结果应符合现行行业标准《钢筋连接用灌浆套筒》（JG/T 398—2019）的有关规定。

检查数量：同一原材料、同一炉（批）号、同一类型、同一规格的灌浆套筒，检验批量不应大于1000个，每批随机抽取10个灌浆套筒。

检查方法：观察，尺量检查。

7）灌浆料进场时，应对其拌合物30min流动度、泌水率及1d强度、28d强度、3h膨胀率进行检验，检验结果应符合现行行业标准《钢筋连接用套筒灌浆料》（JG/T 408—2019）和设计的有关规定。

检查数量：同一成分、同一工艺、同一批号的灌浆料，检验批量不应大于50t，每批按现行行业标准《钢筋连接用套筒灌浆料》（JG/T 408—2019）的有关规定随机抽取灌浆料制作试件。

检查方法：检查质量证明文件和抽样检测报告。

8）施工现场灌浆施工中，灌浆料的28d抗压强度应符合设计要求及现行行业标准《钢筋连接用套筒灌浆料》（JG/T 408—2019）的规定，用于检验强度的试件应在灌浆地点制作。

检查数量：每工作班取样不得少于一次，每楼层取样不得少于三次。每次抽取1组试件，每组3个试块，试块规格为40mm×40m×160mm灌浆料强度试件，标准养护28d后，做抗压强度试验。

检查方法：检查灌浆施工记录及试件强度试验报告。

9）后浇连接部分的钢筋品种、级别、规格、数量和间距应符合设计要求。

检查数量：全数检查。

检查方法：观察，钢尺检查。

10）预制构件外墙板与构件、配件的连接应牢固、可靠。

检查数量：全数检查。

检查方法：观察。

11）连接节点的防腐、防锈、防火和防水构造措施应满足设计要求。

检查数量：全数检查。

检查方法：观察，检查检测报告。

12）承受内力的接头和拼缝，当其混凝土强度未达到设计要求时，不得吊装上一层结构构件；当设计无具体要求时，应在混凝土强度不少于10MPa或具有足够的支撑时，方可吊装上一层结构构件。已安装完毕的装配式混凝土结构，应在混凝土强度达到设计要求后，方可承受全部荷载。

检查数量：全数检查。

检查方法：观察，检查混凝土同条件试件强度报告。

（2）一般项目

1）预制构件的外观质量不宜有一般缺陷。

检查数量：全数检查。

检查方法：观察检查。

2）预制构件的尺寸偏差应符合规定。对于施工过程临时使用的预埋件中心线位置及后浇混凝土部位的预制构件尺寸偏差，可按表6-9中的规定放大一倍执行。

检查数量：按同一生产企业、同一品种的构件，不超过1000个为一批，每批抽查构件数量的5%，且不少于3件。

3）装配式混凝土结构钢筋套筒连接或浆锚搭接连接灌浆应饱满，所有出浆口均应出浆。

检查数量：全数检查。

检查方法：观察检查。

4）装配式混凝土结构安装完毕后，预制构件安装尺寸允许偏差应符合表6-9的要求。

检查数量：按楼层、结构缝或施工段划分检验批。在同一检验批内，对梁、柱，应抽查构件数量的10%，且不少于3件；对于墙和板，应按有代表性的自然间抽查10%，且不少于3间；对大空间结构，墙可按相邻轴线间高度5m左右划分检查面，板可按纵、横轴线划分检查面，抽查10%，且均不少于3面。

表6-9 预制构件安装尺寸的允许偏差及检验方法

项目			允许偏差/mm	检验方法
构件中心线及轴线位置	基础		15	尺量检查
	竖向构件（柱、墙板、桁架）		10	
	水平构件（梁、板）		5	
构件标高	梁、柱、墙、板底面或顶面		±10	水准仪或尺量检查
构件垂直度	柱、墙板	<5m	5	经纬仪测量
		≥5m且<10m	10	
		≥10m	20	
构件倾斜度	梁、桁架		5	垂线、钢尺检查
相邻构件平整度	板端面		5	钢尺、塞尺检查
	梁、板下面	抹灰	3	
		不抹灰	5	
	柱、墙板侧表面	外露	5	
		不外露	10	
构件搁置长度	梁、板		±10	尺量检查
支座、支垫中心位置	梁、板、柱、墙板、桁架		±10	尺量检查
接缝宽度			±5	尺量检查

5）装配式混凝土结构预制构件的防水节点构造做法应符合设计要求。

检查数量：全数检查。

检查方法：观察检查。

6）建筑节能工程进厂材料和设备的复验报告、项目复试要求，应按有关规范规定执行。

检查数量：全数检查。

检查方法：检查施工记录。

3. 结构实体检验

根据现行国家标准《建筑工程施工质量验收统一标准》（GB 50300—2013）的规定，在混凝土结构子分部工程验收前应进行结构实体检验。对结构实体进行检验，并不是在子分部工程验收前的重新检验，而是在相应分项工程验收合格的基础上，对涉及结构安全的重要部位进行的验证性检验，其目的是强化混凝土结构的施工质量验收，真实地反映结构混凝土强度、受力钢筋位置、结构位置与尺寸等质量指标，确保结构安全。

对于装配式混凝土结构工程，对涉及混凝土结构安全的有代表性的连接部位及进厂的混凝土预制构件应做结构实体检验。结构实体检验分为现浇和预制部分，包括混凝土强度、钢筋直径、间距、混凝土保护层厚度以及结构位置与尺寸偏差。当工程合同有约定时，可根据合同确定其他检验项目和相应的检验方法、检验数量、合格条件。

结构实体检验应由监理工程师组织并见证，混凝土强度、钢筋保护层厚度应由具有相应资质的检测机构完成，结构位置与尺寸偏差可由专业检测机构完成，也可由监理单位组织施工单位完成。为保证结构实体检验的可行性、代表性，施工单位应编制结构实体检验专项方案，并经监理单位审核批准后实施。结构实体混凝土同条件养护试件强度检验的方案应在施工前编制，其他检验方案应在检验前编制。

任务拓展

1. 课外阅读《钢筋套筒灌浆连接应用技术规程》（JGJ 355—2015）、《钢筋连接用灌浆套筒》（JGJ/T 398—2019）、《钢筋连接用套筒灌浆料》（JG/T 408—2019）。

2. 熟悉预制构件制作施工技术方案、预制构件吊装施工技术方案、预制构件连接施工技术方案等。

任务训练

1. 装配式混凝土结构工程施工作业技术的内容包括（　　）。

A. 计划期内应完成的施工任务，施工进度要求完成的工程项目，工程形象进度，实物工程量，开竣工日期，计划用工数量

B. 提高劳动生产率，降低工程成本措施计划

C. 计划编制说明

D. 以上都是

2. 套筒灌浆连接接头试验说法正确的是（　　）。

A. 破坏时断于接头外接头处均可以　　B. 破坏时应断于接头处

C. 破坏时应断于接头外钢筋　　D. 以上都不正确

3. 关于结构实体检验说法正确的是（　　）。

A. 结构实体检验分为现浇和预制部分

B. 包括混凝土强度、钢筋直径、间距、混凝土保护层厚度以及结构位置与尺寸偏差

C. 当工程合同有约定时，可根据合同确定其他检验项目和相应的检验方法、检验数量、合格条件

D. 以上都正确

任务小结

本工作任务主要内容包括：装配式混凝土结构工程施工技术交底的目的和要点；施工作业计划作用、编制原则、编制方法和主要内容；装配式混凝土结构工程原材料质量检查、模板系统施工质量检查、钢筋施工质量检查、预制构架安装质量检查、结构实体检验等内容。

工作任务 3　装配式混凝土结构工程质量验收与评审

知识点：
1. 装配式混凝土结构工程质量验收。
2. 装配式混凝土结构工程施工。
3. 装配式混凝土结构工程质量评审。

能力（技能）点：
1. 能根据给定施工任务，对装配式混凝土结构工程进行质量创优施工指导。
2. 能根据给定施工任务，编制装配式混凝土结构工程施工方案。
3. 能根据给定施工任务，组织相关责任单位进行装配式混凝土结构工程项目验收工作。
4. 能根据给定施工任务，对装配式混凝土结构工程施工方案进行审核评定。

任务实施

一、装配式混凝土结构工程施工质量验收

1. 预制构件进场质量验收

（1）验收程序　预制构件运至现场后，施工单位应组织构件生产企业、监理单位对预制构件的质量进行验收，验收内容包括质量证明文件验收和构件外观质量、结构性能检验等。未经进场验收或进场验收不合格的预制构件，严禁使用。施工单位应对构件进行全数验收，监理单位对构件质量进行抽检，发现存在影响结构质量或吊装安全的缺陷时，不得验收通过。

（2）验收内容

1）质量证明文件。预制构件进场时，施工单位应要求构件生产企业提供构件的产品合格证、说明书、试验报告、隐蔽验收记录等质量证明文件。对质量证明文件的有效性进行检查，并根据质量证明文件核对构件。

2）观感验收。在质量证明文件齐全、有效的情况下，对构件的外观质量、外形尺寸等进行验收。观感质量可通过观察和简单的测试确定，工程的观感质量应由验收人员通过现场检查并应共同确认，对影响观感及使用功能或质量评价为差的项目应进行返修，观感验收也应符合相应的标准。

观感验收主要检查以下内容：预制构件粗糙面质量和键槽数量是否符合设计要求；预制构件吊装预留吊环、预留焊接埋件应安装牢固、无松动；预制构件的外观质量不应有严重缺陷，对已经出现的严重缺陷，应按技术处理方案进行处理，并重新检查验收；预制构件的预埋件、插筋及预留孔洞等规格、位置和数量应符合设计要求；对存在的影响安装及施工功能的缺陷，应按技术处理方案进行处理，并重新检查验收；预制构件的尺寸应符合设计要求，且不应有影响结构性能和安装、使用功能的尺寸偏差，对超过尺寸允许偏差且影响结构性能和安装、使用功能的部位，应按技术处理方案进行处理，并重新检查验收；构件明显部位是否贴有标识构件型号、生产日期和质量验收合格的标志。

2. 预制构件安装施工质量验收

预制构件安装是将预制构件按照设计图纸要求，通过节点之间的可靠连接，并与现场后浇混凝土形成整体混凝土结构的过程，预制构件安装的质量对整体结构的安全和质量起着至关重要的作用。因此，应对装配式混凝土结构施工作业过程实施全面和有效的管理与控制，保证工程质量。装配式混凝土结构安装施工质量控制主要从施工前的准备、原材料的质量检验与施工试验、施工过程的工序检验、隐蔽工程验收、结构实体检验等多个方面进行。对装配式混凝土结构工程的质量验收有以下要求：

1）工程质量验收均应在施工单位自检合格的基础上进行。

2）参加工程施工质量验收的各方人员应具备相应的资格。

3）检验批的质量应按主控项目和一般项目验收。

4）对涉及结构安全、节能、环境保护和主要使用功能的试块、构配件及材料，应在进场时或施工中按规定进行见证检验。

5）隐蔽工程在隐蔽前应由施工单位通知监理单位验收，并应形成验收文件，验收合格后方可继续施工。

6）工程的观感质量应由验收人员现场检查，并应共同确认。

3. 预制构件机械连接施工质量验收

（1）一般规定

1）纵向钢筋采用套筒灌浆连接时，接头应满足行业标准《钢筋机械连接技术规程》（JGJ 107—2016）中Ⅰ级接头的要求，并应符合国家现行有关标准的规定。

2）钢筋套筒灌浆连接接头采用的套筒应符合现行行业标准《钢筋连接用灌浆套筒》（JG/T 398—2019）的规定。

3）钢筋套筒灌浆连接接头采用的灌浆料应符合现行行业标准《钢筋连接用套筒灌浆料》（JG/T 408—2019）的规定。

（2）质量验收

1）钢筋采用机械连接时，其接头质量应符合国家现行标准《钢筋机械连接技术规程》（JGJ 107—2016）的要求。

检查数量：按行业标准《钢筋机械连接技术规程》（JGJ 107—2016）的规定确定。

检验方法：检查钢筋机械连接施工记录及平行加工试件的强度试验报告。

2）钢筋套筒灌浆连接及浆锚搭接连接的灌浆应密实饱满。

检查数量：全数检查。

检验方法：检查灌浆施工质量检查记录。

3）钢筋套筒灌浆连接及浆锚搭接连接用的灌浆料强度应满足设计要求。

检查数量：按批检验，以每层为一检验批，每工作班应制作一组且每层不应少于3组试件，标准养护28d后进行抗压强度试验。

检验方法：检查灌浆料强度试验报告及评定记录。

4）采用钢筋套筒灌浆连接的混凝土结构验收应符合现行国家标准《混凝土结构工程施工质量验收规范》（GB 50204—2015）的有关规定，可划入装配式结构分项工程。

5）灌浆套筒进厂（场）时，应抽取灌浆套筒检验外观质量、标识和尺寸偏差，检验结果应符合现行行业标准《钢筋连接用灌浆套筒》（JG/T 398—2019）及《钢筋套筒灌浆连接应用技术规程》(JGJ 355—2015)的有关规定。

检查数量：同一批号、同一类型、同一规格的灌浆套筒，不超过 1000 个为一批，每批随机抽取 10 个灌浆套筒。

检验方法：观察，尺量检查。

6）灌浆料进场时，应对灌浆料拌合物 30min 流动度、泌水率及 3d 抗压强度、28d 抗压强度、3h 竖向膨胀率、24h 与 3h 竖向膨胀率差值进行检验，检验结果应符合规程《钢筋套筒灌浆连接应用技术规程》(JGJ 355—2015) 的有关规定。

检查数量：同一成分、同一批号的灌浆料，不超过 50t 为一批，每批按现行行业标准《钢筋连接用套筒灌浆料》(JG/T 408—2019) 的有关规定随机抽取灌浆料制作试件。

检验方法：检查质量证明文件和抽样检验报告。

7）灌浆套筒进厂（场）时，应抽取灌浆套筒并采用与之匹配的灌浆料制作对中连接接头试件，并进行抗拉强度检验，检验结果均应符合规程《钢筋套筒灌浆连接应用技术规程》(JGJ 355—2015) 的有关规定。

检查数量：同一批号、同一类型、同一规格的灌浆套筒，不超过 1000 个为一批，每批随机抽取 3 个灌浆套筒制作对中连接接头试件。

检验方法：检查质量证明文件和抽样检验报告。

二、装配式混凝土结构工程施工

1. 预制柱吊装施工

（1）吊装准备

1）柱续接下层钢筋位置、高程复核，底部混凝土面清理干净，预制柱吊装位置测量放样及弹线。

2）吊装前应对预制柱进行外观质量检查，尤其要对主筋续接套筒质量进行检查及预制立柱预留孔内部的清理，具体如图 6-10 所示。

3）吊装前应备齐安装所需的设备和器具，如斜撑、固定用铁件、螺栓、柱底高程调整铁片（10mm、5mm、3mm、2mm 四种基本规格进行组合）、起吊工具、垂直度测定杆或木梯等。

图 6-11 为预制立柱吊装前柱底高程调整铁片安放的施工场景。铁片安装时应考虑完成立柱吊装后立柱的稳定性以及垂直度可调为原则。

图 6-10　预制柱底部连接套筒　　　　图 6-11　立柱底标高调整用铁垫片设置

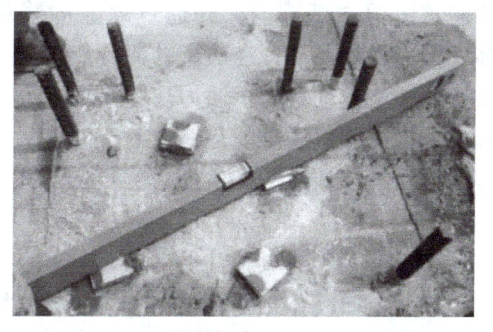

4）在预制立柱顶部架设预制主梁的位置应进行放样和明晰的标识，并放置柱头第一片箍筋，避免因预制梁安装时与预制立柱的预留钢筋发生碰撞而无法吊装。

5）应事先确认预制立柱的吊装方向、构件编号、水电预埋管、吊点与构件重量等内容。

（2）吊装流程　预制柱的吊装流程为：吊装前准备工作→吊装前质检与编号确认→柱底部标高钢片调整、斜撑固定座安装→梁搁置位置放样→预制立柱吊装→斜撑安装及垂直度调整→斜撑系统位置锁定→起重机吊钩松绑→进入下一道工序。

（3）垂直度调整　柱吊装到位后应及时将斜撑固定到预埋在预制柱上方和楼板的预埋件上，每根预制立柱的固定至少在不同三个侧面设置组，通过可调节装置进行垂直度调整，直至垂直度满足规定的要求后进行锁定，如图6-12所示。

2. 预制梁吊装施工

（1）准备工作

1）支撑系统是否准备就绪，预制立柱顶标高复核检查。

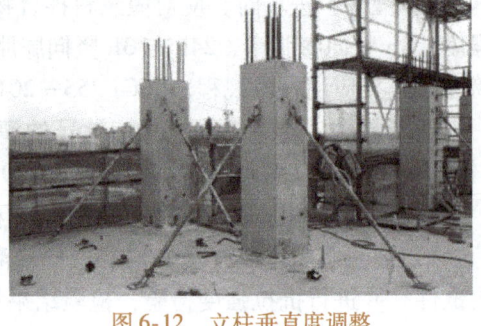

图6-12　立柱垂直度调整

2）大梁钢筋、小梁接合剪力位置、方向、编号检查。

3）预制梁搁置处标高不能达到要求时，应采用软性垫片等予以调整。

4）按设计要求起吊，起吊前应事先准备好相关吊具。

5）若发现预制梁叠合部分主筋配筋（吊装现场预先穿好）与设计不符时，应在吊装前及时更正。

（2）吊装流程　预制主梁和次梁的吊装流程为：预制梁吊装准备→主梁临时支撑系统架设→方向/编号/上层主筋检查→上一根主梁吊装→下一根主梁吊装→立柱/支撑置点标高调整→支撑系统标高锁定→起重机吊钩松绑→次梁支撑系统架设→主梁与次梁节点砂浆充填。

预制梁柱节点整体示意图如图6-13所示。

（3）主次梁的连接　主梁与次梁的连接是通过预埋在次梁上的钢板（俗称牛担板）置于主梁的预留剪力榫槽内，并通过灌注砂浆形成

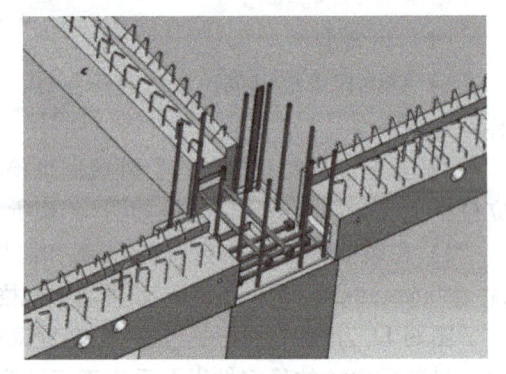

图6-13　预制梁柱节点整体示意图

整体。根据设计要求，在次梁的搁置点附近一定的区域范围内，尚需对箍筋进行加密，提高次梁在搁置端部的抗剪承载力。图6-14给出了主次梁吊装就位后，连接部位砂浆灌注的现场施工场景。值得注意的是，在灌浆之前，主次梁节点处先支立模板，接缝处应用软木材料堵塞，防止漏浆情况的发生。

3. 连接部位钢筋套筒灌浆连接施工

（1）套筒灌浆连接施工流程

以预制竖向墙体之间钢筋连接为例，套筒灌浆连接施工流程为：接缝清理→预制构件封模→无收缩砂浆制备→砂浆流动度检测→无收缩砂浆灌浆并塞孔。

（2）套筒灌浆连接施工要点

1）接缝清理。接缝处应在封模前清理，不得有碎石、油污、脱模剂等杂物，防止因为

污染影响灌浆后的粘接强度。

2）封模墙体下口与楼板之间的缝隙采用干硬性坐浆料进行封堵，内衬蛇皮管作为模板，确保模板可靠。墙体底部接缝处四周封模，可采用砂浆或木材，但必须确保严密、避免漏浆，当采用木材封模时要塞紧，以免木材受压力作用跑位漏浆，如图 6-15 所示。

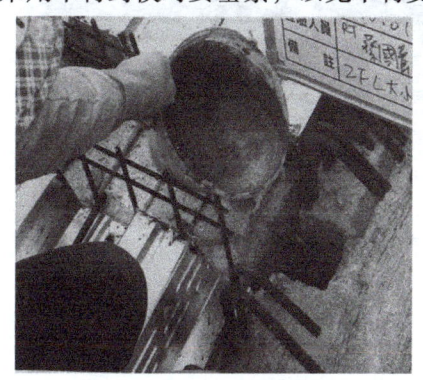

图 6-14　主次梁接缝处灌浆

图 6-15　封模示意图

3）无收缩水泥砂浆的制备。制备无收缩水泥砂浆时，水灰比例严格按照材料性能要求配比，分别用计量水杯和电子秤量取，混合时应先加水再加料，用选定的变速搅拌机搅拌 4~5min，使浆料拌和均匀，随后静置排气，将搅拌好的浆料静置 1~2min，使浆料气泡自然排出，使用小铲子刮掉表面气泡。在注浆同时，同步制作浆料强度试块进行抗压强度试验确认其强度，如图 6-16 所示。

图 6-16　无收缩水泥砂浆制备

4）砂浆流动度检测。搅拌后的灌浆料倒入圆模内，直至浆体与模型平齐，然后提起模型，让浆体在无扰动条件下自由流动至停止，测量浆体最大扩散长度，流动度初始值大于 300mm 方可使用。砂浆流动度检测示意图如图 6-17 所示。

5）无收缩水泥砂浆灌浆并塞孔。灌浆作业之前，应检查灌浆机具是否干净，尤其输送软管不应有残余水泥，防止堵塞灌浆机。无收缩水泥砂浆灌浆示意图如图 6-18 所示。

竖向灌浆套筒灌浆时，从套筒下方的灌浆孔注浆，待套筒上方的排浆孔排出浆液 1~2s 后，用塞子封堵，封堵时要保持一定的压力，持压 30s 后再封堵下部灌浆孔。

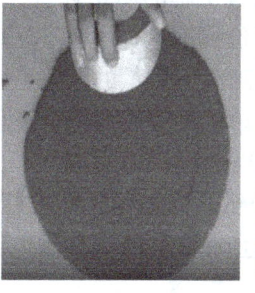

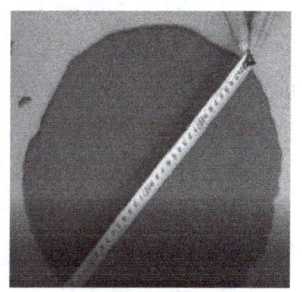

图 6-17　砂浆流动度检测示意图

灌浆开始后，必须连续进行，不能间断，浆料拌合物应在制备 30min 内用完。

如果出浆孔未流出浆液，则不得封堵，应立即停止灌浆作业，检查无法出浆的原因，排除障碍后方可继续作业。

图6-18　无收缩水泥砂浆灌浆示意图

灌浆作业完成后必须将工作面和施工机具清洗干净。

三、装配式混凝土结构工程施工质量评定与创优

1. 装配式混凝土结构工程质量评定

（1）工程概况　工程概况主要包括工程名称、工程地点、建筑面积、结构类型、工程用途、开工/验收日期、建设/勘察/设计/施工单位、监理单位与质量监督单位等。

（2）施工质量评定的依据

1）施工工作依据。一般包括施工承包合同、建筑法、质量管理条例、地基与基础工程设计文件、相关法律/规范和有关技术标准等。

2）质量评定依据。一般包括《建筑工程施工质量评价标准》（GB/T 50375—2016）、《建筑工程施工质量验收统一标准》（GB 50300—2013）、《建筑地基基础工程施工质量验收标准》（GB 50202—2018）、《混凝土结构工程施工质量验收规范》（GB 50204—2015）、质量控制资料、安全和功能检验资料。

3）质量验收情况。工程施工无违反国家强制性标准情况；装配式混凝土结构工程施工已完成了合同工程量及施工图内容；隐蔽验收手续齐全、程序正确，其工程施工质量符合施工质量验收标准及规范要求；全部原材料均符合国家有关质量标准规定，复验合格；外观质量满足设计文件要求，充分体现了设计意图。

（3）装配式混凝土结构工程的质量评价　装配式混凝土结构工程的质量评价应严格按照《建筑工程施工质量评价标准》（GB/T 50375—2016）实施，具体包括：施工现场质量保证条件的评价，地基与基础工程质量的评价，主体结构工程质量评价，屋面工程质量评价，装饰装修工程质量评价，单位工程质量综合评价。

2. 装配式混凝土结构工程施工质量创优

（1）创优的意义　创建优质工程，是推行企业品牌战略的需要，企业通过不断的创建优质精品工程，逐步形成企业优良的施工作风，培养一批优秀的施工管理人才，从而增强建筑企业的市场竞争力。

品牌是企业的无形资产，每个企业都要以自己的特色来塑造企业品牌，或以产品质量，或以特色服务等。建筑企业塑造自己的品牌必须把工程质量放在第一位，优质的建筑产品质量是建筑企业品牌扩展的基础，工程质量是企业赖以生存和发展的依托，通过严格执行现行有关规范、标准，加强工序过程控制，通过不断提高管理工作的质量达到实现工程质量目标，创建出精品工程的目的，进而创造出成功的企业品牌，才能保证企业的生存，促进企业

的发展壮大。优质的建筑产品质量是施工企业扩展的需要，好的品牌资产为公司提供了竞争优势，建筑市场竞争的最终格局必然是品牌瓜分市场，谁拥有品牌，就拥有了市场空间。企业通过工程创优行为逐步转化为企业创品牌行为，从单纯追求质量目标的实现向注重项目综合效益的转变。从项目创精品工程向企业创品牌的转变，可谓影响深远，意义重大。

（2）工程质量创优方案的编制 装配式混凝土结构工程施工质量创优方案包括但不限于以下内容：编制依据，工程概况，工程创优目标及总体要求，质量保证体系，质量管理制度和工作人员岗位职责，工程质量目标分解和质量控制点，工程质量过程管理，工程质量创优具体措施，工程创优资料的收集和整理。

任务拓展

1. 课外阅读《装配整体式混凝土结构工程施工与质量验收规程》（DB/T 29-243—2016）、《混凝土结构工程施工质量验收规范》（GB 50204—2015）、《建筑工程施工质量评价标准》（GB/T 50375—2016）。

2. 熟悉预制构件制作施工质量检查、预制构件吊装施工质量控制、预制构件连接施工质量检查等相关内容。

任务训练

1. 预制构件进场验收包括（　　）。
 A. 质量证明文件   B. 观感质量
 C. A 和 B 都是   D. A 和 B 都不是
2. 预制构件吊装施工说法正确的是（　　）。
 A. 预制柱标高调整可以采用垫片   B. 预制柱采用斜撑固定
 C. 预制梁吊装时先吊装主梁，再吊装次梁   D. 以上都正确
3. 套筒灌浆连接施工流程为（　　）。
 A. 预制构件封模→接缝清理→无收缩砂浆制备→砂浆流动度检测→无收缩砂浆灌浆并塞孔
 B. 接缝清理→预制构件封模→无收缩砂浆制备→砂浆流动度检测→无收缩砂浆灌浆并塞孔
 C. 接缝清理→预制构件封模→无收缩砂浆制备→无收缩砂浆灌浆并塞孔→砂浆流动度检测
 D. 预制构件封模→接缝清理→无收缩砂浆制备→无收缩砂浆灌浆并塞孔→砂浆流动度检测

任务小结

本工作任务主要内容包括：装配式混凝土结构工程预制构件进场质量验收、预制构件安装施工质量验收、预制构件现浇连接施工质量验收、预制构件机械连接施工质量验收、预制构件接缝防水施工质量验收；预制构件吊装施工、钢筋套筒灌浆连接施工、接缝防水施工；装配式混凝土结构工程施工质量评定与创优等内容。

学习情境七　钢结构工程施工

案例引入

某公司新建单层厂房工程，位于西安市长安区，主体厂房为单层轻钢门式刚架结构，长92m、宽45m，屋面坡度5%，屋架最低点标高为8.00m，女儿墙顶标高为12.000m；主厂房建筑高度为12.15m，厂房下部4m为砖砌墙，上部为钢结构建筑。建筑合理使用年限为50年，抗震设防烈度为7度。生产火灾危险性类别为戊类。建筑耐火等级为二级。本工程钢结构材料主要采用Q345和Q235型钢材，屋面采用475型单层彩色压型钢板，墙面采用900型单层彩色压型钢板。墙面砖墙高4.0m。手工焊接采用与主体金属力学性能相适应的焊条型号，自动焊接或半自动焊接以及气体保护焊接采用的焊丝和相应的焊剂应与主体金属的力学性能相适应，并应符合现行国家标准的规定。钢结构的制作符合现行国家标准的规定。所有钢构件在制作前应按1:1比例做大样，复核无误后方可下料；钢材加工前应进行校正，使之平整，以免影响制作精度。

基础垫层采用100厚C15素混凝土，基础采用柱下独立基础预埋地脚螺栓，锚栓采用现行国家标准《碳素结构钢》（GB/T 700—2006）中规定的Q235钢，混凝土强度等级C30。根据地质勘察报告，本工程基础土质良好，独立基础坐落于硬质黄土层，地下水位较低，地下水较少且对基础混凝土无侵蚀性。测量放样应首先对平面控制点、水准控制点等进行引测、复核及办理相关移交手续。

工作任务1　钢结构工程施工工艺实施与监督

知识点：

1. 钢结构工程放样测量工作。
2. 钢结构工程施工机械、人力、运输的准备。
3. 钢结构工程施工尺寸等参数核对。
4. 钢结构工程施工工艺标准。

能力（技能）点：

1. 能根据给定施工图，进行钢结构构筑物、部品、构件定位放样测量工作。
2. 能够根据施工工艺交底，协调施工机械、人力、运输，进行钢结构工程施工。
3. 能够应用图纸、图集对钢结构构筑物、部品、构件尺寸等参数进行核对。
4. 能够按照《建筑施工手册》钢结构工程分项工程工艺流程监督施工符合工艺标准。

任务实施

一、放样与检查

根据给定施工详图,进行钢结构工程构件、部位定位放样测量工作。

钢结构施工测量放样包括平面轴线控制点的竖向投递,柱顶平面放线,传递标高,平面形状复杂钢结构坐标测量,钢结构安装变形监控等。钢结构主体工程放样前,应复测与校核放样测量控制点(网)及标高。钢结构工程主要构件、部位定位放样测量工作应根据施工放样技术交底或施工测量交底组织实施。

1. 放样测量前准备

(1) 施工放样技术交底 测量放线前要认真阅读施工图纸,了解设计意图及施工要求;对图纸的设计尺寸及标高,要认真核对;检查总尺寸和分尺寸是否一致,平面布置图和施工详图尺寸是否一致,不符之处要及时向设计单位提出,进行核对修正。在钢结构工程实施与监督过程中,由中级岗位技术人员依据施工放样交底书向初级岗位技术人员进行技术交底,后者应做好施工放样交底记录。

钢结构工程施工放样技术交底属于专项施工方案交底之一。施工方案可通过召集会议形式或现场授课形式进行技术交底,交底的内容可纳入施工方案中,也可单独形成交底方案。各专业技术管理人员应通过书面形式配以现场口头讲授的方式进行技术交底,技术交底的内容应单独形成交底文件。交底内容应有交底的日期,有交底人、接收人签字,并经项目总工程师审批。

(2) 施工资料的收集分析 钢结构施工放样的文件资料包括:钢结构设计图、建筑图、相关基础图、钢结构施工总图、各分部工程施工详图、其他有关图纸及技术文件,并有图纸会审记录及支座或基础检查验收记录。

(3) 测量仪器与工具准备 目前,在建筑施工放样测量中,常用测量仪器有GPS接收机、经纬仪、全站仪、水准仪、激光垂准仪和激光扫平仪等。施工放样前,依据钢结构工程施工放样测量方案与施工放样技术交底准备相关测量仪器与工具。

2. 施工(放样)测量工艺流程

(1) 钢结构工程施工放样测量工艺流程 钢结构施工放样分为平面、高程控制两部分,对应的施工控制网分为平面控制网和高程控制网。

1) 平面控制网设置。平面控制网可根据场区地形条件和建筑物的结构形式,布设十字轴线或矩形控制网,平面布置异型的建筑可根据建筑物形状布设多边形控制网。

建筑物平面控制网,四层以下宜采用外控法,四层及以上宜采用内控法。上部楼层平面控制网,应以建筑物底层控制网为基础,通过仪器竖向垂直接力投测。竖向投测宜每50~80m设一转点,控制点竖向投测的允许误差应符合表7-1的规定。

楼层平面控制网,就是将建筑物的基础轴线准确地向高层引测,继而在楼层上建立平面控制网,应以建筑物底层控制网为基础引测而成,且具有较高的定位精度,以保证各层相应轴线位于同一竖直平面内。

外控法是在建筑物外部利用经纬仪,根据建筑物轴线控制桩进行轴线的竖向投测,也称作"经纬仪引桩投测法"。

内控法，施测时必须先在建筑物基础面上测设室内轴线控制点，然后用吊线坠法或激光铅垂仪法将各轴线点向建筑物上部楼层进行投测，作为楼层轴线测设的依据。

表 7-1 控制点竖向投测的允许误差

项　目		测量允许误差/mm
每　层		3
总高度 H	H≤30m	5
	30m < H≤60m	8
	60m < H≤90m	13
	90m < H≤150m	18
	H > 150m	20

2）控制网平差校核。轴线控制基准点投测至中间施工层后，应进行控制网平差校核。调整后的点位精度应满足边长相对误差达到 1/20000 和相应的测角中误差 ±10″ 的要求。设计有特殊要求时应根据限差确定其放样精度。

通过外控法或内控法将基础平面控制网上的轴线控制点引测至目标楼层上后，应将同一楼层上所有引测的轴线控制基准点组成闭合图形进行复测，复测内容包括轴线的边长及轴线间角度，其偏差要求满足相应的限值要求。

3）高程控制网设置

① 高程控制网布设。高程控制网通常也分两级布设，第一级网为布满整个施工场地的基本高程控制网，二级网为根据各施工阶段放样需要而布设的加密网。在施工场区应布设不少于 3 个基本高程水准点。加密网水准点应分布合理且具有足够的密度，以满足建筑施工中高程测设的需要。一般在施工场地上，平面控制点均应联测在高程控制网中，同时兼作高程控制点使用。《钢结构工程施工规范》（GB 50755—2012）14.3.1 规定，首级高程控制网应按闭合环线、附合路线或结点网形布设。高程测量的精度，不宜低于三等水准测量的精度要求。

② 高程控制点的水准点。施工现场的高程控制网宜尽量与平面控制网共用控制点，以减少现场控制点的埋设数量。由于实际施工可能扰动已设的控制点，因此控制点的设置必须牢固（如设置在建筑外围的建筑结构上），并保证通视良好。

《钢结构工程施工规范》（GB 50755—2012）14.3.2 规定，钢结构工程高程控制点的水准点，可设置在平面控制网的标桩或外围的固定地物上，也可单独埋设。水准点的个数不应少于 3 个。

③ 柱顶轴线（坐标）测量。利用传递上来的控制点，通过全站仪或经纬仪进行平面控制网放线，把轴线（坐标）放到柱顶上。

④ 建筑物标高的传递。建筑物标高的传递宜采用悬挂钢尺测量的方法进行，钢尺读数时应进行温度、尺长和拉力修正。标高向上传递时宜从两处分别传递，面积较大或高层结构宜从三处分别传递。当传递的标高误差不超过 ±3.0mm 时，可取其平均值作为施工楼层的标高基准；超过时，则应重新传递。标高竖向传递投测的测量允许误差应符合表 7-2 的规定。

表 7-2　标高竖向传递投测的测量允许误差

项　　目		测量允许误差/mm
每　　层		±3
总高度 H	$H \leqslant 30\text{m}$	±5
	$30\text{m} < H \leqslant 60\text{m}$	±10
	$60\text{m} < H$	±12

注：表中误差不包括沉降和压缩引起的变形值。

友情提示：平面控制网考虑地下室、地上钢结构施工阶段两部分点位控制范围。平面控制点使用激光铅直仪垂直向上投递。用计量检测过的 50m 钢卷尺分段向上量测，分三处传递高程，三点之间相互复测闭合。钢结构与土建、设备安装、室内外装修等专业使用同一平面、高程控制网。

4）钢结构安装测量要求

① 检定仪器和钢尺，保证精度。

② 基础验线。根据提供的控制点，测设柱轴线，并闭合复核。在测设柱轴线时，不宜在太阳暴晒下进行，钢尺应先平铺摊开，待钢尺与地面温度相近时再进行量距。

③ 主轴线闭合，复核检验主轴线应从基准点开始。

④ 水准点施测、复核检验水准点用附合法，闭合差应小于允许偏差。

⑤ 根据场地情况及设计与施工的要求，合理布置钢结构平面控制网和标高控制网。

二、钢结构构筑物、部品、构件质量检验

1. 钢结构构件质量要求

钢构件是指在工厂内制作完成的钢结构产品，如柱、梁、桁架、支撑、吊车梁、杆件、节点等，是构成结构的基本单元。钢构件的大小应根据工厂及现场的起重设备、运输方式、道路情况、结构形式等综合考虑、合理选择。当钢构件重量或尺寸超过起重能力或运输要求时，可分段或分块，把分段或分块后的钢构件运到现场后再拼装，形成完整的钢构件。虽然钢结构的结构形式千变万化，钢构件的截面或尺寸互不相同，但需要控制的质量（内在质量和外观质量）要求是相同的。钢构件的内在质量主要包括焊缝质量和构件尺寸；外观质量主要是指观感质量，其具体质量要求应符合现行相关国家标准的要求及设计或合同文件的要求。构件在吊装前应根据《钢结构工程施工质量验收标准》（GB 50205—2020）中的有关规定，检验构件的外形和截面几何尺寸，其偏差不允许超出规范规定值；构件应依据设计图纸要求进行编号，弹出安装中心标记。钢柱应弹出两个方向的中心标记和标高标记；标出绑扎点位置；测量柱长，其长度误差应详细记录，并用油笔写在柱子下部中心标记旁的平面上，以备在基础顶面标高二次灌浆层中调整。

2. 钢结构构件质量检验

钢构件质量检验是指对钢构件的尺寸、性能进行测量、检查、试验等，并将结果与标准规定进行比较，以确定其尺寸、性能是否合格。钢构件质量检验的内容主要包括尺寸检验、焊缝检验和外观检测。钢构件质量检验项目分为主控项目和一般项目。主控项目是指建筑工程中对安全、卫生、环境保护和公众利益起决定性作用的项目；一般项目是指除主控项目以外的检验项目。主控项目必须符合相关规范合格质量标准的要求，一般项目应有 80% 及以

上的检查点（值）符合相关规范合格质量标准的要求，且最大值不超过其允许偏差值的1.2倍。

三、施工准备与施工工艺

1. 钢结构工程施工准备

根据施工交底协调施工机械、人力、运输等资源进入施工现场，完成钢结构施工作业前的准备。

（1）施工机械及运输资源　根据施工准备工作计划与施工技术交底，钢结构施工前需协调相关施工机械按计划时间进入施工现场。主要施工机械包括：吊装机械、钢结构焊接连接设备、钢结构螺栓紧固件连接与检测设备、垂直运输与水平运输机械等。

（2）劳动力及人力资源　钢结构施工需要相应施工机械的操作人员与配合作业人员，同时需要焊接、测量等技术工人，应根据施工技术交底、施工准备工作计划与施工进度计划合理安排施工现场的劳动力进场。

友情提示：钢结构安装前准备包括文件资料与技术准备、施工机械准备、现场准备、钢构件准备、劳动力准备等。技术准备包括施工技术交底、图纸会审、计量管理与测量管理、施工计划与施工方案等；现场准备主要是构件堆放场地准备、现场基础准备、测量放样与现场施工机具准备等；钢构件准备除应依据施工准备计划按时进场外，还应对钢结构构件进行检查与验收。

2. 焊接连接施工工艺

（1）焊接准备工作

1）检验焊条、垫板和引弧板符合设计要求规格。焊条必须符合设计要求的规格，应存放在仓库内并保持干燥。焊条的药皮如有剥落、污垢、受潮、生锈等均不得使用。垫板和引弧板均用低碳钢板制作，间隙过大的焊缝宜使用紫铜板处理。垫板尺寸为：厚6～8mm，宽50mm，长度应与引弧板长度相适应。引弧板长50mm左右，引弧长30mm。

2）准备焊接工具、设备、电源。焊机型号正确且工作正常，必要的工具应配备齐全，放在设备平台上的设备排列应符合安全规定，电源线路要合理且安全可靠，要装配稳压电源，事先放好设备平台，确保能焊接到所有部位。

3）焊条预热。使用焊条前应熟悉焊条的技术标准，了解焊条的使用说明书及焊条标签中的内容，以便合理、正确地使用各类焊条。为保证焊接质量，在焊接前应将焊条进行烘热。酸性焊条的烘培温度为75～150℃，时间为1～2h；碱性低氢型焊条的烘培温度为350～400℃，时间为1～2h；烘干的焊条应放在100℃的保温筒（箱）内保存。焊接时从烘箱内取出焊条，放在具有120℃保温功能的手提式保温桶内带到焊接部位，随用随取，在4h内用完，超过4h则焊条必须重新烘烧，严禁使用湿焊条。

4）焊缝坡口检查。柱与柱下翼缘的坡口焊接，电焊前应对坡口组装的质量进行检查，若误差超过允许范围，则应返修后再焊接。同时，焊前需对坡口进行清理，去除对焊接有妨碍的水分、油污、锈迹等。

5）了解气象条件。气象条件对焊接质量有较大影响。原则上雨雪天气应停止焊接作业（除非采取相应措施）。当风速超过10m/s时，不准焊接。若有防雨雪及挡风措施，确认可保证焊接质量时，方可进行焊接。在－10℃气温条件下，焊接应采取升温和保温措施。

6）焊接顺序。钢结构焊接顺序一般应从中心向四周扩展，采用结构对称、节点对称的焊接顺序。柱与柱、柱与梁之间的焊接多为坡口焊，常用坡口的构造应满足规范要求，当焊件的宽度不同或厚度相差4mm以上时，应分别在宽度方向或厚度方向从一侧或两侧做成坡度不大于1/4的斜角，形成平缓过渡；当厚度不同时，焊缝坡口形式应根据较薄焊件厚度按要求取用。

（2）焊接施工　钢结构常用的焊接方法主要有手工电弧焊、气体保护焊、自保护电弧焊、埋弧焊。

1）手工电弧焊是利用电弧产生的热量熔化被焊金属的一种手工操作焊接方法，设备简单，操作灵活，是钢结构焊接中最常用的方法。①使用低氢焊条焊接时，焊前应将距接缝30mm以内范围的油、水、锈及氧化皮等污物清除干净，使其露出金属本色。②焊条直径的选择应根据被焊工件的厚度、接头形式、坡口形状、焊接位置确定。③有坡口的多层焊，其打底焊用直径4mm或3.2mm焊条；（对接）横焊、立焊、仰焊使用焊条直径不得大于4mm。④禁止焊条未熔化部分在赤红状态下施焊；焊时不得在工艺装备上或部件接缝以外引弧，应在焊缝起点或弧坑前方20mm左右处引弧。多层焊时，每焊完一层要进行自检，若发现缺陷，应立即清除和补焊，否则不得焊下一层，每道焊缝的接头应错开30mm以上。⑤焊接顺序的安排应使焊缝在焊接时尽量处于自由收缩状态，接头有对接焊缝和角焊缝时，应先焊对接焊缝，后焊角焊缝。施焊时尽可能采用分段退焊法、分中对称法、跳焊法、强制固定法等，以减小焊后变形。⑥焊接设备使用低氢型焊条时，选用直流弧焊电源反接法；使用酸性焊条时，用交直流电源均可，为避免磁偏吹，应优先选用交流弧焊电源。

2）气体保护电弧焊又称熔化极气体电弧焊，以焊丝和焊件作为两个电极，两极之间产生电弧热来熔化焊丝和焊件母材，同时向焊接区域送入保护气体，使电弧、熔化的焊丝、熔池及附近的母材与周围的空气隔开，焊丝自动送进，在电弧作用下不断熔化，与熔化的母材一起融合，形成焊缝。①焊前气路检查。CO_2气体保护气路系统包括CO_2气瓶、预热干燥器、减压阀、电磁气阀、流量计等，使用前必须检查各部分连接处是否漏气，CO_2气体是否畅通，如堵塞应及时修理，以保证气路畅通；焊前准备打开低压气阀，调节所需气体流量；焊接中应经常检查喷嘴，并随时清除附着的飞溅物，保证气体保护效果。②焊后应清除工件上的飞溅物等，焊缝表面应匀顺平整。焊接工作完毕，应先关闭气瓶阀门，再关闭调节气体流量旋钮，最后关闭电源。

3）自保护电弧焊又称为无气体保护电弧焊。自保护电弧焊用焊丝是药芯焊丝，焊机使用的是比交流电源更稳定的直流平特性电源。

4）埋弧焊是电弧在可熔化的颗粒状焊剂覆盖下燃烧的一种电弧焊。具有生产效率高、焊缝质量好、劳动条件好的优点。①焊前准备应检查距角焊缝30mm、距对接焊缝50mm以内区域的铁锈、氧化皮、油污等是否按要求清除干净。②施焊前应检查定位焊缝的质量，如有裂纹、焊瘤、夹渣及密集气孔时，应在缺陷两端补充定位焊后，并用气刨枪清除缺陷。埋弧焊采用直流电源反接法。③焊缝两端应安装引弧板和引出板，其厚度和材质应与工件相同。引板的坡口必须与工件相同。自动焊不得随意在部件中间熄弧，但因停电或不得已的情况下熄弧，须重新焊接时，其焊缝接头应搭接50mm以上，且接头前应将熄弧处用气刨枪刨成1:5的斜坡，清除熔渣后再进行焊接。④横向对接焊缝背面采用焊剂垫，焊剂应与焊缝密贴，以免烧穿。所用焊剂要清洁并按规定进行烘干。

3. 高强螺栓连接施工工艺

（1）摩擦面处理

1）高强螺栓类型。高强度螺栓连接按其传力状况，可分为摩擦型连接和承压型连接两种类型，其中摩擦型连接是目前广泛采用的基本连接形式。采用摩擦型高强螺栓连接时，首先应对高强螺栓的摩擦面进行表面处理，使其抗滑移系数能符合要求。

2）摩擦面处理。高强螺栓摩擦面处理方法主要有喷砂（丸）法、化学处理——酸洗法、砂轮打磨法、钢丝刷人工除锈。目前大型金属结构厂基本都采用喷砂（丸）法，经表面处理后的高强度螺栓连接摩擦面应保持干燥、清洁，不应有飞边、毛刺、焊接飞溅物、焊疤、氧化铁皮、污垢等；采取保护措施，不得在摩擦面上作标记，若摩擦面采用生锈处理方法时，安装前应以细钢丝刷垂直于构件受力方向刷除摩擦面上的浮锈。

（2）大六角头高强度螺栓连接施工

1）扭矩法施工。根据计算确定施工扭矩值，使用扭矩扳手（手支、电动、风动）按施工扭矩值进行终拧，这就是扭矩法施工的原理。

友情提示：扭矩 M 与轴力（预拉力）P 之间的关系式为：$M = K \cdot D \cdot P$，K 为扭矩系数；D 为螺栓工程直径（mm）。螺栓在贮存和使用过程中扭矩系数易发生变化，所以在工地安装前一般都要进行扭矩系数复验，复验合格后根据复验结果确定施工扭矩，并以此安排施工。

在采用扭矩法终拧前，应首先进行初拧，对螺栓多的大接头，还需进行复拧。初拧、复拧及终拧的次序，一般是从中间向两边或四周对称进行。初拧和终拧的螺栓都应做不同的标记，避免漏拧、超拧，同时也便于检查人员检查紧固质量。常用规格螺栓（M20、M22、M24）的初拧扭矩一般为 200～300N·m，螺栓轴力达到 10～50kN 即可，在实际操作中，可以让一个操作工用普通板手手工拧紧即可。

2）转角法施工。高强度螺栓转角法施工分初拧和终拧两步进行（必要时需增加复拧）。初拧的要求比扭矩法施工要严，初拧扭矩与扭矩法相同，对于常用螺栓（M20、M22、M24）定在 200～300N·m 比较合适，原则上应该使连接板缝密贴为准。终拧是在初拧的基础上，再将螺母拧转一定角度，使螺栓轴向力达到施工预拉力，如图7-1所示。

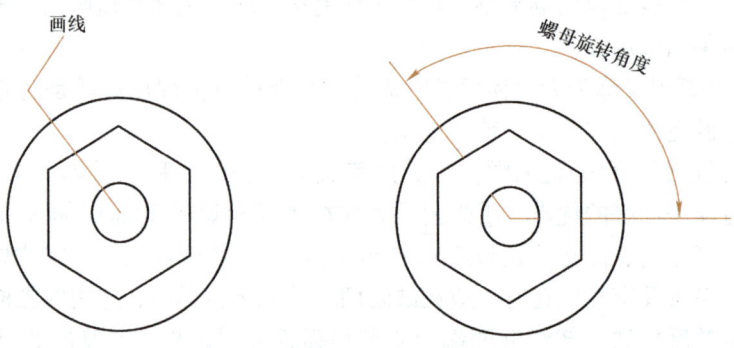

图 7-1　转角法施工试例

（3）扭剪型高强度螺栓连接施工　正常情况采用专用的电动扳手进行终拧，梅花头拧掉即标志终拧的结束。为了减少接头中螺栓群间相互影响及消除连接板面间的缝隙，紧固要分初拧和终拧两个步骤进行，对于超大型的接头还要进行复拧。

友情提示： 由于扭剪型高强度螺栓是利用螺尾梅花头切口的扭断力矩来控制紧固扭矩的，所以用专用扳手进行终拧时，螺母一定要处于转动状态，即在螺母转动一定角度后扭断切口，才能起到控制终拧扭矩的作用。否则，由于初拧扭矩达到或超过切口扭断扭矩，或出现其他一些不正常情况，终拧时螺母不再转动切口即被拧断，这样就失去了控制作用，螺栓紧固状态成为未知，便会造成工程安全隐患。

四、质量检查与验收

1. 焊接质量检验

（1）焊接规定　焊接材料与母材的匹配应符合设计文件的要求及国家现行标准的规定。焊接材料在使用前，应按其产品说明书及焊接工艺文件的规定进行烘焙和存放。持证焊工必须在其焊工合格证书规定的认可范围内施焊，严禁无证焊工施焊。施工单位应按现行国家标准《钢结构焊接规范》（GB 50661—2011）的规定进行焊接工艺评定，根据评定报告确定焊接工艺，编写焊接工艺规程并进行全过程质量控制。

（2）焊缝质量检验　对设计上要求全焊透的一、二级焊缝和设计上没有要求的钢材等对焊拼接焊缝的质量，可采用超声波探伤的方法检测，检测结果应符合《钢结构工程施工质量验收标准》（GB 50205—2020）的规定。对既有钢结构性能，可采取抽样超声波探伤检测。抽样数量不应少于标准规定的样本最小容量。焊缝缺陷分级，应按《焊缝无损检测　超声检测技术、检测等级和评定》（GB/T 11345—2013）确定。

友情提示： 对钢结构工程的所有焊缝都应进行外观检查；对既有钢结构检测时，可采取抽样检测焊缝外观质量的方法，也可采取按委托方指定范围抽查的方法。焊缝的外形尺寸、外观缺陷检测方法和评定标准，应按《钢结构工程施工质量验收标准》（GB 50205—2020）确定。

一、二级焊缝：

1）一级焊缝要求对"每条焊缝长度的100%"进行超声波探伤。

2）二级焊缝要求对"每条焊缝长度的20%"进行抽检，且不小于200mm进行超声波探伤。

3）一级、二级焊缝均为全焊透的焊缝，不允许存在表面气孔、夹渣、弧坑裂纹、电弧擦伤等缺陷。

《焊接接头拉伸试验方法》（GB/T 2651—2008）和《焊接接头弯曲试验方法》（GB/T 2653—2008）等确定检验项目：分为拉伸、面弯和背弯等项目。焊接接头焊缝的强度不应低于母材强度的最低保证值。

2. 高强度螺栓质量检验

（1）高强度螺栓连接施工一般规定

1）高强度螺栓在施工前应对连接副实物和摩擦面进行检验和复验，合格后才能进入安装施工。对每一个连接接头，应先用临时螺栓或冲钉定位，为防止损伤螺纹引起扭矩系数的变化，严禁把高强度螺栓作为临时螺栓使用。

2）对一个接头来说，临时螺栓和冲钉的数量原则上应根据该接头可能承担的荷载计算确定并应满足不得少于安装螺栓总数的1/3；不得少于两个临时螺栓；冲钉穿入数量不宜多于临时螺栓的30%。

3）高强度螺栓的穿入，应在结构中心位置调整后进行。其穿入方向应以施工方便为准，力求一致；安装时要注意垫圈的正反面，即：螺母带圆台面的一侧应朝向垫圈有倒角的一侧；对于大六角头高强度螺栓连接副靠近螺栓头一侧的垫圈，其有倒角的一侧朝向螺栓头。高强度螺栓的安装应能自由穿入孔，严禁强行穿入。如不能自由穿入时，应用铰刀修整，修整后孔的最大直径应小于1.2倍螺栓直径。高强度螺栓在终拧以后，螺栓丝扣外露应为2扣或3扣，其中允许有10%的螺栓丝扣外露1扣或4扣。高强度螺栓连接副的施拧顺序和初拧、终拧扭矩应满足设计要求并符合现行行业标准。

（2）高强螺栓连接质量检查

1）高强度螺栓连接副应在终拧完成1h后、48h内进行终拧质量检查，检查结果应符合规范规定。

2）对于扭剪型高强度螺栓连接副，除因构造原因无法使用专用扳手拧掉梅花头者外，螺栓尾部梅花头拧断为终拧结束。未在终拧中拧掉梅花头的螺栓数不应大于该节点螺栓数的5%，对所有梅花头未拧掉的扭剪型高强度螺栓连接副应采用扭矩法或转角法进行终拧并做标记，且按标准的规定进行终拧质量检查。检查数量：按节点数抽查10%，且不应小于10个节点，被抽查节点中梅花头未拧掉的扭剪型高强度螺栓连接副全数进行终拧扭矩检查。

任务拓展

1. 课外阅读《建筑施工测量标准》（JGJ/T 408—2017）中的9.4：钢结构施工测量。
2. 课外阅读《钢结构工程施工质量验收标准》（GB 50205—2020）。
3. 课外阅读《钢结构工程施工规范》（GB 50755—2012）。

任务训练

1. 高强度螺栓处理后的摩擦面，应检查其（　　）是否符合设计要求。
A. 伸长率　　　　　B. 抗滑移系数　　　　C. 抗拉强度　　　　D. 抗腐蚀性能
2. 同一接头中，高强度螺栓连接副的初拧、终拧应在（　　）完成。
A. 6h内　　　　　B. 24h内　　　　　C. 48h内　　　　　D. 12h内
3. 高强螺栓连接的紧固次序是（　　）。
A. 应从任意处开始，对称向两边进行
B. 应从中间开始，对称向两边进行
C. 应从一端开始，依次向另一端进行
D. 应从四周开始，对称向中间进行
4. 施焊时焊工所持焊条与焊件之间的相互位置的不同，焊接质量也不同，（　　）施焊的质量最易保证。
A. 平焊　　　　　B. 仰焊　　　　　C. 立焊　　　　　D. 横焊

任务小结

1. 根据施工技术交底与施工准备工作计划，钢结构工程施工前需要完成施工放样、施工机械、人力与运输等作业前的准备。
2. 钢结构连接施工的工艺流程主要包括：焊接施工工艺和螺栓连接施工工艺。
3. 施工质量检查与检验主要包括：焊缝质量检验验收、高强螺栓施工质量检查与验收等。

学习情境七　钢结构工程施工

工作任务 2　钢结构工程交底、计划与检查

知识点：
1. 钢结构工程施工技术交底。
2. 钢结构工程施工进度计划。
3. 钢结构工程质量检查。

能力（技能）点：
1. 能按照指定施工任务编制钢结构工程施工技术交底。
2. 能够按照已知工程量编制钢结构工程施工进度计划。
3. 能应用施工质量验收规范对钢结构工程进行质量检查，达到质量验收规范要求。

任务实施

根据中级岗位的要求，应具备编制专项施工方案与施工作业计划，并能对指定施工任务按照施工方案与施工作业计划进行施工技术交底，依照施工质量验收规范对施工成果进行质量检查。本工作任务主要包括施工作业计划与专项施工方案的编制、施工技术交底与施工质量检查。

一、施工作业计划

施工作业计划一般以分部分项工程施工为对象，以月（旬）为时间单元，包括施工项目、作业方法、工序流程、进度安排（计划）、施工准备及资源准备、主要技术措施等内容，由施工员、技术员、安全员等施工现场中级岗位技术管理人员编制的具体实施性计划，是施工计划管理的重要组成部分。

1. 钢结构施工前准备计划

施工准备包括技术准备、资源准备、管理协调准备等内容。其程序如下：设计、合同要求、质量、工期交底→编制施工组织设计→编制资源使用计划→基础、钢构件、控制网检测→现场施工水、电、构件堆场工作→相关单位协调工作→审批。

（1）技术准备　技术准备主要包括设计交底和图纸会审、钢结构安装施工组织设计、钢结构及构件验收标准及技术要求、计量管理和测量管理、特殊工艺管理等。资源准备包括劳动力、机械设备、钢构件、资源准备、连接材料、测量器具、现场平面规划、钢构件运输等准备工作。吊装机械多以塔式起重机、履带式起重机、汽车式起重机为主。所有生产工人都要进行上岗前培训，取得相应资质的上岗证书，做到持证上岗，尤其是焊工、起重工、塔式起重机操作工、塔式起重机指挥工等特殊工种。

友情提示： 钢结构施工总平面规划主要包括结构平面纵横轴线尺寸、塔式起重机的布置及工作范围、机械开行路线、配电箱及电焊机布置、现场施工道路、消防道路、排水系统、构件堆放位置等。当现场堆放构件场地不足时，可选择中转场地。

（2）施工进度计划　钢结构工程施工作业进度计划一般是月计划，工期长、工序多，

219

多采用横道图来表示施工进度计划，也可用双代号网络图、单代号网络图、时标网络图等施工进度计划表示方法进行编制。施工进度计划的编制流程一般包括：首先应划分施工过程，根据工程特点对施工对象划分施工段（层），其次计算每个施工单元的工作量，然后根据机械台班产量或班组工作定额确定每个施工过程在每个单元的持续时间，最后根据绘制规则及逻辑关系绘制施工进度计划。

友情提示：施工组织可分为平行施工、依次施工与流水施工，最好采用流水施工的作业方式；流水施工进度计划按"同一施工过程连续，不同施工过程平行进行"的原则组织施工进度。

2. 钢结构安装施工计划

（1）安装顺序

单跨结构宜从跨端一侧向另一侧、中间向两端或两端向中间的顺序进行吊装。多跨结构，宜先吊主跨后吊副跨；当有多台起重机共同作业时，也可多跨同时吊装。单层工业厂房钢结构宜按立柱、连系梁、柱间支撑、吊车梁、屋架、檩条、屋面支撑、屋面板的顺序进行安装。单层钢结构在安装过程中，需及时安装临时柱间支撑或稳定缆绳，在形成空间结构稳定体系后方可扩展安装。单根长度大于21m的钢梁吊装，宜采用2个吊装点吊装，若不能满足强度和变形要求时，宜设置3~4个吊装点吊装或采用平衡梁吊装，吊点位置应通过计算确定。

（2）钢结构工程安装方法

钢结构工程安装方法有分件安装法、节间安装法和综合安装法。

1）分件安装法。起重机在厂房内每开行一次仅安装一种或两种构件。如起重机第一次开行先吊装全部柱子，并进行校正和最后固定；然后依次吊装地梁、柱间支撑、墙梁、吊车梁、托架（托梁）、屋架、天窗架、屋面支撑和墙板等构件，直至所有构件吊装完成。有时屋面板的吊装也可在屋面上单独用桅杆或屋面小起重机来进行。

2）节间安装法。起重机在厂房内一次开行中，分节间依次安装所有各类型构件，即先吊装一个节间柱子，并立即加以校正和最后固定，然后吊装地梁、柱间支撑、墙梁（连续梁）、吊车梁、走道板、柱头系统、托架（托梁）、屋架、天窗架、屋面支撑系统、屋面板和墙板等构件。一个（或几个）节间的全部构件吊装完毕后，起重机再行进至下一个（或几个）节间，进行下一个（或几个）节间全部构件吊装，直至吊装完成。

3）综合安装法。将全部或一个区段的柱头以下部分的构件用分件吊装法吊装，即柱子吊装完毕并校正固定，再按顺序吊装地梁、柱间支撑、吊车梁、走道板、墙梁、托架（托梁），接着按节间综合吊装屋架、天窗架、屋面支撑系统和屋面板等屋面构件。吊装时，通常采用2台起重机，一台起重量大的起重机用来吊装柱子、吊车梁、托架和屋面系统等，另一台用来吊装柱间支撑、走道板、地梁、墙梁等构件并承担构件卸车和就位排放工作。综合安装法综合了分件安装法和节间安装法的优点，能最大限度地发挥起重机的能力和效率，缩短工期，是广泛采用的一种安装方法。

二、施工技术交底

1. 基础施工技术交底

（1）基础施工　基础施工确定地脚螺栓或预留孔的位置时，应认真按施工图规定的轴线位置尺寸放出基准线；同时在纵横轴线（基准线）的两对应端，分别选择适宜位置埋置铁板或型钢，标定出永久坐标点，以备在安装过程中随时测量参照使用。浇筑混凝土前，应按规定的基准位置支设、固定基础模板及其表面配件。浇筑混凝土时，应经常观察及测量模板的固定支架预埋件和预留孔的情况。当发现有变形、位移时应立即停止浇灌，并进行调整、修正。

（2）质量检查　柱子基础轴线和标高正确是确保钢结构安装质量的基础，定位轴线从基础施工起就应引起重视，先要做好控制桩。待基础浇筑混凝土后再根据控制桩将定位轴线引到柱基钢筋混凝土底板面上，然后预检定位线是否同原定位线重合、封闭，每根定位线总尺寸误差值是否超过控制数，纵横定位轴线是否垂直、平行。定位轴线预检在弹过线的基础上进行。预检应由监理、土建、安装三方联合进行，对检查数据要统一认可鉴证。柱间距检查应在定位轴线认可的前提下进行，采用标准尺实测柱距（应是通过计算调整过的标准尺）。柱间距偏差值应严格控制在 +2mm 范围内。

2. 钢柱安装技术交底

（1）钢柱柱身放线

柱子安装前应设置标高观测点和中心线标志。

1）标高观测点。标高观测点的设置应符合下列规定：

① 标高观测点的设置以牛腿（肩梁）支承面为基准，设在柱的便于观测处。

② 无牛腿（肩梁）柱，应以柱顶端与屋面梁连接的最上一个安装孔中心为基准。

2）中心线标志。中心线标志的设置应符合下列规定：

① 在柱底板上表面上行线方向设一个中心标志，列线方向两侧各设一个。

② 在柱身表面上行线和列线方向各设一个中心线，每条中心线在柱底部、中部（牛腿或肩梁部）和顶部各设一处中心标志。

③ 双牛腿（肩梁）柱在行线方向两个柱身表面分别设中心标志。

（2）钢柱校正

钢柱安装完成后应对钢柱基础标高、钢柱平面位置及钢柱垂直度进行校正。

1）钢柱基础标高校正

① 基础施工时，应按设计施工图规定的标高尺寸进行施工，以保证基础标高的准确性。首先，将柱子就位轴线弹测在柱基表面，然后对柱基标高进行找平。基准标高点一般设置在柱基底板的适当位置，四周加以保护，作为整个钢结构工程施工阶段标高的依据。

② 为了便于调整钢柱的安装标高，一般在基础施工时，先将混凝土浇灌到比设计标高略低 40~60mm，然后根据柱脚类型和施工条件，在钢柱安装、调整后，采用一次或二次灌筑法将缝隙填实。

③ 根据钢柱实际长度、柱底平整度、钢牛腿顶部距柱底部距离，重点要保证钢牛腿顶部标高值，以此来控制基础找平标高。

④ 柱脚调整螺母调整法。将柱子底板下的调整螺母上表面的标高调整到与柱底板标高齐平，放下柱子后，利用底板下的螺母控制柱子的标高，精度可达 +1mm 以内。柱子底板下预留的空隙，可以用无收缩砂浆填实。使用这种方法时，对地脚螺栓的强度和刚度应进行计算。

⑤ 使用垫铁调整法。柱子校正和调整标高，垫不同厚度垫铁或偏心垫铁的重叠种类不宜多于 2 种。一般要求厚板在下面、薄板在上面。每块垫板要求伸出柱底板外 5~10mm，以备焊成一体，保证柱底板与基础板平稳牢固结合。垫板之间的距离要以柱底板的宽为基

准，要做到合理恰当，使柱体受力均匀，避免柱底板局部压力过大产生变形。

2) 钢柱平面位置校正。钢柱底部制作时，在柱底板侧面，用钢冲打出互相垂直的四个面，每个面上一个点，用三个点与基础面十字线对准即可，争取达到点线重合。对线方法：在起重机不脱钩的情况下将柱底定位线与基础定位轴线对准缓慢落至标高位置。为防止预埋螺杆与柱底板螺孔有偏差，设计时考虑偏差数值，适当将螺孔加大，上压盖板焊接。

3) 钢柱垂直度校正

① 钢柱垂直度测量一般选用经纬仪。校正钢柱垂直度需用两台经纬仪，两台经纬仪分别架设在引出的轴线上，对钢柱进行测量校正。当轴线上有其他障碍物阻挡时，可将仪器偏离轴线 150mm 以内。如图 7-2 所示，先将经纬仪放在钢柱一侧，使纵中丝对准柱底座的基线，再固定水平度盘。测量钢柱的中心线时，应由下而上观测。若纵中心线对准，则说明柱子垂直；若纵中心线不对准，则需调整柱子，直到对准经纬仪中丝为止。

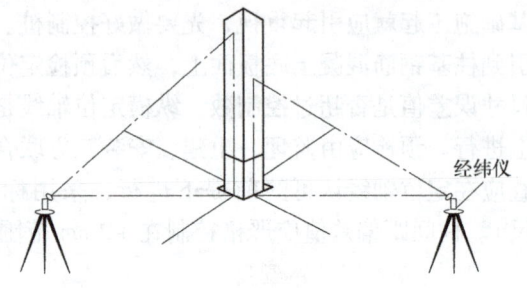

图 7-2　两台经纬仪校正钢柱垂直度

② 用同样方法测横线，使柱子另一面中心线垂直于基线横轴。钢柱定位工作完成后，即可对柱子进行临时固定。

③ 在柱子较高时，应采用 1~2kg 质量的线坠进行测量。其测量方法是在柱的合适高度位置，在进行测量前把型钢头焊在柱子侧面上（也可用磁力吸盘），将线坠上线头拴好，测得柱子侧面和线坠吊线之间距离，如上下一致则说明柱子垂直，否则说明柱子不垂直。稳住线坠的做法是将线坠放入空水桶或盛水的水桶内，注意坠尖与桶底间保持悬空距离，即可测得准确。

④ 柱子校正除采用上述测量方法外，还可用增加或减换垫铁来调整柱子垂直度以及求取倾斜值的计算方法进行校正。

友情提示：钢柱吊装柱脚穿入基础螺栓后，柱子校正工作主要是对标高进行调整和对垂直度进行校正。钢柱垂直度的校正，可采用起吊初校加千斤顶复校的办法，对钢柱垂直度的校正，可在吊装柱到位后，利用起重机起重臂回转进行初校，通常钢柱垂直度控制在 20mm 之内，拧紧柱底地脚螺栓，起重机方可松钩。千斤顶校正时，在校正过程中要不断观测柱底和砂浆标高控制块之间是否有间隙，以避免校正过程中顶升过度造成水平标高产生误差。

3. 吊车梁安装技术交底

（1）吊车梁吊装　钢柱吊装完成并经校正固定后，即可吊装吊车梁等构件。钢吊车梁一般采用两点绑扎，对称起吊。吊钩应对称于梁的重心，以便使梁起吊后保持水平，梁的两端用钢丝绳控制，以防吊升就位时左右摆动，碰撞柱子。

（2）吊车梁校正　钢吊车梁校正一般在梁全部吊装完毕屋面构件校正并最后固定后进行。但对质量较大的钢吊车梁，因脱钩后撬动比较困难，宜采取边吊边校正的方法。校正内容包括中心线（位移）、轴线间距（跨距）、标高、垂直度等。纵向位移在就位时已基本校正，故校正主要是横向位移。

1) 吊车梁中心线与轴线间距校正。先在起重机轨道两端的地面上，根据柱轴线放出吊车轨道轴线，用钢尺校正两轴线的距离，再用经纬仪放线，如图 7-3 所示，钢丝挂线锤或在两端拉钢丝等方法较正，如有偏差，用撬杠拨正，或在梁端设螺栓，液压千斤顶侧向顶正。或在柱头挂倒链将吊车梁吊起或用杠杆将吊车梁抬起，再用撬杠配合移动拨正。

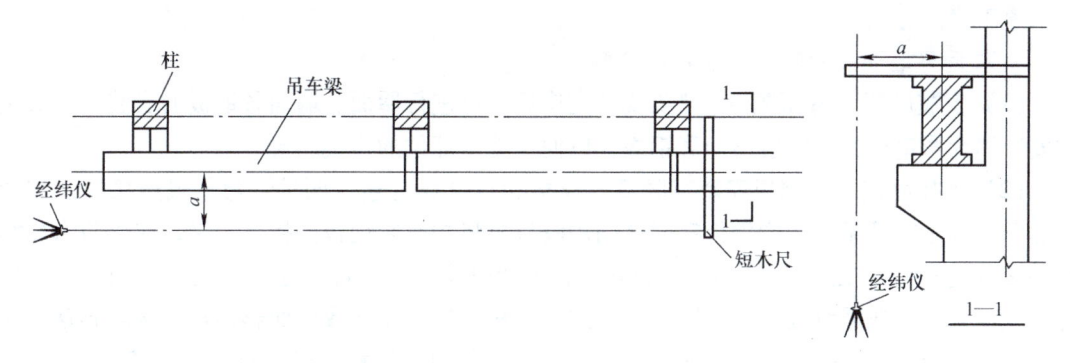

图 7-3 经纬仪校正吊车梁

2）吊车梁标高校正。当一跨即两排吊车梁全部吊装完毕后，将一台水准仪架设在某一钢吊车梁上或专门搭设的平台上，进行每梁两端的高程测量，计算各点所需垫板厚度。校正时用撬杠撬起或在柱头屋架上弦端头节点上挂倒链将吊车梁需垫垫板的一端吊起。重型柱可在梁一端下部用千斤顶顶起填塞钢片。

3）吊车梁垂直度校正。在校正标高的同时，用靠尺或线锤在吊车梁的两端测垂直度，用楔形钢板在一侧填塞校正。

4. 屋架梁安装技术交底

（1）屋架梁安装　屋架梁安装应在柱子校正符合规定后进行。将钢梁运至现场组装时，应按制作单位的编号和顺序进行，不得随意调换。组拼时应保证钢梁总长及起拱尺寸的要求。组装后经验收方允许吊装。屋架梁安装顺序为：钢梁组装→扶直→绑扎→吊升→校正→固定。门式刚架的钢梁侧向刚度较差，先在地面拼装并用高强度螺栓连接紧固。当屋面坡度较大时，组装成整体的人字形钢梁。扶直钢梁时，起重机的吊钩应对准钢梁中心，吊索应左右对称，受力均匀，吊索与水平面的夹角不小于45°，在钢梁接近扶直时，吊钩应对准钢梁两落地端支承点连线的中点，防止钢梁摆动。

（2）屋架梁校正　屋架梁对位应以建筑物的定位轴线为准。因此，在钢梁吊装前，应当用经纬仪或其他工具，在柱顶放出建筑物的定位轴线。钢梁对位后，立即进行临时固定，临时固定稳妥后，起重机才可摘钩，钢梁的竖向偏差可用垂球或经纬仪检查。

5. 屋面檩条及墙架安装技术交底

（1）吊装要求　檩条与墙架等构件其单位截面较小，重量较轻，为发挥起重机效率，多采用一钩多吊或成片吊装。对于不能进行平行拼装的拉杆和墙架、横梁等，可根据其架设位置，用长度不等的绳索进行一钩多吊，为防止变形，可用木杆加固。

（2）安装方法

1）整平。安装前对檩条支承进行检测和整平，对檩条逐根复查其平整度，安装的檩条间高差控制在±5mm范围内。

2）弹线。檩条支承点应按设计要求的支承点位置固定，为此支承点应用线划出，经檩条安装定位，按檩条布置图验收。固定：按设计要求进行焊接或螺栓固定，固定前再次调整位置，偏差≤5mm。

3）验收。檩条安装后由项目技术责任人通知质检员或监理工程师验收，确认合格后转入下道工序。

6. 屋面及墙面围护结构安装技术交底

（1）安装顺序　屋面檩条、墙梁安装完毕后，可进行屋面、墙面彩钢板的安装，一般是先安装墙面彩钢板，后安装屋面彩钢板，以便于檐口部位的连接。

（2）连接固定　彩钢板安装有隐藏式连接和自攻螺钉连接两种。隐藏式连接通过支架将彩钢板固定在檩条上，彩钢板横向之间用咬口机将相邻彩钢板搭接口咬接，或用防水黏结胶粘接（这种做法仅适用于屋面）。自攻螺钉连接是将彩钢板直接通过自攻螺钉固定在屋面檩条或墙梁上，在螺钉处涂防水胶封口，这种方法可用于屋面或墙面彩钢板连接。彩钢板在纵向需要接长时，其搭接长度不应小于100mm，并用自攻螺钉连接，防水胶封口。

友情提示：彩钢板安装中，应注意几个关键部位的构造做法：山墙檐口，用檐口包角板连接屋面和墙面彩钢板；屋脊处，在屋脊处盖上屋脊盖板，根据屋面的坡度大小，分屋面坡度≥10°和<10°两种不同的做法；门窗位置，依窗的宽度，在窗两侧设立窗边立柱，立柱与墙梁连接固定，在窗顶、窗台处设墙梁，安装彩钢板墙面时，在窗顶、窗台、窗侧分别用不同规格的连接板包角处理；墙面转角处，用包角板连接外墙转角处的接口彩钢板；天沟安装，天沟多采用不锈钢制品，用不锈钢支撑固定在檐口的边梁（檩条）上，支撑架的间距约500mm，用螺栓连接。

7. 涂装工程技术交底

防腐涂料和防火涂料的涂装油漆工属于特殊工种。施涂时，操作者必须有特殊工种作业操作证（上岗证）。施涂环境温度、湿度，应按产品说明书和规范规定执行，要做好施工操作面的通风，并做好防火、防毒、防爆措施。构件涂装后，应按设计图纸进行编号，编号的位置应遵循便于堆放、便于安装、便于检查的原则。对于大型或重要的构件还应标注重量、重心、吊装位置和定位标记等。编号的汇总资料与运输文件、施工组织设计文件、质检文件等应统一起来，编号可在竣工验收后加以复涂。

三、施工质量检查

1. 基础施工质量检查

钢结构安装前应对建筑物的定位轴线、基础轴线和标高、地脚螺栓位置等进行检查，并应办理交接验收。当基础工程分批进行交接时，每次交接验收不应少于一个安装单元的柱基基础，基础混凝土强度应达到设计要求；基础周围回填夯实完毕；基础的轴线标志和标高基准点准确、齐全。地脚螺栓位置应符合设计文件或有关标准的要求，并应有保护螺纹的措施。高层钢结构底层柱的地脚螺栓螺母止退方法可采取双螺母，或用电焊将螺母焊牢。

2. 构件安装质量检查

钢结构主要构件安装就位后，应立即进行校正、固定。当天安装的钢构件应形成稳定的空间体系。楼面压型钢板安装前，应在钢梁上放出压型钢板的定位线，相邻压型钢板端部的波形槽口应对正。吊车梁和吊车桁架不应下挠。吊车梁的受拉翼缘或吊车桁架受拉弦杆上不得焊接悬挂物和卡具等。

3. 涂装工程质量检查

施工图中注明不涂装的部位不得涂装，安装焊缝处应留出 30~50mm 暂不涂装。涂装应均匀，无明显起皱、流挂，附着应良好。防腐涂料涂装遍数、涂装间隔、涂层厚度均应满足设计文件及涂料产品标准的要求。当设计对涂层厚度无要求时，涂层干漆膜总厚度：室外应为 150μm，室内应为 125μm，其允许偏差为 -25μm。每遍涂层干漆膜厚度的允许偏差为 -5μm。防火涂料涂装中每使用 100t 薄型防火涂料应抽检一次黏结强度；每使用 500t 厚型防火涂料应抽检一次黏结强度和抗压强度。薄涂型防火涂料的涂层厚度应符合有关耐火极限的设计要求。厚涂型防火涂料涂层的厚度，80% 及以上面积应符合有关耐火极限的设计要求，且最薄处厚度不应低于设计要求的 85%。

任务拓展

1. 课外阅读《钢结构工程施工质量验收标准》（GB 50205—2020）、《钢结构工程施工规范》（GB 50755—2012）、《建筑施工组织设计规范》（GB/T 50502—2009）、《建设工程项目管理规范》（GB/T 50326—2017）。
2. 熟悉钢结构基础工程施工技术交底、单层钢结构安装施工技术交底等。
3. 熟悉钢结构工程施工质量检查相关内容：基础施工质量检查、构件安装施工质量检查、涂装工程施工质量检查等。

任务训练

1. 钢柱的校正工作一般包括（　　）。
   A. 倾斜度、弯曲度、标高　　B. 平面位置、标高及垂直度
   C. 平面位置、基础杯口高度　　D. 杯口位置
2. 使用垫铁对标高进行柱子校正和调整时，垫不同厚度垫铁或偏心垫铁的重叠种类不宜多于（　　）种。
   A. 1　　B. 2　　C. 3　　D. 4
3. 防腐涂料涂层厚度应满足设计文件、涂料产品标准的要求，当设计对涂层厚度无要求时，室外应为（　　）。
   A. 150μm　　B. 160μm　　C. 125μm　　D. 200μm
4. 扶直钢梁时，起重机的吊钩应对准钢梁中心，吊索与水平面的夹角不小于（　　）。
   A. 30°　　B. 45°　　C. 60°　　D. 90°

任务小结

1. 根据施工任务，编制钢结构工程施工作业计划与专项施工方案，主要内容包括：工艺流程、作业准备、主要技术措施与施工进度计划。
2. 根据施工作业计划编制钢结构工程施工技术交底，主要内容包括：强制性条文、施工要点与质量要求。
3. 钢结构工程施工质量检查与验收主要包括：钢结构安装测量质量检查、基础及预埋地脚螺栓检查与验收，一般分为主控项目与一般项目。

工作任务 3　钢结构工程质量验收与评审

知识点：
1. 钢结构工程质量验收。
2. 钢结构工程施工。
3. 钢结构工程质量评审。

能力（技能）点：
1. 能根据给定施工任务，对钢结构工程进行质量创优施工指导。
2. 能根据给定施工任务，编制钢结构工程施工方案。
3. 能根据给定施工任务，组织相关责任单位进行钢结构工程项目验收工作。
4. 能根据给定施工任务，对钢结构工程施工方案进行审核评定。

任务实施

根据高级岗位的要求，能根据给定的钢结构工程施工任务，对钢结构工程进行质量创优施工指导；能根据给定施工任务，编制钢结构工程施工方案；能根据给定施工任务，组织相关责任单位进行钢结构工程项目验收工作。本工作任务主要包括施工方案的编制与审核评定、钢结构工程质量验收与质量创优施工指导。

一、钢结构工程施工方案

1. 施工安排

（1）安装顺序　结合工程特点安装顺序为：基础准备→钢柱安装→屋面梁安装→屋面檩条、墙面梁安装→屋面和墙面围护结构安装。

（2）安装方法　轻钢结构安装可采用综合吊装法或分件安装法。采用综合安装法，是先吊装一个单元（一般为一个柱间）的钢柱（4~6根），立即校正固定后，吊装屋面梁、屋面檩条等。等一个单元构件吊装、校正、固定结束后，进行下一单元。

（3）施工机械技术措施　轻钢结构的构件相对自重轻，安装高度不大，因而构件安装所选择的起重机械多以行走灵活的自行式（履带式）起重机和塔式起重机为主。所选择的塔式起重机的臂杆长度应具有足够的覆盖面，要有足够的起重能力，能满足不同部位构件起吊要求。多机工作时，臂杆要有足够的高度，有能不碰撞的安全转运空间。对有些重重比较轻的小型构件，如檩条、彩钢板等，也可以直接由人力吊升安装。起重机的数量，可根据工程规模、安装工程大小及工期要求合理确定。

（4）基础准备

1）基础准备工作内容。基础准备包括轴线误差测量，基础支承面的准备，支承面、支座表面标高与水平度的检验，地脚螺栓位置和伸出支承面长度的测量。

2）质量检查。钢柱基础施工时，应做好地脚螺栓定位和保护工作，控制基础和地脚螺栓顶面标高。基础施工后应按以下内容进行检查验收：①各行列轴线位置是否正确；②各跨跨距是否符合设计要求；③基础顶标高是否符合设计要求；④地脚螺栓的位置及标高是否符合设计及规范要求。

2. 构件安装

（1）钢柱安装

1）钢柱安装前需要满足的作业条件

① 彻底清除柱基础及周围的垃圾、积水，对混凝土基础面重新凿毛，并清除尘屑等杂物，在基础上划出钢柱安装的纵横十字线。

② 完成预埋地脚螺栓复核；清理螺栓螺纹的保护膜，对螺纹的情况进行检查。

③ 测量基础混凝土顶面的标高，并准备好不同厚度的垫块。

④ 将钢柱吊装用的临时爬梯、操作平台等设备附着在钢柱上。

⑤ 钢柱表面油污、灰尘和泥沙等杂物已经清除干净；固定钢柱的缆风绳一端事先系好在柱身指定位置。

2）吊装要求

① 钢柱起吊前应搭好上柱顶的直爬梯，单点绑扎吊装，吊点设置在柱顶处，吊钩通过钢柱重心线，钢柱易于起吊、对线、校正。宜采用旋转法吊升，吊升时宜在柱脚底部拴好拉绳并垫以垫木，防止钢柱起吊时，柱脚拖地和碰坏地脚螺栓。

② 钢柱对位时，一定要使柱子中心线对准基础顶面安装中心线，并使地脚螺栓对孔，注意钢柱垂直度，在基本达到要求后方可落下就位。

友情提示：《钢结构工程施工规范》（GB 50755—2012）第11.4.1条规定，首节钢柱安装后应及时进行垂直度、标高和轴线位置校正，钢柱的垂直度可采用经纬仪或线锤测量；校正合格后钢柱须可靠固定，并应进行柱底二次灌浆，灌浆前应清除柱底板与基础面间杂物。

3）柱底灌浆。在第一节柱及柱间钢梁安装完成后，即可进行柱底二次灌浆。灌浆要留排气孔。钢管混凝土施工也要在钢管柱上预留排气孔。二次灌浆即用细石混凝土或无收缩水泥浆将钢柱或设备底座与基础表面空间的空隙填满并将垫铁埋在混凝土里，以固定垫铁和承受设备负荷的一种技术。钢柱在校正完毕后，需要及时进行二次灌浆。

4）柱间支撑。《钢结构工程施工规范》（GB 50755—2012）规定，支撑安装应符合以下规定：交叉支撑宜按从下到上的顺序组合吊装；无特殊规定时，支撑构件的校正宜在相邻结构校正固定后进行；屈曲约束支撑应按设计文件和产品说明书的要求进行安装。

友情提示：支撑主要用于增加结构侧向稳定，一般重量较轻，宜尽可能在地面上拼装成一定空间刚度单元后再进行吊装。对于规格大、重量重的支撑也可以采用单件吊装。支撑吊装时可通过在吊索上设置手拉葫芦的方式调整支撑在空中的位置，达到预期的倾斜状态后再进行就位。

（2）吊车梁安装

1）吊装就位。钢吊车梁布置宜接近安装位置，使梁重心对准安装中心。安装顺序可由一端向另一端，或从中间向两端顺序进行。当梁吊升至设计位置离支座顶面约20cm时，用人力扶正，使梁中心线与支承面中心线（或已安装相邻梁中心线）对准，使两端搁置长度相等，缓缓下落。如有偏差，稍稍起吊用撬杠撬正；如支座不平，可用斜钢片垫平。一般情况下，吊车梁就位后，因梁本身稳定性较好，仅用垫铁垫平即可，不需采取临时固定措施。当梁高度与宽度之比大于4，或遇五级以上大风时，脱钩前宜用钢丝将钢吊车梁临时捆绑在柱子上临时固定,以防倾倒。

2）校正调整。钢吊车梁校正一般在梁全部吊装完毕,屋面构件校正并最后固定后进行。但对重量较大的钢吊车梁,因脱钩后撬动比较困难,宜采取边吊边校正的方法。

(3) 屋面梁的吊装　屋面梁宜采用两点对称绑扎吊装,绑扎点应设软垫,以免损伤构件表面。屋面梁吊装前设好安全绳,以方便施工人员高空操作;屋面梁吊升宜缓慢进行,吊升过柱顶后由操作工人扶正对位,用螺栓穿过连接板与钢柱临时固定,并进行校正。

(4) 屋面檩条、墙面梁安装

1）施工流程。屋面檩条安装时,首先按施工图将所需檩条运至安装位置下方,檩条使用吊装设备按柱间、同一坡向内分次吊装。吊装点距两端不应大于1/3檩条全长。每次成捆吊至相应屋面梁上,每捆4～5根檩条,水平平移檩条至安装位置,檩托板与檩条采用高强度螺栓连接。檩条必须按钢结构涂装规范涂刷防火、防腐及防锈涂料,镀锌檩条则在螺栓连接处涂刷。按照整平→弹线→固定→验收的工艺流程进行。

2) 对于保温屋面,彩钢板应安装在保温棉上。施工时,在屋面檩条上拉通长钢丝网,钢丝网为250~400mm方格。在钢丝网上保温棉顺着排水方向垂直铺向屋脊,在保温棉上再安装彩钢板。

3) 薄壁轻钢檩条,由于重重轻,吊装时可用起重机或人力吊升。当安装完一个单元的钢柱、屋面梁后,即可进行屋面檩条和墙梁的安装。墙梁也可在整个钢框架安装完毕后进行。檩条和墙梁安装比较简单,直接用螺栓连接在檩条挡板或墙梁托板上。

友情提示：①檩条吊装至屋面应及时散开,以免堆积造成集中荷载过大,使结构变形;②檩条安装应注意摆向一致,造型美观整齐;③安装螺栓拧紧后,宜将螺栓丝扣打毛,以免松动;④任何安装孔均不得随意采用气割扩孔。

(5) 彩色钢板铺设及固定　屋面板吊装依据屋面面板板型、制作卡模,采用垂直运输设备逐块吊装。屋面板端部应根据檩条上的预钻孔进行定位和排列。所有的板材在建筑上的位置和排列需保持300mm的模数。屋面压型板的固定方式分为紧固件连接和咬边隐藏式连接两种。

友情提示：压型钢板与檩条连接时,采用带防水垫圈的镀锌自攻螺钉固定,固定点应设在波峰上,间距小于350mm,在同一根檩条上的连接固定点不得少于3点。

(6) 钢结构涂装施工工艺

1) 钢结构防腐涂料涂装。防腐涂料涂装工艺流程：基面处理→表面除锈→底漆涂装→面漆涂装→检查验收。

① 基面处理：钢材表面的毛刺、飞边、焊接飞溅物、积垢、灰尘等在涂刷油漆前应采取适当的方法清理干净。

② 表面除锈：钢材表面除锈根据设计要求不同可采用手工和动力工具除锈、喷射或抛射除锈、火焰除锈等方法。

③ 涂料涂装：涂层结构的形式有底漆—中间漆—面漆；底漆—面漆；底漆和面漆是同一种漆。底漆附着力强,防锈性能好;中间漆兼有底漆和面漆的性能,并能增加漆膜总厚度;面漆防腐蚀耐老化性好。

2) 钢结构防火涂料涂装

① 防火涂料按厚度可分为CB、B和H三类。防火涂料涂装工程施工前,钢结构工程已

检查验收合格、防锈漆涂装已检查验收合格,并符合设计要求。防火涂料涂装工艺流程与防腐涂料涂装工艺流程类似,只是所用材料和要求有所不同。

② 涂装施工常用方法:通常采用喷涂方法施涂,对于薄型钢结构防火涂料的面装饰涂装也可采用刷涂或滚涂等方法施涂。涂料种类、涂装层数和涂层厚度等应根据防火设计要求确定。施涂时,在每层涂层基本干燥或固化后,方可继续喷涂下一层涂料,通常每天喷涂一层。

二、施工质量验收

1. 基础验收

(1) 基础顶面直接作为柱的支承面　基础顶面预埋钢板或支座作为柱的支承面时,其支承面、地脚螺栓(锚栓)的允许偏差应符合表 7-3 的规定。

表 7-3　支承面、地脚螺栓(锚栓)的允许偏差　　(单位:mm)

项　目		允许偏差
支承面	标高	±3
	水平度	$l/1000$
地脚螺栓(锚栓)	螺栓中心偏移	5.0
	预留孔中心偏移	10.00
	螺栓(锚栓)露出长度	+30.0 0.0
	螺纹长度	+30.0 0.0

(2) 钢柱脚采用钢垫板做支撑　钢柱脚采用钢垫板做支撑时,应采用无收缩砂浆。坐浆垫板的允许偏差应符合表 7-4 的规定。

表 7-4　坐浆垫板的允许偏差　　(单位:mm)

项　目	允许偏差
顶面标高	0 -3.0
水平度	$l/1000$
平面位置	20.0

注:l 为垫板长度。

(3) 杯口基础　当采用杯口基础时,杯口基础的允许偏差应符合表 7-5 的规定。

表 7-5　杯口基础的允许偏差　　(单位:mm)

项　目	允许偏差
底面标高	0 -5.0
杯口深度 H	±5.0
杯口垂直度	$h/1000$,且不大于 10.0
柱脚轴线对柱定位轴线的偏差	1.0

注:h 为底层柱的高度。

2. 钢构件检查验收

(1) 焊接 H 型钢　焊接 H 型钢，焊完后必须进行翼缘板垂直度、腹板不平度以及构件的扭曲度和弯曲度等几何形状检验，其偏差应符合表 7-6 的要求。

表 7-6　焊接 H 型钢的允许偏差　　　　　　　　　　　　　（单位：mm）

项　目		允许偏差	图　例
截面高度 h	$h < 500$	±2.0	
	$500 \leqslant h \leqslant 1000$	±3.0	
	$h > 1000$	±4.0	
截面高度 b		±3.0	
腹板中心偏移 e		2.0	
翼缘板垂直度 Δ		$b/100$，且不大于 3.0	
弯曲矢高		$l/1000$，且不大于 10.0	—
扭曲		$h/250$，且不大于 5.0	
腹板局部平面度 f	$t \leqslant 6$	4.0	
	$6 < t < 14$	3.0	
	$t \geqslant 14$	2.0	

注：l 为 H 型钢长度。

(2) 钢构件外形尺寸　钢构件外形尺寸主控项目的允许偏差应符合表 7-7 的规定。

表 7-7　钢构件外形尺寸主控项目的允许偏差　　　　　　　　　（单位：mm）

项　目	允许偏差
单层柱、梁、桁架受力支托（支承面）表面至第一安装孔距离	±1.0
多节柱铣平面至第一安装孔距离	+1.0
实腹梁两端最外侧安装孔距离	±3.0
构件连接处的截面几何尺寸	±3.0
柱、梁连接处的腹板中心线偏移	2.0
受压构件（杆件）弯曲矢高	$l/1000$，且不大于 10.0

注：l 为构件（杆件）长度。

(3) 钢结构柱安装验收　钢结构柱子安装的允许偏差应符合表 7-8 的规定，吊车梁固定连接后，柱子尚应进行复测，超差的应进行调整。

友情提示：《钢结构工程施工规范》11.1.6规定，钢结构安装校正时应分析温度、日照和焊接变形等因素对结构变形的影响。施工单位和监理单位宜在相同的天气条件和时间段进行测量验收。

表 7-8 单层钢结构柱子安装允许偏差　　　　　　　　（单位：mm）

项　目		允许偏差	图　例	检验方法
柱脚底座中心线对定位轴线偏移 Δ		5.0		用吊线和钢尺等实测
柱子定位轴线 Δ		1.0		—
柱基准点标高	无吊车梁的柱	+3.0 −5.0		用水准仪等实测
	有吊车梁的柱	+5.0 −8.0		
弯曲矢高		$H/1200$，且不大于 15.0	—	用经纬仪或拉线和钢尺等实测
柱轴线垂直度	单层柱	$H/1000$，且不大于 25.0		用经纬仪或吊线和钢尺等实测
	单节柱	$H/1000$，且不大于 10.0		
	多层柱 柱全高	35.0		

（4）吊车梁安装验收　钢吊车梁校正完毕后应立即将钢吊车梁与柱牛腿上的预埋件焊接牢固，并在梁柱接头处、吊车梁与柱的空隙处支模浇筑细石混凝土并养护，或者将螺母拧紧，将支座与牛腿上的垫板焊接进行最后固定。钢吊车梁的允许偏差应符合表7-9的规定。

表7-9　钢吊车梁的允许偏差　　　　　　　　　　　　　　　　（单位：mm）

项　　目		允许偏差	图　　例	检验方法
梁的跨中垂直度 Δ		$h/500$		用吊线和钢尺检查
侧向弯曲矢高		$l/1500$，且不大于10.0	—	用拉线和钢尺检查
垂直上拱矢高		10.0		
两端支座中心位移 Δ	安装在钢柱上时，对牛腿中心的偏移	5.0		
	安装在混凝土柱上时，对定位轴线的偏移	5.0		
吊车梁支座加劲板中心与柱子承压加劲板中心的偏移 Δ		$t/2$		用吊线和钢尺检查
同跨间内同一横截面吊车梁顶面高差 Δ	支座处	$l/1000$，且不大于10.0		用经纬仪、水准仪和钢尺检查
	其他处	15.0		
同跨间内同一横截面下挂式吊车梁底面高差 Δ		10.0		
同列相邻两柱间吊车梁顶面高差 Δ		$l/1500$，且不大于10.0		用水准仪和钢尺检查
相邻两吊车梁接头部位 Δ	中心错位	3.0		用钢尺检查
	上承式顶面高差	1.0		
	下承式底面高差	1.0		

（续）

项　目	允许偏差	图　例	检验方法
同跨间任一横截面的吊车梁中心跨距 Δ	±10.0		用经纬仪和光电测距仪检查；跨度小时，可用钢尺检查
轨道中心对吊车梁腹板轴线的偏移 Δ	$l/2$		用吊线和钢尺检查

（5）屋面梁安装验收　钢屋（托）架、钢梁（桁架）的几何尺寸偏差和变形应满足设计要求并符合标准规定。运输、堆放和吊装等造成的钢构变形及涂层脱落，应进行矫正和修补。钢屋（托）架、钢桁架、钢梁、次梁的垂直度和侧向弯曲矢高的允许偏差应符合表 7-10 的规定。

表 7-10　钢屋（托）架、钢桁架、钢梁、次梁的允许偏差　　　　（单位：mm）

项　目	允许偏差		图　例
跨中垂直度	$h/250$，且不大于 10.0		
侧向弯曲矢高 f	$l \leqslant 30$	$l/1000$，且不大于 10.0	
	$30 < l \leqslant 60$	$l/1000$，且不大于 30.0	
	$l > 60$	$l/1000$，且不大于 10.0	

(6) 檩条、墙架安装验收　支撑、檩条、墙架、次结构等构件应满足设计要求并符合标准的规定。运输、堆放和吊装等造成的钢构件变形及涂层脱落，应进行矫正和修补。墙架、檩条等次要构件安装的允许偏差应符合表7-11的规定。

表7-11　墙架、檩条等次要构件安装的允许偏差　　　　　　　（单位：mm）

项　目		允许偏差	检验方法
墙架立柱	中心线对定位轴线的偏移	10.0	用钢尺检查
	垂直度	$H/1000$，且不大于10.0	用经纬仪或吊线和钢尺检查
	弯曲矢高	$H/1000$，且不大于15.0	用经纬仪或吊线和钢尺检查
抗风柱、桁架的垂直度		$h/250$，且不大于15.0	用吊线和钢尺检查
檩条、墙梁的间距		±5.0	用钢尺检查
檩条的弯曲矢高		$l/750$，且不大于12.0	用拉线和钢尺检查
墙梁的弯曲矢高		$l/750$，且不大于10.0	用拉线和钢尺检查

注：H为墙架立柱的高度，h为抗风桁架、柱的高度，l为檩条或墙梁的长度。

三、施工质量评定与创优

1. 钢结构工程施工质量评定

（1）工程概况　主要包括工程名称、工程地点、建筑面积、结构类型、工程用途、开工及验收日期、建设单位、勘察单位、设计单位、施工单位、监理单位与质量监督单位等。

（2）施工工作和质量评定依据

1）施工工作依据。一般包括施工承包合同、建筑法、质量管理条例、钢结构工程设计文件、相关法律、规范和有关技术标准等。

2）质量评定依据。一般包括：《建筑工程施工质量验收统一标准》（GB 50300—2013）、《钢结构工程施工质量验收标准》（GB 50205—2020）、质量控制资料、安全和功能检验资料。

3）质量验收情况。工程施工无违反国家强制性标准情况；钢结构分部工程施工已完成了合同工程量及施工图内容；验收手续齐全、程序正确，其工程施工质量符合施工质量验收标准及规范要求；焊接连接及紧固件连接质量检验均满足规范设计要求；全部原材料均符合国家有关质量标准的规定，复验合格；外观质量满足设计文件要求，充分体现了设计意图。

（3）施工质量评定情况　钢结构分部（子分部）工程，包括钢结构焊接、紧固件连接、零部件加工、钢构件组装及预拼装、单层钢结构安装等分项工程。钢结构安装工程可按变形缝或空间稳定单元等划分成一个或若干个检验批，也可按楼层或施工段等划分为一个或若干个检验批，钢结构安装检验批应在原材料及构件进场验收和紧固件连接、焊接连接、防腐等分项工程验收合格的基础上进行，在形成空间稳定单元后，应立即对柱底板和基础顶面的空隙进行二次浇灌。其工程施工质量符合《钢结构工程施工质量验收标准》（GB 50205—2020）的有关规定，工程质量等级评定为不合格、合格或优良。

（4）质量控制资料核查情况

1）图纸会审、设计变更、洽商记录符合要求，工程定位测量、放线记录符合要求。

2）钢材、焊接材料、高强螺栓连接、防腐涂料、防火涂料等的质量证明书、试验报告、焊条的烘焙记录（包括制作和安装）符合要求。

3）钢构件出厂合格证和设计要求进行强度试验的构件其试验报告符合要求；钢构件进场的全数检查记录；构件预拼装检查记录、涂装检验记录及吊装记录符合要求。

4）高强螺栓连接摩擦面抗滑移系数厂家试验报告和安装前复验报告符合要求；高强螺栓连接预拉力或扭矩系数复验报告（包括制作和安装）、高强螺栓连接施工记录符合要求。

5）首次采用的钢材和焊接材料的焊接工艺评定报告符合要求；一、二级焊缝探伤报告（包括制作和安装）、焊缝检验记录（包括制作和安装）符合要求。

（5）观感质量检查情况　质量评价：好、一般及差共三个等级。

（6）钢结构工程质量综合评定　钢结构工程质量综合评定等级可分为：不合格、合格与优良。

2. 钢结构工程质量创优

（1）质量创优概述　钢结构工程质量创优良工程要事前制定质量目标，明确质量责任，按照事前、事中、事后对工程质量全面管理和控制，通过管理随时发现不足并随时改正，包括工程质量和管理能力，体现企业保证能力和持续改进能力，有效提高实体工程质量。

（2）质量管理的过程控制　制定有效的钢结构安装施工措施、技术规程与专项施工方案，钢结构工程控制施工工序过程的控制手段和操作依据。工程质量验收，加强工程施工质量检测，并对施工过程作出真实的记录，作为工程质量验收评价的依据。

（3）钢结构工程质量验收　突出检验批质量的验收，检验批是质量控制的关键。按GB 50300—2013规定的检验批验收，检验批检查评定要做好现场检查原始记录，然后交监理单位验收。

（4）钢结构工程质量评价

1）综合核查。在按GB 50300—2013及其配套标准验收合格的基础上，针对结构安全、使用功能、建筑节能和观感质量等进行综合核查其施工质量水平，达到优良工程标准的评定为优良。

2）评价过程。施工质量评价可随着施工进度，在各分部、子分部工程完工验收合格后进行优良工程评价，分别填写各部分、系统的评价表格。

3）质量评价方法。采用性能检测、质量记录、允许偏差等评价方法评价钢结构工程质量。单层钢结构安装工程性能检测评价代表了该分部的总体质量水平，是评价标准的重要部分，评价单层钢结构安装包括基础验收、构件验收、顶紧接触面验收、主要构件垂直度和测向弯曲验收、对接节点验收、平台等主体结构尺寸安装精度验收等主控项目；采用材料质量记录、施工记录、施工试验等项目评价钢结构工程质量；通过对钢柱安装允许偏差，吊车梁、屋架梁等允许偏差，檩条允许偏差等项目评价钢结构工程质量；按钢焊缝，普通紧固件，高强度螺栓连接，主体钢结构构件，普通涂层表面质量，防火涂层表面质量，压型金属板安装质量，钢平台、钢梯、钢栏杆安装外观质量评价钢结构工程质量，每个检查项目以随机抽取的检查点按"好""一般"给出质量评价。

任务拓展

1. 课外阅读《钢结构工程施工质量验收标准》（GB 50205—2020）、《钢结构工程施工

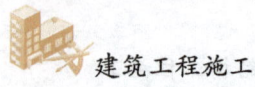

规范》(GB 50755—2012)、《建筑工程施工质量评价标准》(GB/T 50375—2016)。

2. 熟悉轻钢结构安装施工方案：钢结构柱安装专项施工方案、钢吊车梁专项施工方案、钢屋架梁专项施工方案。

任务训练

1. 钢结构的涂装流程中，第一道工序为（　　）。
   A. 底漆涂装　　　　B. 表面除锈　　　　C. 基面处理　　　　D. 面漆涂装
2. 钢结构涂装之后，（　　）内应保护不受雨淋。
   A. 2h　　　　　　　B. 3.5h　　　　　　C. 4h　　　　　　　D. 5h
3. 钢柱安装时，柱脚底座中心线对定位轴线的偏移不得超过（　　）。
   A. 3mm　　　　　　B. 5mm　　　　　　C. 8mm　　　　　　D. 10mm
4. 下列钢结构防火涂料中，（　　）不是防火涂料按使用厚度划分的种类。
   A. CB类　　　　　　B. B类　　　　　　　C. H类　　　　　　　D. N类

任务小结

1. 单层工业厂房钢结构施工方案主要包括：钢立柱、连系梁、柱间支撑、吊车梁、屋架梁、檩条、屋面支撑、屋面板及墙面板的安装施工方案，最后完成涂装。

2. 施工检查与验收主要包括：原材料进场验收，基础施工验收，钢柱、吊车梁、屋面钢梁施工检查与质量验收等。

3. 钢结构工程质量评定与创优：钢结构评定以性能检测、质量记录、允许偏差、观感质量等项目进行项目质量评价，评价等级为不合格、合格或优良三个等级；钢结构工程质量创优是在工程质量评定合格的基础上，综合核查施工质量水平，达到优良工程标准的评定为优良。

学习情境八 屋面及防水工程施工

案例引入

陕钢集团汉中钢铁有限责任公司办公楼项目，位于陕西省汉中市，总建筑面积 1999.17m²，建筑基底面积 666.39m²，地上三层，建筑高度 14.1m，建筑层高 4.2m，建筑抗震设防烈度 7 度，钢框架结构，设计使用年限 50 年，耐火等级二级。

陕钢集团汉中钢铁有限责任公司办公楼屋面防水等级为Ⅱ级，一道设防，防水材料为 1 道 4 厚 SBS 改性沥青防水卷材，胎基采用聚酯粘胎Ⅱ型。不透水性要求达到压力≥0.3MPa，保持时间≥30 分钟。纵横向拉力≥800N/5cm，纵横向最大拉力延伸率≥40%，低温柔度 -15℃无裂纹。出屋面管道、预埋件等应在防水层施工前完成。在阴阳角、雨水口、伸出屋面管道根部增设附加层，屋顶保温层上的找平层应留设分格缝，缝宽宜为 10mm，纵横缝间距 5m。SBS 改性沥青防水卷材采用热熔法施工。

工作任务 1　屋面及防水工程实施与监督

知识点：
1. 屋面及防水工程放样测量工作。
2. 屋面及防水工程施工机械、人力、运输的准备。
3. 屋面及防水工程施工尺寸等参数核对。
4. 屋面及防水工程施工工艺标准。

能力（技能）点：
1. 能根据给定的施工图，进行屋面及防水工程细部构造、坡度、流水方向放样工作。
2. 能够根据施工工艺交底协调施工机械、人力、运输，进行屋面及防水工程施工。
3. 能够应用图纸、图集对屋面及防水工程施工尺寸等参数进行核对。
4. 能够按照《建筑施工手册》屋面及防水工程施工工艺流程监督施工符合工艺标准。

任务实施

一、放样与检查

屋面定位测量放线是保证工程施工符合设计要求的重要手段之一，贯穿于整个屋面工程项目建设的全过程，测量工作质量的优劣直接关系到整个屋面工程的质量。根据建筑施工图，进行建筑物屋面及防水工程放样测量工作。屋面及防水工程施工放样测量包括防水工程细部构造、坡度、流水方向放样。放样测量工作应根据施工放样技术交底或施工测量交底组织实施。

1. 放样测量前的准备

（1）施工放样技术交底　测量放线前要认真阅读施工图纸，了解设计意图及施工要求；对图纸的设计尺寸及标高，要认真核对；检查总尺寸和分尺寸是否一致，总平面图和大样图尺寸是否一致，不符之处要及时向设计单位提出，进行核对修正。在屋面及防水工程实施与监督过程中，由中级岗位技术人员依据施工放样交底书向初级岗位技术人员进行技术交底，后者应做好施工放样交底记录。各专业技术管理人员应通过书面形式配以现场口头讲授的方式进行技术交底，技术交底的内容应单独形成交底文件。交底内容应有交底的日期，有交底人、接收人签字，并经项目总工程师审批。

（2）测量仪器与工具准备　目前，在屋面及防水工程放样测量中，常用测量仪器有墨斗、经纬仪、水准仪、全站仪等。施工放样前，依据屋面及防水工程施工放样测量方案与施工放样技术交底，准备相关测量仪器与相关工具。

2. 放样测量施工要点

常见的屋面工程构造节点示意图如图8-1所示。施工时根据屋面设计图中雨水口、天沟、檐沟、排汽道、排汽管的位置和标高，用水准仪抄测各个最高、最低点高度，用水泥砂浆做出每层做法的控制点，然后拉线确定中间点的高度。同时也在四周女儿墙上，弹出屋面高度控制线，做好施工测量记录。

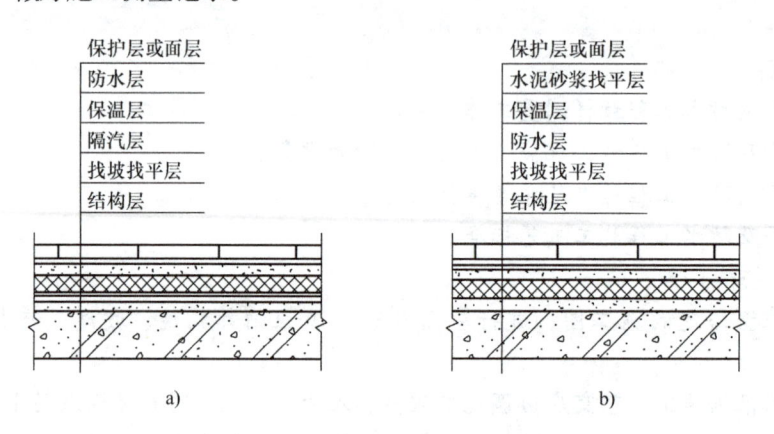

图8-1　屋面工程构造节点示意图
a）正置式屋面构造　b）倒置式屋面构造

二、施工准备与施工工艺

1. 防水工程施工准备

（1）技术准备

1）在学习领会设计意图的基础上组织图纸会审，认真解决设计图和施工中可能出现的问题，使防水设计更加完善、更加切实可行。

2）提前编制施工方案和技术交底，明确施工方法和操作工艺。

3）选择有经验、实力强的施工队伍，签定劳务合同前，对该队伍的在建工程进行必要的考察。

4）防水卷材要选用设计单位认证的产品，"三证"齐全，材料应提前7d以上进场，材料进场后应立即进行取样（防水卷材全部为见证取样）、送检，材料复试合格后方可用于工程中。

5）防水工程施工前，施工技术负责人应向班组进行技术交底，内容应包括：施工部位、施工顺序、施工工艺、构造层次、节点设防方法、增强部位及做法、工程质量标准、保证质量的技术措施、成品保护措施和安全注意事项等。

（2）人员准备

1）管理班子：由技术负责人、质检员、工长、技术员、施工班组长等组成。

2）施工队伍：选择有相应资质的专业队伍，主要施工人员应持有建设行政主管部门或其指定单位颁发的岗位证书，施工前要对人员进行技术指导。

（3）现场准备

1）防水基层检查：应坚硬无空鼓、无起砂、无开裂松动、无凹凸不平缺陷。如有缺陷，必须进行处理，合格后方可进行防水施工。

2）防水基层处理：通过清理、打磨、修补，做到墙面平整、干净；阴阳角及穿墙管洞口圆顺，阴角处抹出半径大于50mm的圆弧，阳角抹出半径大于20mm的圆弧。

3）在实际施工前，应特别注意天气变化，及时掌握气象资料，使防水工程避开雨天、大风天。若施工时突然下雨，应停止防水作业，雨停后，待基层干燥后方可继续施工。对做好的防水层，要妥善保护。

（4）料具准备

1）防水卷材、石油沥青油毡和聚氨酯防水涂料等。

2）基层处理剂（冷底子油）。

3）拌料桶、滚刷、平铲、钢丝刷、扫帚、剪刀、卷尺、手持压滚、铁辊、剪刀。

（5）作业条件

1）防水材料已备齐，运到现场，并经复查质量符合设计要求。

2）机具设备已准备就绪，可满足施工需要。

3）施工操作人需经培训、考核，方可上岗操作，并进行详细的技术交底和安全教育。

4）防水工程施工前，防水基层的"隐检"记录应办理完毕。

5）防水层施工应在天气良好的条件下进行，雨天、大风、雪天、冬期环境温度低于5℃时不宜施工。

2. 防水工程施工工艺流程

（1）找平层施工 一般采用水泥砂浆、细石混凝土或沥青砂浆做屋面的整体找平层。

工艺流程：基层清理→管根封堵→标高坡度弹线→洒水湿润→施工找平层（水泥砂浆或沥青砂找平层）→养护→验收。

1）基层清理：将结构层、保温层上表面的松散杂物清扫干净，凸出基层表面的灰渣等黏结杂物要铲平，不得影响找平层的有效厚度。

2）管根封堵：大面积做找平层前，应先将出屋面的管根、变形缝、屋面暖沟墙根部处理好。

3）抹水泥砂浆找平层：

① 洒水湿润：抹找平层水泥砂浆前，应适当洒水湿润基层表面（有保温层时不得洒水），主要是利于基层与找平层的结合，但不可洒水过量，以免影响找平层表面的干燥，防水层施工后窝住水气，使防水层产生空鼓。所以洒水达到基层和找平层能牢固结合为度。

② 贴点标高、冲筋：根据坡度要求，拉线找坡，一般按 1~2m 贴点标高（贴灰饼），铺抹找平砂浆时，先按流水方向以间距 1~2m 冲筋，并设置找平层分格缝，宽度一般为 20mm、厚度同找平层，并且将缝与保温层连通，分格缝最大间距为 6m，留在屋架或承重墙上的分格缝应与板缝对齐（包括板端缝），用小木条或金属条镶缝。

③ 铺装水泥砂浆：砂浆按分格块一次装灰、连续铺平，用刮扛靠冲筋条刮平，找坡后用木抹子搓平，铁抹子压光。待浮水沉实后，人踏上去有脚印但不下陷为度，再用铁抹子压第二遍即可交活。找平层水泥砂浆一般配合比为 1:2.5 或 1:3（体积比），拌和稠度控制在 7cm。

4）养护：找平层抹平、压实以后 24h 可浇水养护，一般养护期为 7d，经干燥后铺防水层。

5）节点处理：找平层在凸出屋面结构（女儿墙、山墙、变形缝、烟囱）的交接处和转角处应做成圆弧形，圆弧半径当防水层为沥青防水卷材时 $R = 100 \sim 150mm$，高聚物改性沥青防水卷材时 $R = 50mm$，合成高分子防水卷材时 $R = 20mm$。内部排水的落水口周围，找平层应做成略低的凹坑。屋面细部节点处理做法如图 8-2 所示。

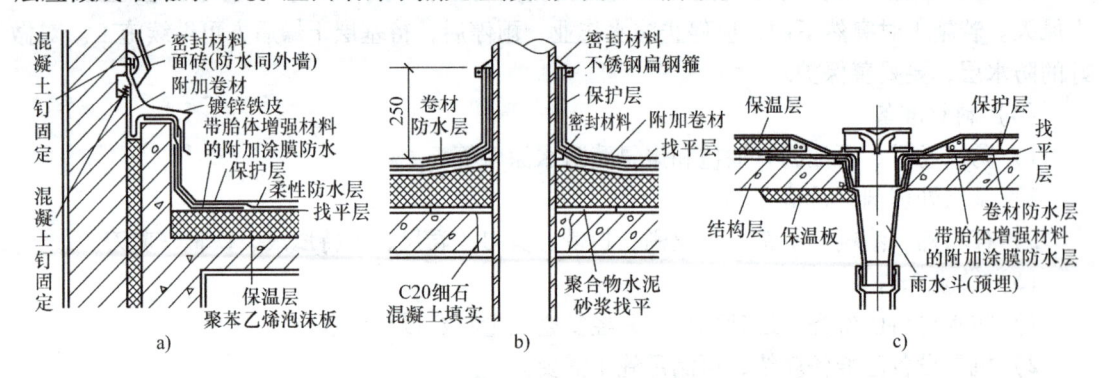

图 8-2 屋面细部节点处理做法
a）高低跨变形缝处理 b）伸出屋面管道防水处理 c）直式雨水口

（2）保温层施工 目前较多使用的是岩棉板、EPS 聚苯板、XPS 挤塑板等板状材料。聚氨酯硬泡防水保温等一体化系统发展迅速。

工艺流程：基层清理→弹线找坡→管根固定→隔汽层施工→保温层铺设→抹找平层。

1）基层清理：预制或现浇混凝土结构层表面，应将杂物、灰尘清理干净。

2）弹线找坡：按设计坡度及流水方向，找出屋面坡度走向，确定保温层的厚度范围。

3）管根固定：穿结构的管根在保温层施工前，应用细石混凝土塞堵密实。

4）隔汽层施工：2）~3）道工序完成后，设计有隔汽层要求的屋面应按设计做隔汽层，涂刷均匀无漏刷。

5）保温层铺设：

① 松散保温层铺设：多使用炉渣或水渣，粒径为 5~40mm。使用时必须过筛，控制含

水率。铺设松散材料的结构表面应干燥、洁净,松散保温材料应分层铺设,适当压实,压实程度应根据设计要求的密度,经试验确定。每步铺设厚度不宜大于150mm,压实后的屋面保温层上铺塑料薄膜一层,其上不得直接推车行走和堆积重物,并及时进行下道工序施工,防止雨淋。

② 板块状保温层铺设:基层应平整、干净、干燥,直接铺设在结构层或隔汽层上,靠紧、铺平、垫稳,分层铺设时上下两层板块缝应错开,表面两块相邻的板边厚度应一致,缺棱掉角、破碎不齐的应锯平拼接使用。一般在块状保温层上用松散料湿作找坡。岩棉板保温层铺设如图8-3所示,XPS挤塑板保温层铺设如图8-4所示。

③ 整体保温层:水泥白灰炉渣保温层,施工前用石灰水将炉渣闷透,不得少于3d,闷制前应将炉渣或水渣过筛,粒径控制在5~40mm。最好用机械搅拌,一般配合比为水泥:白灰:炉渣为1:1:8,铺设时分层、滚压,控制虚铺厚度和设计要求的密度,保证保温性能。

(3) 防水层施工

1) 高聚物改性沥青卷材屋面防水层施工工艺。工艺流程(热熔法施工):清理基层→涂刷基层处理剂→铺贴卷材附加层→铺贴卷材→热熔封边→蓄水试验→保护层。

① 清理基层:施工前将验收合格的基层表面尘土、杂物清理干净,如图8-5所示。

图8-3 岩棉板保温层铺设

图8-4 XPS挤塑板保温层铺设

② 涂刷基层处理剂:高聚物改性沥青卷材施工,按产品说明书配套使用,涂刷基层处理剂是将氯丁橡胶沥青胶粘剂加入工业汽油稀释,搅拌均匀,用长把滚刷均匀涂刷于基层表面,常温经过4h后,开始铺贴卷材,如图8-6所示。

图8-5 清理基层

图8-6 涂刷基层处理剂

③ 铺贴卷材附加层:一般热熔法用于改性沥青卷材防水层施工,在女儿墙、雨水口、

管根、檐口、阴阳角等细部先做附加层，附加的范围应符合设计和屋面工程技术规范的规定。

④ 铺贴卷材：卷材的层数、厚度应符合设计要求。多层铺设时接缝应错开。将改性沥青防水卷材剪成相应尺寸，用原卷芯卷好备用；铺贴时随放卷随用火焰喷枪加热基层和卷材的交界处，喷枪距加热面300mm左右，经往返均匀加热，趁卷材的材面刚刚熔化时，将卷材向前滚铺、粘贴，搭接部位应满粘牢固，搭接宽度满粘法为80mm，如图8-7所示。

⑤ 热熔封边：将卷材搭接处用喷枪加热，趁热使二者黏结牢固，以边缘挤出沥青为度；末端收头用密封膏嵌填严密，如图8-8所示。

⑥ 防水保护层施工：上人屋面按设计要求做各种刚性防水层屋面保护层。

⑦ 防水层表面涂刷氯丁橡胶沥青胶粘剂，随即撒石片，要求铺撒均匀、黏结牢固，形成石片保护层。

⑧ 防水层表面涂刷银色反光涂料。

2）聚氨酯防水涂料施工工艺。工艺流程：基层处理→涂刷底胶→涂膜防水层施工→做保护层。

① 基层处理：涂刷防水层施工前，先将基层表面的杂物、砂浆硬块等清扫干净，并用干净的湿布擦一次，经检查基层无不平、空裂、起砂等缺陷，方可进行下道工序。

图 8-7　铺贴卷材 　　　　　　　　　　图 8-8　热熔封边

② 涂刷底胶（相当于冷底子油）：

底胶（基层处理剂）配制：先将聚氨酯甲料、乙料和二甲苯以1∶1.5∶2的比例（重量比）配合搅拌均匀，配好的料在2h内用完。

底胶涂刷：将配制好的底胶料，用长把滚刷均匀涂刷在基层表面，涂刷量为$0.3kg/m^2$左右，涂刷后约4h手感不粘时，即可做下道工序。

③ 涂膜防水层施工：

涂料配制：聚氨酯按甲料、乙料和二甲苯以1∶1.5∶0.3的比例（重量比）配合，用电动搅拌器强制搅拌3~5min，至充分拌和均匀即可使用。配好的混合料应在2h内用完，不可时间过长。

附加涂膜层：穿过墙、顶、地的管根部，地漏，排水口，阴阳角，变形缝等薄弱部位，应在涂膜层大面积施工前，先做好上述部位的增强涂层（附加层）。附加涂层做法：在涂膜附加层中铺设玻璃纤维布，涂膜操作时用板刷刮涂料驱除气泡，将玻璃纤维布紧密地粘贴在基层上，阴阳角部位一般为条形，管根为块形、圆形或三角形形状时，玻璃纤维布应裁成块形布铺设，可多次涂刷涂膜。

涂刷第一道涂膜：在前一道涂膜加固层的材料固化并干燥后，应先检查其附加层部位有无残留的气孔或气泡，如没有即可涂刷第一层涂膜；如有气孔或气泡，则应用橡胶刮板将混合料用力压入气孔，局部再刷涂膜，然后进行第一层涂膜施工。涂刮第一层聚氨酯涂膜防水材料，可用塑料或橡皮刮板均匀涂刮，力求厚度一致，在 1.5mm 左右，即用量为 $1.5 kg/m^2$。

涂刮第二道涂膜：第一道涂膜固化后，即可在其上均匀地涂刮第二道涂膜，涂刮方向应与第一道的涂刮方向相垂直，涂刮第二道与第一道相间隔的时间一般不小于 24h，也不宜大于 72h。

涂刮第三道涂膜：涂刮方法与第二道涂膜相同，但涂刮方向应与其垂直。

稀撒石碴：在第三道涂膜固化之前，在其表面稀撒粒径约 2mm 的石碴，加强涂膜层与其保护层的黏结作用。涂膜防水层施工如图 8-9 所示，玻璃纤维布铺设如图 8-10 所示。

图 8-9　涂膜防水层施工　　　　　　　　图 8-10　玻璃纤维布铺设

④ 涂膜保护层：最后一道涂膜固化干燥后，即可根据建筑设计要求的适宜形式进行保护层施工，一般抹水泥砂浆，平面可浇筑细石混凝土。

3）防水混凝土施工工艺标准。工艺流程：作业准备→混凝土搅拌→运输→混凝土浇筑→养护。

① 混凝土搅拌：搅拌投料顺序为石子→砂→水泥→UEA 膨胀剂→水。

投料先干拌 0.5~1min 再加水。水分三次加入，加水后搅拌 1~2min（比普通混凝土搅拌时间延长 0.5min）。混凝土搅拌前必须严格按实验室配合比通知单操作，不得擅自修改。散装水泥、砂、石过磅，在雨期，砂必须每天测定含水率，调整用水量。现场搅拌坍落度控制在 6~8cm，泵送商品混凝土坍落度控制在 14~16cm。

② 运输：混凝土运输供应保持连续均衡，间隔不应超过 1.5h，夏季或运距较远可适当掺入缓凝剂，一般掺入 2.5‰~3‰木钙为宜。运输后如出现离析，浇筑前进行二次拌和。

③ 混凝土浇筑：应连续浇筑，宜不留或少留施工缝。

底板一般按设计要求不留施工缝或留在后浇带上。

墙体水平施工缝留在高出底板表面不小于 200mm 的墙体上，墙体如有孔洞，施工缝距孔洞边缘不宜小于 300mm，施工缝形式宜用凸缝（墙厚大于 30cm）或阶梯缝、平直缝加金属止水片（墙厚小于 30cm），施工缝宜做企口缝并用 BW 止水条处理，垂直施工缝宜与后浇带、变形缝相结合。

在施工缝上浇筑混凝土前，应将混凝土表面凿毛，清除杂物，冲净并湿润，再铺一层 2～3cm 厚水泥砂浆（即原配合比去掉石子）或同一配合比的细石混凝土，浇筑第一步时其高度为 40cm，以后每步浇筑 50～60cm，严格按施工方案规定的顺序浇筑。混凝土自高处自由倾落不应大于 2m，如高度超过 3m，要用串桶、溜槽下落。

应用机械振捣，以保证混凝土密实，振捣时间一般以 10s 为宜，不应漏振或过振，振捣延续时间应使混凝土表面浮浆、无气泡、不下沉为止。铺灰和振捣应选择对称位置开始，防止模板走动，结构断面较小、钢筋密集的部位严格按分层浇筑、分层振捣的要求操作，浇筑到最上层表面，必须用木抹子找平，使表面密实平整。细石混凝土防水层施工如图 8-11 所示。

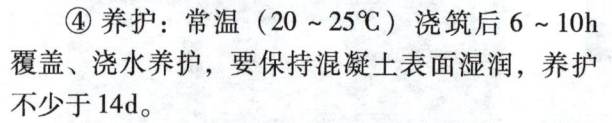

图 8-11　细石混凝土防水层施工

④ 养护：常温（20～25℃）浇筑后 6～10h 覆盖、浇水养护，要保持混凝土表面湿润，养护不少于 14d。

⑤ 冬期施工：水和砂应根据冬施方案规定加热，应保证混凝土入模温度不低于 5℃，采用综合蓄热法保温养护，冬期施工掺入的防冻剂应选用经认证的产品。拆模时混凝土表面温度与环境温度差不大于 15℃。

三、质量检查与验收

1. 卷材防水层质量检查与验收

1）基层表面应平整、牢固，阴阳角处呈现圆弧形或钝角，冷底子油应涂布均匀，无漏涂。

2）卷材防水层铺贴方式和搭接、收头符合施工规范的规定，黏结牢固、紧密，接缝封严，无损伤和空鼓等缺陷。

3）卷材防水层的表面应平整，不得有皱褶、空鼓、气泡、翘边和封口不严等缺陷。

4）地下防水结构的转角处，穿过防水层的管道与防水层之间的空隙，均应铺贴牢固和封闭严密。

5）卷材防水层保护层应黏结牢固，结合紧密，厚度均匀一致。

2. 涂料防水层质量检查与验收

1）所有涂膜防水材料的品种、牌号及配合比，必须符合设计要求和有关标准的规定，每批产品应附有出厂证明文件。

2）涂膜防水层及其变形缝、预埋管件等细部做法，必须符合设计要求和施工规范的规定，并不允许有渗漏现象。

3）基层应牢固，表面洁净、平整，阴阳角处呈圆弧形或钝角，底胶应涂布均匀，无漏涂。

4) 底胶、涂膜附加层涂刷方法、搭接、收头应符合施工规范规定，并应黏结牢固、紧密，接缝封严，无损伤、空鼓等现象。

5) 应涂刷均匀，保护层和防水层黏结牢固，紧密结合，不得有损伤、厚度不均等缺陷。

3. 防水混凝土质量检查与验收

1) 防水混凝土的原材料、外加剂及预埋件等必须符合设计要求和施工规定以及有关标准的规定。

2) 防水混凝土必须密实，其强度和抗渗等级必须符合设计要求及有关规定。

3) 施工缝、变形缝、止水带、穿墙管件、支模铁件等设置和构造必须符合设计要求和施工规范规定，严禁有渗漏。

4) 混凝土表面应平整，无漏筋、蜂窝等缺陷，预埋件的位置、标高正确。

四、施工要点与现场监督

1. 卷材防水层施工要点与现场监督

1) 卷材防水层应采用高聚物改性沥青防水卷材和合成高分子防水卷材。所用的基层处理剂、胶粘剂、密封材料等配套材料，均应与铺贴的卷材材性相容。

2) 铺贴防水卷材前，应将找平层清扫干净，在基面上涂刷基层处理剂；当基面较潮湿时，应涂刷湿固化型胶粘剂或潮湿界面剂。

3) 两幅卷材短边和长边的搭接宽度均不应小于100mm。

4) 热熔法铺贴卷材应符合下列规定：

① 火焰加热器加热卷材应均匀，不得过分加热或烧穿卷材；厚度小于3mm的高聚物改性沥青防水卷材，严禁采用热熔法施工。

② 卷材表面热熔后应立即滚铺卷材，排除卷材下面的空气，并辊压黏结牢固，不得有空鼓、皱褶。

③ 滚铺卷材时接缝部位必须溢出沥青热熔胶，并应随即刮封接口使缝黏结严密。

④ 铺贴后的卷材应平整、顺直，搭接尺寸正确，不得有扭曲。

⑤ 卷材搭接宽度的允许偏差为 -10mm。

2. 涂料防水层施工要点与现场监督

1) 施工环境温度应符合防水材料的技术要求，并宜在5℃以上。

2) 涂料刷涂前应先在基面上涂一层与涂料相容的基层处理剂。

3) 涂膜应多遍完成，涂刷应待前遍涂层干燥成膜后进行。

4) 每遍涂刷时应交替改变涂层的涂刷方向，同层涂膜的先后搭茬宽度宜为30~50mm。

5) 涂料防水层的施工缝（甩槎）应注意保护，搭接缝宽度应大于100mm，接涂前应将其甩槎表面处理干净。

6) 涂刷程序应先做转角处以及穿墙管道、变形缝等部位的涂料加强层，后进行大面积涂刷。

7) 涂料防水层中铺贴的胎体增强材料，同层相邻的搭接宽度应大于100mm，上下层接缝应错开1/3幅宽。

8）涂料防水层的平均厚度应符合设计要求，最小厚度不得小于设计厚度的 80%。

9）侧墙涂料防水层的保护层与防水层黏结牢固，结合紧密，厚度均匀一致。

10）防水层完工并经验收合格后应及时做保护层。保护层应符合下列规定：

① 顶板的细石混凝土保护层与防水层之间宜设置隔离层。

② 底板的细石混凝土保护层厚度应大于 50mm。

③ 侧墙宜采用聚苯乙烯泡沫塑料保护层，或砌砖保护墙（边砌边填实）和铺抹 30mm 厚水泥砂浆。

任务拓展

1. 课外阅读《屋面工程技术规范》（GB 50345—2012）。
2. 课外阅读《屋面工程质量验收规范》（GB 50207—2012）。
3. 课外阅读《硬泡聚氨酯保温防水工程技术规范》（GB 50404—2017）。
4. 课外阅读《地下工程防水技术规范》（GB 50108—2008）。

任务训练

1. 粘贴高聚物改性沥青防水卷材使用最多的是（　　）。

A. 热黏结剂法　　　B. 热熔法　　　C. 冷粘法　　　D. 自粘法

2. 地下工程的防水卷材的设置与施工宜采用（　　）法。

A. 外防外贴　　　B. 外防内贴　　　C. 内防外贴　　　D. 内防内贴

3. 防水混凝土应自然养护，其养护时间不应少于（　　）。

A. 7d　　　B. 10d　　　C. 14d　　　D. 21d

4. 刚性多层抹面水泥砂浆防水层中起防水作用的主要是（　　）。

A. 结构层　　　B. 素灰层　　　C. 水泥砂浆　　　D. 水泥浆

5. 当屋面坡度大于 15% 或受振动时，防水卷材的铺贴要求为（　　）。

A. 平行屋脊　　　B. 垂直屋脊　　　C. 中间平行屋脊，靠墙处垂直屋脊

D. 靠墙处平行屋脊，中间垂直屋脊

任务小结

1. 根据施工技术交底与施工准备工作计划，屋面及防水工程施工前需要完成施工放样、施工机械、人力与运输等作业前的准备。

2. 屋面及防水工程施工的工艺流程主要包括：首先进行找平层施工，其次进行保温层施工，然后进行防水层施工，最后进行面层（保护层）施工。同时，还包括雨水管、变形缝处理等辅助工作。

3. 施工检查与验收主要包括：卷材防水层质量检查、涂膜防水层质量检查、防水混凝土检查与验收。

4. 施工要点与监督主要包括：卷材防水层施工要点、涂膜防水层施工要点、防水混凝土施工要点。

工作任务 2　屋面及防水工程施工技术交底、计划与检查

知识点：
1. 屋面及防水工程施工技术交底。
2. 屋面及防水工程施工进度计划。
3. 屋面及防水工程质量检查。

能力（技能）点：
1. 能按照指定施工任务编制屋面及防水工程施工技术交底。
2. 能够按照已知工程量编制屋面及防水工程施工进度计划。
3. 能应用施工质量验收规范对屋面及防水工程进行质量检查，达到质量验收规范要求。

任务实施

根据中级岗位的要求，应能够编制专项施工方案与施工作业计划，并能对指定施工任务按照施工方案与施工作业计划进行施工技术交底，依照施工质量验收规范对施工成果进行质量检查。本工作任务主要包括施工作业计划与专项施工方案的编制、施工技术交底与施工质量检查。

一、施工作业计划

为了保证工程进度，应根据工程实际情况进行施工，制定合理可行的施工作业计划；采用交叉、流水作业的施工方法；选择具有类似工程施工经验的施工人员进行施工，保证每一道工序按规范进行，在满足施工工期要求的前提下，合理安排各工序之间的施工作业。

1）制定科学、高质、高效的施工管理计划和编制工程进度表，用于指导工程的实施，并在实施中检查计划和进度完成情况，及时做出纠正和改善。

2）施工调度着重在劳动力及机械设备的调配，为此要对劳动力技术水平、操作能力、机械性能、效率等有准确的把握。

3）施工调度时要确保关键工序的施工按节点时间完成，不得抽调关键线路的施工力量。如不能按时完成，应采用相应的赶工措施将工期夺回。

4）施工时要密切配合时间进度，结合具体的施工条件，因地因时制宜，做到时间与空间的优化组合。

5）合理搭配劳动力，能够进行交叉流水的作业段尽可能提前实施。作业段分三个施工段，平行交叉流水作业。

6）开展每日例会，生产与生产计划相对，做到按计划施工，落实计划的制定措施以最短的时间赶超生产计划，确保提前完成生产任务。

7）根据工程的特点，为每个分项工程制定严格的技术措施、质量安全措施，避免发生质量事故，影响工期。根据工程的结构特点，抓好各专业、各工种的穿插，精心组织、统筹

安排。

8）加强施工技术管理工作，做好图纸审核、技术准备工作，把问题消灭在图纸上，不能因技术问题影响工程进度，在施工之前按施工方案做好准备工作。

9）搞好各专业、各工种的协调工作，确保总的进度安排，建立工期奖罚制度，对分项、分段工程没有完成计划的施工人员给予处罚，对完成好的给予奖励。

10）集中人力，在雨期初期，尽最大能力科学施工，确保在初期的时候，抢出最大的工程量。

二、施工技术交底

1. 屋面卷材防水施工技术交底

1）卷材防水屋面适用于防水等级为Ⅰ～Ⅳ级的屋面防水。

2）找平层的厚度和技术要求应符合表8-1的规定。

表8-1　找平层的厚度和技术要求

类　　别	基层种类	厚度/mm	技术要求
水泥砂浆找平层	整体混凝土	15～20	水泥:砂为1:2.5～1:3（体积比），水泥强度等级不低于32.5级
	整体或板状材料保温层	20～25	
	装配式混凝土板，松散材料保温层	20～30	
细石混凝土找平层	松散材料保温层	30～35	混凝土强度等级不低于C20
沥青砂浆找平层	整体混凝土	15～20	沥青:砂为1:8（质量比）
	装配式混凝土板，整体或板状材料保温层	20～25	

3）找平层表面应压实平整，排水坡度应符合设计要求。采用水泥砂浆找平层时，水泥砂浆抹平收水后应二次压光，充分养护，不得有酥松、起砂、起皮现象。找平层的基层采用装配式钢筋混凝土板时，应符合下列规定：

① 板端、侧缝应用细石混凝土灌缝，其强度等级不应低于C20。
② 板缝宽度大于40mm或上窄下宽时，板缝内应设置构造钢筋。
③ 板端缝应进行密封处理。

4）基层与突出屋面结构（女儿墙、立墙、天窗壁、变形缝、烟囱等）的连接处，以及基层的转角处（雨水口、檐口、天沟、檐沟、屋脊等），均应做成圆弧。圆弧半径应根据卷材种类按表8-2选用。内部排水的雨水口周围应做成略低的凹坑。

表8-2　转角处圆弧半径

卷材种类	圆弧半径/mm
沥青防水卷材	100～150
高聚物改性沥青防水卷材	50
合成高分子防水卷材	20

5）找平层的排水坡度应符合设计要求。平屋面采用结构找坡不应小于3%，采用材料找坡宜为2%；天沟、檐沟纵向找坡不应小于1%，沟底水落差不得超过200mm。找平层坡度要求见表8-3。

表 8-3 找平层的坡度要求

平 屋 面		天沟、檐沟		雨水口周边 φ500 范围
结构找坡	材料找坡	纵向	沟底水落差	
≥3%	≥2%	≥1%	≤200mm	≤5%

6）找平层宜设分格缝，并嵌填密封材料。分格缝应留设在板端缝处，其纵横缝的最大间距：水泥砂浆或细石混凝土找平层，不宜大于6m；沥青砂浆找平层，不宜大于4m。

7）找平层质量要求

① 找平层是防水层的依附层，其质量好坏将直接影响到防水层的质量，所以找平层必须做到：坡度要准确，使排水通畅；混凝土和砂浆的配合比要准确；表面要二次压光、充分养护，使找平层表面平整、坚固，不起砂、不起皮、不酥松、不开裂，并做到表面干净、干燥。

不同材料防水层对找平层的各项性能要求各有侧重，有些要求必须严格，达不到要求就会直接危害防水层的质量，造成对防水层的损害，有些则可要求低一些，有些可不予要求，见表8-4。

表 8-4 不同材料防水层对找平层的要求

项目	卷材防水层		涂膜防水层	密封材料防水	刚性防水层	
	实铺	点、空铺			混凝土防水层	砂浆防水层
坡度	足够排水坡度	足够排水坡度	足够排水坡度	—	一般要求	一般要求
强度	较好强度	一般要求	较好强度	坚硬整体	一般强度	较好强度
表面平整	平整、不积水	平整、不积水	平整度高、不积水	一般要求	一般要求	一般要求
起砂、起皮	不允许	少量允许	严禁出现	严禁出现	无要求	无要求
表面裂纹	少量允许	不限制	不允许	不允许	无要求	无要求
干净	一般要求	一般要求	一般要求	严格要求	一般要求	一般要求
干燥	干燥	干燥	干燥	严格干燥	无要求	无要求
光面或毛面	光面	毛面	光面	光面	毛面	毛面
混凝土原表面	直接铺贴	直接铺贴	刮浆平整	刮浆平整	直接施工	直接施工

② 找平层缺陷会直接危害防水层，有些还会造成渗漏，由于种种原因，找平层施工时存在缺陷，只要找平层强度满足设计要求（强度不足必须返工重做），可以进行修补。找平层缺陷对防水层影响及修补方法见表8-5。

表 8-5 找平层缺陷对防水层影响及修补方法

序号	找平层缺陷	对防水层影响	修补方法
1	坡度小，不平整积水	使卷材、涂料、密封材料长期受水浸泡降低性能，在太阳和高温下水分蒸发使防水层处于高热、高湿环境，并经常处于干湿交替环境，加速老化	采用聚合物水泥砂浆修补抹平
2	表面起砂、起皮、麻面	使卷材、涂料不能黏结，造成空鼓，使密封材料黏结不牢，立即造成渗漏	清除起皮、起砂、浮灰，用聚合物水泥砂浆涂刷、养护
3	转角圆弧不合格	转角处应力集中，常常会开裂，弧度不合适时，会使卷材或涂膜脱层、开裂	用聚合物水泥砂浆修补或放置聚苯乙烯泡沫条

(续)

序号	找平层缺陷	对防水层影响	修补方法
4	找平层裂纹	易拉裂卷材，或会增加防水层拉应力，在高应力状况下，卷材、涂膜会加速老化	涂刷一层压密胶，或用聚合物水泥砂浆涂刮修补
5	潮湿不干燥	使卷材、涂料、密封材料黏结不牢，并使卷材、涂料起鼓破坏，密封材料脱落，造成渗漏水	自然风干，刮一道"水不漏"等表面涂刮剂
6	未设分格缝	使找平层开裂	切割机锯缝
7	预埋件不稳	刺破防水层造成渗漏	凿开预埋件周边，用聚合物水泥砂浆补好

8）保温层应干燥，封闭式保温层的含水率应相当于该材料在当地自然风干状态下的平衡含水率。

9）屋面保温层干燥有困难时，应采用排汽措施。

10）倒置式屋面应采用吸水率小、长期浸水不腐烂的保温材料。保温层上应用混凝土等块材、水泥砂浆或卵石做保护层；卵石保护层与保温层之间，应干铺一层无纺聚酯纤维布做隔离层。

11）铺设屋面隔汽层和防水层前，基层必须干净、干燥。

12）卷材防水层应采用高聚物改性沥青防水卷材、合成高分子防水卷材或沥青防水卷材。所选用的基层处理剂、接缝胶粘剂、密封材料等配套材料应与铺贴的卷材材性相容。

13）在坡度大于25%的屋面上采用卷材做防水层时，应采取固定措施。固定点应密封严密。

14）采用基层处理剂时，其配制与施工应符合下列规定：

①基层处理剂的选择应与卷材的材性相容。

②基层处理剂可采取喷涂或涂刷法施工。喷、涂应均匀一致。当喷、涂二遍时，第二遍喷、涂应在第一遍干燥后进行。待最后一遍喷、涂干燥后，方可铺贴卷材。

③喷、涂基层处理剂前，应用毛刷对屋面节点、周边、拐角等处先行涂刷。

15）卷材铺设方向应符合下列规定：

①屋面坡度小于3%时，卷材宜平行屋脊铺贴。

②屋面坡度在3%～15%之间时，卷材可平行或垂直屋脊铺贴。

③屋面坡度大于15%或屋面受震动时，沥青防水卷材应垂直屋脊铺贴；高聚物改性沥青防水卷材和合成高分子防水卷材可平行或垂直屋脊铺贴。

④上下卷材不得相互垂直铺贴。

16）屋面防水层施工时，应先做好节点、附加层和屋面排水比较集中部位（屋面与雨水口连接处、檐口、天沟、檐沟、屋面转角处、板端缝等）的处理，然后由屋面最低标高处向上施工。铺贴天沟、檐沟卷材时，宜顺天沟、檐沟方向，减少搭接。

①卷材搭接的方法、宽度和要求，应根据屋面坡度、年最大频率风向和卷材的材性决定。

②铺贴卷材应采用搭接法，上下层及相邻两幅卷材的搭接缝应错开。平行于屋脊的搭接缝应顺流水方向搭接；垂直于屋脊的搭接缝应顺年最大频率风向搭接。

③各种卷材搭接宽度应符合表8-6的要求。

表8-6　卷材搭接宽度　　　　　　　　　　　　　　　　（单位：mm）

卷材种类		铺贴方法			
		短边搭接		长边搭接	
		满粘法	空铺、点粘、条粘法	满粘法	空铺、点粘、条粘法
沥青防水卷材		100	150	70	100
高聚物改性沥青防水卷材		80	100	80	100
合成高分子防水卷材	胶粘剂	80	100	80	100
	胶粘带	50	60	50	60
	单缝焊	60，有效焊接宽度不小于25			
	双缝焊	80，有效焊接宽度10×2+空腔宽			

④ 高聚物改性沥青防水卷材和合成高分子防水卷材的搭接缝，宜用材性相容的密封材料封严。

⑤ 叠层铺设的各层卷材，在天沟与屋面的连接处，应采用交叉法搭接，搭接缝应错开；接缝宜留在屋面或天沟侧面，不宜留在沟底。

⑥ 在铺贴卷材时，不得污染檐口的外侧和墙面。

17）卷材厚度选用应符合表8-7的规定。

表8-7　卷材厚度选用表

屋面防水等级	设防道数	合成高分子防水卷材	高聚物改性沥青防水卷材	沥青防水卷材
Ⅰ级	三道或三道以上设防	不应小于1.5mm	不应小于3mm	—
Ⅱ级	二道设防	不应小于1.2mm	不应小于3mm	—
Ⅲ级	一道设防	不应小于1.2mm	不应小于4mm	三毡四油
Ⅳ级	一道设防	—	—	二毡三油

2. 涂膜防水施工技术交底

1）防水涂料应多遍涂布，并应待前一遍涂布的涂料干燥成膜后，再涂布后一遍涂料，且前后两遍涂料的涂布方向应相互垂直。

2）铺设胎体增强材料应符合下列规定：

① 胎体增强材料宜采用聚酯无纺布或化纤无纺布。

② 胎体增强材料长边搭接宽度不应小于50mm，短边搭接宽度不应小于70mm。

③ 上下层胎体增强材料的长边搭接缝应错开，且不得小于幅宽的1/3。

④ 上下层胎体增强材料不得相互垂直铺设。

3）多组分防水涂料应按配合比准确计量，搅拌应均匀，并应根据有效时间确定每次配制的数量。

① 主控项目

防水涂料和胎体增强材料的质量，应符合设计要求。

检验方法：检查出厂合格证、质量检验报告和进场检验报告。

涂膜防水层不得有渗漏和积水现象。

检验方法：雨后观察或淋水、蓄水试验。

涂膜防水层在檐口、檐沟、天沟、雨水口、泛水、变形缝和伸出屋面管道的防水构造，应符合设计要求。

检验方法：观察检查。

涂膜防水层的平均厚度应符合设计要求，且最小厚度不得小于设计厚度的80%。

检验方法：针测法或取样量测。

② 一般项目

涂膜防水层与基层应黏结牢固，表面应平整，涂布应均匀，不得有流淌、皱褶、起泡和露胎体等缺陷。

检验方法：观察检查。

涂膜防水层的收头应用防水涂料多遍涂刷。

检验方法：观察检查。

铺贴胎体增强材料应平整顺直，搭接尺寸应准确，应排除气泡，并应与涂料黏结牢固；胎体增强材料搭接宽度的允许偏差为 -10mm。

检验方法：观察和尺量检查。

三、施工质量检查

1. 屋面防水施工质量检查要点

防水指导思想：层层设防，刚柔结合；以防为主，防排结合。屋面防水要点：结构板自防水，防水涂料加强薄弱节点防水，防水层防水，找坡层坡度排水，细石混凝土板防水。

（1）混凝土结构屋面板　主要是保证混凝土的密实性，减少混凝土早期裂纹，达到结构自防水的质量目标。主要控制点为：

1）做好屋面混凝土浇筑准备工作。宜白天浇筑，尽量避免雨天施工导致混凝土表面水泥浆被冲走；若雨天施工，应准备足够防雨工具，同时不得留下脚印。

2）严格控制商品混凝土质量，控制坍落度值；严格控制混凝土浇捣质量，提高混凝土密实性。

3）施工中避免出现由于钢筋有效高度减小而出现的楼面裂缝。

4）注意混凝土的覆盖和浇水养护。混凝土浇筑后24h内不允许人员及机械行走，48h内不允许空压机、脚手架、钢筋等重施工荷载加到屋面楼板上，以免造成缺陷和裂缝。

（2）细石混凝土找坡

1）找坡层坡向准确，减少水的停留时间，加快排水速度，为防水层施工提供良好的基层条件。

2）基层与伸出屋面结构（女儿墙、山墙、变形缝、天窗壁、管道等）的连接处，以及基层的转角（檐口、天沟、雨水口）做成圆弧。防水卷材，基层圆弧半径不得小于50mm。圆弧用套板成形，确保顺直、一致。对此等细部处理要严格检查，否则这些细小部位质量问题会导致防水失败。

3）对做在保温找坡层上的砂浆找平层（防水基层），注意坡向和平整度，找平层应设分格缝，保证分格缝质量和缝宽适当。

（3）节点防水涂料加强层的控制

1）防水系统的节点接缝密封是保持防水连续性和整体性的重要环节。防水涂料加强层施工前，必须先检查阴角的圆角等细部防水加强处理。若接触密封材料的基层强度不够，有蜂窝、麻面、起皮、起砂，或者不干燥、不干净现象，必须对基层进行处理。

2）天沟、檐沟转角多，面积小，卷材铺贴难度大，须特别认真对待。宜用涂膜防水加强层处理。卷材防水层采用满贴工艺，卷材接缝留在沟侧，不留在沟底，否则天沟渗漏率较高。

（4）屋面漏水主要原因与解决措施

1）屋面防水有破坏处或粘贴不牢处，导致雨水通过防水层后顺板缝流入室内。解决措施为严格按照所用材料的施工工艺进行施工。

2）通风口或排汽孔上的盖未盖好，导致雨水慢慢渗入室内。应施工后盖好盖，并及时检查。

3）卷材防水层起鼓，主要是因为工期紧，保温材料含水率大，当温度高时，水分蒸发将防水层鼓起。解决措施是尽量将保温材料中的水分减少，并设排汽孔。

4）屋面排水坡度过缓，可将排水坡度增加3%~4%，改善排水效果。

5）屋面细部处理必须到位，否则将因卷材收口不好、存在翘边现象，形成进水、倒呛水及爬水。解决措施是特殊部位防水卷材加附加层。在女儿墙、烟道处做防水檐、收口槽。防水抹灰做鹰嘴，收口处事先埋设防腐木砖。突出屋面的构筑物根部做找平层时，一律抹成坡角。

6）保温隔热层要求。保温隔热层应做纵横贯通的排汽道，应有防止堵塞的措施，并与和大气连通的排汽孔相通，排汽孔设在纵横排汽道的交叉点上。排汽管自身应做好防水处理，排汽管出屋面净高应不小于300mm。采用架空隔热屋面时，应先将屋面清扫干净，支座底面的卷材、涂膜防水层上应采取加强措施。

（5）面层细石混凝土保护层

1）内排水的雨水口周围500mm范围内坡度不应小于5%，呈凹坑。这一点在屋面施工时很容易遗漏，需予以重视并加强检查。

2）出屋面管道的四周细石混凝土与管道壁接触处留10mm×10mm凹槽，凹槽内用防水油膏封堵。卷材防水层在管道上收头处用金属箍（镀锌铁箍）箍紧，并用防水硅胶封严，金属箍离屋面高度≥250mm，且同一屋面高度一致。

3）女儿墙上横向雨水口进深方向应做成大喇叭口，洞口外形尺寸大小一致，并用专用模具成形，洞口周边（底边除外）粉刷成45°斜截面。

4）非上人（上人）屋面需经常维护的设施周围和屋面出入口至设施间的人行道应铺设刚性保护层，保护层与防水层之间应做隔离层。

（6）屋面细部防水处理

1）在混凝土女儿墙上，防水卷材收头上口进行密封处理后用金属板遮盖，其上口用密封材料封固，泛水立面高度应不小于250mm。

2）天沟水平雨水口处为防止垃圾堵塞，不得使用水平盖板，应用"将军帽"，女儿墙上侧雨水口处应加铁算子，屋面透气管上，取消铅丝网球，改用铸铁帽（塑料透气管可用塑料帽）。

3）对穿过屋面板的管道四周，需用C20细石混凝土浇灌密实。伸出屋面管道周围的找平层应做成圆锥台，高度为30mm。管道与找平层间应留下凹槽，并嵌填密封材料，防水层在管道收头处用金属箍箍紧（净高应不小于250mm）并用密封材料封严。

4）变形缝盖缝镀锌铁皮下应附加干铺油毡层，铁皮应按顺水流方向搭接，接口做成咬口或用焊锡焊牢，并钉设牢固。

2. 卫生间防水施工质量检查要点

（1）吊洞洞口　检查吊洞洞口质量、吊模质量、混凝土浇筑密实度的质量。吊洞混凝土分两次浇筑，第一次浇筑完时留3~4cm板厚不浇，用来做存水试验，漏则返工，不漏则进行第二次混凝土浇筑。

（2）薄弱环节的处理　对阴角、管根等薄弱环节进行加强防水处理。

（3）防水层

1）防水施工在卫生间墙面抹灰、管道安装后进行。对进入现场的防水材料，按照地方要求进行质保资料的验收，按照国家规范进行抽检。控制好水灰比是保证聚合物水性防水材料的关键。防水层要求致密，可通过防水进料计量和现场抽检涂膜厚度来控制防水层厚度。

2）混凝土导墙要密实，宜采用一次浇筑，整体性较好。若与结构板分两次浇筑，需清理墙根，凿毛后二次浇筑。采取措施保证混凝土密实性。

（4）蓄水验收　防水施工完毕后分别进行蓄水试验，蓄水48h不得有渗漏。

3. 地下室防水施工质量检查要点

1）混凝土垫层、水泥砂浆找平层表面要平整、压实，所有阴阳角要有圆弧过渡。

2）卷材防水

① 地下防水层施工，地下水位较高时，涂刷防水层前应做好降水和排水处理。

② 铺贴卷材时，基层必须牢固，无松动现象，表面要平整、洁净、干燥。冷底子油涂布要均匀，无漏涂。

3）防水混凝土

① 防水混凝土应采用普通硅酸盐水泥，水泥不得过期或受潮结块。

② 防水混凝土保证连续浇筑，间断时间不超过2h，每层浇筑厚度不大于600mm。浇筑落差大于3m时，采取侧面加浇筑口或串筒、溜槽等措施，并要现场做坍落度试验。

③ 混凝土浇筑时，要有专人观察模板、钢筋、预埋孔洞及预埋件有无移动和变形情况，发现问题在浇筑前要立即修整完好。

4）墙体水平施工缝及伸缩缝

① 墙体水平施工缝，留在高出底板顶面不小于200mm的墙体上，施工缝留成凹缝、凸缝、台阶缝，禁止用平缝。二次浇筑混凝土前应将原施工缝处混凝土表面凿毛，清除表面水泥薄膜、松动石子及软弱混凝土层，用水清除干净，保持湿润但无积水。

② 地下室伸缩缝防水按照规范和图集施工，用柔性材料密封防水。

③ 地下室后浇带的混凝土浇筑施工宜选择在主体封顶后，对后浇带内垃圾等必须清理干净，用高一强度等级的防渗混凝土浇筑，必要时可在充分养护后在交接处局部做水泥基涂膜内防水加强。

5）地下室外墙和顶板（局部）防水

① 涂膜材料技术性能必须符合设计和规范要求。

② 基层清理：涂膜防水层施工前先将基层表面的尘土、砂粒、灰浆硬块等杂物清理干净，并用湿布擦净、晾干后方可进行下一道工序。

③ 管根、阴阳角、变形缝等细部薄弱环节，在大面积涂刷前，先做一层防水附加层。

地下室外立面防水施工，平面与立面交接处应交叉搭接，涂膜固化后，应及时砌筑保护墙或用苯板等保护层进行保护。

6）地下室防水在工序完成后必须经甲方和监理进行检查验收。

① 合模前对墙体施工缝的检查，拆模后对墙体混凝土的检查，对防水基层的检查，防水层完成后的检查，防水保护层的检查。

② 尤其是对混凝土基层的处理，必须得到有效控制，对于蜂窝、麻面、烂根等情况用混凝土进行修补，不得用砂浆堵补。

任务拓展

1. 课外阅读《建筑工程施工质量验收统一标准》（GB 50300—2013）。
2. 课外阅读《屋面工程技术规范》（GB 50345—2012）。
3. 课外阅读《屋面工程质量验收规范》（GB 50207—2012）。
4. 课外阅读《地下防水工程质量验收规范》（GB 50208—2011）。
5. 课外阅读《地下工程防水技术规范》（GB 50108—2008）。

任务训练

1. 当屋面坡度大于（　　）时，应采取防止沥青卷材下滑的固定措施。
   A. 3%　　　　B. 10%　　　　C. 15%　　　　D. 25%
2. 屋面防水层施工时，同一坡面的防水卷材，最后铺贴的应为（　　）。
   A. 雨水口部位　　B. 天沟部位　　C. 沉降缝部位　　D. 大屋面
3. 粘贴高聚物改性沥青防水卷材，使用最多的是（　　）。
   A. 热黏结剂法　　B. 热熔法　　C. 冷粘法　　D. 自粘法
4. 采用条粘法铺贴屋面卷材时，每幅卷材两边的粘贴宽度不应小于（　　）mm。
   A. 50　　　　B. 100　　　　C. 150　　　　D. 200
5. 在涂膜防水屋面施工的工艺流程中，基层处理剂干燥后的第一项工作是（　　）。
   A. 基层清理　　　　　　　　B. 节点部位增强处理
   C. 涂布大面防水涂料　　　　D. 铺贴大面积增强材料

任务小结

1. 根据施工任务，编制屋面及防水工程施工作业计划与专项施工方案，主要内容包括：工艺流程、作业准备、主要技术措施与施工进度计划。

2. 根据施工作业计划编制屋面及防水工程施工技术交底，主要内容包括：强制性条文、施工要点与质量要求。

3. 屋面及防水工程施工质量检查与验收，主要包括：屋面防水施工质量检查要点、卫生间防水施工质量检查要点、地下室防水施工质量检查要点，一般分为主控项目与一般项目。

工作任务 3　屋面及防水工程质量验收与评审

> **知识点：**
> 1. 屋面及防水工程质量验收。
> 2. 屋面及防水工程施工。
> 3. 屋面及防水工程质量评审。
>
> **能力（技能）点：**
> 1. 能根据给定施工任务，对屋面及防水工程进行质量创优施工指导。
> 2. 能根据给定施工任务，编制屋面及防水工程施工方案。
> 3. 能根据给定施工任务，组织相关责任单位进行屋面及防水工程项目验收工作。
> 4. 能根据给定施工任务，对屋面及防水工程施工方案进行审核评定。

任务实施

根据高级岗位的要求，能根据给定的屋面及防水工程施工任务，对屋面及防水工程进行质量创优施工指导；能根据给定施工任务，编制屋面及防水工程施工方案；能根据给定施工任务，组织相关责任单位进行屋面及防水工程项目验收工作。本工作任务主要包括施工方案的编制与审核评定、分部分项工程质量验收与质量创优施工指导三部分。

一、屋面及防水工程施工方案

1. 一般屋面及防水工程施工方案

建筑防水工程施工方案，是在防水工程施工前编制的技术文件，内容包括施工前各项准备工作、施工工艺及方法、计划工期、质量要求、安全生产等。一般来讲，不论是新建或翻修的防水工程都要编制施工方案，施工前向有关人员进行技术交底，并作为防水工程施工过程的依据，完成后作为技术资料整理归档。通常，施工方案由防水专业承包公司的主管技术人员或防水专业队的技术队长来编制，经本单位技术部门讨论通过，由上级主管领导审批，送土建总包单位、监理单位和建设单位审核同意后方能实施。

编制防水工程施工方案必须符合实际，编写前应审阅设计图纸是否合理，选材是否正确，大样图是否齐全，有没有特殊的施工和检验要求，防水工程施工总说明是否清楚等。如有疑问或发现不足之处，应通过图纸会审或其他工作联系程序，向设计人员咨询，并提出相应的建议和具体做法。另外，还要了解清楚整个土建工程的工期，施工计划以及土建施工可能对防水层施工质量造成影响的某些工序等，从而有针对性地制定解决问题的措施，使编制施工方案时力求做到合理与可行。

2. 专项施工方案

防水专项施工方案编制的基本要求：

1) 防水工程施工前应编制专项施工方案（主要是指地下工程防水、屋面工程防水、厕浴间等其他防水工程）。

2）地下室、屋面防水工程专项施工方案应明确防水等级和设防要求，上报方案中应说明防水工程设计具体做法（包括节点部位做法）。

3）屋面工程的防水层应由具有相应资质的防水专业队伍进行施工，作业人员应持有当地建设行政主管部门颁发的上岗证。

4）屋面工程所采用的防水、保温隔热材料应有产品合格证书和性能检测报告，材料的品种、规格、性能等应符合现行国家标准和设计要求。

5）屋面工程施工，应建立各道工序的自检、交接检和专职人员检查的"三检"制度，并有完整的检查记录。每道工序完成，应经监理单位（或建设单位）检查验收，合格后方可进行下道工序的施工。

6）屋面工程的找平层、保温层、防水层及细部构造等的防水做法应符合相应规范和工程建设标准强制性条文的规定。

7）屋面工程施工应严防由于屋面找坡引起女儿墙高度不足等违反工程建设标准强制性条文的情况产生。

8）厨浴间等有防水要求地面的标高差、排水坡度、节点处理、混凝土翻口、防水做法等应符合设计、规范和工程建设标准强制性条文的要求。

9）建筑物外墙应根据工程性质、气候条件及所采用的墙体材料及饰面材料等因素确定防水做法。

10）屋面防水层施工完成后，应按规范规定及时进行淋水、蓄水等试验，合格后方可进入下道工序施工。

二、施工质量验收

1. 卷材防水层工程施工质量验收

1）卷材防水层适用于受侵蚀性介质作用或受振动作用的地下工程；卷材防水层应铺设在主体结构的迎水面。

2）卷材防水层应采用高聚物改性沥青防水卷材和合成高分子防水卷材。所选用的基层处理剂、胶粘剂、密封材料等均应与铺贴的卷材相匹配。

3）在进场材料检验的同时，防水卷材接缝黏结质量检验应符合规范要求。

4）铺贴防水卷材前，基层清扫应干净、干燥，并应涂刷基层处理剂；当基面潮湿时，应涂刷湿固化型胶粘剂或潮湿界面隔离剂。

5）基层阴阳角应做成圆弧或45°坡角，其尺寸应根据卷材品种确定；在转角处、变形缝、施工缝、穿墙管等部位应铺贴卷材加强层，加强层宽度不应小于500mm。

6）防水卷材的搭接宽度应符合规范要求。铺贴双层卷材时，上下两层和相邻两幅卷材的接缝应错开1/3～1/2幅宽，且两层卷材不得相互垂直铺贴。

7）冷粘法铺贴卷材应符合下列规定：

① 胶粘剂涂刷应均匀，不得露底，不堆积。

② 根据胶粘剂的性能，应控制胶粘剂涂刷与卷材铺贴的间隔时间。

③ 铺贴时不得用力拉伸卷材，排除卷材下面的空气，辊压黏结牢固。

④ 铺贴卷材应平整、顺直，搭接尺寸准确，不得有扭曲、皱褶。

⑤ 卷材接缝部位应采用专用胶粘剂或胶结带满粘，接缝口应用密封材料封严，其宽度

不应小于10mm。

8）热熔法铺贴卷材应符合下列规定：
① 火焰加热器加热卷材应均匀，不得加热不足或烧穿卷材。
② 卷材表面热熔后应立即滚铺，排除卷材下面的空气，并黏结牢固。
③ 铺贴卷材应平整、顺直，搭接尺寸准确，不得有扭曲、皱褶。
④ 卷材接缝部位应溢出热熔的改性沥青胶料，并黏结牢固，封闭严密。

9）自粘法铺贴卷材应符合下列规定：
① 铺贴卷材时，应将有黏性的一面朝向主体结构。
② 外墙、顶板铺贴时，排除卷材下面的空气，并黏结牢固。
③ 铺贴卷材应平整、顺直，搭接尺寸准确，不得有扭曲、皱褶。
④ 立面卷材铺贴完成后，应将卷材端头固定，并应用密封材料封严；低温施工时，宜对卷材和基面采用热风适当加热，然后铺贴卷材。

10）卷材接缝采用焊接法施工应符合下列规定：
① 焊接前卷材应铺放平整，搭接尺寸准确，焊接缝的结合面应清扫干净。
② 焊接前应先焊长边搭接缝，后焊短边搭接缝。
③ 控制热风加热温度和时间，焊接处不得漏焊、跳焊或焊接不牢。
④ 焊接时不得损害非焊接部位的卷材。

11）铺贴聚乙烯丙纶复合防水卷材应符合下列规定：
① 应采用配套的聚合物水泥防水黏结材料。
② 卷材与基层粘贴应采用满粘法，黏结面积不应小于90%，刮涂黏结料应均匀，不得露底、堆积、流淌。
③ 固化后的黏结料厚度不应小于1.3mm。
④ 卷材接缝部位应挤出黏结料，接缝表面处应刮1.3mm厚50mm宽聚合物水泥黏结料封边。
⑤ 聚合物水泥黏结料固化前，不得在其上行走或进行后续作业。

12）高分子自粘胶膜防水卷材宜采用预铺反粘法施工，并应符合下列规定：
① 卷材宜单层铺设。
② 在潮湿基面铺设时，基面应平整坚固、无明水。
③ 卷材长边应采用自粘边搭接，短边应采用胶结带搭接，卷材端部搭接区应相互错开。

13）卷材防水层完工并经验收合格后应及时做保护层。保护层应符合下列规定：
① 顶板的细石混凝土保护层与防水层之间宜设置隔离层。细石混凝土保护层厚度，机械回填时不宜小于70mm，人工回填时不宜小于50mm。
② 底板的细石混凝土保护层厚度不应小于50mm。
③ 侧墙宜采用软质保护材料或铺抹20mm厚1:2.5水泥砂浆。
④ 卷材搭接宽度的允许偏差为-10mm。

2. 涂料防水层施工质量验收

涂料防水层适用于受侵蚀性介质作用或受振动作用的地下工程。有机防水涂料宜用于主体结构的迎水面，无机防水涂料宜用于主体结构的迎水面或背水面。

1）有机防水涂料应采用反应型、水乳型、聚合物水泥等涂料；无机防水涂料应采用掺外加剂、掺合料的水泥基防水涂料或水泥基渗透结晶型防水涂料。

2）有机防水涂料基面应干燥。当基面较潮湿时，应涂刷湿固化型胶结剂或潮湿界面隔离剂；无机防水涂料施工前，基面应充分润湿，但不得有明水。

3）涂料防水层的施工应符合下列规定：

① 多组分涂料应按配合比准确计量，搅拌均匀，并应根据有效时间确定每次配制的用量。

② 涂料应分层涂刷或喷涂，涂层应均匀，涂刷应待前一遍涂层干燥成膜后进行；每遍涂刷时应交替改变涂层的涂刷方向，同层涂膜的先后搭压宽度宜为 30～50mm。

③ 涂料防水层的甩槎处接缝宽度不应小于 100mm，接涂前应将其甩槎表面处理干净。

④ 采用有机防水涂料时，基层阴阳角处应做成圆弧；在转角处、变形缝、施工缝、穿墙管等部位应增加胎体增强材料和增涂防水涂料，宽度不应小于 50mm。胎体增强材料的搭接宽度不应小于 100mm，上下两层和相邻两幅胎体的接缝应错开 1/3 幅宽，且上下两层胎体不得相互垂直铺贴。

4）涂料防水层完工并经验收合格后应及时做保护层。保护层应符合下列规定：

① 顶板的细石混凝土保护层与防水层之间宜设置隔离层。

② 底板的细石混凝土保护层厚度不应小于 50mm。

三、施工质量评定与创优

1. 屋面及防水工程质量评定

（1）雨水口、地漏、过水孔　这些部位位于两种材料交接处，由于混凝土和砂浆干缩，两种材料的胀缩不同，会使雨水口、地漏、过水孔的周边产生裂缝。另外，它也是雨水集中且容易积水的部位，而且所处位置工作面狭小，施工工序多，施工质量难以保证。根据节点设防原则，应进行多道设防和节点密封处理，所以应在雨水口、漏斗和套管的周边预留 10mm。

（2）防水层收头　柔性防水层的末端卷材和涂膜收头处，由于防水层的收缩，再经雨水和风力作用，常常提前翘边、脱层。因此在卷材收头处必须用压条钉固定，再用密封材料封口；在泛水处预留凹槽，收头压入槽中，再用水泥砂浆保护。混凝土泛水处理，收头上部要用卷材或金属覆盖保护；涂膜的收头，要求每遍涂膜层错开，不可集中于一处。

（3）屋面天沟、檐口　天沟、檐沟和檐口处不但容易变形，而且受雨水严重冲刷，沟中也经常因长期积水、干湿交替而对防水造成严重破坏。很多工程的防水层，首先是沟中或沟沿防水层提早失效而发生渗漏，因此应在这些部位做增强层。由于天沟平面多变，施工工作面小，采用卷材是很不利的，目前许多设计以涂膜防水予以配套。对于天沟、檐沟和雨水口处一般都做涂膜增强，有一布二涂和一布四涂做法，即在天沟交角处或整个天沟和檐口先涂涂料，再铺增强胎体，然后涂涂料 1～2mm 厚；在檐口处，构件断面形状复杂，可采取增强空铺层处理，或先涂隔离剂或压敏型抗裂胶后再做增强层。

（4）穿过防水层的管道和预埋件　由于管道、预埋件和周围混凝土胀缩系数不同，在管道和预埋件周围就会开裂发生渗水。因此抹找平层时，管道根部应高出屋面并增设一布五涂的涂膜附加层。地下室及水池穿过防水层的管道周围应留槽并用密封胶密封，管子中部加一圈遇水膨胀橡胶条。

（5）分格缝　为避免刚性防水层或找平层干缩和温差造成开裂，预先设置分格缝，分格缝有全分格、半分格（诱导缝）、埋置塑料模条分格等，作用是将块体的变形集中于缝中。缝的大小随时间经常变化，因此必须在缝中嵌填高性能弹性密封材料，表面再用涂料加胎体覆盖。

（6）压顶　压顶处于屋面的最高处，直接暴露于自然环境中，受气候影响大，受整个纵向墙体温差、结构受力变形及墙体混凝土与砂浆干缩变形的影响也很大，因此即使是配筋混凝土压顶，其横向裂缝也是不可避免的。一般在3~5年内裂缝均会明显地开展，配筋混凝土压顶，在5~8m之内就会有一条裂缝开展，不配筋混凝土在1m左右就有1条裂缝。雨水顺裂缝流到墙内，绕过防水层漏到室内，所以压顶必须做柔性材料增强层。一般是做在压顶下，如果选材不当，可能会造成压顶与女儿墙分层，目前只有聚合物水泥基涂料和聚合物水泥砂浆可以用于此处防水。另一种是将防水层做在压顶上面，采取卷材粘贴或用涂料涂刷。

（7）屋面出入口　人们频繁进出屋面出入口会造成提早破损，出入口处防水层收头应处理妥当，此外应适当做增强层，并要求表面做保护层，如水泥砂浆保护层等。

（8）阴阳角　檐口与天沟交接处、屋面的平面与立面交角处、天沟转角处、地下室底面与墙面内外交角处、两个立面转角处形成阴阳角，这些部位常由于混凝土、砂浆干缩和温差变形产生应力集中导致开裂，有些裂缝宽度可扩展到5mm，阴阳角的增强层可采用卷材条，即在交角处铺贴一层100~150mm宽的卷材条予以加强。但由于卷材较硬挺，在交角处难以铺平、铺实，往往采用涂料加增强胎体布作为增强层，即在交角处涂150~200mm宽、1~2mm厚的加胎体涂层。胎体铺贴时切忌拉紧，应松弛不皱。

2. 屋面及防水工程质量创优

（1）质量创优概述　屋面及防水工程质量创优工程要事前制定质量目标，明确质量责任，按照事前、事中、事后对工程质量进行全面管理和控制，通过管理随时发现不足、随时改正，包括工程质量和管理能力，体现企业保证能力和持续改进能力，有效提高实体工程质量。

（2）质量管理的过程控制　制定有效的屋面及防水工程施工措施、技术规程与专项施工方案，屋面及防水工程控制施工工序过程的控制手段和操作依据。工程质量验收，加强工程施工质量检测，并对施工过程作出真实的记录，作为工程质量验收评价的依据。

（3）屋面及防水工程质量验收　突出检验批质量的验收，检验批是质量控制的关键。按规范规定进行检验批验收，检验批检查评定要做好现场检查原始记录，然后交监理单位验收。

（4）屋面及防水工程质量评价

1）综合核查。在按规范及其配套标准验收合格的基础上，针对结构安全、使用功能、建筑节能和观感质量等综合核查其施工质量水平，达到优良工程标准的评定为优良。

2）评价过程。施工质量评价可随着施工进度，在各分部、子分部工程完工验收合格后进行优良工程评价，分别填写各部分、系统的评价表格。

3）质量评价方法。采用性能检测、质量记录、允许偏差等评价方法评价屋面及防水工程质量。屋面及防水工程性能检测评价代表了该分部的总体质量水平，是评价标准的重要部分；采用材料质量记录、施工记录、施工试验等项目评价屋面及防水工程质量；通过对屋面及防水工程允许偏差、防水施工搭接宽度允许偏差等项目评价工程质量；按屋面及防水工程观感质量项目评价屋面及防水工程质量，每个检查项目以随机抽取的检查点按"不合格""合格""优良"给出质量评价。

任务拓展

1. 课外阅读《建筑工程施工质量验收统一标准》（GB 50300—2013）。
2. 课外阅读《屋面工程质量验收规范》（GB 50207—2012）。
3. 课外阅读《地下防水工程质量验收规范》（GB 50208—2011）。

任务训练

1. 地下防水混凝土的施工缝应留在墙身上，并距墙身洞口边不宜小于（　　）mm。
   A. 200　　　　　　B. 300　　　　　　C. 400　　　　　　D. 500
2. 刚性防水屋面分格缝纵横向间距不宜大于（　　）mm，分格面积以 20m² 为宜。
   A. 3000　　　　　B. 4000　　　　　C. 5000　　　　　D. 6000
3. 合成高分子卷材使用的黏结剂应使用（　　）的，以免影响黏结效果。
   A. 高品质　　　　　　　　　　　　B. 同一种类
   C. 由卷材生产厂家配套供应　　　　D. 不受限制
4. 细石混凝土屋面防水层中应配置直径为 4mm、间距 200mm 的双向钢筋网片以抵抗（　　）造成混凝土防水层开裂，钢筋网片在分格缝处应断开。
   A. 混凝土干缩　　B. 地基不均匀沉降　C. 屋面荷载　　D. 太阳照射
5. 地下结构使用的防水方案中应用较广泛的是（　　）。
   A. 盲沟排水　　　B. 混凝土结构　　　C. 防水混凝土结构　D. 止水带

任务小结

1. 屋面及防水工程施工方案：根据施工任务，编制屋面及防水工程施工作业方案及专项施工方案与审查施工方案。
2. 屋面及防水工程施工质量验收：主要包括卷材防水层工程施工质量验收、涂料防水层工程施工质量验收等，一般分为主控项目与一般项目。
3. 屋面及防水工程质量评定与创优：影响建筑工程屋面防水质量的主要原因是多方面的，应提出建筑工程屋面防水质量控制措施。评定以性能检测、质量记录、允许偏差、观感质量等项目进行项目质量评价，评价等级为不合格、合格或优良三个等级。

学习情境九　装饰装修工程施工

案例引入

某工程为宾馆配套娱乐设施的内部装修,包括了内部的室内设计及连接宾馆大堂的入口及通道的装饰,1层、2层为宾馆的KTV,3层为美容美发。因项目所在地附近为居民区,所以设计在营造浪漫梦幻的娱乐气氛的同时注意了对噪声的控制,最大可能地减少对周边环境的影响。

该宾馆外墙面为真石漆涂料墙面,KTV内墙面为一般抹灰,外加造型以大芯板为木基层,在其背面做防火一级处理,木造型与墙体的间隙采用隔声棉填充,其面饰为金属墙纸间或布艺软包。走廊的墙面采用了乳胶漆和金属墙纸的相间处理,以适度的灯光点缀。其余墙面为砂浆漆,减少了墙面的光滑程度,便于声波形成漫反射。KTV包间地面均为阻燃圈绒地毯,便于声波的吸收,以确保音响效果得以发挥。KTV包间的吊顶采用60系列不上人轻钢龙骨、9mm纸面石膏板吊顶,面饰乳胶漆。

工作任务1　装饰装修工程实施与监督

知识点:
1. 装饰装修工程放样测量工作。
2. 装饰装修工程施工机械、人力、运输的准备。
3. 装饰装修工程施工尺寸等参数核对。
4. 装饰装修工程施工工艺标准。

能力(技能)点:
1. 能根据给定的施工图,进行装饰装修工程细部构造、标高放样工作。
2. 能够根据施工工艺交底协调施工机械、人力、运输,进行装饰装修工程施工。
3. 能够应用图纸、图集对装饰装修工程施工尺寸等参数进行核对。
4. 能够按照《建筑施工手册》装饰装修工程施工工艺流程监督施工符合工艺标准。

任务实施

一、放样与检查

装饰装修工程的施工测量内容主要有:对装修改造工程,原有建筑物的墙面平整度、垂直度检测,地面工程施工测量,吊顶工程施工测量,墙面装饰施工测量,铝合金门窗安装施工测量。为保证装修改造工程的施工质量,做到结构安全、装修美观、甲方满意,在工程施工前应认真、细致地做好对原结构的检查、测量工作,了解现状,确定地面、墙面、吊顶、屋面等分部、分项工程的测量控制要点。

1. 放样测量前的准备

1）审核设计图纸，收集工程原建时的定位情况，对原有的水准点进行测量复核，允许闭合差为 $\pm 10\sqrt{N}$（N 为测站数）。

2）测量设备的选择：配备 3 台经纬仪进行竖向控制线的投测，其中 DJ6 两台、DJ2 一台；配备 6 台水准仪，精度为 DS3；钢卷尺（50m）3 把；5m 钢卷尺若干。所配备的测量设备均须保证在有效期内。

2. 放样测量施工要点

（1）地面工程的施工测量

1）由于沉降等原因，首层地面标高可能与设计图纸不符，根据已校核的水准点，测设首层 ±0.000 标高，并以此标高为基准进行标高的竖向传递。

2）首层各段的标高控制点为 3 个，以利于闭合校差。

3）标高的传递方式采用在楼梯间和窗口处进行传递，标高允许误差见表 9-1。传递到各层的 3 个标高点应先进行校核，校差不得大于 3mm，并取平均点引测水平线。

表 9-1　标高允许误差

层间误差	±3mm
总误差	±5mm

4）测设 50cm 水平控制线：50cm 水平控制线的测设允许误差应符合表 9-2 的规定。室内的 50cm 水平线是控制地面标高、门窗安装等项目的重要依据，在弹墨线时应注意墨线的宽度不得大于 1mm，防止误差扩大。50 基准线放样如图 9-1 所示。

5）用水准仪检测地面面层的平整度和标高时，水准仪的间距应符合以下要求：大厅应小于 5m、房间应小于 2m。

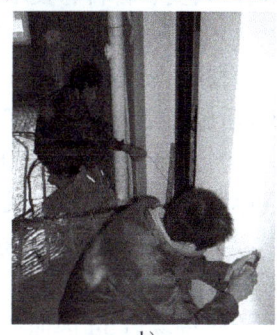

图 9-1　50 基准线放样
a）自动安平激光投线仪　b）放出 50 基准线

表 9-2　50cm 水平控制线的测设允许误差

项目		精度要求
水平线（室内、室外）		1. 每 3m 两端高差小于 ±1mm 2. 同一条水平线的标高允许误差为 ±3mm
铅垂线	室内	经纬仪两次投测校差小于 2mm
	室外	小于 1/3000

（2）吊顶工程的施工测量

1）根据已弹出的 50cm 楼层水平控制线，用钢尺量至吊顶的设计标高，并在四周的墙上弹出水平控制线。其允许误差应符合表 9-2 的要求。

2）顶板上弹出十字直角定位线，其中一条线应确保和外墙平行，以保证美观。以此为基础在四周墙上的吊顶水平控制线上弹出龙骨的分档线。

3）对于复杂房间，在吊顶前将其设计尺寸在铅垂投影的地面上按 1∶1 放出大样，后投点到顶棚，确保位置正确。

（3）墙面装饰施工测量　墙面装饰测量精度的一般规定：内墙面竖直控制线投测精度 1/3000；水平控制线应符合表 9-2 的要求。

（4）门窗安装施工测量

1）从建筑最顶层找出外窗口的边线，用线坠将边线向下引测，主楼建筑高度超过 30m 时，采用经纬仪进行投测以保证精度。其精度应符合表 9-2 的要求。

2）门窗口的水平位置由室内 50cm 水平控制线确定，向上反到窗下皮标高，并弹线找直。对于走廊中的各门口应从水平控制线测设门口上皮标高并拉通线，保证所有的门在同一水平线上。

二、施工准备与施工工艺

1. 装饰装修工程施工准备

进场前的施工准备是施工管理的重要环节，准备工作的完善与疏漏直接关系到工程施工能否顺利展开，为避免施工管理中的盲目性、随意性，确保高速、优质、安全、低耗、圆满地完成施工任务，根据工程实际情况，做到计划在先，科学组织，合理安排，周密地做好施工前的人员、材料、技术等各项准备工作。

（1）现场准备工作　进场后立即开始组织现场准备工作，力争在最短的时间内完成人员、材料、设备进场，人员教育及技术交底工作，办公、住宿地点就位，技术准备等工作，为以后施工顺利开展打好基础。

1）保证在接到开工通知 48h 内，组织施工人员进场，进行施工准备工作，保证在招标文件规定时间限期内完成。

2）根据现场情况，按照业主和监理的要求，对施工垃圾进行分类，并砌筑垃圾池，将垃圾堆放到指定地点。

3）进场后 5d 内向业主、监理提交临时工程设计与说明书，并根据要求立即开始搭设临时设施，尽快解决管理人员的办公地点及材料库房问题，并添置家具等必备物品。

4）按业主、公司要求，项目经理部编制各种项目的规章制度及标语、标牌等，并按照安全文明工地标准及要求，对现场进行各种布置，搭设各种安全防护。

5）组织项目经理部人员编制各种计划，7d 内上报业主与监理施工组织计划，包括施工组织、现场布置、施工方案、施工总控制计划、物资采购计划、材料进场计划、劳动力进场计划、资金流量计划、质检体系与质量保证措施、安全体系与安全保证措施等，保证施工能顺利开展。

6）开始正常施工前，将人员上岗证、劳务证及劳务合同签署完毕，并将上岗证上交业主备案。按照工程所在地及业主、监理的有关规定为施工人员办理各项保险，制作所有人员的胸卡。

7）积极调配人力物力，尽快将施工用机械运送至现场，保证工程顺利开展。各种施工机械必须按照有关规定进行检测，并办理好使用合格证。

8）在进场前联系好物资供应商，做好材料封样工作，按照物资采购计划和材料进场计划将第一批物料运至现场，并做好材料抽查复检工作。

9）按照劳动力进场计划，安排第一批施工人员进场，并做好技术、安全交底工作。

10）联系好设备租赁厂家，尽快将设备运至现场。

11）与材料送检单位、质检站及其他相关单位进行初步联系。

12）与其他相关施工单位及监理进行初步接触，确定好以后相互配合、责任分工、现场布置、管理条文等各项事务。

（2）技术准备

1）施工前组织技术人员熟悉建筑装饰施工图，做好图纸会审与图纸的修订完善工作，明确各种细部节点做法。尤其在样板间施工中，应充分征求业主意见，满足使用功能要求。

2）对一些特殊要求的施工部位、细部节点应进一步做好施工节点大样图，逐层进行技术交底，使管理人员对工程情况和技术操作方法做到心中有数，并根据装饰做法及时编制分部、分项工艺作业指导书。

3）提前做好各种材料加工订货的技术翻样工作。

4）装修前应校核室内+50线。

5）技术部门根据工程特点和实际需要制定有针对性的分项施工方案。根据方案要求和有关技术、质量规范，做好对施工人员进行技术交底和技术培训的准备。

6）通过认真审查施工图纸及有关施工资料，及时准确地做出施工预算，经有关部门批准后由物资供应部门筹备。

7）根据工程特点和现场情况，制订有关技术、安全等详细施工管理措施。

（3）材料准备　根据施工进度计划和施工设计图，落实货源，提前做好订货加工、采购及材料进场计划，并按计划及时订货。

（4）机械、机具调配　包括内、外装饰施工，含钢构件加工、石材加工、砖加工、涂料施工和一些打孔、连接等小型机械。垂直、水平运输设备内装修主要采用人工搬运方式。

工程所有机械、机具在工程施工准备阶段，由相关专业人员按照施工进度计划要求，编制进场计划（其中应包括：机械、机具进场时间，数量、技术参数及性能，基本操作及保养要求，退场时间，退场手续等）。工地机械员按照此计划提前组织落实机械、机具，保证一不影响正常施工，二不使机械、机具闲置而增加成本。做到"进场及时，使用正常，动态调整，保证施工，及时退场"。

（5）施工用电、用水计划

1）施工用电：包括动力用电和照明用电两类，施工现场总配电箱由业主提供，施工单位配备分配电箱。

2）现场施工用水及消防用水暂考虑结构施工阶段临水管线（具体需与业主协商）。

（6）劳动力计划　根据工程的工期要求和工作量，提前落实劳动力的来源，做好劳动力的统筹安排，选用素质高、技术水平好并与施工企业多年合作的施工队伍，做到既保证劳动力充足、又不窝工。

2. 装饰装修工程施工工艺流程

（1）抹灰工程施工工艺流程

工艺流程：墙面浇水→吊垂直抹灰饼→抹水泥踢脚或墙裙→做水泥护角→抹水泥窗台→墙面冲筋→抹底灰→抹罩面灰。

1）墙面浇水：抹灰前一天，应用胶皮管自上而下浇水湿润。

2) 吊垂直抹灰饼：根据设计图纸要求的抹灰质量等级，按基层表面平整、垂直情况，吊垂直、套方、找规矩，经检查后确定抹灰厚度，但最小不应小于7mm。墙面凹度较大时要分层衬平（石灰砂浆和水泥混合砂浆每层厚度宜为7~9mm），操作时先抹上灰饼再抹下灰饼；抹灰饼时要根据室内抹灰的要求（分清抹踢脚板还是水泥墙裙），以确定下灰饼的正确位置，用靠尺板找好垂直与平整。灰饼宜用1:3水泥砂浆抹成5cm见方形状。先在墙的上角各做一个标准灰饼，然后用托线板吊线做墙下角的灰饼，再挂线每隔1.2~1.5m加做若干标准灰饼，上下灰饼之间抹宽度约10cm的砂浆冲筋，木杠刮平。灰饼与冲筋做法如图9-2所示。

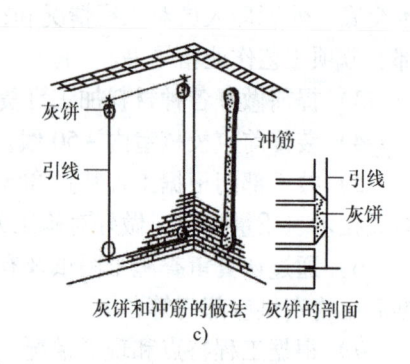

图 9-2 灰饼与冲筋做法
a）找标准厚的灰饼 b）托线板挂垂直 c）灰饼与冲筋

3) 抹水泥踢脚板（或水泥墙裙）：用清水将墙面浸透，尘土、污物冲洗干净，根据已抹好的灰饼冲筋（此筋应冲得宽一些，8~10cm为宜，此筋即为抹踢脚或墙裙的依据，同时也是抹石灰砂浆墙面的依据）。填档子，抹底灰一般采用1:3水泥砂浆，抹好后用大杠刮平。木抹子搓毛，常温第二天便可抹面层砂浆。面层灰用1:2.5水泥砂浆压光。墙裙及踢脚抹好后，一般应凸出墙面5~7mm，但也有的做法与墙面一平或凹进墙面，应按设计要求施工（水泥砂浆墙裙同此做法）。

4) 做水泥护角：室内墙面的阳角、柱面的阳角和门窗洞口的阳角，应用1:3水泥砂浆打底与所抹灰饼找平，待砂浆稍干后，再用107胶素水泥膏抹成小圆角；或用1:2水泥细砂浆做明护角（比底灰高2mm，应与石灰罩面齐平），其高度不应低于2m，每侧宽度不小于5cm。门窗口护角做完后，应及时用清水刷洗门窗框上的水泥浆。

5) 抹水泥窗台板：先将窗台基层清理干净，松动的砖要重新砌筑好。砖缝划深，用水浇透，然后用1:2:3豆石混凝土铺实，厚度大于2.5cm。次日，刷107胶素水泥浆一道，紧跟抹1:2.5水泥砂浆面层，待面层颜色开始变白时，浇水养护2~3d。窗台板下口抹灰要平直，不得有毛刺。

6) 墙面冲筋：用与抹灰层相同砂浆冲筋，冲筋的根数应根据房间的宽度或高度决定，一般筋宽为5cm，可冲横筋也可冲立筋，根据施工操作习惯而定。

7) 抹底灰：一般情况下冲完筋2h左右就可以抹底灰，抹灰时先薄薄地刮一层，接着分层装档、找平，再用大杠垂直、水平刮找一遍，用木抹子搓毛。然后全面检查底子灰是否平整，阴阳角是否方正，管道处灰是否抹齐，墙与顶交接是否光滑平整，并用托线板检查墙面的垂直与平整情况。散热器后边的墙面抹灰,应在散热器安装前进行,抹灰面接搓应平顺。抹灰后应及时将散落的砂浆清理干净。底层抹灰如图9-3所示。

8) 修抹预留孔洞、电气箱、槽、盒:当底灰抹平后,应设专人把预留孔洞、电气箱、槽、盒周边5cm的石灰砂浆刮掉,改抹1∶1∶4水泥混合砂浆,把洞、箱、槽、盒周边抹光滑、平整。

图9-3 底层抹灰

9) 抹罩面灰:当底灰六七成干时,即可开始抹罩面灰(如底灰过干应浇水湿润)。罩面灰应二遍成活,厚度约2mm,最好两人同时操作,一人先薄薄刮一遍,另一人随即抹平,木杠刮平(图9-4)。按先上后下顺序进行,再赶光压实,然后用铁抹子压一遍,最后用塑料抹子压光,随用毛刷蘸水将罩面灰污染处清刷干净。

(2) 吊顶工程施工工艺流程 以轻钢骨架罩面板顶棚为例,介绍其施工工艺流程。吊顶龙骨安装示意图如图9-5所示。

图9-4 木杠刮平

工艺流程:弹顶棚标高水平线→划龙骨分档线→安装主龙骨吊杆→安装主龙骨→安装次龙骨→安装罩面板→刷防锈漆→安装压条。

1) 弹顶棚标高水平线:根据楼层标高水平线,用尺竖向量至顶棚设计标高,沿墙往四周弹顶棚标高水平线,如图9-6所示。

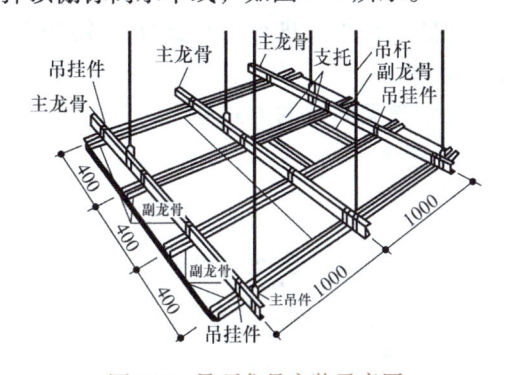

图9-5 吊顶龙骨安装示意图

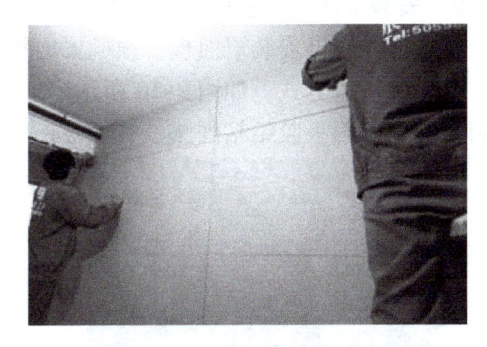

图9-6 弹顶棚标高水平线

2) 划龙骨分档线:按设计要求的主、次龙骨间距布置,在已弹好的顶棚标高水平线上划龙骨分档线。

3) 安装主龙骨吊杆:弹好顶棚标高水平线及龙骨分档位置线后,确定吊杆下端头的标高,按主龙骨位置及吊挂间距,将吊杆无螺栓丝扣的一端与楼板预埋钢筋连接固定。未预埋钢筋时可用膨胀螺栓。冲击钻打眼埋胀管螺栓如图9-7所示。

4) 安装主龙骨:
① 配装吊杆螺母。

图9-7 冲击钻打眼埋胀管螺栓

267

② 在主龙骨上安装吊挂件。

③ 安装主龙骨。将组装好吊挂件的主龙骨，按分档线位置使吊挂件穿入相应的吊杆螺栓，拧好螺母。

④ 主龙骨相接处装好连接件，拉线调整标高、起拱和平直。

⑤ 安装洞口附加主龙骨，按图集相应节点构造，设置连接卡固件。

⑥ 钉固边龙骨，采用射钉固定。设计无要求时，射钉间距为 1000mm。主次龙骨安装构造如图9-8所示。

5）安装次龙骨：

① 按已弹好的次龙骨分档线，卡放次龙骨吊挂件。

② 吊挂次龙骨。按设计规定的次龙骨间距，将次龙骨通过吊挂件吊挂在大龙骨上，设计无要求时，一般间距为 500~600mm。

③ 当次龙骨长度需多根延续接长时，用次龙骨连接件，在吊挂次龙骨的同时相接，调直固定。

④ 当采用T形龙骨组成轻钢骨架时，次龙骨的卡档龙骨应在安装罩面板时，每装一块罩面板先后各装一根卡档次龙骨。主次龙骨安装如图9-9所示。

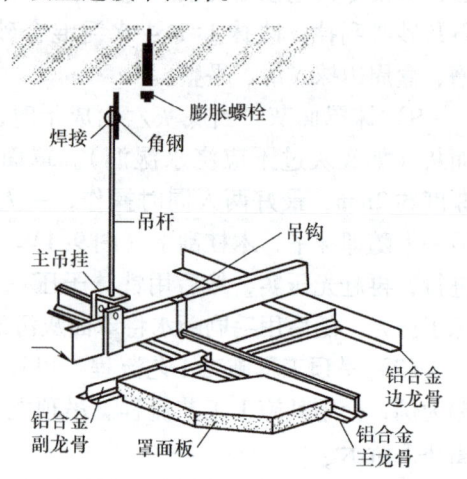

图 9-8　主次龙骨安装构造

6）安装罩面板：在安装罩面板前必须对顶棚内的各种管线进行检查验收，并经打压试验合格后，才允许安装罩面板。顶棚罩面板的品种繁多，一般在设计文件中应明确选用的种类、规格和固定方式，如图9-10所示。罩面板与轻钢骨架固定的方式分为：罩面板自攻螺钉钉固法、罩面板胶结粘固法、罩面板托卡固定法三种。

图 9-9　T形铝合金主次龙骨安装　　　　图 9-10　罩面板安装

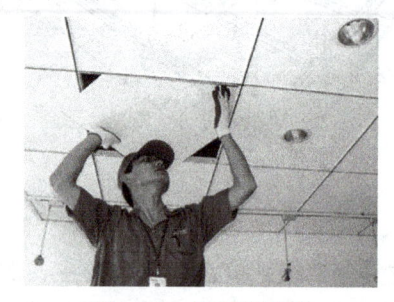

① 罩面板自攻螺钉钉固法：在已装好并经验收的轻钢骨架下面，按罩面板的规格、拉缝间隙进行分块弹线，从顶棚中间顺通长次龙骨方向先装一行罩面板，作为基准，然后向两侧延伸分行安装，固定罩面板的自攻螺钉间距为 150~170mm。

② 罩面板胶结粘固法：按设计要求和罩面板的品种、材质选用胶结材料，一般可用401胶黏结，罩面板应经选配修整，使厚度、尺寸、边楞一致、整齐。每块罩面板黏结时应预装，然后在预装部位龙骨框底面刷胶，同时在罩面板四周边宽 10~15mm 的范围刷胶，经5min 后，将罩面板压粘在预装部位；每间顶棚先由中间行开始，然后向两侧分行黏结。

③ 罩面板托卡固定法：当轻钢龙骨为 T 形时，多为托卡固定法安装。T 形轻钢骨架通长次龙骨安装完毕，经检查标高、间距、平直度和吊挂荷载符合设计要求，垂直于通长次龙骨弹分块及卡档龙骨线。罩面板安装由顶棚的中间行次龙骨的一端开始，先装一根边卡档次龙骨，再将罩面板槽托入 T 形次龙骨翼缘或将无槽的罩面板装在 T 形翼缘上，然后安装另一侧卡档次龙骨。按上述程序分行安装，最后分行拉线调整 T 形明龙骨。

7）刷防锈漆：轻钢骨架罩面板顶棚，碳钢或焊接处未做防腐处理的表面（如预埋件、吊挂件、连接件、钉固附件等），在各工序安装前应刷防锈漆。

8）安装压条：罩面板顶棚如设计要求有压条，待一间顶棚罩面板安装后，调整位置，使接缝均匀，对缝平整，按压条位置弹线，然后按线进行压条安装。其固定方法宜用自攻螺钉，螺钉间距为 300mm；也可用胶结料粘贴。

（3）饰面板（砖）工程施工工艺流程

工艺流程：基层抹灰→结合层抹灰→弹线分格→做饰面砖灰饼→贴饰面砖→勾缝。

1）基层为砖墙应清理干净墙面上残余砂浆块、灰尘、油污等，并提前一天浇水湿润。基层为混凝土墙应剔凿胀模的地方，清洗油污，太光滑的墙面要凿毛，或用掺 107 胶的水泥细砂浆做小拉毛墙或刷界面处理剂。

2）打底时要分层进行，每层厚度宜为 5~7mm。

3）底层灰六七成干时，按图纸要求，结合实际和饰面砖规格进行排砖、弹线。

4）正式镶贴前应贴标准点，可用废饰面砖使用混合砂浆粘在墙上，用以控制整个镶贴饰面砖表面的平整度。

5）垫底尺，计算好最下一皮砖下口标高，底尺上皮一般比地面低 1cm 左右，以此为依据放好底尺，要求水平、安稳。

6）镶贴饰面砖前，面砖应浸泡 2h 以上，然后取出晾干待用。

7）粘砖应自下向上粘贴，要求灰浆饱满，亏灰时要取下重粘，要求随时用靠尺检查平整度，随粘随检查，同时要保证缝宽一致，接缝平直。

8）镶贴完，自检无空鼓、不平、不直后，用棉丝擦净，然后用白水泥擦缝，将缝的素浆擦匀，砖面擦净，并做好成品保护。饰面板（砖）工程铺贴如图 9-11 所示。

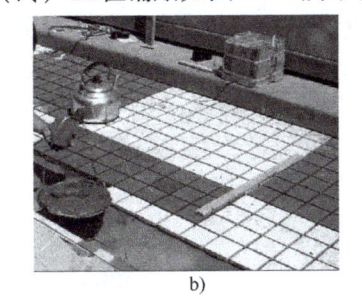

图 9-11 饰面板（砖）工程铺贴
a）镶贴法 b）铺贴法

（4）涂饰工程施工工艺流程　以木材表面施涂溶剂型混色涂料施工为例，介绍其施工工艺流程。

工艺流程：基层处理→刷底子油（刷清油→抹腻子→磨砂纸）→刷第一遍油漆（刷铅

油→抹腻子→磨砂纸→装玻璃)→刷第二遍油漆(刷铅油→擦玻璃、磨砂纸)→刷最后一遍油漆。

以上是木门窗和木料表面施涂溶剂型混色涂料中级做法的工艺流程。如果是普通级涂料工程,其做法与该工艺流程基本相同,所不同之处,除少刷一遍油漆外,只找补腻子,不满刮腻子。

1) 基层处理:清扫、起钉子、除油污、刮灰土,刮时不要刮出木毛并防止刮坏抹灰面层;铲去脂囊,将脂迹刮净,流松香的节疤挖掉,较大的脂囊应用木纹相同的材料用胶镶嵌;磨砂纸,先磨线角后磨四口平面,顺水纹打磨,有翘皮可用小刀撕掉,有重皮的地方用小钉子打牢固。如图9-12所示。

2) 刷底子油(图9-13):

① 刷清油一遍:清油用汽油、光油配制,先从框上部左边开始顺木纹涂刷,框边涂油不得碰到墙面上,厚薄要均匀,框上部刷好后,再刷亮子。刷窗扇时,如两扇窗应先刷左扇后刷右扇,三扇窗应最后刷中间一扇。窗扇外面全部刷完后,用梃钩钩住不可关闭,然后再刷里面。刷门时先刷亮子再刷门框,门扇的背面刷完后用木楔将门扇固定,最后刷门扇的正面。全部刷完后,检查一下有无遗漏,并注意里外门窗油漆分色是否正确,并将小五金等处沾染的油漆擦净,此道工序也可在框或扇安装前完成。

图9-12 基面清理打磨

② 抹腻子:腻子的重量配合比为石膏粉:熟桐油:水 $=20:7:50$。待操作的清油干透后,将钉孔、裂缝、节疤以及边棱残缺处,用石膏油腻子刮抹平整,腻子要横抹竖起,将腻子刮入钉孔或裂纹内。如接缝或裂纹较宽、孔洞较大时,可用开刀将腻子挤入缝洞内,腻子嵌入后刮平、收净,表面上的腻子要刮光,无野腻子、残渣。上下冒头、榫头等处均应抹到,如图9-14所示。

图9-13 刷底子油

③ 磨砂纸:腻子干透后,用1号砂纸打磨,磨法与底层磨砂纸相同,注意不要磨穿油膜并保护好棱角,不留野腻子痕迹。磨完后应打扫干净,并用潮布将磨下粉末擦净,如图9-15所示。

图9-14 抹腻子

图9-15 砂纸打磨

3）刷第一遍油漆：

① 刷铅油：先将色铅油、光油、清油、汽油、煤油等（冬季可加入适量催干剂）混合在一起搅拌过筛，其重量配合比为铅油50%、光油10%、清油8%、汽油20%、煤油10%；可使用红、黄、蓝、白、黑铅油调配成各种所需颜色的铅油涂料，其稠度以达到盖底、不流淌、不显刷痕为准。厚薄要均匀。一樘门或窗刷完后，应上下左右观察检查一下，有无漏刷、流坠、裹楞及透底，最后将窗扇打开钩上梃钩；木门扇下口要用木楔固定。

② 抹腻子：待铅油干透后，对于底腻子收缩或残缺处，再用石膏腻子刮抹一次，要求与做法同前。

③ 磨砂纸：等腻子干透后，用1号以下的砂纸打磨，要求与做法同前。磨好后用潮布将粉末擦净。

④ 装玻璃：按照玻璃安装工艺安装玻璃。

4）刷第二遍油漆：

① 刷铅油：同前。

② 擦玻璃、磨砂纸，用潮布将玻璃内外擦干净。注意不得损伤油灰表面和八字角。然后用1号砂纸或旧细砂纸轻磨一遍，方法同前，不要把底油磨穿，要保护好棱角。再用潮布将磨下的粉末擦净。使用新砂纸时，须将两张砂纸对磨，把粗大砂粒磨掉，防止磨砂纸时把油膜划破。

5）刷最后一遍油漆：刷油方法同前。但由于调合漆粘度较大，涂刷时要多刷多理，要注意刷油饱满，刷油动作要敏捷，不流不坠。光亮均匀、色泽一致。在玻璃油灰上刷油，应等油灰达到一定强度后方可进行。刷完油漆后要立即仔细检查一遍，如发现有毛病应及时修整。最后用梃钩或木楔子将门窗固定好。具体涂饰方法如图9-16所示。

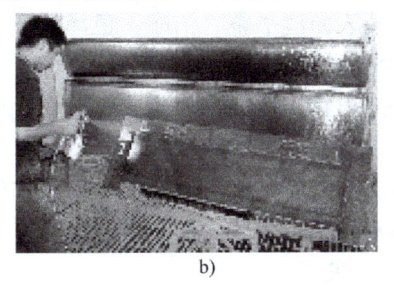

图 9-16 涂饰方法
a）刷涂 b）喷涂

6）冬期施工：室内应在采暖条件下进行，室温保持均衡，一般油漆施工的环境温度不宜低于+10℃，相对湿度不宜大于60%，不得突然变化。同时应设专人负责开关门窗，以利通风排除湿气。

三、质量检查与验收

1. 抹灰工程质量检查与验收

1）所用材料的品种、质量必须符合设计要求，各抹灰层之间及抹灰层与基体之间必须黏结牢固，无脱层、空鼓，面层无爆灰和裂缝等缺陷。

2）中级抹灰：表面光滑、洁净，接槎平整，线角顺直、清晰（毛面纹路均匀一致）。

3）高级抹灰：表面光滑、洁净、颜色均匀，无抹纹，线角和灰线平直、方正、清晰美观。

4）抹灰前应检查钢、木、铝门窗框位置是否正确，与墙体连接是否牢固。连接处的缝隙应用水泥砂浆分层嵌塞密实。室内墙面、柱面和门洞口的阴角，宜用1:2水泥砂浆做护角，其高度不应低于2m，每侧宽度不应小于50mm。

5）孔洞、槽、盒尺寸正确、方正、整齐、光滑，管道后面抹灰平整。

6）分格条（缝）宽度、深度均匀一致，条（缝）平整光滑，棱角整齐，横平竖直、通顺。

7）滴水线和滴水槽流水坡向正确，滴水线顺直，滴水槽宽度、深度均不小于10mm，整齐一致。

2. 吊顶工程质量检查与验收

1）轻钢骨架和罩面板的材质、品种、式样、规格应符合设计要求。

2）轻钢骨架安装，吊杆、主次龙骨必须位置正确，连接牢固、无松动。

3）罩面板应无脱层、翘曲、折裂、缺棱、掉角等缺陷，安装必须牢固。

4）轻钢骨架整面应顺直，无弯曲、无变形；吊挂件、连接件应符合产品组合的要求。

5）罩面板表面平整、洁净，颜色一致；无污染、返锈等缺陷。

6）罩面板接缝形式应符合设计要求，拉缝和压条宽窄一致，平直、整齐，接缝应严密。

3. 饰面板（砖）工程质量检查与验收

1）饰面砖的品种、规格、图案颜色和性能应符合设计要求。

2）饰面砖粘贴工程的找平、防水、黏结和勾缝材料及施工方法应符合设计要求及国家现行产品标准和工程技术标准的规定。

3）饰面砖粘贴必须牢固。

4）满粘法施工的饰面砖工程应无空鼓、裂缝。

5）饰面砖表面应平整、洁净、色泽一致，无裂痕和缺损。

6）阴阳角处搭接方式、非整砖使用部位应符合设计要求。

7）墙面突出物周围的饰面砖应整砖套割吻合，边缘应整齐。墙裙、贴脸突出墙面的厚度应一致。

8）饰面砖接缝应平直、光滑，填嵌应连续、密实；宽度和深度应符合设计要求。

9）有排水要求的部位应做滴水线（槽）。滴水线（槽）应顺直，流水坡向应正确，坡度应符合设计要求。

4. 涂饰工程质量检查与验收

1）涂料涂饰工程所用涂料的品种、型号和性能应符合设计要求。

2）涂料涂饰工程的颜色、图案应符合设计要求。

3）涂料涂饰工程应涂饰均匀、黏结牢固，不得漏涂、透底、起皮和掉粉。

4）涂料涂饰工程的基层处理应符合规范的要求。

5）薄涂料的涂饰质量和检验方法应符合规范的规定。

四、施工要点与现场监督

1. 抹灰工程施工要点与现场监督

（1）门窗洞口、墙面、踢脚板、墙裙上口抹灰空鼓裂缝

1）门窗框两边塞灰不严，墙体预埋木砖间距过大或木砖松动，经开关振动，将门窗框

两边的灰震裂、震空。故应重视门窗框塞缝工序,应设专人负责。

2)基层清理不干净或处理不当;墙面浇水不透,抹灰后砂浆中的水分很快被基层(或底灰)吸收,影响黏结力。应认真清理和提前浇水,使水渗入砖墙内 8~10mm 即可达到要求。

3)基层偏差较大,一次抹灰过厚,干缩产生裂缝。应分层衬平,每层厚度为 7~9mm。

4)配制砂浆和原材料质量不符合要求。应根据不同基层采用不同的配合比配制所需砂浆,同时要加强对原材料和抹灰部位配合比的管理。

(2)抹灰面层起泡、有抹纹、爆灰、开花

1)抹完罩面灰后,压光跟得太紧,灰浆没有收水,故压光后多余的水气化后产生起泡现象。

2)底灰过分干燥,因此要浇透水,不然抹罩面灰后,水分很快被底灰吸收,故压光时容易出现漏压或压光困难。若浇的浮水过多,抹罩面灰后,水浮在灰层表面,压光后易出现抹纹。

3)使用磨细生石灰粉时,对欠火灰、过火灰颗粒及杂质没彻底过滤,灰粉熟化时间不够,灰膏中存有未熟化的颗粒,抹灰后遇水或潮湿空气会继续熟化、体积膨胀,造成抹灰层的爆裂,出现开花。

(3)抹灰面不平,阴阳角不垂直、不方正 抹灰前应认真挂线,做灰饼和冲筋,阴阳角处也要冲筋、顺杠、找规矩。

(4)踢脚板、水泥墙裙、窗台板等上口出墙厚度不一致,上口毛刺和口角不方正 操作时应认真,按规范要求吊垂直,拉线找直、找方。对上口的处理,应待大面抹完后,及时返尺把上口抹平、压光,取走靠尺后用阳角抿子,将角撂成小圆。

(5)暖气槽两侧、上下窗口墙角抹灰不通顺 应按规范要求吊直,上下窗口墙角应使用通长靠尺,上下层同时操作,一次做好不显接槎。

(6)管道后抹灰不平、不光,管根空裂 应按规范安放过墙套管,管后抹灰应采用专用工具(长抹子或大鸭嘴抹子、刮刀等)。

(7)接顶、接地阴角处不顺直 抹灰时没有横竖刮杠,为保证阴角的顺直,必须用横杠检查底灰是否平整,修整后方可罩面。

2. 吊顶工程施工要点与现场监督

(1)吊顶不平 主龙骨安装时吊杆调平不认真,造成各吊杆点的标高不一致。施工时应认真操作,检查各吊点的紧挂程度,并拉通线检查标高与平整度是否符合设计要求和规范标准的规定。

(2)轻钢骨架局部节点构造不合理 吊顶轻钢骨架在留洞、灯具口、通风口等处,应按图纸上的相应节点构造设置龙骨及连接件,使构造符合图纸上的要求,保证吊挂的刚度。

(3)轻钢骨架吊固不牢 顶棚的轻钢骨架应吊在主体结构上,并应拧紧吊杆螺母,以控制设计标高;顶棚内的管线、设备件不得吊固在轻钢骨架上。

(4)罩面板分块间隙缝不直 罩面板规格有偏差,安装不正;施工时注意板块规格,拉线找正,安装固定时保证平整对直。

(5)压缝条、压边条不严密、不平直 加工条材规格不一致;使用时应经选择,操作拉线找正后固定、压粘。

(6)板块有色差 方块铝合金吊顶要注意板块的色差,防止颜色不均的质量弊病。

3. 饰面板（砖）工程施工要点与现场监督

（1）板面空鼓　混凝土垫层清理不净或浇水湿润不够，刷素水泥浆不均匀或刷的面积过大、时间过长已风干，干硬性水泥砂浆任意加水，大理石板面有浮土、未浸水湿润等因素，都易引起空鼓。因此必须严格遵守操作工艺要求，基层必须清理干净，结合层砂浆不得加水，随铺随刷一层水泥浆，大理石板块在铺砌前必须浸水湿润。

（2）接缝高低不平、缝子宽窄不匀　主要原因是板块本身有厚薄及宽窄不匀、窜角、翘曲等缺陷，铺砌时未严格拉通线进行控制等，均易产生接缝高低不平、缝子不匀等缺陷。所以应预先严格挑选板块，凡是翘曲、拱背、不方正等块材均剔除不予使用。铺设标准块后，应向两侧和后退方向顺序铺设，并随时用水平尺和直尺找平，缝子必须拉通线、不能有偏差。房间内的标高线要有专人负责引入，且各房间和楼道内的标高必须一致。

（3）过门口处板块易活动　一般铺砌板块时均从门框以内操作，而门框以外与楼道相接的空隙（即墙宽范围内）面积均后铺砌，由于过早上人，易造成此处活动。在进行板块翻样提加工定货计划时，应同时考虑此处的板块尺寸，并同时加工，以便铺砌楼道地面板块时同时操作。

（4）踢脚板不顺直，出墙厚度不一致　主要由于墙面平整度和垂直度不符合要求，镶踢脚板时未吊线、未拉水平线，随墙面镶贴所造成。在镶踢脚板前，必须先检查墙面的垂直度、平整度，如超出偏差，应先进行处理再镶贴。

4. 涂饰工程施工要点与现场监督

（1）漏刷　一般多发生在门窗的上、下冒头和靠合页小面以及门窗框、压缝条的上下端。其主要原因是内门扇安装时油工与木工不配合，往往造成下冒头未刷油漆就安装了门扇，事后油工根本刷不了（除非把门扇合页卸下来重刷），其次是纱扇、纱门由于加工来料不配套，不能同步完工，甩项后装及把关不严等，往往有少刷一遍油漆的现象。其他漏刷问题主要是操作者不认真所致。

（2）缺腻子、缺砂纸　一般多发生在合页槽、上下冒头、榫头和钉孔、裂缝、节疤以及边棱残缺处等。主要原因是操作者未认真按照规程和工艺标准操作所致。

（3）流坠、裹楞　主要原因有二，一是由于漆料太稀、漆膜太厚或环境温度高，油漆干得慢等原因，都易造成流坠；二是由于操作顺序和手法不当，尤其是门窗边棱分色处，一旦油量过大或操作不注意，往往容易造成流坠、裹楞等。

（4）刷纹明显　主要是油刷子小或油刷未泡开，刷毛发硬所致。应用合适的刷子，并把油刷用稀料泡软后使用。

（5）皱纹　主要是漆质不好，兑配不均匀，溶剂挥发快或气温高，加催干剂等原因造成。

（6）五金污染　除了操作要细、及时将五金等污染处清擦干净外，应尽量将门锁、拉手和插销等后装（但可以事先把位置和门锁孔眼钻好），确保五金洁净美观。

（7）倒光　木面吸油快慢不均或木面不平，室内潮湿或底漆未干透、稀释剂过量等原因，都可能产生局部漆面失去光泽的倒光现象。

任务拓展

1. 课外阅读《建筑工程施工质量验收统一标准》（GB 50300—2013）。

2. 课外阅读《建筑装饰装修工程质量验收标准》（GB 50210—2018）。
3. 课外阅读《住宅装饰装修工程施工规范》（GB 50327—2001）。
4. 课外阅读《建筑地面工程施工质量验收规范》（GB 50209—2010）。

任务训练

1. 建筑物外墙抹灰应选择（　　）。
   A. 石灰砂浆　　　　B. 混合砂浆　　　　C. 水泥砂浆　　　　D. 装饰抹灰
2. 建筑物一般室内墙基层抹灰应选择（　　）。
   A. 麻刀灰　　　　　B. 纸筋灰　　　　　C. 混合砂浆　　　　D. 水泥砂浆
3. 抹灰工程中的基层抹灰主要作用是（　　）。
   A. 找平　　　　　　B. 与基层黏结　　　C. 装饰　　　　　　D. 填补墙面

任务小结

1. 根据施工技术交底与施工准备工作计划，装饰装修工程施工前需要完成施工放样、施工机械、人力与运输等作业前的准备。
2. 装饰装修工程施工的工艺流程主要包括：抹灰工程、吊顶工程、饰面板（砖）工程、涂饰工程施工工艺流程。
3. 施工检查与验收主要包括：抹灰工程、吊顶工程、饰面板（砖）工程、涂饰工程检查与验收。
4. 施工要点与监督主要包括：抹灰工程、吊顶工程、饰面板（砖）工程、涂饰工程施工要点。

工作任务 2　装饰装修工程施工技术交底、计划与检查

知识点：
1. 装饰装修工程施工技术交底。
2. 装饰装修工程施工进度计划。
3. 装饰装修工程质量检查。

能力（技能）点：
1. 能按照指定施工任务编制装饰装修工程施工技术交底。
2. 能够按照已知工程量编制装饰装修工程施工进度计划。
3. 能应用施工质量验收规范对装饰装修工程进行质量检查，达到质量验收规范要求。

任务实施

根据中级岗位的要求，应能够编制施工方案与施工作业计划，并能对指定施工任务按照施工方案与施工作业计划进行施工技术交底，依照施工质量验收规范对施工成果进行质量检查。本工作任务主要包括施工作业计划与专项施工方案的编制、施工技术交底与施工质量检查三部分。

一、施工作业计划

充分认识到工程项目的重要性与工期的紧迫性，组建具有丰富现场管理经验的、强有力的项目经理部。在项目经理的统一领导下，精心组织、细心安排。提倡前道工序为后道工序服务、与其他分包方互相协调的思想，在保证工程质量的前提下，用下列措施来保证投标工期的实现。

1）劳动力的投入是保证工期的关键，因此当本工程的工作面一旦形成，立即按序调集劳动力，并按总进度计划，做好后备劳动力的调集工作。在施工高峰时，视具体情况统一调度机械设备与劳动力。

2）用施工进度的三级动态管理来保证工期进度的措施。由公司制定一级进度计划（施工总进度控制计划表）、项目经理部编制二级进度计划（月工作计划）、各专业施工队编制三级进度计划（各分部分项工程每周进度计划），三个计划要求总体衔接、稳定平衡，做到周保旬、旬保月、月保总进度的三级动态进度管理。通过信息反馈，对计划实施的全过程进行有效的动态控制。月计划和周计划的编制，必须具体、详细，具有实际性和可操作性。

3）项目经理部每月召开一次施工现场会议、每周召开一次现场工作协调会议。对反馈的信息必须立即做出正确的处理，并对月、周计划加以调整。

4）根据工程特点及工作面的部署，强化材料设备部门人员结构，材料提前配齐配足，便于加快施工进度。

5）各类机械设备必须专人操作、精心维修，确保正常使用，以满足施工进度的实际需要，这是保证工期的必备条件。

6）充分利用经济规律及其杠杆作用，有效地调动工人生产积极性，所有施工人员的经济利益按实际进度的完成情况进行分段兑现奖罚。

7）组织公司内部的技术力量，开展以质量为中心的劳动竞赛，既提高工程质量同时又加快施工进度。

二、施工技术交底

1. 抹灰工程施工技术交底

（1）主控项目　所用材料的品种、质量必须符合设计要求，各抹灰层之间及抹灰层与基体之间必须黏结牢固，无脱层、空鼓，面层无爆灰和裂缝（风裂除外）等缺陷。

（2）一般项目

1）中级抹灰：表面光滑、洁净，接槎平整，线角顺直、清晰（毛面纹路均匀一致）。高级抹灰：表面光滑、洁净，颜色均匀，无抹纹，线角和灰线平直、方正、清晰美观。

2）抹灰前应检查钢、木、铝门窗框位置是否正确，与墙体连接是否牢固。连接处的缝隙应用水泥砂浆分层嵌塞密实。室内墙面、柱面和门洞口的阴角，宜用1:2水泥砂浆做护角，其高度不应低于2m，每侧宽度不应小于50mm。

3）孔洞、槽、盒尺寸正确、方正、整齐、光滑，管道后面抹灰平整。

4）分格条（缝）宽度、深度均匀一致，条（缝）平整光滑，棱角整齐，横平竖直、通顺。

5）滴水线和滴水槽流水坡向正确，滴水线顺直，滴水槽宽度、深度均不小于10mm，整齐一致。

（3）允许偏差项目　见表9-3。

表9-3　外墙面一般抹灰允许偏差

项次	项　目	允许偏差/mm		检验方法
		中级	高级	
1	立面垂直度	3	3	用2m托线板检查
2	表面平整度	3	2	用2m靠尺及楔形塞尺检查
3	阴阳角方正	3	2	用直角尺检查
4	分格条（缝）直线度	3	2	拉5m线，不足5m拉通线用钢尺检查
5	墙裙、勒脚上口直线度	3	−2	拉5m线，不足5m拉通线检查

注：1. 中级抹灰本表第3项阴角方正可不检查。
　　2. 立面总高度垂直度允许偏差：单层，每层框架或每层大模为$H/1000$，且不大于20mm。高层框架，高层大模为$H/1000$，且不大于30mm。用经纬仪、吊线和尺量检查。
　　3. 砖混结构全高≤10m，垂直度允许偏差为10mm。砖混结构全高＞10m，垂直度允许偏差为20mm。用经纬仪或吊线和尺量检查。

2. 吊顶工程施工技术交底

（1）保证项目

1）轻钢骨架和罩面板的材质、品种、式样、规格应符合设计要求。

2）轻钢骨架安装，吊杆、主次龙骨必须位置正确，连接牢固、无松动。

3）罩面板应无脱层、翘曲、折裂、缺楞、掉角等缺陷，安装必须牢固。

（2）基本项目

1）轻钢骨架整面应顺直，无弯曲、变形；吊挂件、连接件应符合产品组合的要求。

2）罩面板表面平整、洁净，颜色一致；无污染、返锈等缺陷。

3）罩面板接缝形式应符合设计要求，拉缝和压条宽窄一致，平直、整齐，接缝严密。

(3) 允许偏差项目　见表9-4。

表9-4　轻钢骨架罩面板顶棚允许偏差

项次	项类	项目	允许偏差/mm						检验方法
			胶合板	塑料板	纤维板	钙塑板	石膏板	石棉板	
1	龙骨	龙骨间距	2	2	2	2	2	2	尺量检查
2		龙骨平直	3	3	3	2	2	2	尺量检查
3		起拱高度	±10	±10	±10	±10	±10	±10	拉线尺量
4		龙骨四周水平	±5	±5	±5	±5	±5	±5	尺量或水准仪检查
5	罩面板	表面平整	2	2	3	3	3	3	用2m靠尺检查
6		接缝平直	3	3	3	3	3	3	拉5m线检查
7		接缝高低	0.5	0.5	1	1	1	1	用直尺或塞尺检查
8		顶棚四周水平	±5	±5	±5	±5	±5	±5	拉线或用水准仪检查
9	压条	压条平直	3	3	3	3	3	3	拉5m线检查
10		压条间距	2	2	2	2	2	2	尺量检查

3. 饰面板（砖）工程施工技术交底

(1) 主控项目

1) 饰面砖的品种、规格、图案颜色和性能应符合设计要求。

检验方法：观察；检查产品合格证书、进场验收记录、性能检测报告和复验报告。

2) 饰面砖粘贴工程的找平、防水、黏结和勾缝材料及施工方法应符合设计要求及国家现行标准和工程技术标准的规定。

检验方法：检查产品合格证书、复验报告和隐蔽工程验收记录。

3) 饰面砖粘贴必须牢固。

检验方法：检查样板件黏结强度检测报告和施工记录。

4) 满粘法施工的饰面砖工程应无空鼓、裂缝。

检验方法：观察；用小锤轻击检查。

(2) 一般项目

1) 饰面砖表面应平整、洁净、色泽一致，无裂痕和缺损。

检验方法：观察。

2) 阴阳角处搭接方式、非整砖使用部位应符合设计要求。

检验方法：观察。

3) 墙面突出物周围的饰面砖应整砖套割吻合，边缘应整齐。墙裙、贴脸突出墙面的厚度应一致。

检验方法：观察；尺量检查。

4) 饰面砖接缝应平直、光滑，填嵌应连续、密实；宽度和深度应符合设计要求。

检验方法：观察；尺量检查。

5) 有排水要求的部位应做滴水线（槽）。滴水线（槽）应顺直，流水坡向应正确，坡度应符合设计要求。

检验方法：观察；用水平尺检查。

6) 饰面砖粘贴的允许偏差和检验方法应符合表9-5的规定。

表 9-5　饰面砖粘贴的允许偏差和检验方法

项次	项目	允许偏差/mm		检验方法
		外墙面砖	内墙面砖	
1	立面垂直度	3	2	用 2m 垂直检测尺检查
2	表面平整度	4	3	用 2m 靠尺和塞尺检查
3	阴阳角方正	3	3	用直角检测尺检查
4	接缝平直度	3	2	拉 5m 线，不足 5m 拉通线，用钢直尺检查
5	接缝高低差	1	0.5	用钢直尺和塞尺检查
6	接缝宽度	1	1	用钢直尺检查

4. 涂饰工程施工技术交底

（1）主控项目

1）水性涂料涂饰工程所用涂料的品种、型号和性能应符合设计要求。

检验方法：检查产品合格证书、性能检测报告和进场验收记录。

2）水性涂料涂饰工程的颜色、图案应符合设计要求。

检验方法：观察。

3）水性涂料涂饰工程应涂饰均匀、黏结牢固，不得漏涂、透底、起皮和掉粉。

检验方法：观察；手摸检查。

4）水性涂料涂饰工程的基层处理应符合规范要求。

检验方法：观察；手摸检查；检查施工记录。

（2）一般项目

1）薄涂料的涂饰质量和检验方法应符合表 9-6 的规定。

表 9-6　薄涂料的涂饰质量和检验方法

项次	项目	普通涂饰	高级涂饰	检验方法
1	颜色	均匀一致	均匀一致	观察
2	泛碱、咬色	允许少量轻微	不允许	
3	流坠、疙瘩	允许少量轻微	不允许	
4	砂眼、刷纹	允许少量轻微砂眼，刷纹通顺	无砂眼，无刷纹	
5	装饰线、分色线直线度允许偏差	2	1	拉 5m 线，不足 5m 拉通线，用钢直尺检查

2）厚涂料的涂饰质量和检验方法应符合表 9-7 的规定。

表 9-7　厚涂料的涂饰质量和检验方法

项次	项目	普通涂饰	高级涂饰	检验方法
1	颜色	均匀一致	均匀一致	观察
2	泛碱、咬色	允许少量轻微	不允许	
3	点状分布	—	疏密均匀	

3）复合涂料的涂饰质量和检验方法应符合表 9-8 的规定。

4）涂层与其他装修材料和设备衔接处应吻合，界面应清晰。

检验方法：观察。

表9-8 复合涂料的涂饰质量和检验方法

项次	项 目	质量要求	检验方法
1	颜色	均匀一致	观察
2	泛碱、咬色	不允许	
3	喷点疏密程度	均匀，不允许连片	

三、施工质量检查

1. 抹灰工程施工质量检查要点

1）抹灰用的各种主要材料的品种和质量，抹灰的等级、种类、构造都应符合设计要求。

2）不同结构相接处基体应先铺钉金属网，应绷紧钉牢固，搭接宽度不应小于100mm；水泥砂浆不得抹在石灰砂浆或混合砂浆层上，罩面石膏灰不得涂抹在水泥砂浆层上。

3）室内墙面、柱面和门洞口的阳角，宜用1∶2的水泥砂浆做护角，其高度不应低于2m，每侧宽度不应小于50mm。

4）抹灰分格缝（或条）的宽度、深度要均匀一致，表面应平整光滑，无砂眼，通顺，不得有错缝、缺棱掉角。滴水线、滴水槽的流水坡向要正确，滴水线应顺直，外墙滴水槽的深度、宽度均不小于10mm，要求整齐一致。

5）一般抹灰和装饰抹灰的尺寸允许偏差应控制在规范允许的范围之内。

6）抹灰工程应分层操作，每层厚度水泥砂浆宜为5~7mm，混合砂浆和石灰砂浆宜为7~9mm。基层应清理干净，光滑的基层应斩毛或涂刷界面剂。各抹灰层、抹灰层与基层之间必须黏结牢固，无脱层、空鼓、裂缝。

2. 吊顶工程施工质量检查要点

1）吊顶工程采用的轻钢龙骨规格应符合设计要求和《建筑用轻钢龙骨》（GB/T 11981—2008）规定，若设计无规定，吊顶以上净空高度大于等于400mm时，上人的吊顶应采用大于60系列、壁厚为1.5mm的轻钢龙骨，承载龙骨和吊杆间距不得大于1200mm，覆面龙骨间距不应大于600mm。

2）吊杆应通直并有足够的承载力，当设计无规定且吊杆长度大于1500mm时，应使用直径为$\phi 8$以上吊杆，暗架吊顶不宜采用铁丝做吊杆。

3）吊顶与结构必须连接牢固，膨胀螺栓严禁打入多孔板中，并不得直接与吊杆焊接。

4）龙骨吊杆不得与其他吊杆共用，并不得与振动设备直接接触。轻型灯具、音响、探头等不得直接搁置、固定在吊顶罩面板上，重型灯具、空调、电扇不得与吊顶龙骨连结，应另设吊钩、吊杆。吊顶应设检修孔，风口、检修孔等周边宜用附加龙骨加强。

5）所有外露在结构外的铁件必须进行防绣处理。

6）采用木质吊顶时，不允许有钉劈裂现象，并按规定进行防火处理，达到装饰规范中的防火等级。

7）吊杆距主龙骨端部（含两主龙骨连接处）距离不得超过300mm，金属龙骨起拱高度应不小于房间短向跨度的 1/200。

8）明架吊顶纵横向龙骨的间隙和高低差均不得大于 1mm，且应目测无明显弯曲，通长次龙骨连接处的对接错位偏差不得超过 2mm。

9）在现浇楼板及预制板的板缝中，应按设计要求在结构施工时预埋吊杆，根据吊顶荷载的不同，吊杆可采用直径为 6~10mm 的钢筋。

10）吊顶内若有通风、水电管线、上人的行走通道、消防管道、重型灯具等，应先行安装完毕及试水试压合格，并要单独挂吊；然后才能进行吊顶工程施工。

11）较脆易碎的面层材料要防止碰掉棱角，安装时上螺丝或卡入框中时不能硬撬、硬敲而造成裂缝或掉角。

12）对易收缩材料，在拼缝处一定要采取措施，防止完工后一定时间出现开裂的缝道而造成外观不佳。

13）罩面板与龙骨应连接紧密，表面应平整，不得有污染、折裂、缺棱掉角、锤伤等缺陷，接缝应均匀一致，粘贴的罩面板不得有脱层，胶合板不得有刨透之处。搁置的罩面板不得有漏、透、翘角现象。

3. 饰面板（砖）工程施工质量检查要点

1）饰面板应镶贴在粗糙的基体或基层上；用胶粘剂粘贴的饰面薄板基层应平整；饰面砖应镶贴在平整粗糙的基层上。光滑的基体或基层表面，镶贴前应处理。残留的砂浆、尘土和油渍等应清除干净。

2）饰面板（砖）安装（镶贴）必须牢固，无歪斜、缺棱掉角和裂缝等缺陷。湿铺饰面板（砖）严禁空鼓；表面平整、洁净，色泽协调，无变色泛碱。

3）作业时，饰面板（砖）防止暴晒，接缝应填嵌密实不渗水、平直、宽窄均匀、颜色一致。阴阳角处的板（砖）搭接方向正确，半砖使用部位适宜。

4）突出物周围的板（砖）用整砖套割吻合、边缘整齐，必须有正确流水坡度和顺直滴水（线）槽；墙裙、贴脸等突出墙面厚度一致。

5）花岗岩、大理石等大饰面板湿铺贴时，其板背面网格布应予以去除后铺贴，板材与墙面拉结点不得少于四点，并用防锈金属丝连接。当采用干挂饰面板且设计无规定时，应采用干挂饰面板材不锈钢配件连接，且每块板材不少于四个连接点，不锈钢配件宽度不应小于 25mm，厚度不应小于 4mm，不锈钢螺栓不应小于 M5。

6）干挂饰面板应采用弹性密封胶嵌缝，用于室外的石材饰面板不宜采用光面的大理石板，接缝填嵌密实均匀。

7）用大理石、花岗石做成的台面、窗台板、踏步等，其外露侧面及棱角宜打磨光亮圆滑，卫生间台面与墙面交界处应进行密封处理。

4. 涂饰工程施工质量检查要点

1）混凝土和抹灰表面施涂溶剂型涂料时，含水率不得大于 8%，施涂水性和乳液涂料时，含水率不得大于 10%；木制品含水率不得大于 12%。

2）涂料干燥前，应防止雨淋、尘土沾污和热空气的侵袭。

3）涂料工程使用的腻子应坚实牢固，不得粉化、起皮和裂纹，外墙和厨卫间应使用具有耐水性能的腻子；腻子的塑性和易涂性应满足施工要求。

4）施涂溶剂型涂料时，后一遍涂料必须在前一遍涂料干燥后进行；施涂水性和乳液涂

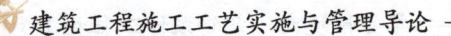

料时，后一遍涂料必须在前一遍涂料表干后进行。每一遍涂料应施涂均匀，各层必须结合牢固。按涂料要求大气温度进行施工。

5）采用机械喷涂涂料时，应将不喷涂的部位遮盖，以防沾污。外墙涂料应使用具有耐碱和耐光性能的颜料。

6）混凝土（抹灰）面层施涂前应将基体或基层的缺棱掉角处，用1∶3的水泥砂浆（或聚合物水泥砂浆）修补；表面麻面及缝隙应用腻子填补齐平。表面灰尘、污垢、溅沫和砂浆流痕应清除干净。

7）外墙涂料分段进行时，应以分格缝、墙的阴角或雨水管等为分界线。外墙同一墙面应用同一批号的涂料，每遍涂料不宜施涂过厚；涂层均匀，颜色一致。

8）溶剂型涂料表面严禁脱皮、漏刷；水溶性和乳液型涂料严禁掉粉、起皮、漏刷和透底。细木装修不得漏漆；金属表面不应漏刷底漆，不得泛锈。门窗扇施涂涂料时，上冒头顶面和下冒头底面不得漏刷涂料。

任务拓展

1. 课外阅读《建筑工程施工质量验收统一标准》（GB 50300—2013）。
2. 课外阅读《建筑装饰装修工程质量验收标准》（GB 50210—2018）。
3. 课外阅读《住宅装饰装修工程施工规范》（GB 50327—2001）。
4. 课外阅读《建筑地面工程施工质量验收规范》（GB 50209—2010）。

任务训练

1. 下列（   ）不属于装饰抹灰的种类。
A. 干粘石　　　　　B. 斩假石　　　　　C. 高级抹灰　　　　　D. 喷涂

2. 釉面瓷砖的接缝宽度约控制在（   ）mm。
A. 0.5　　　　　　B. 1.0　　　　　　C. 1.5　　　　　　D. 2.0

3. 大块花岗石或大理石施工时的施工顺序为（   ）。
A. 临时固定→灌细石混凝土→板面平整
B. 灌细石混凝土→临时固定→板面平整
C. 临时固定→板面平整→灌细石混凝土
D. 板面平整→灌细石混凝土→临时固定

任务小结

1. 根据施工任务，编制装饰装修工程施工作业计划与专项施工方案，主要内容包括：工艺流程、作业准备、主要技术措施与施工进度计划。

2. 根据施工作业计划编制装饰装修工程施工技术交底，主要内容包括：强制性条文、施工要点与质量要求。

3. 装饰装修工程施工质量检查与验收，主要包括：抹灰工程质量检查要点、吊顶工程施工质量检查要点、饰面板（砖）工程施工质量检查要点、涂饰工程施工质量检查要点。

学习情境九　装饰装修工程施工

工作任务 3　装饰装修工程质量验收与评审

知识点：
1. 装饰装修工程质量验收。
2. 装饰装修工程施工。
3. 装饰装修工程质量评审。

能力（技能）点：
1. 能根据给定施工任务，对装饰装修工程进行质量创优施工指导。
2. 能根据给定施工任务，编制装饰装修工程施工方案。
3. 能根据给定施工任务，组织相关责任单位进行装饰装修工程项目验收工作。
4. 能根据给定施工任务，对装饰装修工程施工方案进行审核评定。

任务实施

根据高级岗位的要求，能根据给定的装饰装修工程施工任务，对装饰装修工程进行质量创优施工指导；能根据给定施工任务，编制装饰装修工程施工方案；能根据给定施工任务，组织相关责任单位进行装饰装修工程项目验收工作。本工作任务主要包括施工方案的编制与审核评定、分部分项工程质量验收与质量创优施工指导三部分。

一、装饰装修工程施工方案

1. 主要分部工程

在室内，原则上按先上后下、先内后外的施工顺序，每道工序完成后，必须经专业人员按验收标准严格检查验收后，才能转到下一道工序施工。装饰装修工程施工前，在施工中的每层每个房间都要提供土建装饰和专业设施安装共同使用的统一标高线（50cm 线）和十字中心线。十字中心线既弹在地板上，又弹到顶棚上，十字线上下一致以供土建、装饰和机电安装等专业共同使用，方便施工。

2. 主要工序交叉施工原则及措施

（1）工作交叉　装修工作要与结构工作适当隔离，划分区域、有一定的独立性，避免过多的干扰。应以不影响结构施工为原则。

（2）安装与安全防护设施方面的交叉　部分防护设施可能会妨碍装修的正常施工，在确保安全的情况下可临时拆除，施工完后应马上恢复。严禁私自拆除必要的防护设施，以保证结构施工安全。

（3）装修与水电安装之间的交叉施工　装修与水暖电气之间的交叉施工较多，交叉工作面大，内容复杂，如处理不当将出现相互制约、相互破坏的不利局面，土建与水电的交叉问题必须重点解决。解决措施为：

1）在技术准备阶段就把土建、安装的协调图绘好，如卫生间、厨房、屋面等协调图，各专业根据该图纸安排施工，不得打乱施工顺序抢先施工，造成双重破坏，留下质量隐患，每个分项工程的协调图不但应包括水电等安装专业还应包括土建有关工作，协调图绘好后，应按文件控制程序执行。进行审批、修改与分发工作，使各专业有关人员做到心中有数。

2）各专业人员根据协调图进行施工。每天上午开碰头协调会，安排同一工作面上有关专业的施工顺序问题，并形成会审纪要，每个专业进入工作面上施工，必须有上道工序传来的专业会签单和项目部的"施工许可证"，方可进行施工。

3）做好总进度控制计划。水电安装应根据计划合理进行穿插作业，要在统一协调和指挥下施工，使整个工程形成一盘棋。

4）明确责任，划分利益关系，建立固定的协调制度。

5）一切从大局出发互谅互让，土建和水、暖、电、安装各专业要尽可能为对方创造施工条件，并注意保护对方成品和半成品。

6）内外装修的交叉施工。内外装修期间二者存在交叉点，但总体原则为：先外后内，内装修要为外部装修提供条件和工作面。

二、施工质量验收

1. 抹灰施工质量验收

（1）主控项目

1）抹灰前基层表面的尘土、污垢、油渍等应清除干净，并应洒水润湿。

检验方法：检查施工记录。

2）一般抹灰所用材料的品种和性能应符合设计要求。水泥的凝结时间和安定性复验应合格。砂浆的配合比应符合设计要求。

检验方法：检查产品合格证书、进场验收记录、复验报告和施工记录。

3）材料质量是保证抹灰工程质量的基础，因此抹灰工程所用材料如水泥、砂、石灰膏、石膏、有机聚合物等应符合设计要求及国家现行标准的规定，并应有出厂合格证；材料进场时应进行现场验收，不合格的材料不得用在抹灰工程上，对影响抹灰工程质量与安全的主要材料的某些性能如水泥的凝结时间和安定性进行现场抽样复验。

4）抹灰工程应分层进行。当抹灰总厚度大于或等于35mm时，应采取加强措施。不同材料基体交接处表面的抹灰，应采取防止开裂的加强措施，当采用加强网时，加强网与各基体的搭接宽度不应小于100mm。

检验方法：检查隐蔽工程验收记录和施工记录。

5）抹灰厚度过大时，容易产生起鼓、脱落等质量问题；不同材料基体交接处，由于吸水和收缩性不一致，接缝处表面的抹灰层容易开裂，上述情况均应采取加强措施，以切实保证抹灰工程的质量。

6）抹灰层与基层之间及各抹灰层之间必须黏结牢固，抹灰层应无脱层、空鼓，面层应无爆灰和裂缝。

检验方法：观察；用小锤轻击检查；检查施工记录。

7）抹灰工程的质量关键是黏结牢固，无开裂、空鼓与脱落。如果黏结不牢，出现空鼓、开裂、脱落等缺陷，会降低对墙体的保护作用，且影响装饰效果。经调研分析，抹灰层之所以出现开裂、空鼓和脱落等质量问题，主要原因是基体表面清理不干净，如：基体表面尘埃及疏松物、脱模剂和油渍等影响抹灰黏结牢固的物质未彻底清除干净；基体表面光滑，抹灰前未做毛化处理；抹灰前基体表面浇水不透，抹灰后砂浆中的水分很快被基体吸收，使砂浆质量不好；一次抹灰过厚、干缩率较大等，都会影响抹灰层与基体的黏结牢固。

（2）一般项目

1）一般抹灰工程的表面质量应符合下列规定：

普通抹灰表面应光滑、洁净、接槎平整，分格缝应清晰。

高级抹灰表面应光滑、洁净、颜色均匀、无抹纹，分格缝和灰线应清晰美观。

检验方法：观察；手摸检查。

2）护角、孔洞、槽、盒周围的抹灰表面应整齐、光滑；管道后面的抹灰表面应平整。

检验方法：观察。

3）抹灰层的总厚度应符合设计要求；水泥砂浆不得抹在石灰砂浆层上；罩面石膏灰不得抹在水泥砂浆层上。

检验方法：检查施工记录。

4）抹灰分格缝的设置应符合设计要求，宽度和深度应均匀，表面应光滑，棱角应整齐。

检验方法：观察；尺量检查。

5）有排水要求的部位应做滴水线（槽）。滴水线（槽）应整齐顺直，滴水线应内高外低，滴水槽宽度和深度均不应小于10mm。

检验方法：观察；尺量检查。

2. 吊顶工程施工质量验收

（1）主控项目

1）吊顶标高、尺寸、起拱和造型应符合设计要求。

检验方法：观察；尺量检查。

2）饰面材料的材质、品种、规格、图案和颜色应符合设计要求。

检验方法：观察；检查产品合格证书、性能检测报告、进场验收记录和复验报告。

3）暗龙骨吊顶工程的吊杆、龙骨和饰面材料的安装必须牢固。

检验方法：观察；手扳检查；检查隐蔽工程验收记录和施工记录。

4）吊杆、龙骨的材质、规格、安装间距及连接方式应符合设计要求。金属吊杆、龙骨应经过表面防腐处理；木吊杆、龙骨应进行防腐、防火处理。

检验方法：观察；尺量检查；检查产品合格证书、性能检测报告、进场验收记录和隐蔽工程验收记录。

5）石膏板的接缝应按其施工工艺标准进行板缝防裂处理。安装双层石膏板时，面层板与基层板的接缝应错开，并不得在同一根龙骨上接缝。

检验方法：观察。

（2）一般项目

1）饰面材料表面应洁净、色泽一致，不得有翘曲、裂缝及缺损。压条应平直、宽窄一致。

检验方法：观察；尺量检查。

2）饰面板上的灯具、烟感器、喷淋头、风口算子等设备的位置应合理、美观，与饰面板的交接应吻合、严密。

检验方法：观察。

3）金属吊杆、龙骨的接缝应均匀一致，接缝应吻合，表面应平整，无翘曲、锤印。木质吊杆、龙骨应顺直，无劈裂、变形。

检验方法：检查隐蔽工程验收记录和施工记录。

4）吊顶内填充吸声材料的品种和铺设厚度应符合设计要求，并应有防散落措施。

检验方法：检查隐蔽工程验收记录和施工记录。

3. 饰面板（砖）工程施工质量验收

（1）主控项目

1）饰面板的品种、规格、颜色和性能应符合设计要求，木龙骨、木饰面板和塑料饰面板的燃烧性能等级应符合设计要求。

检验方法：观察；检查产品合格证书、进场验收记录和性能检测报告。

2）饰面板孔、槽的数量、位置和尺寸应符合设计要求。

检验方法：检查进场验收记录和施工记录。

3）饰面板安装工程的预埋件（或后置埋件）、连接件的数量、规格、位置、连接方法和防腐处理必须符合设计要求。后置埋件的现场拉拔强度必须符合设计要求。饰面板安装必须牢固。

检验方法：手扳检查；检查进场验收记录、现场拉拔检测报告、隐蔽工程验收记录和施工记录。

（2）一般项目

1）饰面板表面应平整、洁净、色泽一致，无裂痕和缺损。石材表面应无泛碱等污染。

检验方法：观察。

2）饰面板嵌缝应密实、平直，宽度和深度应符合设计要求，嵌填材料色泽应一致。

检验方法：观察；尺量检查。

3）采用湿作业法施工的饰面板工程，石材应进行防碱背涂处理。饰面板与基体之间的灌注材料应饱满、密实。

检验方法：用小锤轻击检查；检查施工记录。

友情提示： 采用传统的湿作业法安装天然石材时，由于水泥砂浆在水化时析出大量的氢氧化钙，泛到石材表面，产生不规则的花斑，俗称泛碱现象，严重影响建筑物室内外石材饰面的装饰效果。因此，在天然石材安装前，应对石材饰面使用防碱背涂剂进行背涂处理。

4）饰面板上的孔洞应套割吻合，边缘应整齐。

检验方法：观察。

4. 涂饰工程施工质量验收

（1）主控项目

1）水性涂料涂饰工程所用涂料的品种、型号和性能应符合设计要求。

检验方法：检查产品合格证书、性能检测报告和进场验收记录。

2）水性涂料涂饰工程的颜色、图案应符合设计要求。

检验方法：观察。

3）水性涂料涂饰工程应涂饰均匀、黏结牢固，不得漏涂、透底、起皮和掉粉。

检验方法：观察；手摸检查。

4）水性涂料涂饰工程的基层处理应符合规范的要求。

检验方法：观察；手摸检查；检查施工记录。

（2）一般项目　涂料的涂饰质量和检验方法应符合规范的规定。

三、施工质量评定与创优

1. 装饰装修工程质量评定

1）建筑装饰装修工程施工质量评价按工程部位、系统分为地面工程、墙面工程、吊顶工程、门窗工程、细部工程及装饰装修相关安装工程六部分。

2）依据每个部分在工程中所占工作量大小及重要程度给出相应的权重值。

3）质量评价内容为施工现场质量保证条件、性能检测、质量记录、尺寸偏差及限值实测、观感质量五项。

4）每个检查项目包括若干项具体检查内容，对每一具体检查内容应按其重要性给出标准分值，其判定结果分为一、二、三共三个档次。一档为100%的标准分值；二档为85%的标准分值；三档为70%的标准分值。

5）建筑装饰装修优良工程的评价总得分应大于等于85分。

2. 装饰装修工程质量创优

（1）质量创优概述　装饰装修工程质量创优工程要事前制定质量目标，明确质量责任，按照事前、事中、事后对工程质量进行全面管理和控制，通过管理随时发现不足并随时改正，包括工程质量和管理能力，体现企业保证能力和持续改进能力，有效提高实体工程质量。

（2）质量管理的过程控制　制定有效的装饰装修工程施工措施、技术规程与专项施工方案，装饰装修工程控制施工工序过程的控制手段和操作依据。工程质量验收，加强工程施工质量检测，并对施工过程作出真实的记录，作为工程质量验收评价的依据。

（3）装饰装修工程质量验收突出检验批质量的验收　检验批是质量控制的关键，按规范规定进行检验批验收，检验批检查评定要做好现场检查原始记录，然后交监理单位验收。

（4）装饰装修工程质量评价

1）综合核查。在按规范及其配套标准验收合格的基础上，针对结构安全、使用功能、建筑节能和观感质量等进行综合核查其施工质量水平，达到优良工程标准的评定为优良。

2）评价过程。施工质量评价可随着施工进度，在各分部、子分部工程完工验收合格后进行优良工程评价，分别填写各部分、系统的评价表格。

3）质量评价方法。采用性能检测、质量记录、允许偏差等评价方法评价装饰装修工程质量。装饰装修工程性能检测评价代表了该分部的总体质量水平，是评价标准的重要部分；采用材料质量记录、施工记录、施工试验等项目评价工程质量；通过对装饰装修工程允许偏差等项目评价工程质量；按装饰装修工程观感质量项目评价装饰装修工程质量，每个检查项目以随机抽取的检查点按"不合格""合格""优良"给出质量评价。

任务拓展

1. 课外阅读《建筑工程施工质量验收统一标准》（GB 50300—2013）。

2. 课外阅读《建筑装饰装修工程质量验收标准》（GB 50210—2018）。
3. 课外阅读《住宅装饰装修工程施工规范》（GB 50327—2001）。
4. 课外阅读《建筑地面工程施工质量验收规范》（GB 50209—2010）。

任务训练

1. 常用的铝合金板墙的安装施工顺序是（　　）。
   A. 放线→骨架安装→铝合金板安装→收口处理
   B. 放线→铝合金板安装→骨架安装→收口处理
   C. 放线→骨架安装→收口处理→铝合金板安装
   D. 放线→收口处理→骨架安装→铝合金板安装
2. 面砖主要用于外墙饰面，其黏结层通常采用聚合物水泥浆，黏结层厚度宜控制在（　　）mm。
   A. 3~4　　　　B. 4~6　　　　C. 6~10　　　　D. 10~14
3. 马赛克施工后期，在纸面板上刷水湿润通常在（　　）min 后揭纸并调整缝隙。
   A. 10　　　　B. 20　　　　C. 30　　　　D. 45

任务小结

1. 装饰装修工程施工方案：根据施工任务，编制装饰装修工程施工作业方案。
2. 装饰装修工程施工质量验收：主要包括抹灰工程施工质量验收、吊顶工程施工质量验收、饰面板（砖）工程施工质量验收、涂饰工程施工质量验收等，一般分为主控项目与一般项目。
3. 装饰装修工程质量评定与创优：对装饰装修工程进行质量评价，针对性能检测、质量记录、允许偏差、观感质量等项目进行项目质量评价，评价等级分为不合格、合格和优良三个等级。